住房和城乡建设部"十四五"规划教材
"十二五"普通高等教育本科国家级规划教材
高等学校土木工程专业指导委员会规划推荐教材
（经典精品系列教材）

土木工程制图

（第六版）

卢传贤　主编

方根生　主审

U0173956

中国建筑工业出版社

图书在版编目(CIP)数据

土木工程制图／卢传贤主编. — 6 版. — 北京：
中国建筑工业出版社,2022.5(2024.6重印)
住房和城乡建设部"十四五"规划教材 "十二五"
普通高等教育本科国家级规划教材 高等学校土木工程专
业指导委员会规划推荐教材. 经典精品系列教材
ISBN 978-7-112-27190-0

Ⅰ.①土… Ⅱ.①卢… Ⅲ.①土木工程-建筑制图-
高等学校-教材 Ⅳ.①TU204.2

中国版本图书馆 CIP 数据核字(2022)第 040798 号

住房和城乡建设部"十四五"规划教材
"十二五"普通高等教育本科国家级规划教材
高等学校土木工程专业指导委员会规划推荐教材
(经典精品系列教材)

土木工程制图
(第六版)

卢传贤 主编
方根生 主审

*

中国建筑工业出版社出版、发行(北京海淀三里河路9号)
各地新华书店、建筑书店经销
北京鸿文瀚海文化传媒有限公司制版
建工社(河北)印刷有限公司印刷

*

开本:787毫米×1092毫米 1/16 印张:26 字数:644千字
2022年6月第六版 2024年6月第六次印刷
定价:**68.00**元(赠送教学园地)
ISBN 978-7-112-27190-0
(38988)

本书是土建类人才培养和教学内容与实践项目研究成果的一部分，是住房和城乡建设部"十四五"规划教材以及"十二五"普通高等教育本科国家级规划教材。

本书在第五版的基础上，按照国家颁布的《房屋建筑制图统一标准》GB/T 50001、《总图制图标准》GB/T 50103、《建筑制图标准》GB/T 50104、《建筑结构制图标准》GB/T 50105、《建筑给水排水制图标准》GB/T 50106 和《暖通空调制图标准》GB/T 50114 等对相关内容作了重新编写。本书共 15 章，主要内容包括：制图基本知识与技术，投影法和点的多面正投影，平面立体的投影及线面投影分析，平面立体构形及轴测图画法，规则曲线、曲面及曲面立体，组合体，图样画法，绘图软件 Auto-CAD 的基本用法和二维绘图，AutoCAD 三维绘图，透视投影，标高投影，钢筋混凝土结构图及钢结构图，房屋建筑图，桥梁、涵洞、隧道工程图，水利工程图。为使教材更加便于阅读和学生学习，本书部分章节采用了套色印刷。

本书适用于高等学校本科教育土木类、水利类、建筑类、交通运输类等各专业工程图学相关课程的教学，也可供其他类型高等教育有关课程的教学使用。

此外，本书配有教学园地，内含教学课件及其他教学资源，选用本书作为教材的授课教师可通过以下方式获取：登陆建工书院网址：http://edu.cabplink.com，点击网页上方"教材"，在搜索框内输入"土木工程制图（第六版）"，检索到本书后点击进入，点击蓝色"课件 PPT"按钮，即可下载资源或通过邮箱 jckj@cabp.com.cn 或电话（010）58337285获取。

*   *   *

责任编辑：吉万旺　王　跃
责任校对：芦欣甜

出版说明

党和国家高度重视教材建设。2016年，中办国办印发了《关于加强和改进新形势下大中小学教材建设的意见》，提出要健全国家教材制度。2019年12月，教育部牵头制定了《普通高等学校教材管理办法》和《职业院校教材管理办法》，旨在全面加强党的领导，切实提高教材建设的科学化水平，打造精品教材。住房和城乡建设部历来重视土建类学科专业教材建设，从"九五"开始组织部级规划教材立项工作，经过近30年的不断建设，规划教材提升了住房和城乡建设行业教材质量和认可度，出版了一系列精品教材，有效促进了行业部门引导专业教育，推动了行业高质量发展。

为进一步加强高等教育、职业教育住房和城乡建设领域学科专业教材建设工作，提高住房和城乡建设行业人才培养质量，2020年12月，住房和城乡建设部办公厅印发《关于申报高等教育职业教育住房和城乡建设领域学科专业"十四五"规划教材的通知》（建办人函〔2020〕656号），开展了住房和城乡建设部"十四五"规划教材选题的申报工作。经过专家评审和部人事司审核，512项选题列入住房和城乡建设领域学科专业"十四五"规划教材（简称规划教材）。2021年9月，住房和城乡建设部印发了《高等教育职业教育住房和城乡建设领域学科专业"十四五"规划教材选题的通知》（建人函〔2021〕36号）。为做好"十四五"规划教材的编写、审核、出版等工作，《通知》要求：（1）规划教材的编著者应依据《住房和城乡建设领域学科专业"十四五"规划教材申请书》（简称《申请书》）中的立项目标、申报依据、工作安排及进度，按时编写出高质量的教材；（2）规划教材编著者所在单位应履行《申请书》中的学校保证计划实施的主要条件，支持编著者按计划完成书稿编写工作；（3）高等学校土建类专业课程教材与教学资源专家委员会、全国住房和城乡建设职业教育教学指导委员会、住房和城乡建设部中等职业教育专业指导委员会应做好规划教材的指导、协调和审稿等工作，保证编写质量；（4）规划教材出版单位应积极配合，做好编辑、出版、发行等工作；（5）规划教材封面和书脊应标注"住房和城乡建设部'十四五'规划教材"字样和统一标识；（6）规划教材应在"十四五"期间完成出版，逾期不能完成的，不再作为《住房和城乡建设领域学科专业"十四五"规划教材》。

住房和城乡建设领域学科专业"十四五"规划教材的特点：一是重点以修订教育部、住房和城乡建设部"十二五""十三五"规划教材为主；二是严格按照专业标准规范要求编写，体现新发展理念；三是系列教材具有明显特点，满足不同层次和类型的学校专业教学要求；四是配备了数字资源，适应现代化教学的要求。规划教材的出版凝聚了作者、主审及编辑的心血，得到了有关院校、出版单位的大力支持，教材建设管理过程有严格保障。希望广大院校及各专业师生在选用、使用过程中，对规划教材的编写、出版质量进行反馈，以促进规划教材建设质量不断提高。

住房和城乡建设部"十四五"规划教材办公室
2021年11月

修 订 说 明

为规范我国土木工程专业教学，指导各学校土木工程专业人才培养，高等学校土木工程学科专业指导委员会组织我国土木工程专业教育领域的优秀专家编写了《高等学校土木工程专业指导委员会规划推荐教材》。本系列教材自 2002 年起陆续出版，共 40 余册，二十余年来多次修订，在土木工程专业教学中起到了积极的指导作用。

本系列教材从宽口径、大土木的概念出发，根据教育部有关高等教育土木工程专业课程设置的教学要求编写，经过多年的建设和发展，逐步形成了自己的特色。本系列教材曾被教育部评为面向 21 世纪课程教材，其中大多数曾被评为普通高等教育"十一五"国家级规划教材和住房和城乡建设部"十五""十一五""十二五""十三五"规划教材，并有 11 种入选教育部普通高等教育精品教材。2012 年，本系列教材全部入选第一批"十二五"普通高等教育本科国家级规划教材。

2011 年，高等学校土木工程学科专业指导委员会根据国家教育行政主管部门的要求以及我国土木工程专业教学现状，编制了《高等学校土木工程本科指导性专业规范》。在此基础上，高等学校土木工程学科专业指导委员会及时规划出版了高等学校土木工程本科指导性专业规范配套教材。为区分两套教材，特在原系列教材丛书名《高等学校土木工程专业指导委员会规划推荐教材》后加上经典精品系列教材。2021 年，本套教材整体被评为《住房和城乡建设部"十四五"规划教材》，请各位主编及有关单位根据《高等教育 职业教育住房和城乡建设领域学科专业"十四五"规划教材选题的通知》要求，高度重视土建类学科专业教材建设工作，做好规划教材的编写、出版和使用，为提高土建类高等教育教学质量和人才培养质量作出贡献。

高等学校土木工程学科专业指导委员会

中国建筑工业出版社

第六版前言

本书是面向 21 世纪课程教材，"十二五"普通高等教育本科国家级规划教材，住房和城乡建设部"十四五"规划教材。

本书前五版是为适应教学改革的发展，将原画法几何、工程制图、计算机绘图等图学课程的三大板块进行内容整合，融合编排而写成的合编教材。这种内容结构和编写风格得到了广大读者的认可，在教学实践中取得了良好的使用效果。第六版继续保持了原书的基本结构和风格，版面上保持了有限的套色印刷，但为了适应本课程学时的减少趋势和计算机硬件的变化，做了如下的处理：

一、对主教材和习题集的相关内容做了适当的精简处理；

二、对保留部分重新理顺了编排关系及图、表的编号，进一步排查并更正了原书图、文中的差错，并修饰了一些不当的表述；

三、将纸本教材的修订与数字化教学资源光盘的更新制作脱钩，不再制作光盘。鉴于《教学园地》第五版提供了丰富、精彩、珍贵的数字信息教学资源，它的基本内容仍可起到助教助学的作用，所以对它适当处理后，即以 2022 修订版的名目转存到出版社的网站上，供读者自由选用。

本书由西南交通大学卢传贤教授主编，第六版由西南交通大学方根生教授主审。主审认真细致地审阅了本书，并提出了许多宝贵的意见，编者在此特别表示衷心的感谢。

参加本书编写和第六版修订的人员有西南交通大学卢传贤、王广俊、汪碧华、韩太昌、王宁、周慧莺、陈继兰、杨万理和武汉大学张竞。

书中不妥及疏漏之处，热忱欢迎读者批评、指正。

编者

2022 年元月

第 五 版 前 言

本书是住房城乡建设部土建类学科专业"十三五"规划教材，普通高等教育"十二五"国家级规划教材，也是高校土木工程专业指导委员会规划推荐教材。

本书前四版是为适应教学改革的发展，将原画法几何、工程制图、计算机绘图等图学课程的三大板块进行内容整合，融合编排而写成的合编教材。这种内容结构和编写风格得到了广大读者的认可，在教学实践中取得了良好的使用效果。现在的本书第五版继续保持了原书的基本结构和风格，版面上保持了有限的套红印刷，但为了适应教学研究的进一步深入和工程图学试题库的研发，以及部分制图标准的修订和绘图软件的升级，第五版对相关内容做了更新处理。同时，为使教材体系更加完善、顺畅、合理，第五版增添了部分内容，与主教材的变化相匹配，习题集也做了相应的修订。为适应现代教育技术的发展与推广，本教材第五版继续进行了数字化教学资源的建设。本书除纸本教材《土木工程制图》《土木工程制图习题集》外，还进一步更新、拓展了辅助教学资源光盘《土木工程制图教学园地》的内容，使其能够更好地与纸本教材相互呼应，成为纸本教材的补充和助手，进一步体现出教材由传统的图文并茂发展到图文声像并茂的更高境界。

本书由西南交通大学卢传贤教授主编，第五版由武汉大学丁宇明教授主审。主审认真细致地审阅了本书，并提出了许多宝贵意见，在此特别表示衷心的感谢。

参加本书编写和第五版修订的人员有西南交通大学卢传贤、王广俊、汪碧华、韩太昌、王宁、周慧莺、陈继兰和武汉大学张竞；参加教学光盘研制和修订的有卢传贤、王宁、杨万理、赵莉香、汪碧华、韩太昌、周慧莺、陈继兰、王广俊、卢皓月等。

书中不妥及疏漏之处，热忱欢迎读者批评、指正。

编者
2017 年 5 月

目　　录

绪　　论

一、本课程的地位和任务

建造房屋、桥梁、水坝等工程建筑物都离不开绘制和使用工程图样，因而研究工程图样理论和技术就成了工程制图课程的使命和核心内容。在我国的工程教育中，本课程是一门传统的必修工程基础课。具体的课程名称在不同的专业或学校可能会有些差别，本书取名土木工程制图，其核心内容依然是围绕土木、水工、建筑等类工程图样的有关理论和技术，培养学生绘制和阅读工程图样的基本能力。本课程大多安排在大学一年级，目的在于进行工程师的基本训练。土、水、建等类工程师需要一系列的基本功，例如测（量）、绘（图）、（计）算，本课程将在"绘"的方面对学生进行基本的培训。但大家要注意，工程图样的绘制不是单一的手头功夫、画图动作，它要伴随着设计过程、工程计算来进行，涉及的是广泛的专业知识和技能，而本课程是一门工程基础课，进行的是绘图与读图的基本训练，所以，还要通过一系列后续课程的学习与设计实践环节的实训操练，才能逐步具备比较熟练地绘制和阅读本专业工程图样的能力。

二、本课程的内容

本课程的全部教学内容是围绕着"图"展开的。没有图的世界是不可思议的。图形图像如同文字、数字一样都是记录、传递信息的载体，但是人们对于图形信息的接受能力和效率远高于阅读文字和数字，纵然你对文字的阅读，有一目十行的本领，也抵不上看一幅图，一目了然。本课程所研究的"图"主要是指工程图样，概括起来有三大部分：

1. 图示原理

任何工程物体都有诸多的物质属性，例如材料、构造、颜色、重量等，从研究形状的角度出发，我们去掉那些与形状无关的属性，只保留其形状、形态、大小等几何属性，这样的表达对象称之为"形体"。工程形体都是三维的，但是工程图样的载体是图纸，也就是说，图是画在纸面上的，而纸面是二维的，要在二维平面上表现三维形体，就需要使用一定的几何方法，寻求三维形体与二维图形之间的转化关系。这种几何方法就是投影法。所以投影法就构成了用二维图形表达三维形体的理论基础，这也就是我们说的图示原理。图示原理除在前面几章集中讲解外，还要贯穿全书的各有关章节。

2. 绘图技术

这是泛指包括徒手绘图、使用绘图工具的尺规绘图、计算机绘图软件的操作、几何作图方法的运用等在内的绘图方法和技能。这些内容需要通过大量的实训、作业操练才能逐步掌握，所以总的耗时比较多。

3. 图样表达

投影法是几何方法，提供的是表达形体的基础手段，而实际的工程对象则不仅仅是只有几何形状，其实际的造型、构造要复杂得多，工程材料也是必然的要素，所以，只靠简单的投影方法可能得不到想要的图示效果。例如从高处向下作投影，屋面挡住了楼层内的一切，房间分割、通道布置、室内设施布局等什么也看不到；另一方面，图样上要表示的是建造它所需要的一切信息，其中还有仅用图形尚不能表达出来的内容，不得不辅以文字、图例、符号、技术说明等手法才能表达完备。为使所有工程技术人员对图样有完全一致的理解，解决图样表达必须自始至终贯彻制图标准，符合专业规范，遵从专业习惯。很多表达方面的内容都是通过制图标准的形式传达的。本书第 1 章就从制图标准起步，在后续的各相关章节都不停地宣讲、贯彻制图标准和规范。可见，掌握图样表达的方法与技术是本课程走近实用的重要一环。

以上三个部分的知识与技能缺一不可，它们在本教材内是穿插安排的。

三、学习方法的建议

本课程既不是纯理论课，也不是纯实践课。因此学习本课程要理论与实践并重，课堂讲授与习题作业并举，要非常重视动手完成习题作业和上机操作实训。我们的作业有三种方式：

1. 在印好的习题集上做练习题目；
2. 根据作业布置在单独的绘图纸上完成手工绘图大作业；
3. 使用绘图软件在计算机上绘图，并作图形输出。

第1章　制图基本知识与技术

§1.1　制　图　标　准

图纸是工程技术人员传达技术思想的共同语言。图纸上详尽、充分地描述了工程对象的形状、构造、尺寸、材料、技术工艺、工程数量等各项技术资料，是工程设计的主要成果和施工建造的重要技术文件。为使不同岗位的技术人员对工程图的各项内容有完全一致的理解，必须对图纸的各个项目在表达上有严格而统一的规定。这就是制定**制图标准**的意义。

在我国的"标准化"进程中，泛指的"标准"，有国家标准、行业标准、地方标准之分。由国家职能部门制定并颁布，代号为 GB 的各种技术的、管理的、质量的标准和规范，是中华人民共和国国家标准，通常笼统地简称其为"**国标**"。国标包括的门类很多，国家制图标准只是其中的一种。它是在全国范围的一些大型技术领域内使图样标准化、规范化的统一准则，有关方面都要遵守它。但除此以外，对于一些专业性较强的行业仅靠国家标准可能适应不了其某些特殊需要，所以国家有关部委还制定有中华人民共和国行业标准作为一种补充，其中也包括行业的制图标准。所以，通常说的"制图标准"是国家标准、行业标准中有关"制图"的一个专项总称。就世界范围来说，为了促进各国间的技术交流与合作，国际标准化组织（ISO）也还制定有国际标准，这些标准的名称皆冠以代号 ISO。

制图标准的规定不是一成不变的。随着科学技术的发展和生产工艺的进化，过一段时间就要对制图标准进行必要的修改。我国的制图标准还要向国际标准靠拢。

我国的国家制图标准有《技术制图》标准、《机械制图》标准、有关建筑工程制图方面的标准以及《道路工程制图标准》等。这些标准未能包括进去的某些专业工程图还要采用相应的行业制图标准。例如，对于铁路工程图有《铁路工程制图标准》（代号 TB），对于水利工程图有《水利水电工程制图标准》（代号 SL）等。在国家制图标准中，《技术制图》标准是一套系列标准的总称，它包括很多专题的分册，编号各不相同；有关建筑工程制图方面的国家制图标准也有 6 个专题的分册，它们是：

《房屋建筑制图统一标准》GB/T 50001

《总图制图标准》GB/T 50103

《建筑制图标准》GB/T 50104

《建筑结构制图标准》GB/T 50105

《建筑给水排水制图标准》GB/T 50106

《暖通空调制图标准》GB/T 50114

由于制定年份和适用场合的差别，各套制图标准在某些具体规定上不完全一致。本书在讲述带有共性问题的章节里，将主要依据《技术制图》标准（优先）和《房屋建筑制图统一标准》；对于其余各种专业工程图，将分别采用与各自相关的国家制图标准和行业制图标准。

§1.2　字　体

1.2.1　一般规定

图纸上的各种文字如汉字、字母、数字等，必须书写正确，且应做到字体工整、笔画清楚、间隔均匀、排列整齐。

字体高度的公称尺寸系列为：1.8、2.5、3.5、5、7、10、14、20mm。如需要书写更大的字，其字体高度应按$\sqrt{2}$的比率递增。高度尺寸即为字体的号数，如 5 号字，其字高即为 5mm。汉字不应小于 3.5 号。汉字的字宽是字高的$1/\sqrt{2}$，具体地说，汉字的尺寸系列为（mm）：3.5×2.5、5×3.5、7×5、10×7、14×10、20×14。字母和数字分为 A 型和 B 型，A 型字体的笔画宽度为字高的 1/14，B 型字体的笔画宽度为字高的 1/10。在同一张图上只允许选用一种形式的字体。

1.2.2　汉字

汉字应写成长仿宋体，并采用《汉字简化方案》中规定的简化字。在建筑工程图中，根据《房屋建筑制图统一标准》GB/T 50001—2010 的规定，还可以采用黑体字。

手工书写汉字时应先按字体的大小尺寸打好格子，字与字之间要留出间隔。绝大多数汉字应写满方格，以确保字的大小一致，排列整齐。图 1-1 是长仿宋体的字样。

14号字

图样是工程界的技术语言

10号字

字体工整 笔画清楚 间隔均匀 排列整齐

7号字

写仿宋字要领：横平竖直 注意起落 结构均匀 填满方格

5号字

房屋建筑桥梁隧道水利枢纽结构设计施工建造生产工艺企业管理

图 1-1　长仿宋体字样

1.2.3　字母和数字

字母和数字可写成斜体或直体，斜体字字头向右倾斜成与水平呈 75°。图 1-2 是斜体拉丁字母和数字的字样。

手工书写字母和数字时，应按字号的高度尺寸画出两条平行的导线，用以控制字的大小。

ABCDEFGHIJKLMN

OPQRSTUVWXYZ

abcdefghijklmn

opqrstuvwxyz

0123456789

图 1-2　斜体字符字样

§1.3　图　纸　幅　面

1.3.1　幅面尺寸和图框格式

绘制工程图应使用制图标准中规定的**幅面**尺寸，见表 1-1 所列。表内使用的符号其意义如图 1-3 所示。

图纸幅面尺寸（单位：mm）　　　　　　　　　　　　　　　　　　　表 1-1

幅面代号	A0	A1	A2	A3	A4
$B \times L$	841×1189	594×841	420×594	297×420	210×297
e	20			10	
c	10			5	
a	25				

图 1-3 中用细实线表示的是外边框，它是画图完成后的裁切边线，画图时可用细实线绘制。图上的内边框是**图框线**，用粗实线绘制。图框线以内的区域是作图的有效范围。位于图纸左侧内、外边框之间的 25mm 宽的长条是图纸的装订边。不需要装订的图纸可以不留装订边，其图框格式只需把 a、c 尺寸均换成表 1-1 中的 e 尺寸即可。

需要注意，按照《房屋建筑制图统一标准》GB/T 50001 的规定，立式图纸的装订边在图纸的上方。

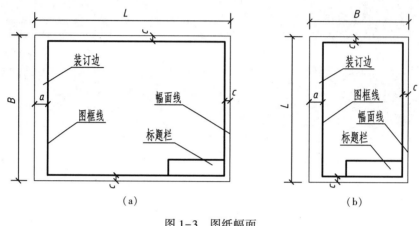

(a)   (b)

图 1-3 图纸幅面

1.3.2 标题栏

每张图纸上都必须画出**标题栏**。标题栏简称图标，它是用来填写工程名称、设计单位、图纸编号、设计人员等内容的表格。标题栏位于图纸的右下角，其具体的格式由绘图单位确定。制图课中完成制图作业建议使用图 1-4 所示的标题栏，栏目中的图名使用 10 号字，字数多时可用 7 号字，校名使用 7 号字，其余汉字使用 5 号字。

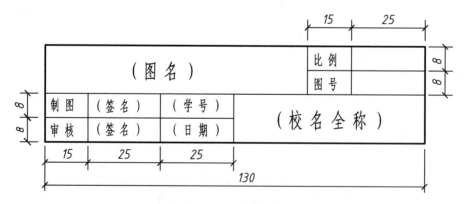

图 1-4 制图作业中的标题栏

§1.4 绘图比例

多数情况下，无法把图画成和实物一样大小。例如画房屋，需将实物缩小才能在图纸上画得下；而在画精密仪器的小零件时，需将实物放大才能画清楚。画图时的这种缩放处理是按比例进行的。图与实物相应要素的线性尺寸之比叫**图的比例**。比值小于 1 的比例是缩小比例，写成如同 1:2 的样子，意思是说图上一个单位长代表实物的两个单位长；比值大于 1 的比例是放大比例，写成如同 2:1 的样子，表示图上两个单位长对应于实物的一个单位长；比值等于 1 的比例叫原值比例，表示画图时未作缩放，写作 1:1。

绘图所用的比例与图样的用途和实物的大小及其复杂程度有关。在手工绘图中，制图标准规定的缩小比例有 $1:1\times10^n$、$1:2\times10^n$、$1:5\times10^n$，n 为大于等于 0 的整数。如果这些比例不合用，必要时也允许从 $1:1.5\times10^n$、$1:2.5\times10^n$、$1:3\times10^n$、$1:4\times10^n$ 或 $1:6\times10^n$ 中选用。

按比例画图，应使用刻有比例刻度的比例尺进行度量。常用的比例尺是三棱柱形的，俗称三棱尺。尺上有 6 种比例刻度，最常见的刻度是 1:100、1:200、1:300、1:400、1:500 和 1:600。每一尺面刻度实际上可以转换出一系列的比例尺。例如在 1:100 的尺面上，把刻度读数缩读 100 倍，就成了 1:1 的比例尺；而把读数放大 10 倍来读，则成了1:1000 的比例尺。其余的尺面也都以此类推。

学习制图课不应回避比例尺的使用，画图时不要用计算器进行尺寸换算。

§1.5　图　线

1.5.1　图线的形式

常用线型　　　　　　　　　　　　　　　　　　　　　　　　　　表 1-2

线　型	名　称	一般用途
	实线	粗实线表示可见轮廓
		细实线用于标注尺寸、画剖面线、图例等
	虚线	中粗虚线表示不可见轮廓
	点画线	细点画线用于画中心线、轴线等
	双点画线	细双点画线表示假想轮廓
	波浪线	断开界线
	折断线	断开界线

图线中不连续的独立部分叫**线素**，例如点、长度不同的画和间隔都是线素。线素的不同组合形成了各种**线型**。画图使用的图线，需要符合制图标准中对线型的规定。不同的线型和图线的不同宽度，在图上有不同的用途。表 1-2 列出了土木工程图样中常用的部分线型。

图线的宽度用 d 表示。所有线型的图线宽度应按图样的类型和尺寸大小及图的复杂程度在下列数系中选择，该数系的公比为 $1:\sqrt{2}$：

0.13mm，0.18mm，0.25mm，0.35mm，0.50mm，0.7mm，1mm，1.4mm，2mm

粗线、中粗线和细线的宽度比率为 4:2:1。在同一图样中，同类图线的宽度应一致。

制图作业中的粗线可选用 0.7~1mm。

虚线由画和短间隔组成，点画线由长画、短间隔和点组成。在手工绘图作业中，各线素的长度建议按图 1-5 所示的尺寸范围掌握。

1.5.2 图线的画法及要求

（1）成图后各种图线的浓淡要一致，不要误以为细线就是轻轻地画，细和轻是不同的概念。

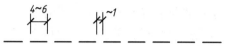
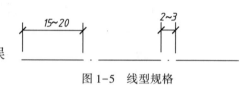

图 1-5 线型规格

（2）点画线作为轴线或中心线使用时，两端应超出图形轮廓线 3~5mm（图 1-6a）。在较小的图上画点画线难以分段时，可用细实线代替点画线（图 1-6b）。

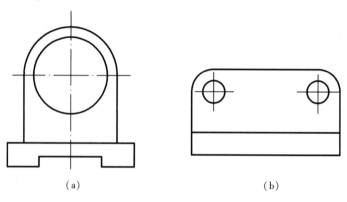

（a） （b）

图 1-6 中心线和轴线

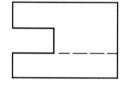

图 1-7 虚线的处理

（3）虚线、点画线与另外的图线相交时应该交于画线处，如图 1-6 所示点画线与其他图线相交的情形那样。

（4）虚线出现在实线的延长线上时，虚线不要与实线搭接上，要留出一点空隙，如图 1-7 所示。

§1.6 尺寸的标注形式

工程图上的图形表明了工程对象的形状和构造，但要说明它各部分的大小还需要标注出其实际尺寸。本节讲述标注尺寸的基本形式和一般规定，实际上对于不同专业的工程图其尺寸注法还存在一些差异，这些将在后续章节中陆续补充说明。

标注尺寸要画出**尺寸界线、尺寸线、尺寸起止符号**并填写**尺寸数字**，这四项称为尺寸的四个要素，如图 1-8 所示。标注尺寸的一般规定如下：

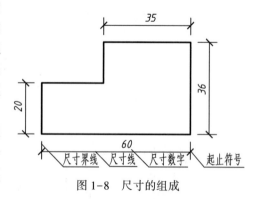

图 1-8 尺寸的组成

1. 尺寸界线

尺寸界线指明拟注尺寸的边界，用细实线绘制，引出端留有 2mm 以上的间隔，另一端则超出尺寸线约 2~3mm。必要时，图形的轮廓线、轴线、中心线都可作为尺寸界线使用（图 1-9a）。对于长度尺寸，一般情况下尺寸界线应与标注的长度方向垂直；对于角度尺寸，尺寸界线应沿径向引出（图 1-9b）。

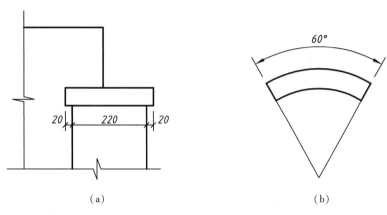

（a）　　　　　　　　　　　　　　　　　（b）

图 1-9　尺寸界线

2. 尺寸线

尺寸线画在两尺寸界线之间，用来注写尺寸。尺寸线用细实线绘制。对于长度尺寸，尺寸线应与被注长度方向平行；对于角度尺寸，尺寸线应画成圆弧，圆弧的圆心是该角的顶点（图 1-9b）。图形轮廓线、轴线、中心线、另一尺寸的尺寸界线（包括它们的延长线）都不能作为尺寸线使用。

3. 尺寸起止符号

尺寸线的两端与尺寸界线交接，交点处应画出尺寸起止符号。对于长度尺寸，在建筑工程图上起止符号是用中粗线（建筑制图中称为**中实线**）绘制的短斜线，其倾斜方向应与尺寸界线成顺时针 45°角，长度宜为 2~3mm。

4. 尺寸数字

图上标注的尺寸数字，表示物体的真实大小，与画图用的比例无关。尺寸的单位，对于线性尺寸除标高及总平面图以米为单位外，其余均为毫米，并且在数字后面不写出来。在某些专业工程图上也有用厘米为单位的，这种图通常要在附注中加以声明。

为使数字清晰可见，任何图线不得穿过数字，必要时可将其他图线断开，空出写尺寸数字的区域（图 1-10）。

尺寸数字的字头方向称为读数方向。水平尺寸数字写在尺寸线上方，字头向上；竖直尺寸数字写在尺寸线的左侧，字头向左；倾斜尺寸的数字应写在尺寸线的向上一侧，字头有向上的趋势，如图 1-11 所示。尺寸线的倾斜

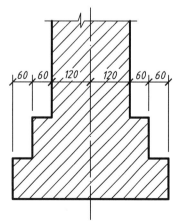

图 1-10　写数字处其他图线断开

9

方向若位于图中所示的 30°阴影区内，尺寸数字宜用图 1-11（b）的形式注写。

　　线性尺寸的尺寸数字一般应顺着尺寸线的方向排列，并依据读数方向写在靠近尺寸线的上方中部。如遇没有足够的位置注写数字时，数字可以写在尺寸界线的外侧。在连续出现小尺寸时，中间相邻的尺寸数字可错开注写，也可引出注写，如图 1-12 所示。

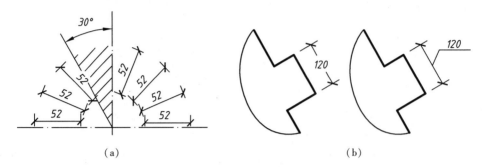

（a）　　　　　　　　　　　　　　　　　　（b）

图 1-11　尺寸数字的读数方向

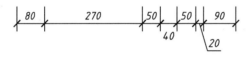

图 1-12　尺寸数字的注写位置

5. 尺寸的排列与布置

　　布置尺寸应整齐、清晰，便于阅读。为此，尺寸应尽量注在图形轮廓线以外，不宜与图线、文字及符号等相交（图 1-13）。对于互相平行的尺寸线，应从被标注的图形轮廓线起由近向远整齐排列，小尺寸靠内，大尺寸靠外。在建筑工程图上，内排尺寸距离图形轮廓线不宜小于 10mm，平行排列的尺寸线之间，宜保持 7~10mm 的距离。

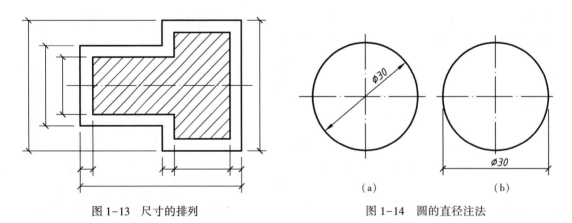

图 1-13　尺寸的排列　　　　　　　　　　图 1-14　圆的直径注法

6. 直径、半径和角度的尺寸注法

　　圆的直径尺寸可注在圆内（图 1-14a），也可注在圆外（图 1-14b）。注在圆内时尺寸线应通过圆心，方向倾斜，两端用箭头作为起止符号，箭头指着圆周。箭头应画成细而长

的形式，长度约 3~5mm。引到圆外按长度形式标注时应加画尺寸界线，尺寸线上的起止符号仍为 45°短画。无论用哪种形式标注直径，直径数字前均应加写直径符号"φ"。小圆直径的注法可采用图 1-15 所示的形式。

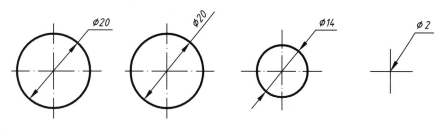

图 1-15　小圆直径的注法

半径的尺寸线应自圆心画至圆弧，圆弧一端画上箭头，半径数字前面加写半径符号"R"（图 1-16）。

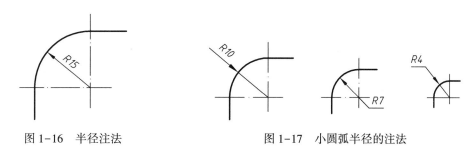

图 1-16　半径注法　　　　　　　　图 1-17　小圆弧半径的注法

较小半径的圆弧可用图 1-17 所示的形式标注。当圆弧的半径很大时，其尺寸线允许画成折线，或者只画指着圆周的一段，但其方向仍须对准圆心，箭头仍旧指着圆弧，如图 1-18 所示。

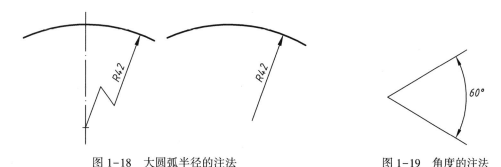

图 1-18　大圆弧半径的注法　　　　　　图 1-19　角度的注法

角度的尺寸线应以弧线表示，弧线的圆心应是该角的顶点，角的两条边为尺寸界线。角度尺寸的起止符号以箭头表示，角度数字水平方向排列，如图 1-19 所示。

7. 其他尺寸的注法

标注坡度时，在坡度数字下面加画单面箭头，箭头应指向下坡方向。坡度数字可写成比例形式（图 1-20a），也可写成比值形式（图 1-20b）。坡度还可用直角三角形的形式标注（图 1-20c），在某些专业工程图上还有不画箭头，而沿着坡线方向直接写出坡度比例的注法（图 1-20d）。

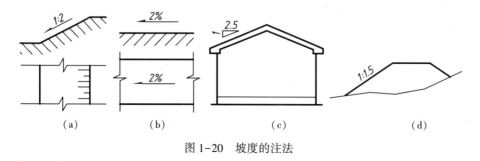

图 1-20　坡度的注法

建筑物上某部位的**标高（高程）**应注在标高符号上，其样式如图 1-21 所示。标高符号用细实线绘制，45°等腰三角形的高度约 3mm，其尖端指着被注的高度。标高数字以米为单位，视不同的专业工程图的要求注写至小数点以后第三位或第二位。

零点标高应注写成 ±0.000，正数标高不注"+"，负数标高应注"-"，例如 3.000，-0.600。

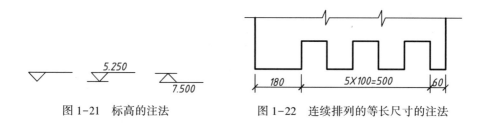

图 1-21　标高的注法　　　　图 1-22　连续排列的等长尺寸的注法

对于等间距的连续尺寸，可用"个数×等长尺寸＝总长"的形式注写，如图 1-22 所示。

8. 几种典型的错误注法

图 1-23 示出了初学者容易出现的几种错误注法，请读者辨认一下每种注法错在哪里。

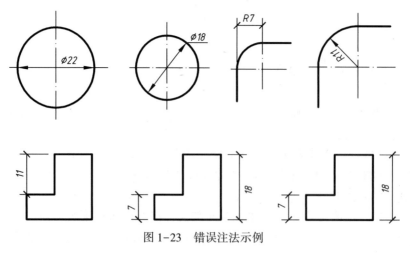

图 1-23　错误注法示例

§1.7 手工绘图的一般方法和步骤

1.7.1 尺规作图的一般步骤

1. 准备工作

（1）准备好画图所用的图纸和各种工具、仪器，并用清洁的抹布将用具和图板擦拭干净。绘图铅笔的数量要充足，按要求提前削好、磨好，画图时铅笔不能将就、凑合。

常用的绘图工具有图板、丁字尺、三角板、圆规、分规、比例尺等。图板用来铺放图纸，其左边为工作边。丁字尺是由尺头和尺身组成的 T 形尺子，画图时尺头靠在图板的工作边上，沿尺身的上边缘画水平线。一副三角板有两块，一块是 45°等腰直角三角形的板，另一块是有 30°、60°角的直角三角形的板，三角板与丁字尺配合用来画竖直线，或者画斜线。圆规用来画圆。分规有两只针脚，用来截量长度。比例尺上刻有比例刻度，是按比例度量长度用的。

（2）详细阅读有关资料，弄清所绘图样的内容和要求。

（3）用胶带纸将图纸固定在图板靠左下方的位置上，纸边不要紧贴图板边缘。

2. 画铅笔底稿

手工绘制工程图很难一次成图，一般总要先打底稿。铅笔底稿是用 2H 或 3H 等较硬的铅笔画出的，各种图线在底稿上均画得很轻、很细，但应清晰明确，易于辨认。画底稿的一般顺序是：

（1）首先画出图纸的外边框、图框线和标题栏，标题栏内的文字可暂不书写，但应按字号要求打好写字的方格和导线。

（2）根据所画图样的内容及复杂程度选择画图的比例，并根据包容每个图形的最大方框和标注尺寸、书写视图名称所需的地方布置图面，使整幅图疏密得当。

（3）分别画出各个图形的基线，基线是画图及度量尺寸的基准。对称的图形以轴线或中心线为基线，非对称的图形可以以最下边的水平轮廓线和最左边的竖直轮廓线为基线。

（4）分别绘制各个图形。

（5）画尺寸界线、尺寸线，起止符号和数字暂且空着，但应打出填写数字的导线和书写汉字的方格。

（6）仔细检查有无差错和遗漏。

3. 描黑

（1）按线型的粗细要求用较软的铅笔在底稿上加深描黑。可用 HB 或 B 的铅笔描粗实线和虚线，用 H 铅笔描点画线和细实线。描黑圆弧时应该使用更软一些的铅芯。

（2）描黑的次序大致是先上后下，先左后右，先曲后直，先粗后细。画线的运笔速度要平稳，用力要均匀，以保证同一条线粗细一致，全图深浅统一。要特别强调：细和轻是两个不同的概念，细实线固然很细，但绝非"轻"线、"淡"线，所以对细实线也要用力地描黑。尺寸线、尺寸界线都是图的有效成分，不应该只留下轻轻的底子，似有似无，而一定要把它们加深描黑。

（3）描黑后用粗细适当的 HB 铅笔补画尺寸起止符号，清楚地填写尺寸数字、书写文字说明，包括标题栏内的文字。

4. 复制

原图需要经过复制，才能分发到各个使用部门。新的复制方法是使用工程图复印机复印图纸。

1.7.2　徒手画图

徒手画图用于画草图，是一种快速勾画图稿的技术。在日常生活和工作中用到徒手画图的机会很多。工程上设计师构思一个建筑物或产品，工程师测绘一个工程物体，都会用到徒手画图的技能。在计算机绘图技术发展的今天，要用计算机成图也需要先徒手勾画出图稿。由此可见徒手画图是一项重要的绘图技术。

徒手画图时可以不固定图纸，也不使用尺子截量距离，画线靠徒手，定位靠目测。但是草图上亦应做到线型明确，比例协调。不要误以为画草图就可以潦草从事。

图 1-24　徒手画线

初学者练习画草图可以在印好方格的草图纸上进行，印好的格线可以作为视觉上的参考。握笔及画线的手势如图 1-24 所示。画直线时应先定好两个端点的位置，笔自起点慢慢移向终点时眼睛可注视着终点。画水平线时自左向右画，画竖直线时自上向下画，画斜线时可将图纸适当转动一下，以画线时感到顺手为度。画圆、圆弧、椭圆等曲线时可凭目测先定出它们上面的一些点，然后逐点连成光顺的曲线，如图 1-25 所示。

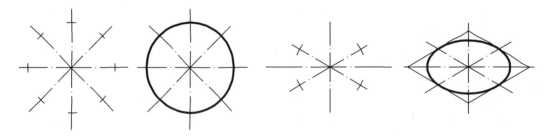

图 1-25　圆和椭圆的画法

§1.8　手工绘图中的几何作图

几何作图是指根据已知条件按几何定理用普通的作图工具进行的作图。下面举出几种常遇到的几何作图问题和作图方法。

1.8.1 按坡度比例画坡度线

斜线的坡度是指它上面任两点间线段的竖直分量与水平分量长度之比。例如竖直分量 1 单位长、水平分量 4 单位长所确定的斜边其方向即为 1:4 的坡度。过一点按指定坡度画斜线即可按此定义作图，如图 1-26 所示。

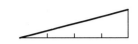

图 1-26　作 1:4 的坡度线

1.8.2 根据外接圆画正六边形

图 1-27（a）表示了用 60°三角板画正六边形的方法，图 1-27（b）表示的是根据外接圆半径用圆规、直尺画正六边形的作图方法。

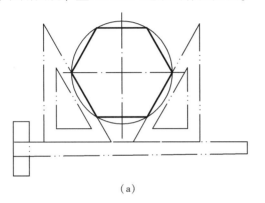
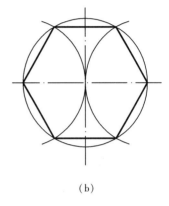

（a）　　　　　　　　　　　　　　（b）

图 1-27　画正六边形

1.8.3 用圆弧连接两相交直线

如图 1-28 所示，设有相交直线 ab 与 bc，已知连接圆弧的半径 r，连接的作图方法如下：

（1）作与 ab、bc 平行且相距为 r 的两条辅助直线，它们相交得 O 点；

（2）过 O 作 ab、bc 的垂线，得切点 d、e；

（3）以 O 为圆心，以 r 为半径画弧 de，即为连接圆弧。

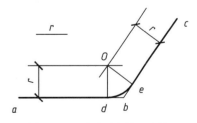

图 1-28　用圆弧连接两直线

1.8.4 用圆弧顺向连接直线与圆弧

如图 1-29 所示，设已知直线 ab 和半径为 r_1 的圆 O_1，并知连接圆弧的半径 r，连接的作图方法如下：

（1）作与 ab 相距为 r 的平行线；

（2）以 O_1 为圆心，以 $r-r_1$ 的长度为半径作弧，弧与平行线相交得 O；

（3）过 O 向 ab 作垂线，得切点 c，连 OO_1 并延长得切点 d；

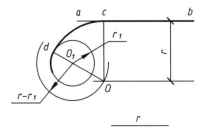

图 1-29　用圆弧连接直线与圆弧

（4）以 O 为圆心，以 r 为半径画弧 dc，即为连接圆弧。

在第（2）步中若以 $r+r_1$ 的长度为半径画弧与平行线相交，则可得反向连接的圆弧中心。

1.8.5　用圆弧顺向连接两已知圆弧

如图 1-30 所示，设已知半径为 r_1 和 r_2 的两圆弧 O_1、O_2，并知连接圆弧的半径 r，连接的作图方法如下：

（1）分别以 O_1、O_2 为圆心，以 $r-r_1$、$r-r_2$ 为半径画两圆弧，它们相交得连接圆弧的圆心 O；

（2）连直线 OO_1、OO_2，交已知圆弧得切点 a、b；

（3）以 O 为圆心，以 r 为半径画弧 ab，即为连接圆弧。

仿此也可推演出反向连接的作图方法。

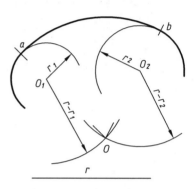

图 1-30　用圆弧连接两圆弧

1.8.6　根据长短轴画椭圆

根据椭圆的长、短轴画椭圆时，需求出属于椭圆上的一些点，然后用曲线板光顺连接起来。求点的作图方法示于图 1-31 中，提要如下：

（1）以长、短轴为直径作两同心圆；

（2）过圆心作径向辐射线与大、小圆相交；

（3）过与大圆的交点作线平行于短轴，过与小圆的交点作线平行长轴，两线的交点为椭圆上的点。

也可以根据长、短轴用四段圆弧拼接一个近似的椭圆，作图方法示于图 1-32 中。简要提示如下：

（1）连接长、短轴端点得 ac，在短轴线上量 $Oe=Oa$，在 ac 上量 $cf=ce$；

（2）作 af 的中垂线，中垂线交长轴和短轴于 O_1、O_2，定出它们的对称点 O_3、O_4，共得四个圆心；

（3）以 O_1a 为半径可画出弧 21 和 43，以 O_2c 为半径可画出弧 14 和 32。

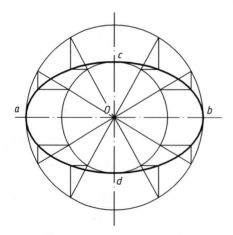

图 1-31　同心圆法求点作椭圆

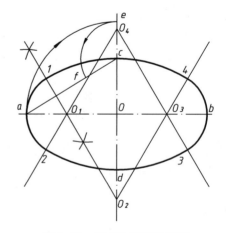

图 1-32　四心法作近似椭圆

1.8.7 几何连接作图举例

已知图1-33所示图形，要求按图上所注尺寸和几何关系正确画出此图形。

首先，对图形进行分析，并画出根据已知尺寸可直接画出的线条，得到该图的基本形状，如图1-34（a）所示。在此基础上按照连接关系求出各连接圆弧的圆心和切点，画出各段连接圆弧（图1-34b），经过修饰最后得到所要求的图形。

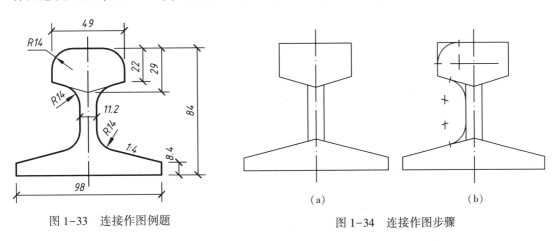

图1-33　连接作图例题　　　　　　　　　　　　图1-34　连接作图步骤

§1.9　计算机绘图概述

计算机绘图是使用计算机及其他图形设备生成、处理、存贮、输入或输出图形的新型图形技术。传统的绘图方式是手工绘图，即人们借助于简单的绘图工具进行的人工绘图。这种绘图方式工作效率很低，而且要画出高质量的精细图形还有一定的技术难度。由于计算机科学的发展，引起了图形技术的深刻变革。在计算机及其外部设备的辅助下，产生一幅高质量的图可以完全不依赖制作者的绘图技能，而且其成图的工作效率也是人工难以与之相比的。人们梦寐以求的绘图自动化今天已经成了现实。

计算机绘图的历史不长，但发展迅速，已经成为成熟的实用技术，广泛应用于诸多行业和领域。在工程技术部门，计算机图形技术是设计自动化的重要基础，计算机辅助设计（CAD）的发展和广泛应用是与计算机图形技术的发展密切联系在一起的。在我国，计算机图形技术的应用已相当普遍，许多设计部门已经基本上改变了以手工绘图为主要绘图手段的状况，计算机绘图的出图量占到很高的比重。学习和掌握计算机图形技术实在是客观形势的必然要求。

本书将在第8、9两章具体讲述使用计算机绘图软件AutoCAD帮助绘图的基本方法和操作技术，读者应实地上机操作练习，并完成一定数量的绘图作业。

第2章 投影法和点的多面正投影

§2.1 投 影 法

2.1.1 投影的形成和分类

在进行工程设计和科学研究时，为了表达现实生活中的三维空间形体，需要借助于只有长度和宽度的二维平面（图纸）来准确描述它的形状和大小，投影原理为这种表达方法提供了理论基础。

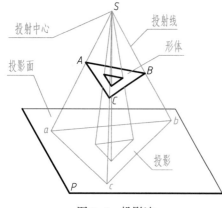

图 2-1 投影法

在图 2-1 中，有平面 P 以及不在该平面上的一点 S，需作出点 A 在平面 P 上的图像。将 S、A 连成直线，作出 SA 与平面 P 的交点 a，即为点 A 的图像。平面 P 称为**投影面**，点 S 称为**投射中心**，直线 SA 称为**投射线**，点 a 称为点 A 的**投影**。这种产生图像的方法称为**投影法**。

投影法分为**中心投影法**和**平行投影法**两类。

1. 中心投影法

当投射中心 S 在有限远时，投射线都相交于点 S，如图 2-1 所示。这种由投射中心把形体投射到投影面上而得出其投影的方法称为中心投影法，所得的投影称为**中心投影**。人的单眼视觉、照相等都是中心投影法的实例。

2. 平行投影法

当投射中心移到无穷远时，所有的投射线都互相平行，如图 2-2 所示。在这种情形下把形体投射到投影面上而得出其投影的方法称为平行投影法，所得的投影称为**平行投影**，

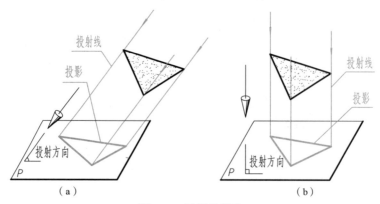

（a） （b）

图 2-2 平行投影法

投射线的方向称为**投射方向**。

根据投射方向的不同，平行投影法又分为两种：投射方向倾斜于投影面时称为**斜投影法**，如图 2-2（a）所示；投射方向垂直于投影面时称为**正投影法**，所得的投影称为**正投影**，如图 2-2（b）所示。

2.1.2 两种投影法共有的基本性质

中心投影法和平行投影法在工程上都得到了应用。组成立体的基本几何要素是点（顶点）、线（直线或曲线）和面（平面或曲面），关于它们的投影，两种投影法具有一些共同的基本性质，主要有：

1. 同素性

同素性是指点的投影仍为点，直线非退化的投影仍为直线，曲线非退化的投影仍为曲线。

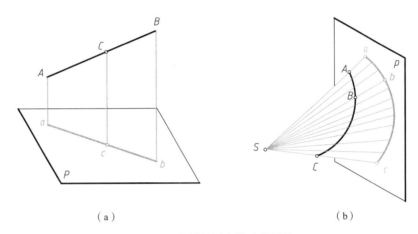

（a）   （b）

图 2-3　投影的同素性及从属性

2. 从属性

从属性是指投影不破坏点与线的从属关系。点在线上，其投影必在该线的同面投影上。如图 2-3（a）所示，点 C 在 AB 直线上，则投射线 Cc 在平面 ABba 上，Cc 与投影面 P 的交点 c 必在 ABba 与投影面 P 的交线 ab 上。又如图 2-3（b）所示，点 B 在曲线 ABC 上，则其投影 b 必在 ABC 的同面投影 abc 上。

3. 积聚性

积聚性是指直线、平面或某些曲面在一定的条件下投影发生聚合的现象。当直线通过了投射中心或与投射方向一致时，其投影积聚成一点。如图 2-4（a）所示，直线 AB 平行于投射方向，过直线 AB 上所有点的投射线都将重合，所以 AB 在投影面上的投影将重合成一点，此点即为 AB 上所有点的**积聚投影**。

当平面图形通过了投射中心或平行于投射方向时，其投影积聚成一条直线。如图 2-4（b）所示，□ABCD 平行于投射方向，过平面上所有点的投射线都将在□ABCD 平面内，它们与投影面的交点将集合为一条直线，该直线即平面的积聚投影，平面上所有点的投影都积聚在此直线上。

有的曲面在一定条件下其投影也有积聚性。

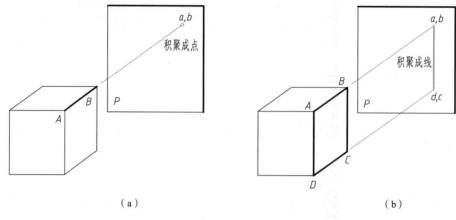

（a）   （b）

图 2-4 投影的积聚性

2.1.3 平行投影法的特有性质

图形在平行投影中保持不变的性质称为图形的**相仿性**，平面图形非退化的平行投影，其形状是原图形的**相仿形**。在相仿形中主要有如下一些相仿性质：

1. 平行性

在平行投影里互相平行的直线其同面投影保持平行关系不变，这一性质称为**平行性**。如图 2-5 所示，$AB /\!/ CD$，则 $ABba /\!/ CDdc$，此两平面与投影面 H 的交线 ab、cd 必互相平行。

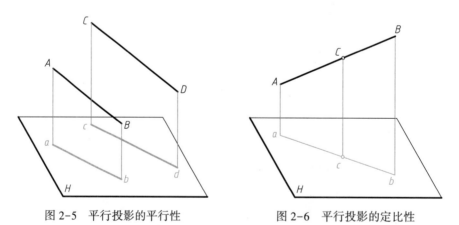

图 2-5 平行投影的平行性   图 2-6 平行投影的定比性

2. 定比性

在平行投影里线段间的长度比例关系其同面投影上保持不变，即一直线上两线段长度之比或两平行线段的长度之比在其投影上仍保持比值不变。这一性质称为**定比性**。

如图 2-6 所示，直线线段 AB 上的点 C 分割 AB 成两段，由于过各点的投射线互相平行，故 $AC : CB = ac : cb$。

又如图 2-5 所示，空间两平行线段 AB、CD 的长度之比，等于这两线段在同一投影面上的投影长度之比，即 $AB : CD = ab : cd$。

3. 凸凹性

平面图形的平行投影不改变其**凸凹特征**，即凸多边形的平行投影仍是凸多边形，凹多边形上向内凹进的顶点的投影，是多边形投影向内凹进的顶点，如图 2-7 中的顶点 F 及其投影 f。

4. 接合性

共面两线之间的**接合关系**在平行投影中不被破坏。相交两线的投影仍然相交，两线交点的投

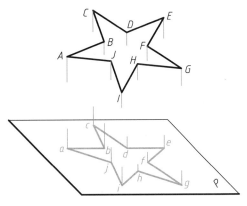

图 2-7　平行投影的凸凹性

影是两线投影的交点；曲线及其切线，其平行投影仍然保持相切，并且切点的投影是它们的投影上的切点（图 2-8a）。根据这种关系，曲线的外切多边形，其平行投影是曲线投影的外切多边形，并且切点的投影是投影上的切点（图 2-8b）。

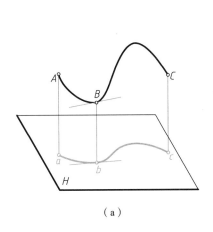

（a）

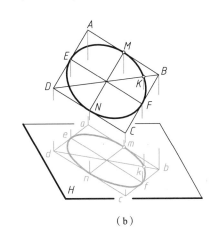

（b）

图 2-8　平行投影的接合性

综上所述，相仿性是平行投影特有的普遍性质，相仿形是具有相仿性的图形。如果投影不发生积聚，图形被投射成相仿形是平行投影的一般规律。平面多边形的相仿形是边数不变、凸凹相同的多边形，多边形里如果有平行边，则其相仿形里亦有对应的平行边，且符合定比性；圆的相仿形是椭圆；双曲线的相仿形仍是双曲线；抛物线的相仿形仍是抛物线。在特殊情形下，当直线平行于投影面时，则其平行投影将反映线段的**实长**；当平面图形平行于投影面时，则其上的所有线段都将平行于投影面，因此整个图形的平行投影将反映原图形的真实形状和大小，称之为原图形的**实形**。实形是相仿形的特殊情形，投影反映实形是图形平行于投影面这一特殊条件下的产物，不是普遍规律。在图 2-9（a）中，AB∥P 平面，则 $ABba$ 为平行四边形，故 $ab = AB$。在图 2-9（b）中，□$ABCD$∥P 平面，则它与 □$abcd$ 对应边平行且相等，故两矩形全等。

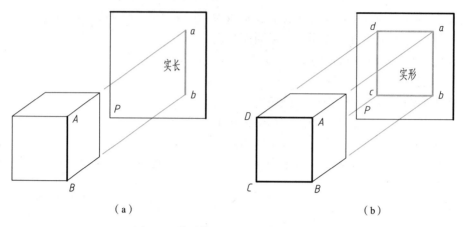

（a）　　　　　　　　　　　　　　　　（b）

图 2-9　特殊情况下平行投影的实形性

2.1.4　单个投影不可逆

在投射方向、投影面都确定的情况下，一个点有唯一确定的投影。但反过来，仅仅根据一个投影，无法还原出原来的点是在投射线的什么位置，如图 2-10 所示。对于形体，一些不同形状的形体可能会有相同的投影。所以，只有一个投影而无其他附加条件，就无法确定形体的实际形状，如图 2-11 所示。

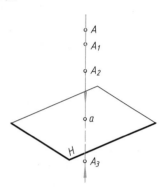

图 2-10　多个点共有一个投影

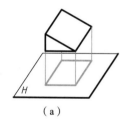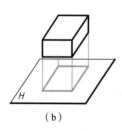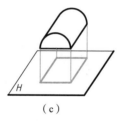

（a）　　　　　　　（b）　　　　　　　（c）

图 2-11　不同的形体可能有相同的投影

2.1.5　工程上常用的四种图示方法

为了绘制房屋、桥梁、隧道、水坝等各种工程结构物的图样，常根据所绘对象的特点和对图形的要求而采用不同的图示方法。工程上常用的图示方法有：**多面正投影法**、**轴测投影法**、**标高投影法**和**透视投影法**。

1. 多面正投影法

将形体向两个或多个互相垂直的投影面上作正投影，然后把投影面按一定的规则展平到同一平面上，就得到了形体的**多面正投影图**。这是能够完全确定形体形状的图示方法。

图 2-12 是一个形体的三面正投影图，它是从形体的前面、上面、左面分别向三个互相垂直的投影面作正投影，然后按一定的规则将三个投影面展开在同一平面上得到的。

多面正投影图绘图简便，度量性好，适于作为施工建造的依据，所以在工程上应用非常广泛。这种图示方法的缺点是图形的直观性较差，人们必须经过投影法的训练才能看懂它。本书在后面的章节将大量讨论这种图示方法。以后在没有特别指明投影方法时，均指的是多面正投影法。

2. 轴测投影法

轴测投影法是一种平行投影法，得到的图如图 2-13 所示。这一方法是将空间形体连同确定该形体位置的直角坐标系一起沿不平行于任一坐标面的方向平行地投射到一个投影面上，从而得出其投影的方法。用这种投影方法作出的投影称为**轴测投影图**（简称**轴测图**），它的特点是在一个图形上能同时表现物体的长、宽、高三个方向，直观性强，在一定条件下也能直接度量。它的缺点是作图比较费时，表面形状有变形。工程上多用来作为多面正投影图的辅助性图样。

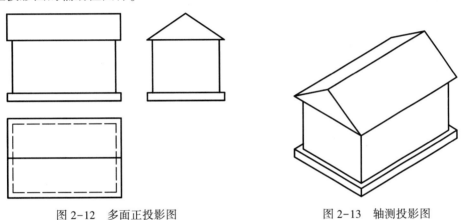

图 2-12 多面正投影图　　　　图 2-13 轴测投影图

3. 标高投影法

标高投影法是在一个水平面上作出形体的正投影，并用数字把形体表面上各部分的高度标注在该正投影上而得到投影图的方法。图 2-14（a）所示是一个小山头的**标高投影**

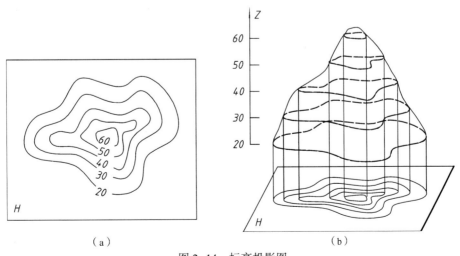

（a）　　　　　　（b）

图 2-14 标高投影图

图，它是假想用一组高差相等的水平面切割山头，如图 2-14（b）所示，将所得到的一系列交线（称为**等高线**）垂直地投射在水平面 H 上，并用数字标出这些等高线的标高而得到的。

4. 透视投影法

透视投影法属于中心投影法。图 2-15 是某建筑物的**透视投影图**。这种图的优点是富有立体感和真实感，形象逼真，与人们日常观看景物时所得到的影像基本一致，它特别适合于画建筑物外貌和内部陈设的直观效果图。这一方法的缺点是作图繁杂费时，不易度量。

图 2-15　透视投影图

§2.2　三投影面体系及点的三面投影图

由于多面正投影是本书研究的主要内容，故由此开始，凡是讨论多面正投影的部分，都把正投影简称为投影。

2.2.1　三面投影图的形成

前已述及，当形体与投影面的相对位置确定以后，其投影即被唯一地确定；但仅有形体的一个投影却不能反过来确定形体本身的形状和大小。因此，工程上常采用在两个或三个两两互相垂直的投影面上作投影的方法来表达形体，以满足可逆性的要求。

1. 两面投影图

一般形体，至少需要两个投影，才能确切地表达出形体的形状和大小。例如图 2-16（a）中设立了两个投影面，**水平投影面 H**（简称 **H 面**）和垂直于 H 面的**正立投影面 V**（简称 **V 面**）。图中所示棱柱的下棱面平行于 H 面，前后底面平行于 V 面，只使用其单独的一个 H 面投影或 V 面投影均不能唯一确定该形体的空间形状。但是，如果用 H 投影和 V 投影共同来表示它，就能比较明确地说明所示形体的形状。

相互垂直的 H 面和 V 面构成了一个**两投影面体系**。两投影面的交线称为**投影轴**，H 面和 V 面之间的投影轴用 OX 标记它。作出形体的两个投影之后，移出形体，再将两投影面

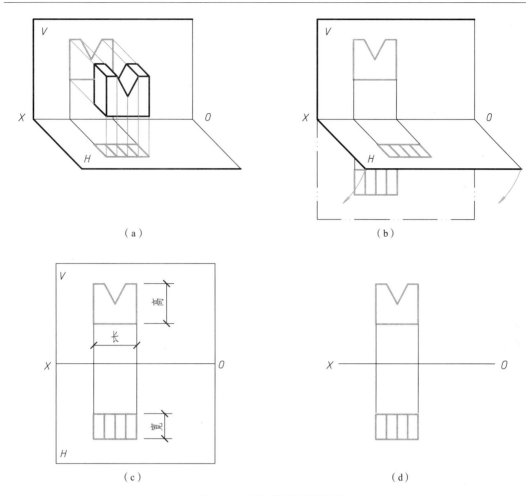

（a）

（b）

（c）

（d）

图 2-16 两面投影图的形成

展开，如图 2-16（b）所示。展开时规定 V 面不动，使 H 面连同其上的水平投影以 OX 为轴向下旋转，直至与 V 面在同一个平面上。这时 H 投影反映形体的长度和宽度，V 投影反映形体的长度和高度。展开后，H 投影和 V 投影左右保持对齐，这种投影关系常常说成"**长对正**"，如图 2-16（c）所示。用形体的两个投影组成的投影图称为**两面投影图**。在绘制投影图时，由于投影面是无限大的，所以在投影图中不需画出其边界线，如图 2-16（d）所示。

实际上投影面是可以无限扩展的，若把 H 面向后、V 面向下扩展，无限空间便被分成四部分，如图 2-17 所示，每一部分称为一个**分角**。面对 X 轴左端，按逆时针方向排列，依次为第 Ⅰ、Ⅱ、Ⅲ、Ⅳ分角。形体或几何元素可以是在第一分角内，也可以是在别的分角内。

2. 三面投影图

对于一些较复杂的形体，或者形体的放置方法

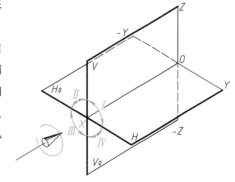

图 2-17 四个分角

25

不合适，只有两个投影还是不能确定其形状。解决的办法是设置第三个投影面，作出形体的第三个投影。

如图 2-18（a）所示，三个两两互相垂直的投影面构成了**三投影面体系**，用形体的三个投影组成的投影图称为**三面投影图**。

三个投影面分别为：水平投影面 H，简称 H 面；正立投影面 V，简称 V 面；**侧立投影面 W**，简称 W 面。

投影面之间的交线称为投影轴：H 面和 V 面的交线为 OX 轴，H 面和 W 面的交线为 OY 轴，V 面和 W 面的交线为 OZ 轴。

三投影轴两两互相垂直，它们交于一点 O。$O\text{-}XYZ$ 可以构成一个空间直角坐标系。

作形体的投影时，把形体放在三个投影面之间的空间，并尽可能使形体的主要特征面平行于或垂直于相应的投影面，以便使其投影尽可能多地反映形体表面的实形和外形轮廓，如图 2-18（a）所示。

形体在这三个投影面上的投影分别称为**水平投影**、**正面投影**和**侧面投影**。作水平投影时，投射线垂直于水平投影面，由上向下作投影；作正面投影时，投射线垂直于正立投影面，由前向后作投影；作侧面投影时，投射线垂直于侧立投影面，由左向右作投影。

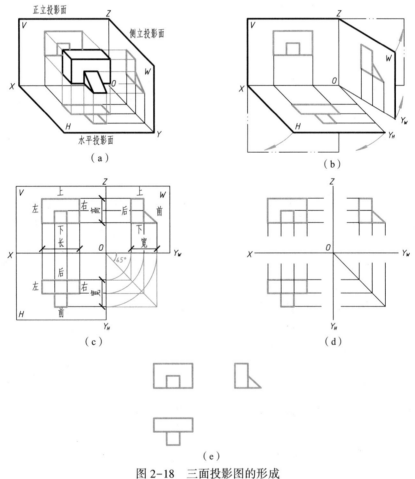

图 2-18　三面投影图的形成

为了能够把三个投影画在一张图纸上，就需把三个投影面按一定规则展开到一个平面上。其方法如图 2-18（b）所示，V 面不动，将 H 面和 W 面沿 OY 轴分开，然后，H 面连同其上的水平投影绕 OX 轴向下旋转，W 面连同其上的侧面投影绕 OZ 轴向右旋转，直到与 V 面在同一平面上为止。这时 OY 轴出现了两次，跟随 H 面的一条标以 OY_H，跟随 W 面的一条标以 OY_W，如图 2-18（c）所示。展开后，正面投影在左上方，水平投影在正面投影的正下方，侧面投影在正面投影的正右方。这就是形体的三面投影图，如图 2-18（d）所示。由于投影面是无限大的，因此，投影面边框不需画出。

通常研究投影图时，不会涉及形体与投影面距离远近的问题，亦即投影轴也可省略不画，但其方向是默认的，如图 2-18（e）所示，这种图称为**无轴投影图**。

2.2.2 三面投影图的特性

1. 投影图的度量关系

形体沿 OX 轴方向的尺寸称为长，沿 OY 轴方向的尺寸称为宽，沿 OZ 轴方向的尺寸称为高。从图 2-18（c）中可以看出：水平投影反映形体的长和宽，正面投影反映形体的长和高，侧面投影反映形体的宽和高。

由于三个投影表达的是同一个形体，而且进行投射时，形体与各投影面的相对位置保持不变，所以无论是整个形体，还是形体的各个部分，它们的投影必然保持下列关系：

正面投影与水平投影左右是对正的；

正面投影与侧面投影上下是平齐的；

水平投影与侧面投影分离在两处，但保持着宽度相等的关系。

当形体的三面投影图画在同一张图纸上时，必需遵守这些规则。其中水平投影与侧面投影之间宽度相等的关系，在作图时可用分规截取，但初学时可借助于从 O 点引出的 45°辅助线作出，如图 2-18（d）所示。45°辅助线必须画准确，以确保水平投影与侧面投影之间的宽度相等。

2. 投影图的方位关系

在画正面投影时，相当于观察者面向 V 面，形体上靠近观察者的一侧称为前面，靠近 V 面的一侧称为后面，如图 2-18（a）所示。三个投影所反映的空间方位关系为：

水平投影反映形体的左右、前后关系；

正面投影反映形体的左右、上下关系；

侧面投影反映形体的上下、前后关系。

在三面投影图中，水平投影及侧面投影中靠近正面投影的一侧是后方，远离正面投影的一侧是前方，如图 2-18（c）所示。图中形体上的小三棱柱在四棱柱的前方，因此，其水平投影和侧面投影都在远离正面投影的一侧。

2.2.3 点的三面投影图

点是构成形体的最基本元素。为了把握好所画投影图的正确性，现在从形体上分离出点加以研究。

1. 点在两投影面体系中的投影

空间点的投影仍然是点。

　　规定：空间点的标识使用大写字母，如 A、B、C、…；点的水平投影用相应的小写字母表示，如 a、b、c、…；点的正面投影用相应的小写字母及其右上角加注一撇表示，如 a'、b'、c'、…；点的侧面投影用相应的小写字母及其右上角加注两撇表示，如 a''、b''、c''、…。

　　图 2-19（a）是将点 A 放在两投影面体系中的情形。将点 A 向 H 面投射得水平投影 a，它反映了空间点 A 在左右和前后方向的坐标，即 a（x_A，y_A）；将点 A 向 V 面投射得正面投影 a'，它反映了空间点 A 在左右和上下方向的坐标，即 a'（x_A，z_A）。由点的两个投影可以看出，点 A 在空间的位置可被其两个投影 a 和 a' 唯一确定，因为两个投影反映了点的三个方向的坐标（x_A，y_A，z_A）。点 A 可用投影表示为 A（a，a'）。

　　将 H 面绕 OX 轴向下旋转 90° 与 V 面重合，得图 2-19（b）所示的投影图，去掉投影面的边界线，如图 2-19（c）所示。图中 a 和 a' 的连线垂直于 OX 轴，此线称为投影连线，即 $aa' \perp OX$。

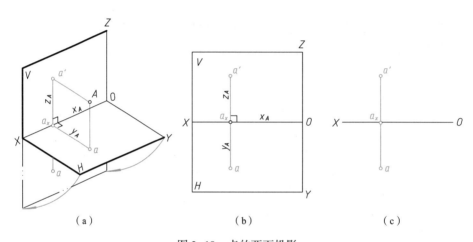

图 2-19　点的两面投影

　　综上所述，得点的两面投影规律：

　　（1）**两投影的连线垂直于投影轴**，如图 2-19（c）所示，$aa' \perp OX$；

　　（2）**某一投影到投影轴的距离，等于其空间点到另一投影面的距离**，如图 2-19（a）、（b）所示，有 $aa_x = Aa' = y_A$，$a'a_x = Aa = z_A$。

　　[**例 2-1**] 已知点 A 的坐标为（16，9，12），如图 2-20（a）所示，试以毫米（mm）为度量单位画出点 A 的两面投影图。

　　[**解**] 根据点的两面投影规律进行如下作图：

　　（1）自 O 点起在 OX 轴上量取 16mm，得 a_x，过 a_x 作直线垂直于 OX 轴，如图 2-20（b）所示；

　　（2）在所作垂线上，自 a_x 向下量取 9mm，得 a，如图 2-20（c）所示；

　　（3）自 a_x 向上量取 12mm，得 a'，完成的图形如图 2-20（d）所示。

　　2. 点在三投影面体系中的投影

　　图 2-21（a）是把点 A 放入三投影面体系中进行投射的直观图。由于 H 面与 W 面向下向右展开后，Y 轴分成了 Y_H 与 Y_W，相应地 a_Y 也分成了 a_{Y_H} 与 a_{Y_W} 两个点。图 2-21

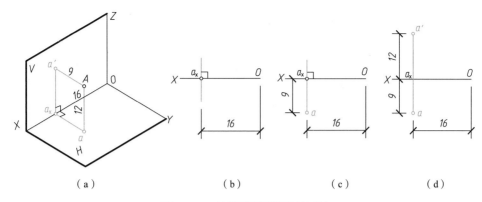

图 2-20　点的两面投影图的画法

（b）为点 A 的三面投影图。

用三个投影表达点 A 时，可写成 A（a，a'，a''）。

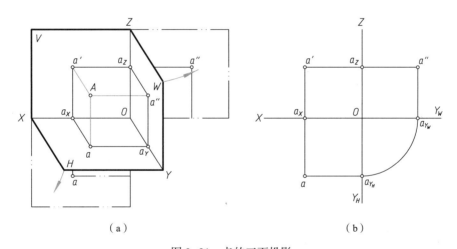

图 2-21　点的三面投影

根据点的两面投影规律，进一步可以得出点的三面投影规律：

（1）$a'a \perp OX$；$a'a'' \perp OZ$；$aa_{Y_H} \perp OY_H$；$a''a_{Y_W} \perp OY_W$。

（2）$a'a_x = a''a_{Y_W} = a_zO = Aa = $ 点 A 到 H 面的距离；

$\quad aa_x = a''a_z = a_{Y_H}O = a_{Y_W}O = Aa' = $ 点 A 到 V 面的距离；

$\quad a'a_z = aa_{Y_H} = a_xO = Aa'' = $ 点 A 到 W 面的距离。

3. 点的坐标与投影的关系

如图 2-21（a）所示，把互相垂直的 V、H、W 三个投影面作为直角坐标系 O-XYZ 的三个坐标平面，投影轴 OX、OY、OZ 即为三条坐标轴，O 点为坐标原点。

点 A 的 x 坐标反映点 A 至 W 面的距离，数值上等于 Oa_x 的长度，它确定点 A 的左右位置；

点 A 的 y 坐标反映点 A 至 V 面的距离，数值上等于 Oa_y 的长度，它确定点 A 的前后位置；

点 A 的 z 坐标反映点 A 至 H 面的距离，数值上等于 Oa_z 的长度，它确定点 A 的上下位置。

点的每个投影可由两个坐标确定，a 由 (x_A, y_A) 确定、a' 由 (x_A, z_A) 确定、a'' 由 (y_A, z_A) 确定。

[**例 2-2**] 已知点 A 的坐标为 $(18, 7, 12)$，求作它的三面投影 a、a'、a''。

[**解**] 画出投影轴，自原点 O 分别在 X、Y、Z 轴上量取 18、7、12 个单位，得 a_x、a_{Y_H}、a_{Y_W}、a_z，如图 2-22 (a) 所示。再过 a_x、a_{Y_H}、a_{Y_W}、a_z 四点分别作 X、Y、Z 轴的垂线，它们两两相交，得交点 a、a'、a''，即为所求点 A 的三个投影，如图 2-22 (b) 所示。

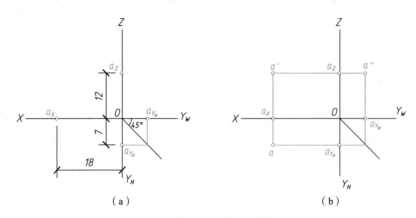

图 2-22　点的三面投影图的画法

4. 根据点的两面投影求第三投影

分析点 A 的三个投影 a (x_A, y_A)、a' (x_A, z_A)、a'' (y_A, z_A) 可知，三个投影中的任意两个，都包含有确定该点空间位置所必须的三个坐标 (x_A, y_A, z_A)。因此，由点的任意两个投影可以作出其第三个投影。

[**例 2-3**] 如图 2-23 (a) 所示，已知点 A 的两个投影 a'、a''，求作 a。

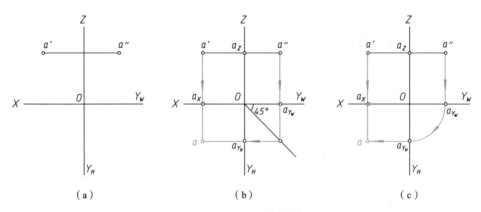

图 2-23　由点的两投影作其第三投影

[**解**] 由点的三面投影规律可知，$a'a \perp OX$，$aa_x = a_{Y_H}O = a_{Y_W}O = a''a_z$。由此可得作图

方法如图2-23（b）或图2-23（c）所示。其中图2-23（b）所示的方法较为常用。

5. 两点的相对位置

点的坐标值反映了空间点的左右、前后、上下位置。比较两点的坐标，就可以判别两点在空间的相对位置，x大者在左；y大者在前；z大者在上。

[例2-4] 如图2-24（b）所示，已知两点A、B的投影，试判断两点的相对位置。

[解] 以A（a，a'，a''）为基准，将B点的坐标与A点进行比较，则有：

$\Delta x = (x_B - x_A)$ 为负值，点B在点A之右。

$\Delta y = (y_B - y_A)$ 为正值，点B在点A之前。

$\Delta z = (z_B - z_A)$ 为负值，点B在点A之下。

这个判断结果可以从图2-24（a）的直观图中直接观察到。

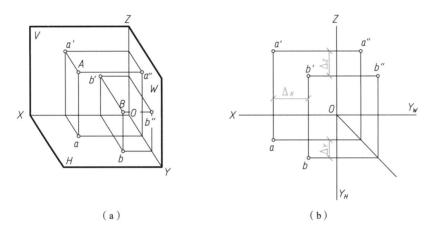

（a） （b）

图2-24 两点的相对位置

只要保持两点同面投影的坐标差不变，那么两点与投影面距离的变化并不影响两点的相对位置。因此，当研究的问题不涉及形体与投影面的距离时就可以不画出投影轴了，如图2-25（c）所示。

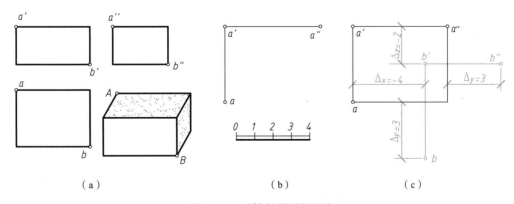

（a） （b） （c）

图2-25 无轴投影图的画法

[例2-5] 点A、B是长方体的一对对顶点（图2-25a），长方体的长、宽、高分别为

4、3、2，已知点 A 的三个投影，如图 2-25（b）所示，试画出点 B 的三个投影。

　　[解]　长方体的尺寸决定了 A、B 两点间的相对位置，改变长方体对投影面的距离不影响长方体的投影形状和大小，所以本题不需要画投影轴。以 A 点为基准点，B 点与 A 点的坐标差为：$\Delta x=-4$，$\Delta y=3$，$\Delta z=-2$，根据点的坐标与投影的关系可作图求出点 B 的三个投影 b、b'、b''，作图过程及结果如图 2-25（c）所示。

　　6. 重影点

　　当空间两点处于同一条投射线上时，它们在该投射线所垂直的投影面上的投影便会重合在一点上。这样的空间两点称为对该投影面的**重影点**，重合在一起的投影称为**重影**。

　　图 2-26（a）中，点 A、B 是对 H 面的重影点，a、b 则是它们的重影；点 A、C 是对 V 面的重影点，a'、c' 则是它们的重影。

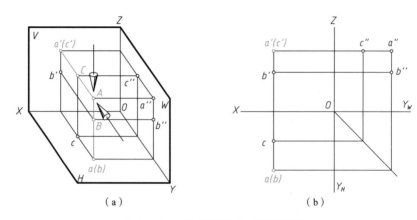

图 2-26　点的重影及其可见性判断

　　重影点的重合投影有左遮右、前遮后、上遮下的现象，在左、前、上的点其相应的投影为可见，在右、后、下的点其相应的投影为不可见，不可见的投影其标记要加注圆括号。例如图 2-26（b）中水平投影 a、b 重合，由正面投影或侧面投影可以看出 A 点在 B 点之上，所以从上面向下观看时 A 可见，B 不可见，则 b 用（b）表示。同理，从前面向后观看时 A 可见，C 不可见，则 c' 用（c'）表示。

§2.3　辅助正投影

2.3.1　点的辅助投影

　　形体在三个基本投影面 H、V、W 上的投影一般能够充分表明形体各部分的形状。但在形体具有斜的、歪的部分时，该部分在基本投影面上的投影就会有变形、扭曲，使得表达不够清晰、简明，也不便于解决空间的作图问题。这时，为了表达局部形状或解决作图问题的需要，可以有目的地以某个投影面为基础，增设一个与之垂直的新的投影面。这个投影面称为**辅助投影面**，形体上有关部分在辅助投影面上的投影，称为**辅助投影**。

　　辅助投影面必须垂直于原有投影面之一，并与被投影的对象保持有利于解决问题的方向。

如图 2-27（a）所示，设立一个辅助投影面 V_1 垂直于 H 面，且与 V 面倾斜。V_1 面与 H 面构成了一个新的两投影面体系，它们的交线为新的投影轴 O_1X_1，称为**辅助投影轴**。点 A 在 V_1 面上的投影 a_1' 称为点 A 的辅助投影。a_1' 到 O_1X_1 轴的距离仍反映点 A 的 z 坐标，即点 A 到 H 面的距离，亦即等于 V 面上 a' 到 OX 轴的距离。

辅助投影面展开时，V_1 面绕 O_1X_1 轴旋转至与 H 面重合，如图 2-27（a）所示，然后将 H 面连同重合其上的 V_1 面一齐向下旋转到与 V 面重合，如图 2-27（b）所示。

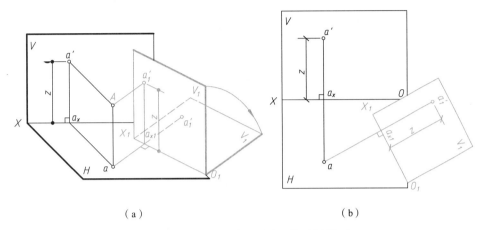

（a） （b）

图 2-27 以 H 面为基础建立辅助投影面

去掉投影面的边框，得到点 A 的辅助投影图，如图 2-28 所示。新旧两投影面体系的投影图上，共有投影面 H。因此，把 H 面上的投影 a 称作被保留的旧投影，原 V 面上的投影 a' 称作被替换的投影，即另一旧投影。点 A 在新的两投影面体系内的投影仍满足点的两面投影规律，即辅助投影与被保留的旧投影间的连线垂直于辅助投影轴 O_1X_1，辅助投影到辅助投影轴的距离仍反映点到 H 面的距离，亦即等于另一旧投影到原投影轴的距离。

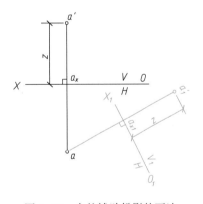

图 2-28 点的辅助投影的画法

综上所述，根据点的原有投影作出其辅助投影的方法为：

自被保留的旧投影向辅助投影轴作垂线，与辅助投影轴交于一点，自交点起在垂线上截量一段距离，使其等于另一旧投影到原投影轴的距离，即得点的辅助投影。

为了表示清楚各个投影面的位置，可在投影轴 OX 和 O_1X_1 的两侧，分别标注该轴相邻两投影面的标记，即在 OX 轴上方注写 V，下方注写 H；在 O_1X_1 轴的 H 面一侧注写 H，另一侧注写 V_1。下标 1 表示第一次作辅助投影。

也可以以 V 面为基础建立辅助投影面，如图 2-29（a）所示。新的辅助投影面 H_1 与 V 面垂直，与 H 面倾斜，H_1 面与 V 面的交线为辅助投影轴 O_1X_1，H_1 面与 V 面构成新的两投影面体系。展开时，H_1 面绕 O_1X_1 旋转到与 V 面重合，见图 2-29（b）。

现在 V 面上的投影 a' 是被保留的旧投影，而 H 面上的投影 a 是另一旧投影，辅助投影

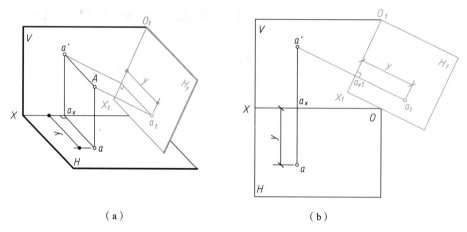

（a） （b）

图 2-29 以 V 面为基础建立辅助投影面

a_1 的作法仍遵循前述的规律，如图 2-30 所示。

2.3.2 连续作点的辅助投影

如果有必要，可在一次所作辅助投影的基础上第二次再作新的辅助投影。如在图 2-31（a）中，在作了辅助投影的 V 和 H_1 两投影面体系中，再作新的辅助投影面 $V_2 \perp H_1$，得到 V_2 和 H_1 组成新的两投影面体系，新的辅助投影轴为 O_2X_2。两次辅助投影间的关系跟第一次辅助投影与原基本投影间的关系是一样的。将 H_1 面和 V_2 面分别旋转展开，如图 2-31（b）所示，得到点的辅助投影图。

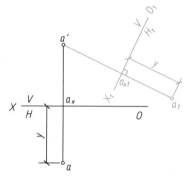

图 2-30 点的辅助投影的画法

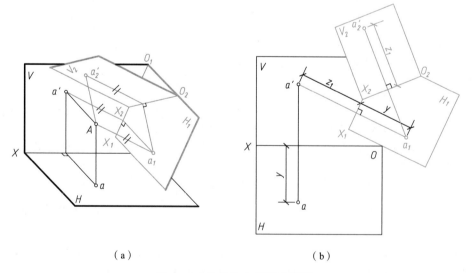

（a） （b）

图 2-31 连续作点的辅助投影

求第二次的辅助投影时，H_1 面上的投影 a_1 是被保留的旧投影，V 面上的投影 a' 是被替换的另一旧投影，新的辅助投影 a_2' 到新的辅助投影轴 O_2X_2 的距离等于另一旧投影 a' 至 O_1X_1 轴的距离，新辅助投影 a_2' 的作法如图 2-32 所示。

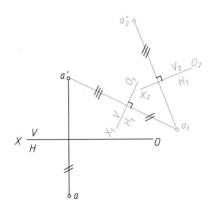

图 2-32 点的两次辅助投影的画法

第3章 平面立体的投影及线面投影分析

工程形体的几何形状虽然复杂多样，但都可以看作是由一些**基本几何体**叠加、切割或交接组合而成的。基本几何体分为**平面体**和**曲面体**两大类。本章介绍平面体的投影及其作图问题。

§3.1 平面立体的三面投影

由多个平面围成的立体，称为**平面立体**，简称平面体，也称**多面体**。平面体的每个表面都是平面多边形。最基本的平面体有**棱柱**、**棱锥**、**棱台**等，如图3-1所示。

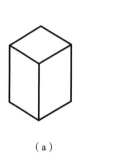 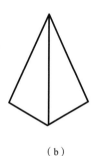 

（a） （b） （c）

图3-1 常见的平面立体
（a）棱柱；（b）棱锥；（c）棱台

3.1.1 棱柱

棱柱有两个互相平行的多边形底面，其余的面称为棱柱的**棱面**或**侧面**，相邻两个棱面的交线，称为**棱线**或**侧棱**，棱线互相平行。棱线垂直于底面的棱柱称为**直棱柱**，棱线与底面斜交的棱柱称为**斜棱柱**，底面是正多边形的直棱柱称为**正棱柱**。

为使直棱柱的投影能反映底面的实形和棱线的实长，通常使其底面和棱线分别平行于不同的投影面，如图3-2所示。

图3-2（a）是一个正六棱柱在三投影面体系中的空间情况。正六棱柱的底面平行于 H 面，前后两棱面平行于 V 面，而其他棱面均垂直于 H 面。

图3-2（b）是正六棱柱的三面投影图。由正投影的特性可知，上、下底面的水平投影反映实形，即正六边形，其正面投影和侧面投影均积聚为两段水平线；前、后两棱面的正面投影反映实形，即中间的矩形，其水平投影和侧面投影分别积聚为两段水平线和两段竖直线；由于其他四个棱面都垂直于 H 面，所以它们的水平投影积聚为四段斜线，而正面投影和侧面投影均为不反映实形的矩形（原矩形的相仿形）。

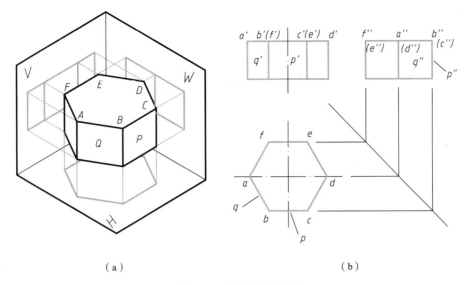

（a） （b）

图 3-2 正六棱柱的投影

3.1.2 棱锥

棱锥有一个多边形底面，其余各面是有一个公共顶点的三角形，称为棱锥的棱面或侧面。相邻两个棱面的交线，称为棱线或侧棱，各棱线汇交于顶点。如果棱锥的底面是正多边形，且锥顶位于通过底面中心而垂直于底面的直线上，这样的棱锥叫**正棱锥**。

为便于画图和看图，通常使其底面平行于一个投影面，并尽量使一些棱面垂直于其他投影面，如图 3-3 所示。

图 3-3（a）是一个正三棱锥在三投影面体系中的空间情况。正三棱锥的底面 ABC 平行于 H 面，后棱面 SAC 垂直于 W 面，而棱面 SAB 和 SBC 与三个投影面都倾斜。

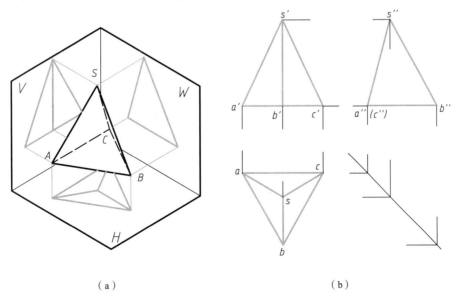

（a） （b）

图 3-3 正三棱锥的投影

图 3-3（b）是正三棱锥的三面投影图。由正投影的特性可知，底面的水平投影 *abc* 反映实形，为正三角形，其正面投影和侧面投影均积聚为水平线。棱面 *SAC* 的侧面投影 *s″a″c″* 积聚成一段倾斜的直线，其他两投影 *sac* 和 *s′a′c′* 为不反映实形的三角形。棱面 *SAB* 和 *SBC* 的三个投影均为不反映实形的三角形。

3.1.3　棱台

用平行于棱锥底面的平面将棱锥截断，去掉顶部，所得的形体称为棱台。因此，棱台的上、下底面为相互平行的相似形，而且所有棱线的延长线将汇交于一点。

为便于画图和看图，通常使其上、下底面平行于一个投影面，并尽量使一些棱面垂直于其他投影面，如图 3-4 所示。

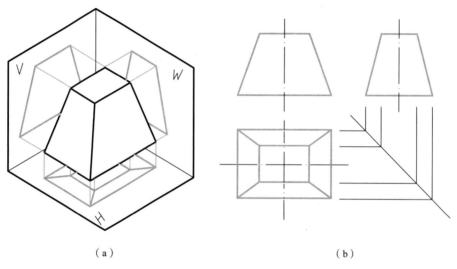

（a）　　　　　　　　　　　　　（b）

图 3-4　四棱台的投影

图 3-4（a）是一个四棱台在三投影面体系中的空间情况。四棱台的上、下底面平行于 *H* 面；左、右两棱面垂直于 *V* 面；前、后两棱面垂直于 *W* 面。

图 3-4（b）是四棱台的三面投影图。由正投影的特性可知，上、下底面的水平投影为两个反映实形的矩形，它们的正面投影和侧面投影均积聚为水平线。四棱台棱面的正面投影和侧面投影均为等腰梯形，梯形的上、下底分别为四棱台上、下底面的积聚投影；正面投影中梯形的两腰分别为四棱台左、右两棱面的积聚投影；侧面投影中梯形的两腰分别为四棱台前、后两棱面的积聚投影。三面投影图中四棱台各棱线的投影延长后将分别汇交于同一点（锥顶）的三个投影。

因底面的形状不同，棱柱、棱锥和棱台的种类很多，图 3-5 示出的是常见的一部分。图中虚线表示的是不可见棱线的投影。今后，常用实线和虚线区分形体上的可见与不可见部分。

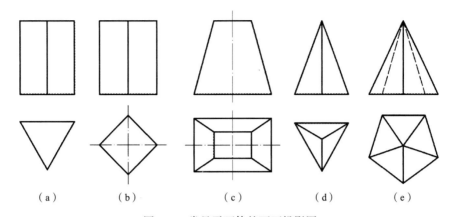

图 3-5　常见平面体的两面投影图

（a）三棱柱；（b）四棱柱；（c）四棱台；（d）三棱锥；（e）五棱锥

§3.2　立体上直线的投影分析

3.2.1　直线的投影

直线的投影在一般情况下仍为直线，只有在特殊情况下，直线的投影才会积聚成一点。

根据初等几何，两点决定一直线。如图 3-6（a）所示，要确定四棱锥上直线 AB 的空间位置，只要定出 A、B 两点的空间位置，连接起来即可确定该直线的空间位置。作直线 AB 的投影图时，如图 3-6（b）所示，只要分别作出 A、B 两点的三面投影 a、a′、a″ 和 b、b′、b″，然后分别把这两点的同面投影连接起来，即得直线 AB 的投影 ab、a′b′、a″b″。

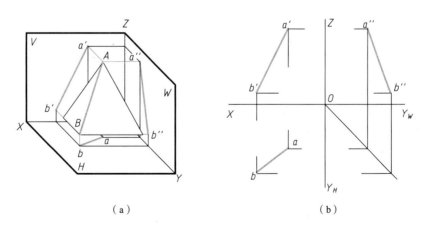

（a）　　　　　　　　　　　　　　（b）

图 3-6　直线的投影

3.2.2　与投影面成各种倾斜状态的直线

空间直线与某投影面的夹角，称为直线对该投影面的**倾角**。对 H 面的倾角记为 α，对

V 面的倾角记为 β，对 W 面的倾角记为 γ。

直线在三投影面体系中，根据它对投影面的倾斜状态不同，可以分为三种类型：

平行于某一投影面而与另两个投影面倾斜的直线，称为**投影面平行线**；

垂直于某一投影面的直线（这时它将同时平行于另两个投影面），称为**投影面垂直线**；

对三个投影面都倾斜的直线，称为**任意斜直线**。

投影面平行线和投影面垂直线可统称为**特殊放置的直线**，简称**特殊直线**。

1. 投影面平行线的投影特性

平行于水平投影面的直线简称为**水平线**，如图 3-7（a）中的 AB；平行于正立投影面的直线简称为**正平线**，如图 3-7（d）中的 BC；平行于侧立投影面的直线简称为**侧平线**，如图 3-7（g）中的 AC。

表 3-1 中对应于图 3-7 列出了三种投影面平行线的投影特性。

投影面平行线的投影特性　　　　　　　　　　　　　　　　　　表 3-1

	水平线	正平线	侧平线
H 投影	ab 倾斜，反映实长、β 和 γ 角	$bc/\!/OX$ 轴，长度缩短	$ac/\!/OY_H$ 轴，长度缩短
V 投影	$a'b'/\!/OX$ 轴，长度缩短	$b'c'$ 倾斜，反映实长、α 和 γ 角	$a'c'/\!/OZ$ 轴，长度缩短
W 投影	$a''b''/\!/OY_W$ 轴，长度缩短	$b''c''/\!/OZ$ 轴，长度缩短	$a''c''$ 倾斜，反映实长、α 和 β 角

2. 投影面垂直线的投影特性

垂直于水平投影面的直线简称为**铅垂线**，如图 3-8（a）中的 AB；垂直于正立投影面的直线简称为**正垂线**，如图 3-8（d）中的 AC；垂直于侧立投影面的直线简称为**侧垂线**，如图 3-8（g）中的 AD。

表 3-2 中对应于图 3-8 列出了三种投影面垂直线的投影特性。

投影面垂直线的投影特性　　　　　　　　　　　　　　　　　　表 3-2

	铅垂线	正垂线	侧垂线
H 投影	ab 积聚成一点	$ac\perp OX$ 轴，反映实长	$ad\perp OY_H$ 轴，反映实长
V 投影	$a'b'\perp OX$ 轴，反映实长	$a'c'$ 积聚成一点	$a'd'\perp OZ$ 轴，反映实长
W 投影	$a''b''\perp OY_W$ 轴，反映实长	$a''c''\perp OZ$ 轴，反映实长	$a''d''$ 积聚成一点

3. 任意斜直线的投影特性

图 3-9（a）为四棱锥在三投影面体系中的直观图，其棱线 AB 为任意斜直线，它对三个投影面都是倾斜的。这种直线的投影特性是：三个投影都是倾斜线段，并且投影长度都小于实长，如图 3-9（b）、（c）所示。

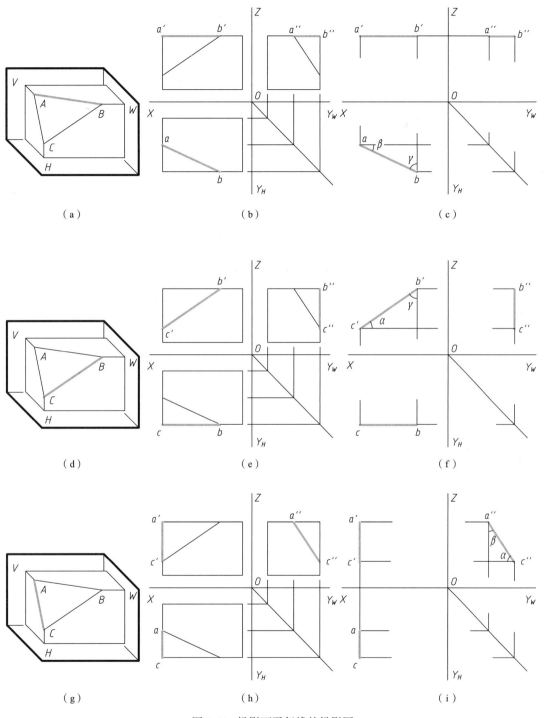

图 3-7　投影面平行线的投影图

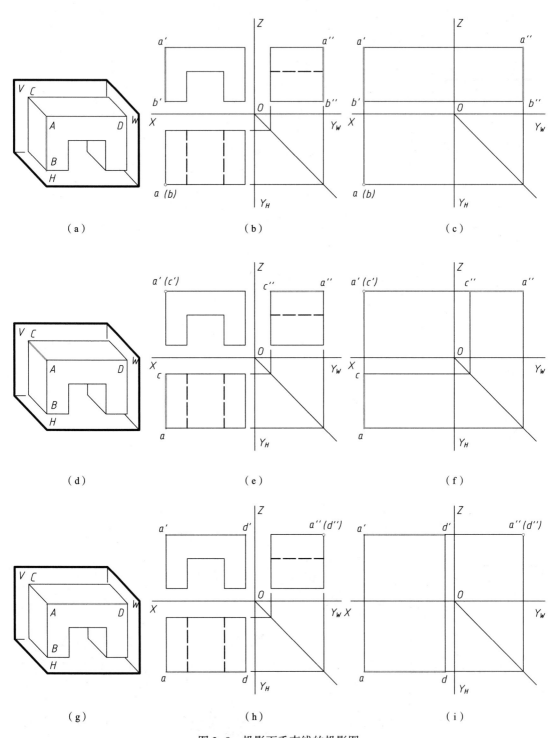

（a）　　　　　　　　（b）　　　　　　　　（c）

（d）　　　　　　　　（e）　　　　　　　　（f）

（g）　　　　　　　　（h）　　　　　　　　（i）

图 3-8　投影面垂直线的投影图

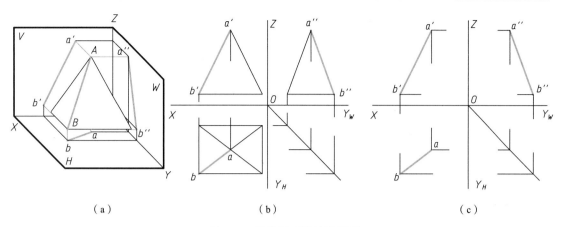

（a）　　　　　　　　　（b）　　　　　　　　　（c）

图 3-9　任意斜直线的投影图

3.2.3　直线上的点

1. 直线上点的投影特性

根据投影基本性质中的从属性，点在直线上，点的投影必定在直线的同面投影上。如图 3-10 所示，点 K 在直线 SA 上，则其三投影 k 在 sa 上，k' 在 $s'a'$ 上，k'' 在 $s''a''$ 上。反之，由其三个投影的从属关系，可得知点 K 在直线 SA 上。又根据定比性，必有 $sk:ka=s'k':k'a'=s''k'':k''a''=SK:KA$ 的关系。

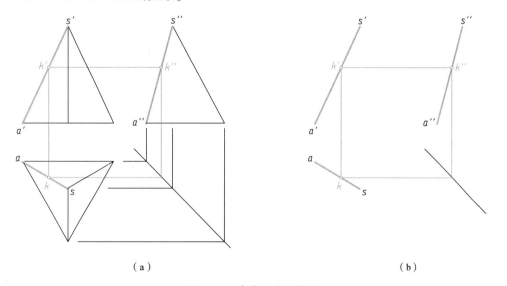

（a）　　　　　　　　　　　　　　　（b）

图 3-10　直线上点的投影

2. 在直线上定点

利用直线上点的投影特性，如果点在直线上，由点的一个投影，可以作出它的其余两投影（当点的已知投影在直线的积聚投影上时例外）。

[**例 3-1**] 如图 3-11（a）所示，已知侧平线 SB 上点 K 的 V 面投影 k'，求其水平投影。

[解] 根据从属性和点的投影规律，先由 k' 可求得 k''，再求得 k，如图 3-11（b）所示。也可以不作 W 面投影，利用定比关系，作辅助线求得 k，如图 3-11（c）所示。

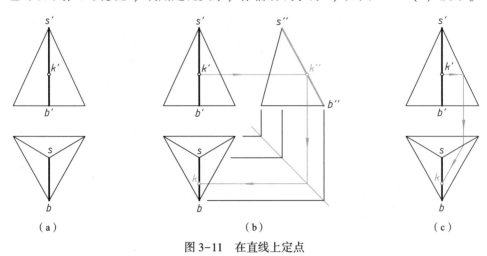

（a）　　　　　　　　　　（b）　　　　　　　　　　（c）

图 3-11　在直线上定点

3.2.4　两直线间的相对几何关系

两直线间的相对几何关系有**平行**、**相交**和**交错**三种情形。前两种为**共面直线**，后一种为**异面直线**。

图 3-12 所示形体上 AB 和 CD 为平行直线，AB 和 BC 为相交直线，AB 和 CE 为交错直线。

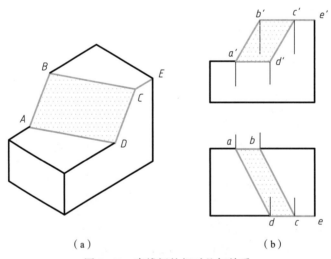

（a）　　　　　　　　　　　　　（b）

图 3-12　直线间的相对几何关系

1. 两直线平行

由投影的基本性质可知，两直线平行，其同面投影都平行，如图 3-13 所示。反之，如果两直线的同面投影都平行，则空间两直线必定平行。从投影图上判别两直线是否平行时，一般根据两面投影便可以判断两直线是否平行，但当直线为某投影面的平行线时，如图 3-14（a）所示，则需由它们在该投影面上的投影参加判断才能说明问题。在图 3-14

（a）中 AB 和 CD 为侧平线，故需作出它们在 W 面上的投影 $a''b''$ 和 $c''d''$ 进行判断，从图 3-14（b）中可以看出 $a''b''$ 和 $c''d''$ 不平行，于是判定 AB 和 CD 为不平行。本例也可以根据两直线是否共面、是否符合定比关系等方法作图进行判断。

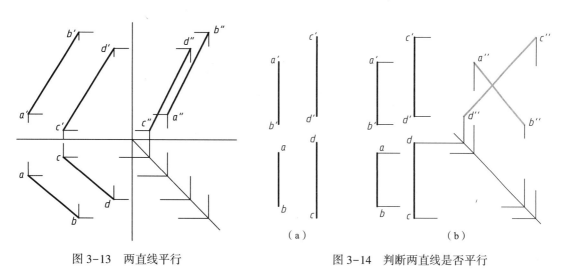

图 3-13　两直线平行　　　　　　　　　　图 3-14　判断两直线是否平行

2. 两直线相交

由投影基本性质可知，两直线相交，其同面投影都相交，且各投影的交点满足同一个点的投影规律，如图 3-15（a）所示。反过来，从投影图上判别两直线是否相交时，一般根据两面投影便可以作出判断，例如图 3-15（a）中的 AB 和 CD，由于两投影的交点 k 和 k' 同在一条竖直的投影连线上，所以 AB 和 CD 为两相交直线。但当有直线为某投影面的平行线时，如图 3-15（b）所示，CD 为侧平线，则需作出该直线所平行的那个投影面上的投影 $a''b''$ 和 $c''d''$ 进行判断，由图 3-15（b）的作图结果表明 AB 和 CD 为不相交。本例也可以根据直线的共面、定比等关系作图进行判断。

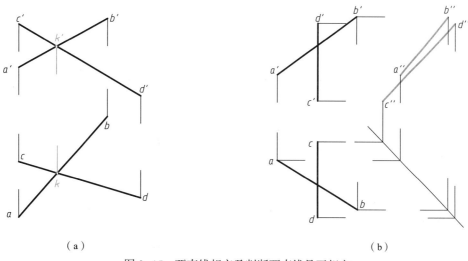

（a）　　　　　　　　　　　　　（b）

图 3-15　两直线相交及判断两直线是否相交

3. 两直线交错

既不平行也不相交的两直线，称为交错（或交叉）直线，如图 3-16 所示。一般情况下，两交错直线的三面投影可能也相交，但各投影的交点并不符合点的投影规律，各投影的交点不是同一个点的三投影。两交错直线的某一两个投影有可能出现平行，但不可能三面投影都平行，如图 3-14 所示，AB 和 CD 不平行也不相交，为两交错直线。

两交错直线投影的交点，是位于一条投射线上分别属于二直线的两个点的重合投影。如图 3-16（b）所示，水平投影上的交点 1、2 是 CD 直线上的 I 点和 AB 直线上的 II 点的重合投影，I 点和 II 点是水平投影面的重影点，I 点可见，II 点不可见；正面投影上的交点 3′、4′是 CD 直线上的 III 点和 AB 直线上的 IV 点的重合投影，III 和 IV 是正立投影面的重影点，IV 点可见，III 点不可见。

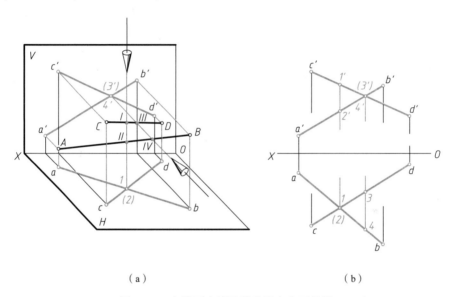

（a）　　　　　　　　　　　（b）

图 3-16　交错两直线及其重影点和可见性

4. 两直线垂直

在投影图上一般不能如实反映相交两直线间的夹角大小，所以互相垂直的直线在投影图上一般不反映垂直关系。但当相交垂直或交错垂直的两直线中至少有一条为某个投影面的平行线时，则它们在该直线所平行的那个投影面上的投影反映垂直关系。如图 3-17（a）中的 AB⊥BC，其中 AB 平行于 H 面，则水平投影上必有 ab⊥bc（图 3-17b、c）。这个投影规律称为**直角投影法则**（证明过程略）。

反之，如果两直线在某一投影面上的投影垂直，而且其中至少一条直线为该投影面的平行线，则这两条直线在空间一定相互垂直。

图 3-18 为交错垂直的两直线 AB 与 CD，其中 CD 为水平线，则此两直线在 H 面上的投影相互垂直（ab⊥cd）。反之，根据 CD 为水平线及 H 面上的投影 ab⊥cd，则可认定 AB 与 CD 在空间一定相互垂直。

[**例 3-2**] 已知矩形 ABDC 的一边 AB 为水平线，并给出 AB 的两投影 ab、a′b′和 AC 的正面投影 a′c′，试完成该矩形的两面投影图（图 3-19a）。

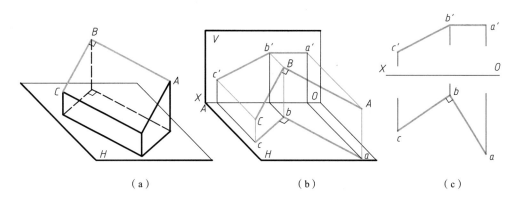

（a） （b） （c）

图 3-17 两直线相交垂直

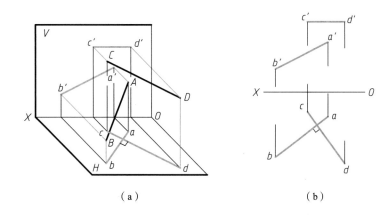

（a） （b）

图 3-18 两直线交错垂直

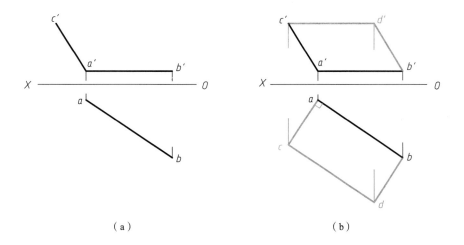

（a） （b）

图 3-19 完成矩形 *ABCD* 的两面投影图

[解] 矩形的邻边互相垂直，即 $AB \perp AC$，又因为 AB 为水平线，所以，根据直角投影法则，应有 $ab \perp ac$。再根据矩形对边平行的性质即可完成矩形 $ABDC$ 的两投影。

作图步骤如下（见图 3-19b）：

（1）分别过 b' 和 c' 作 $a'c'$ 和 $a'b'$ 的平行线，两者的交点即为 D 点的正面投影 d'；

（2）过 a 作 ab 的垂线，再由 c' 作 OX 轴的垂线，两者的交点即为 C 点的水平投影 c；

（3）分别过 b 和 c 作 ac 和 ab 的平行线，两者的交点即为 D 点的水平投影 d。

如果作图无误，d 与 d' 的连线必垂直于 OX 轴。

3.2.5　直线的辅助投影

由前述可知，当直线平行于投影面时，其相应的投影反映线段的实长；当直线垂直于投影面时，其相应的投影有积聚性，这些都有利于形状的表达或完成某些作图问题。任意斜直线的投影没有这些特性，完成某种作图可能比较费事，为使任意斜直线获得上述投影特性，可通过建立直线的辅助投影的方法来实现。

为使直线的辅助投影反映实长或有积聚性，就需要恰当地选择辅助投影面。如何选择辅助投影面，在投影图上就表现为如何放置辅助投影轴，这要看需要解决的问题是什么。主要有两类问题：

1. 原投影不反映线段实长、倾角的直线，需要其辅助投影反映线段的实长、倾角

解决这类问题，辅助投影面需要与直线平行且与原投影面之一垂直，因此辅助投影轴需要平行于直线的原投影之一。如图 3-20（a）所示，作铅垂面 $V_1 /\!/ AB$，则 V_1 与 H 构成新的两投影面体系。这时 AB 为 V_1 面的平行线，根据投影面平行线的投影特性，新投影 $a_1'b_1'$ 反映线段的实长和对 H 面的倾角，被保留的投影 ab 平行于新投影轴 O_1X_1。因此，在适当的位置作 ab 的平行线 O_1X_1，即为需要的辅助投影轴。再按求点的辅助投影的方法作出直线两端点的辅助投影，即可获得直线的辅助投影（图 3-20b）。

同样，亦可用平行于 AB 的正垂面 H_1 作为新的投影面，使 H_1 与 V 构成新的两投影面体系。这时 AB 为 H_1 面的平行线，辅助投影轴 O_1X_1 应平行于原投影 $a'b'$，求出的辅助投影 a_1b_1 将反映线段的实长和对 V 面的倾角。

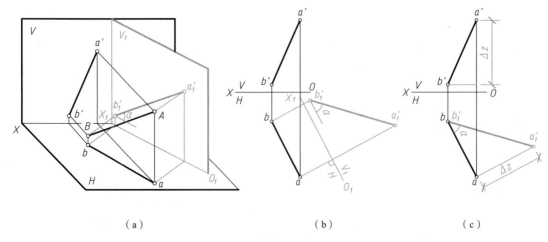

（a）　　　　　　　　　　（b）　　　　　　　　　　（c）

图 3-20　怎样选轴使任意斜直线成为新投影面的平行线

从图上可以看出，只要辅助投影轴 O_1X_1 平行于 ab，O_1X_1 的具体位置只影响辅助投影与被保留投影间的距离而不影响求得的实长和倾角，即使把 O_1X_1 摆放得使 b_1' 与 b 重合，也能得到正确的实长和倾角（图 3-20c）。因此，在两面投影中求线段的实长和倾角时，甚至可以不必画出 O_1X_1，只需以线段原来的一个投影为一条直角边，以线段原来的另一投影的竖向分量长度为另一直角边画直角三角形，则该三角形的斜边长度即为线段的实长，斜边与被保留投影间的夹角即为直线与被保留投影面间的倾角。这种简化的求解实长和倾角的方法常称为**直角三角形法**。

2. 原投影无积聚性的直线，需要其辅助投影有积聚性

该类问题是要使直线在新投影面体系中为投影面的垂直线。如果是任意斜直线，只建立一次辅助投影面是不行的，因为垂直于任意斜直线的平面，它也倾斜于原投影面中的任何一个，所以构不成新的投影面体系，故需分成两步进行。

如果直线为某投影面的平行线，垂直于直线的平面也同时垂直于相应的投影面，所以作一次辅助投影就可以了。如图 3-21（a）所示，AB 为正平线，可作正垂面 $H_1 \perp AB$，则 H_1 与 V 构成新的两投影面体系。这时 AB 为 H_1 面的垂直线，辅助投影 a_1b_1 积聚为一点，原投影 $a'b'$ 垂直于新投影轴 O_1X_1，如图 3-21（b）所示。因此，作图时在适当位置作 $a'b'$ 的垂直线即为需要的辅助投影轴 O_1X_1。

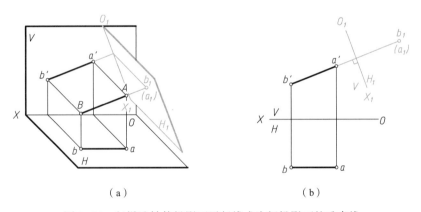

（a）　　　　　　　　　　　　　　（b）

图 3-21　怎样选轴使投影面平行线成为新投影面的垂直线

图 3-22 中分两步使任意斜直线 AB 成为新的投影面垂直线。即先建立 V_1 平行于任意斜直线且垂直于 H 投影面，这时 AB 成了新投影面的平行线；再建立 H_2 垂直于 AB 和 V_1，则在 V_1 和 H_2 投影面体系中 AB 就是投影面的垂直线。

在投影图上完成上述过程的作图方法如图 3-23 所示。在 V 和 H 投影面体系中，AB 为任意斜直线，作 $O_1X_1 /\!/ ab$，则在 V_1 和 H 投影面体系中 AB 为 V_1 面的平行线；再作 $O_2X_2 \perp a_1'b_1'$，则在 V_1 和 H_2 投影面体系中 AB 为 H_2 面的垂直线，新投影 a_2b_2 积聚为一点。

同样，亦可先用平行于 AB 的正垂面 H_1 作为辅助投影面，使 AB 成为新投影面的平行线，再作垂直于 AB 和 H_1 的 V_2 面，则在 V_2 和 H_1 组成的投影面体系中 AB 就是 V_2 面的垂直线。

[**例 3-3**] 求点 M 到任意斜直线 AB 的距离（图 3-24a）。

[**解**] 过 M 点向 AB 直线作垂线，沿垂线从 M 点到垂足的线段长度即为 M 到 AB 的距离。但一般情况下垂线的投影不反映垂直关系，故不能直接求出所求的距离。如果建立辅

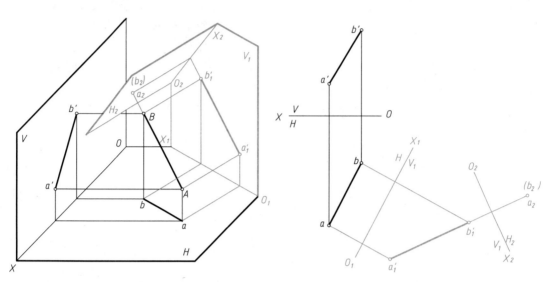

图 3-22　怎样使任意斜直线成为新投影面的垂直线　　图 3-23　使任意斜直线成为新投影面的垂直线

助投影面使 AB 成为投影面的垂直线，则 AB 的新投影将积聚为一个点，点 M 的新投影仍为点，这两点间的距离即为点 M 到直线 AB 的距离。本题中 AB 为任意斜直线，因此需经过两次作辅助投影，才能求得结果。作图过程示于图 3-24（b）中：

（1）作新投影轴 $O_1X_1 /\!/ ab$，建立了 V_1 和 H 新投影面体系；

（2）作出点 M 和直线 AB 的新投影 m'_1 和 $a'_1b'_1$；

（3）再作新投影轴 $O_2X_2 \perp a'_1b'_1$，建立了 V_1 和 H_2 新投影面体系；

（4）再作出点 M 和直线 AB 的第二次的辅助投影 m_2 和 a_2b_2，这时 a_2b_2 重合为一点，则 m_2 与 a_2b_2 的距离为点 M 到直线 AB 的距离。

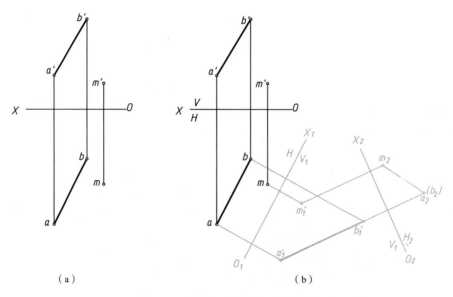

（a）　　　　　　　　　　　　　　　　　（b）

图 3-24　求点 M 到直线 AB 的距离

§3.3 立体上平面的投影分析

3.3.1 平面的投影

平面立体的表面是平面多边形（图 3-25），画出了这些多边形的顶点和边线的投影，就表示了立体的各个表面。进一步说，立体（包括曲面立体）上平面的表现形式是平面图形，画出这些图形的投影就在投影图上表达了平面。

几何上确定一个平面可以有许多方法，但从确定平面的位置来说，通常仅仅知道平面的一些几何成分就够了。例如，给出不在同一条直线上的三个点、一条直线和直线外的一个点、相交的两直线、平行的两直线、任意的平面图形（三角形、四边形、圆、椭圆等）等（图 3-26），都可以确定一个平面。不难看出，这些形式之间是可以互相转化的。作出确定平面的这些几何成分的投影，就在投影图上表示了一个平面。今后经常要用这些几何抽象的形式来研究平面。

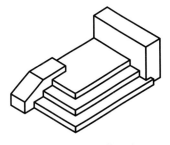

图 3-25 平面立体的表面

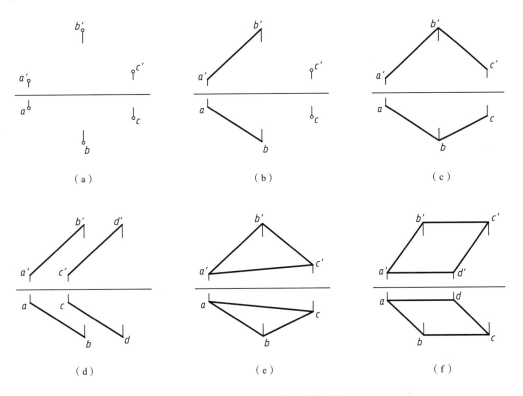

图 3-26 平面的几何元素表示法

空间平面与某投影面的夹角，是用其平面角来度量的，称为平面对该投影面的**倾角**。对 H 面的倾角记为 α，对 V 面的倾角记为 β，对 W 面的倾角记为 γ。

平面在三投影面体系中，根据它对投影面的倾斜状态不同，可以分为三种类型（图 3-27）：平行于某个投影面的平面称为**投影面平行面**；垂直于某个投影面的平面称为**投影面垂直面**；与三个投影面均呈倾斜状态的平面称为**任意斜平面**。前两种平面也可统称为**特殊放置的平面**，简称**特殊平面**。

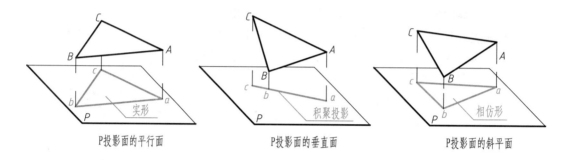

图 3-27　平面对投影面的不同放置及其投影的形式

3.3.2　与投影面成各种倾斜状态的平面

1. 投影面平行面的投影特性

平行于水平投影面的平面简称为**水平面**（如图 3-28a 中的 P 平面）；

平行于正立投影面的平面简称为**正平面**（如图 3-28d 中的 Q 平面）；

平行于侧立投影面的平面简称为**侧平面**（如图 3-28g 中的 R 平面）。

表 3-3 列出了**用平面图形表示的**三种投影面平行面的投影特性。

投影面平行面的投影特性　　　　　　　　　　　　　　　　　　　　　表 3-3

	水平面	正平面	侧平面
H 投影	反映实形	积聚成直线，且平行于 OX 轴	积聚成直线，且平行于 OY_H 轴
V 投影	积聚成直线，且平行于 OX 轴	反映实形	积聚成直线，且平行于 OZ 轴
W 投影	积聚成直线，且平行于 OY_W 轴	积聚成直线，且平行于 OZ 轴	反映实形

2. 投影面垂直面的投影特性

垂直于水平投影面的平面简称为**铅垂面**（如图 3-29a 中的 P 平面）；

垂直于正立投影面的平面简称为**正垂面**（如图 3-29d 中的 Q 平面）；

垂直于侧立投影面的平面简称为**侧垂面**（如图 3-29g 中的 R 平面）。

表 3-4 列出了**用平面图形表示的**三种投影面垂直面的投影特性。这些特性可以简单地概括为：投影面垂直面在它所垂直的投影面上的投影积聚为倾斜的直线，另外两投影则为原图形的相仿形，对于平面体的表面来说，即为边数不变、凸凹相同、保持平行和定比关系的多边形。这个特性在对投影图进行线面分析时十分有用。

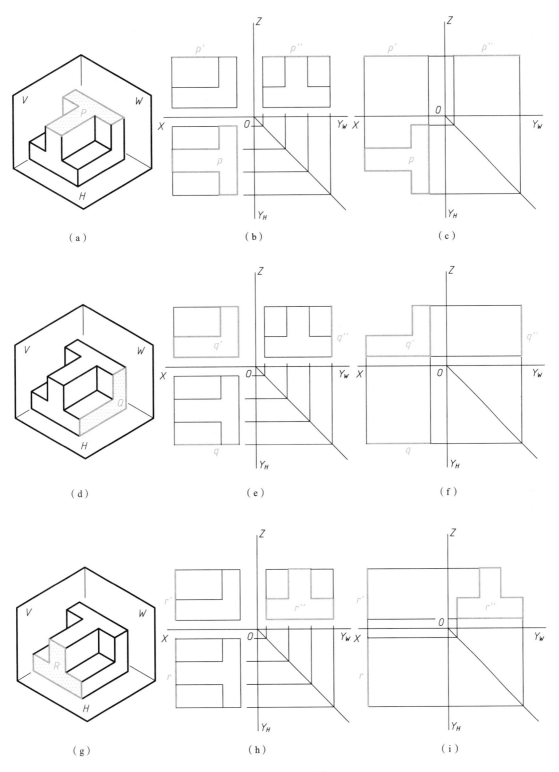

（a）　　　　　　　　（b）　　　　　　　　（c）

（d）　　　　　　　　（e）　　　　　　　　（f）

（g）　　　　　　　　（h）　　　　　　　　（i）

图 3-28　投影面平行面

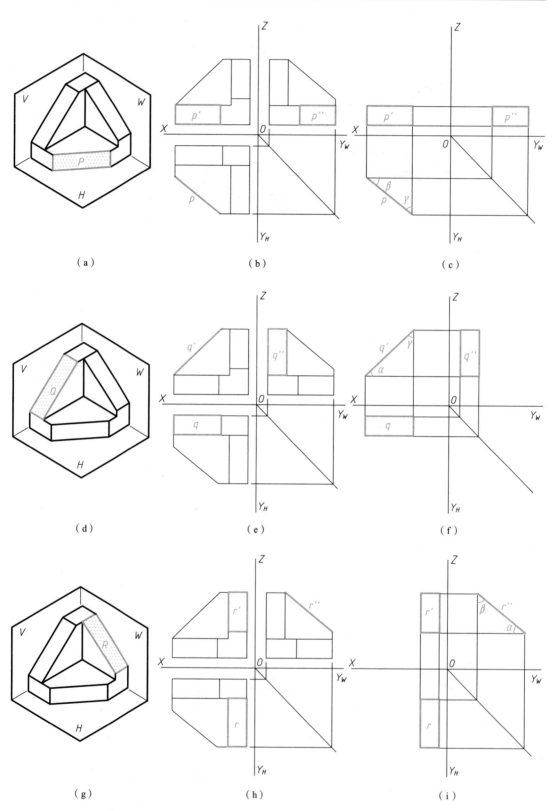

（a） （b） （c）

（d） （e） （f）

（g） （h） （i）

图 3-29 投影面垂直面

	铅垂面	止垂面	侧垂面
H 投影	积聚成倾斜直线且反映 β 和 γ	缩小的相仿形	缩小的相仿形
V 投影	缩小的相仿形	积聚成倾斜直线且反映 α 和 γ	缩小的相仿形
W 投影	缩小的相仿形	缩小的相仿形	积聚成倾斜直线且反映 α 和 β

投影面垂直面的投影特性　　　　　　　　　　　　　　　　表 3-4

图 3-30 (a) 为一平面体的立体图, 图 3-30 (b) 是它的三面投影图。立体上的平面 P 是一侧垂面, 其三面投影如图 3-30 (c) 所示; 平面 Q 是一铅垂面, 其正面投影 q' 和侧面投影 q" 为缩小的相仿形, 保持了边数不变和凹凸相同的特性, 图 3-30 (d) 示出了它的三面投影; 平面 R 是一水平面, 其三面投影如图 3-30 (e) 所示。

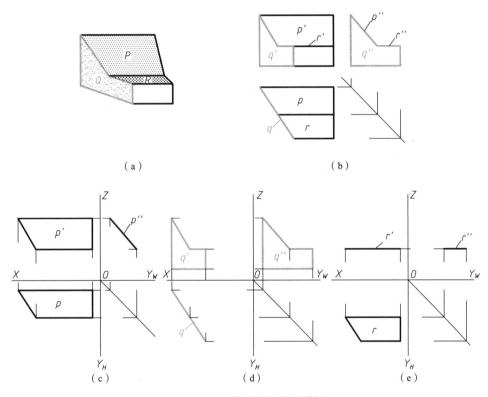

（a）　　　　　　　　　　　　　（b）

（c）　　　　　　　　（d）　　　　　　　（e）

图 3-30　立体表面的投影分析

3. 任意斜平面的投影特性

图 3-31 (a) 为三棱锥的立体图, 棱面 P 与任一投影面既不平行也不垂直, 故三个投影面上的投影均小于棱面本身 (图 3-31c), 是 P 的相仿形。这是任意斜平面的投影特性。

需要强调指出, 任意斜平面的各个投影均无实形性和积聚性, 而仅有相仿性。平面体上的任意斜表面, 其各投影均为原图形的相仿形, 是保持了平行性、凹凸性、同边数的多边形, 如图 3-32 所示。在根据投影图分析形体的表面形状时, 利用这一特性可以正确地找出投影图上线框 (多边形) 的对应关系。

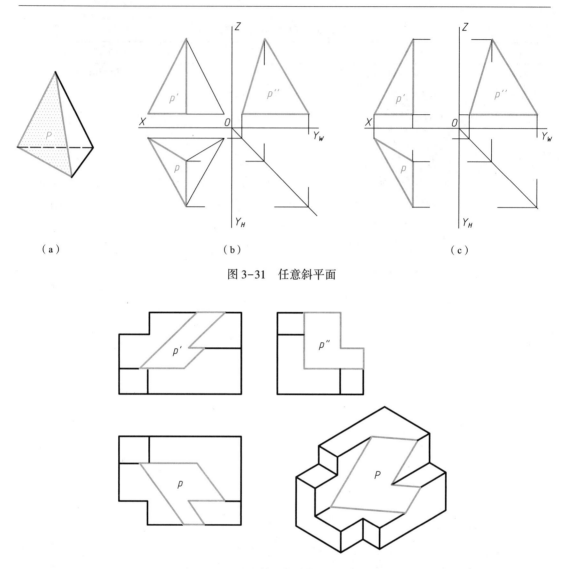

图 3-31　任意斜平面

图 3-32　平面体上任意斜表面的投影

3.3.3　平面内的直线

直线在平面内的几何条件是：直线通过平面内的两个点或通过平面内的一个点并平行于平面内的另一直线。因此，在投影图中，要在平面内作直线，必须先在平面内定出已知直线上的点。

[**例 3-4**] 如图 3-33（a）所示，已知△*ABC* 平面内的直线 *MN* 的正面投影 *m'n'*，试作出其水平投影 *mn*。

[**解**] 在空间延长 *MN* 直线使其与 *AC*、*BC* 直线相交于 Ⅰ、Ⅱ两点，*MN* 是 ⅠⅡ 线上的一段。具体作图如下：

（1）延长 *m'n'*，分别交 *a'c'*、*b'c'* 于点 1'、2'，它们是 Ⅰ、Ⅱ的正面投影。由 1'、2' 作出水平投影 1、2，如图 3-33（b）所示；

（2）连接 1、2，在 12 上由 *m'n'* 作出水平投影 *mn*，如图 3-33（c）所示。

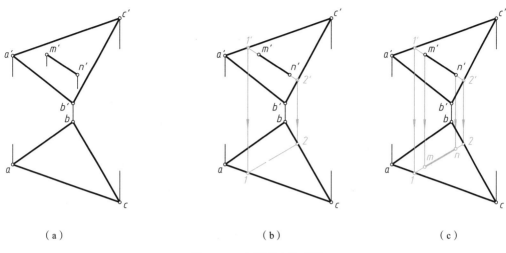

| （a） | （b） | （c） |

图 3-33　在平面内作直线

平面内有各种方向的直线，其中平面内的投影面的平行线在作图中有重要意义：

1. 平面内的水平线

平面内平行于 *H* 面的直线，称为平面内的水平线。如图 3-34（a）所示，直线 *DE* 是 △*ABC* 平面内的水平线，它既符合直线在平面内的几何条件，同时又具有水平线的投影特性（图 3-34b）。

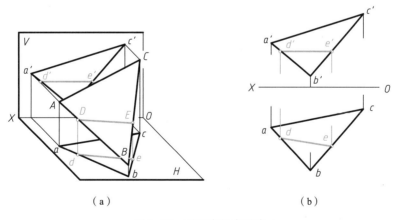

| （a） | （b） |

图 3-34　平面内的水平线

任意斜平面内的所有水平线的方向都相同，所以它们的同面投影相互平行（图 3-35）。

2. 平面内的正平线

平面内平行于 *V* 面的直线，称为平面内的正平线。如图 3-36（a）所示，直线 *DE* 是 △*ABC* 平面内的正平线，它既符合直线在平面内的几何条件，同时又具有正平线的投影特性（图 3-36b）。

同样，任意斜平面内的所有正平线的方向都相同，所以它们的同面投影应相互平行。

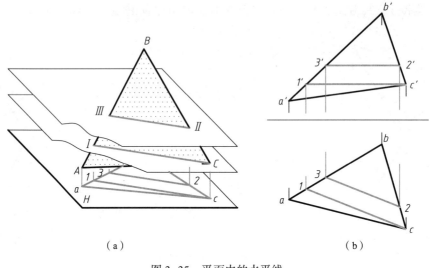

（a）　　　　　　　　　　　　　　（b）

图 3-35　平面内的水平线

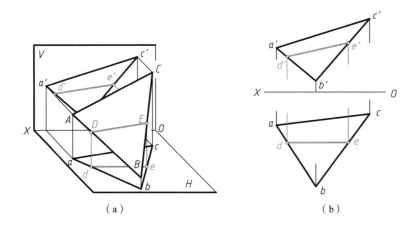

（a）　　　　　　　　　　　　　　（b）

图 3-36　平面内的正平线

3.3.4　平面的辅助投影

由前述可知，当平面平行于投影面时，它在所平行的那个投影面上的投影反映实形；当平面垂直于投影面时，它在所垂直的那个投影面上的投影有积聚性。这些性质有利于画图、看图和在投影图上解决与平面有关的几何问题。为使任意斜平面获得上述投影特性，可通过建立平面辅助投影的方法来实现。

问题仍然是如何选择辅助投影面。如何选择辅助投影面，在投影图上就表现为如何放置辅助投影轴，这要看需要解决的问题是什么。主要有两类问题：

1. 原投影无积聚性的平面，需要其辅助投影有积聚性

为使任意斜平面成为新投影面体系中的投影面垂直面，必须作一辅助投影面使其同时垂直于该平面和原投影面之一。因此，辅助投影面应垂直于面内的一条投影面平行线。作图时需先在任意斜平面内取一条投影面的平行线，用以控制辅助投影面的方向。例如，在图 3-37（a）中，取 $\triangle ABC$ 面内的一条水平线 AD，作铅垂面 V_1 垂直于 AD，则 V_1 与 H 面构

成新的两投影面体系，而△ABC平面在新投影面体系中就是 V_1 面的垂直面。在投影图上的作图方法如图 3-37（b）所示，具体作图步骤如下：

（1）在△ABC面内作一条水平线AD，即作 $a'd'/\!/OX$，求出 ad；

（2）在适当位置作 $O_1X_1 \perp ad$，得辅助投影轴；

（3）运用作点的辅助投影的方法，作出△ABC面的辅助投影 $a'_1b'_1c'_1$，此时 $a'_1b'_1c'_1$ 必定积聚为一条线段。

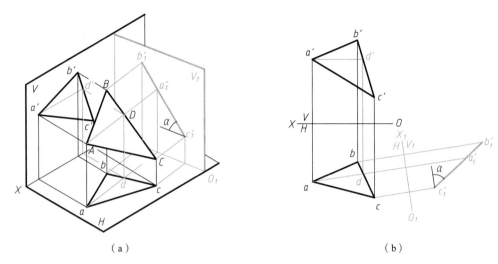

（a）　　　　　　　　　　　　　　　（b）

图 3-37　怎样选轴使任意斜平面成为新投影面的垂直面

同样，亦可在△ABC面内取一条正平线，用垂直于该正平线的正垂面 H_1 和原 V 面构成新的两投影面体系，而此时△ABC面就成了 H_1 面的垂直面。

2. 原投影不反映实形的平面，需要其辅助投影反映实形

对于投影面垂直面，选择平行于该平面的投影面作为辅助投影面即可达到目的。

例如，在图 3-38 中，△ABC面为铅垂面，因此，直接选择与△ABC平面平行的铅垂面 V_1 为辅助投影面，V_1 与 H 面就构成了新的两投影面体系，而此时△ABC平面就是 V_1 投

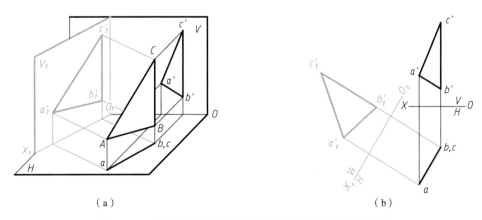

（a）　　　　　　　　　　　　　　　（b）

图 3-38　怎样选轴使投影面垂直面成为新投影面的平行面

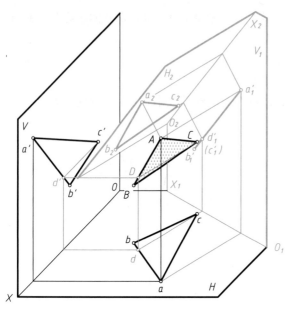

影面的平行面。作图时，在投影图上的适当位置作 O_1X_1 平行于 $\triangle ABC$ 的积聚投影 abc 即为辅助投影轴，作出 $\triangle ABC$ 的辅助投影 $\triangle a_1'b_1'c_1'$，即为 $\triangle ABC$ 的实形。

要得到任意斜平面的实形，只作一次辅助投影是不行的，因为与任意斜平面平行的平面，必定也是任意斜平面，不能与原投影面构成新的投影面体系。

但是，可先建立一个新的投影面体系使任意斜平面成为辅助投影面的垂直面，接着再建立一个更新的投影面体系使平面成为第二个辅助投影面的平行面，所以任务需要分两步完成。如图 3-39 所示，先建立 V_1 和 H 投影面体系，使平面成为 V_1 投影面的垂直面，再建立 V_1 和 H_2 投影面体系使平面成为 H_2 投影面的

图 3-39　怎样使任意斜平面成为新投影面的平行面

平行面。

在图 3-39 中，作铅垂面 V_1 垂直于 $\triangle ABC$ 面内的水平线 CD，则 V_1 与 H 面构成新的两投影面体系，而 $\triangle ABC$ 面就是 V_1 面的垂直面。再作与 $\triangle ABC$ 平面平行的投影面 H_2，则它必垂直于 V_1 投影面，于是 V_1 与 H_2 又构成新的两投影面体系，在这个投影面体系中 $\triangle ABC$ 面是投影面 H_2 的平行面，其在 H_2 面上的投影反映实形。在投影图上的作图方法如图 3-40 所示，具体步骤如下：

（1）在 $\triangle ABC$ 面内作一条水平线 CD，即作 $c'd' /\!/ OX$，求出 cd；

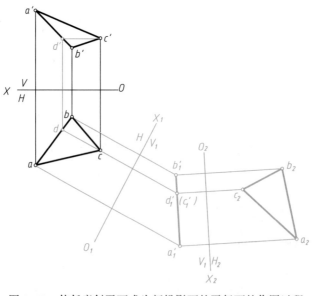

图 3-40　使任意斜平面成为新投影面的平行面的作图过程

（2）在适当位置作 $O_1X_1 \perp cd$，作出 $\triangle ABC$ 的新投影 $a_1'b_1'c_1'$，它必积聚为一条直线；

（3）再在适当位置作 $O_2X_2 /\!/ a_1'b_1'c_1'$，进而作出 $\triangle ABC$ 的新投影 $a_2b_2c_2$。$\triangle a_2b_2c_2$ 反映 $\triangle ABC$ 的实形。

[例 3-5] 图 3-41（a）为顶部被斜截的棱柱的投影图，试作出顶部斜面的实形。

[解] 由图 3-41（a）可知顶部斜面是正垂面，所以，可以通过只作一次辅助投影即可得到它的实形。此图无投影轴，可设定一条基准轴 OX，利用相对坐标作出辅助投影。

作图步骤如下（图 3-41b）：

（1）在正面投影上作新投影轴 O_1X_1 平行于顶部斜面的积聚投影；

（2）过斜面各顶点的正面投影，作 O_1X_1 轴的垂线；

（3）在各垂线上量取各顶点的相对 y 坐标 y_1、y_2、y_3，连接所得各点，即为顶部斜面的实形。

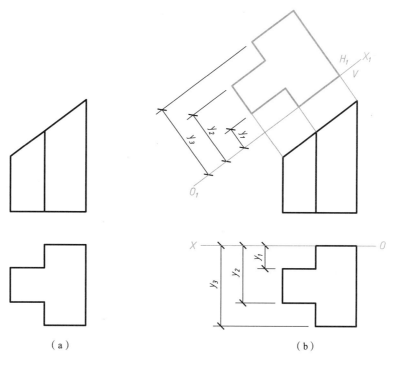

（a）　　　　　　　　　　　　　　（b）

图 3-41　棱柱斜截面的实形

§3.4　点、线、面间的相对几何关系

3.4.1　平面内的点

点属于平面的几何条件是：点需在该平面的任意一条直线上。因此，在投影图中，要在平面上作点，必须先在平面上作出直线，然后在此直线上作点。

[例 3-6] 如图 3-42（a）所示，已知点 M 在 $\triangle ABC$ 平面上，试作出其水平投影 m。

[解]（1）在正面投影 $\triangle a'b'c'$ 内连接 $c'm'$，并延长 $c'm'$ 交 $a'b'$ 于点 d'，$c'd'$ 是平面上通过 M 点的辅助直线的正面投影；

（2）由 d' 求出 d，连接 cd，由 m' 在 cd 上作出 M 点的水平投影 m，如图 3-42（b）所示。

对于特殊平面，只要点的一个投影与平面的同面积聚投影相重合，不管其他投影如何，该点一定属于该平面。所以面上作点时，如果平面的某个投影有积聚性，可以利用该平面的积聚投影直接来确定点的同面投影，而不必在面内作辅助直线。但若仅仅知道点在平面的积聚投影上的一个投影，则不能唯一确定点的其他投影，除非另有限制条件，例如点在某条已知线上等。

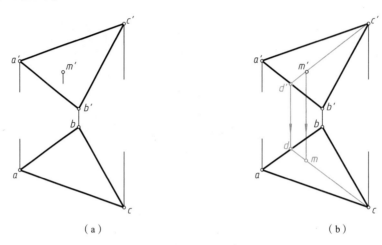

（a）　　　　　　　　　　　（b）

图 3-42　在平面上作点

[**例 3-7**]　如图 3-43（a）所示，点 M 在平面 P 上，已知其正面投影 m'，试作出点 M 的其余投影。

[**解**]　由投影图可知，平面 P 为侧垂面，其侧面投影有积聚性，因此，点 M 的侧面投影 m'' 必定在平面的积聚投影 p'' 上。

作图过程如下（图 3-43b）：

（1）由 m' 向右作水平线交 p'' 于点 m''；

（2）根据 m' 和 m''，求出 m。

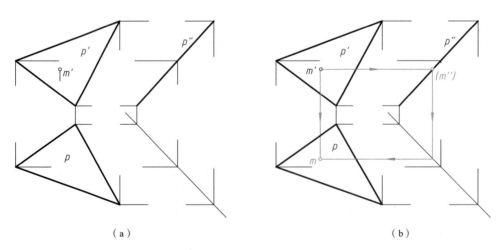

（a）　　　　　　　　　　　（b）

图 3-43　在平面上作点

[**例 3-8**] 如图 3-44（a）所示，已知平面四边形 *ABCD* 的正面投影 *a'b'c'd'* 和 *AD*、*DC* 两条边的水平投影 *ad* 和 *dc*，试作出该平面的水平投影 *abcd*。

[**解**] 由于三个点可以确定平面，*A*、*D*、*C* 三点的两投影为已知，故 *B* 点应在 *ADC* 所确定的平面上。*ABCD* 为平面四边形，则它的对角线必相交。

作图过程如下（图 3-44b）：

（1）在正面投影上连接对角线 *a'c'* 和 *b'd'*，得交点 *m'*，连 *ac*，并求出在其上的水平投影 *m*；

（2）连 *dm*，并在其延长线上由 *b'* 作出 *b*，连接 *ab* 和 *bc*，即得 *ABCD* 平面的水平投影。

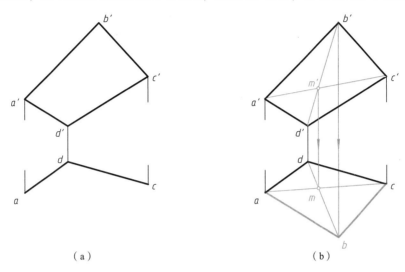

（a）　　　　　　　　　　（b）

图 3-44　完成平面四边形 *ABCD* 的水平投影

[**例 3-9**] 完成图 3-45（a）所示任意斜平面的水平投影。

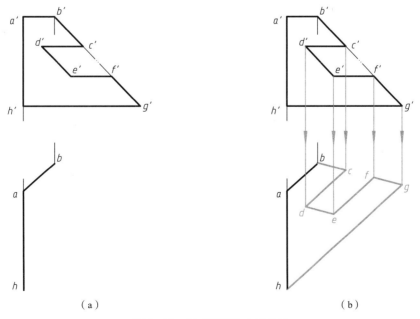

（a）　　　　　　　　　　（b）

图 3-45　完成平面的水平投影

[**解**] 由于三个点可以确定平面，*B*、*A*、*H* 三点的两投影已知，故 *C*、*D*、*E*、*F*、*G* 各点应在 *BAH* 所确定的平面上。

由正面投影可知：*AB*、*DC*、*EF*、*HG* 均为面内的水平线，它们的水平投影必互相平行，即 *ab*//*dc*//*ef*//*hg*。

作图过程如下（图 3-45b）：

（1）在水平投影上过点 *h* 作 *hg*//*ab*，由 *g*′ 在 *hg* 上作出 *g*，连接 *bg*，并在其上由 *c*′、*f*′ 作出 *c*、*f* 两点；

（2）再分别过点 *c*、*f* 作 *dc*//*ab* 和 *ef*//*ab*，并由 *d*′、*e*′ 作出 *d*、*e*，连接 *de*，即得平面多边形 *ABCDEFGH* 的水平投影。

3.4.2　平面体表面上的直线和点

1. 平面体表面的可见性

假定立体是不透明的，则立体的每个投影都包含了按该投射方向得出的可见表面和不可见表面的投影。

可见性的判断和表示规则如下：

（1）平面体各投影的外形轮廓线总是可见的；

（2）位于可见表面或表面的可见区域的点或线是可见的，反之则不可见；

（3）不可见表面与不可见表面的交线也为不可见；

（4）可见的线用实线表示，不可见的线用虚线表示，两种线投影重合时只画实线。

在图 3-46（a）中，四棱柱的 *Q* 和 *R* 棱面在正面投影上为不可见表面，*Q* 和 *R* 的交线在正面投影上为不可见棱线；四棱柱的 *S* 和 *R* 棱面在侧面投影上为不可见表面，*S* 和 *R* 的交线在侧面投影上为不可见棱线。

在图 3-46（b）中，五棱锥的棱面 *SDE*、*SDC*、*SBC* 在正面投影上为不可见表面，棱线 *SD*、*SC* 为不可见棱线；五棱锥的棱面 *SAB*、*SBC* 在侧面投影上为不可见表面，棱线

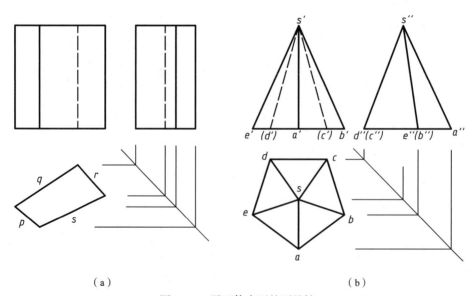

（a）　　　　　　　　　　　　　　（b）

图 3-46　平面体表面的可见性

SB、*SC* 为不可见棱线。棱面 *SDC* 为侧垂面，由于五棱锥左右对称，侧面投影出现可见与不可见部分的重叠，故只画出实线。

2. 平面体表面上的点和直线

解决平面体表面上的点和直线的问题时，首先要分析平面体的投影图，了解每一个表面和棱线的投影特点和可见性，利用可见性判断点或直线是位于哪一个表面上。有积聚性投影的表面上的点和直线，可直接利用积聚性进行作图。所求得的点和直线的投影，其可见性可根据它们所在的表面或棱线按该投射方向的可见性来确定。

[例 **3-10**] 如图 3-47（a）所示，已知四棱柱的三个投影，及四棱柱表面上点 *A*、*B* 的正面投影和点 *C* 的侧面投影，试作出 *A*、*B*、*C* 三点的另外两个投影。

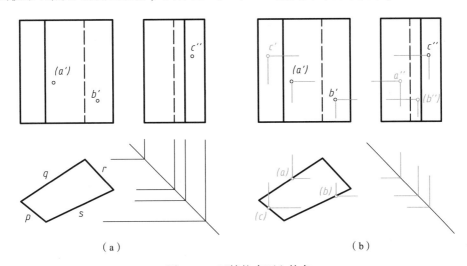

图 3-47　四棱柱表面上的点

[解] 四棱柱的上、下底面为水平面，四个棱面为铅垂面，其中 *P*、*S* 棱面的正面投影可见，*Q*、*R* 棱面的正面投影不可见；*P*、*Q* 棱面的侧面投影可见，*S*、*R* 棱面的侧面投影不可见。因为 *a′* 不可见，*b′* 可见，*c″* 可见，则 *A* 点必位于 *Q* 面上，*B* 点必位于 *S* 面上，*C* 点必位于 *P* 面上。

作图过程如图 3-47（b）所示：

（1）过 *a′* 点向下作竖直线交 *q* 于点 *a*，由 *a*、*a′* 可求出 *a″*，由于 *Q* 棱面的侧面投影可见，所以 *a″* 可见；

（2）过 *b′* 点向下作竖直线交 *s* 于点 *b*，由 *b*、*b′* 可求出 *b″*，由于 *S* 棱面的侧面投影不可见，所以 *b″* 不可见；

（3）过 *c″* 点向下作竖直线与 45°斜线相交，再由交点作水平线与 *p* 交于 *c* 点，由 *c″*、*c* 可求出 *c′*，由于 *P* 棱面的正面投影可见，所以 *c′* 可见。

[例 **3-11**] 如图 3-48（a）所示，已知三棱锥 *S-ABC* 的三个投影，及三棱锥表面上点 *M* 的正面投影 *m′*，试求出 *M* 点的另外两个投影。

[解] 由于点 *M* 的正面投影 *m′* 不可见，可判定 *M* 点在棱面△*SAC* 内。

作图过程如图 3-48（b）所示：

（1）过 m' 点作辅助线 $s'1'$，并求出 $s1$ 和 $s''1''$；

（2）过 m' 点向下作竖直线与 $s1$ 交于点 m，再过 m' 点向右作水平线与 $s''1''$ 交于点 m''。由于棱面 $\triangle SAC$ 的水平投影和侧面投影都可见，所以 m 和 m'' 亦为可见。

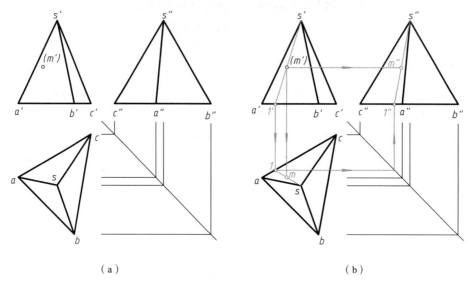

图 3-48　三棱锥表面上的点

[**例 3-12**]　如图 3-49（a）所示，已知三棱锥 $S\text{-}ABC$ 的三个投影，及三棱锥表面上折线 KMN 的正面投影 $k'm'n'$，试求出 KMN 折线的另外两个投影。

[**解**]　根据平面上作点的方法，分别求出 K、M 和 N 三点的其他投影，同面投影的连线，即为折线的投影。其中 MN 的侧面投影不可见，即 $m''n''$ 为虚线。

作图过程如图 3-49（b）所示。

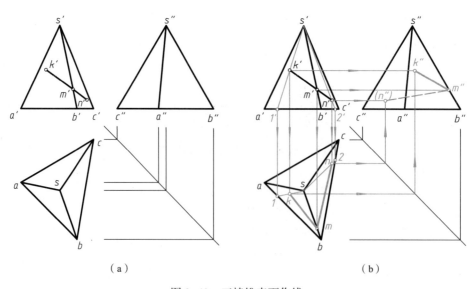

图 3-49　三棱锥表面作线

3.4.3 直线与平面、平面与平面平行

1. 直线与平面相互平行

由初等几何可知：如果平面外的直线 AB 平行于平面 P 上的一条直线 CD，则直线 AB 与平面 P 相互平行，如图 3-50 所示。

反之，如果直线 AB 与平面 P 相互平行，则平面 P 内必包含有与直线 AB 平行的直线 CD。

上述几何条件是判定直线与平面是否平行或作直线（平面）与平面（直线）平行的基本依据。

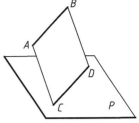

图 3-50 直线与平面平行

[例 3-13] 如图 3-51（a）所示，试判断直线 MN 与 $\triangle ABC$ 平面是否相互平行。

[解] 如果 $MN//\triangle ABC$，则在 $\triangle ABC$ 内必可作出与 MN 平行的直线（该直线的各投影与 MN 的各同面投影都相互平行），否则 MN 必不平行于 $\triangle ABC$。

作图如下（见图 3-51a）：

（1）在 $\triangle ABC$ 内作一直线 CD，使 $cd//mn$，并求出 $c'd'$；

（2）在正面投影中经检查 $m'n'//c'd'$，说明在 $\triangle ABC$ 平面内包含有与直线 MN 平行的直线 CD。

由此可断定直线 MN 与 $\triangle ABC$ 平面相互平行。

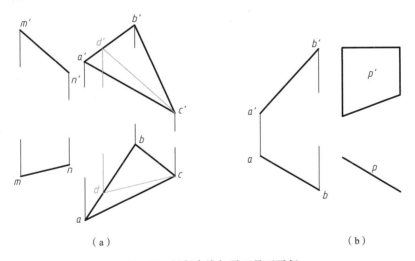

（a）   （b）

图 3-51 判断直线与平面是否平行

[例 3-14] 如图 3-51（b）所示，已知 $ab//p$，试判断直线 AB 与铅垂面 P 是否相互平行。

[解] 铅垂面内的所有直线（其中包括其正面投影与 $a'b'$ 平行的直线）的水平投影都积聚在 p 上。所以无需作图即可断定直线 AB 与铅垂面 P 相互平行。

由此可见，对于具有积聚投影的平面，只要它的积聚投影与直线的同面投影平行，则该直线与此平面即相互平行。

[例 3-15] 如图 3-52（a）所示，过点 M 作一水平线与 $\triangle ABC$ 平面平行。

[**解**] 因为 △ABC 的空间位置已经给定，在它上面的水平线方向也就随之而定。因此，虽然过点 M 可以作无数条水平线，但与 △ABC 平面平行的水平线只有一条，它必须与 △ABC 平面上的水平线平行。

如图 3-52（b）所示，在 △ABC 内作一条水平线 AD（ad，a'd'）；过点 m' 作 m'n'// OX，过点 m 作 mn//ad，则直线 MN（mn，m'n'）即为所求。

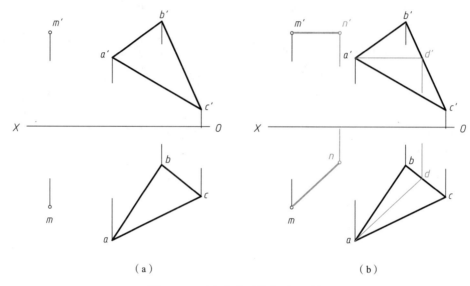

（a）　　　　　　　　　　　　（b）

图 3-52　过点作水平线与平面平行

2. 平面与平面相互平行

由初等几何可知（图 3-53）：如果平面 P 内的两条相交直线 AB、CD 与另一平面 Q 内的两条相交直线 EF、GH 对应平行，则平面 P 与平面 Q 相互平行。

反之，如果平面 P、Q 相互平行，则平面 P、Q 内必包含有对应平行的两对相交直线。上述几何条件是判定平面与平面是否平行或作平面与平面平行的基本依据。

在图 3-54 中，平面 P 内的两条直线 AB、CD 与另一平面 Q 内的两条直线 EF、GH 虽然也对应平行，但 AB 与 CD 及 EF 与 GH 不是相交两直线，一般情况下这两个平面不一定就是平行的。

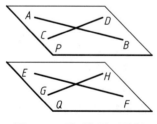
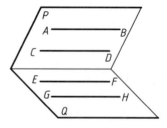

图 3-53　平面与平面平行　　　　　　图 3-54　两平面不平行

[**例 3-16**] 如图 3-55 所示，试判定 △ABC 平面与四边形 DEFG 平面是否平行。

[**解**] 如果在四边形 DEFG 平面内能作出两条相交直线与 △ABC 平面的两条边对应平

行，则△ABC 平面与四边形 DEFG 平面平行，否则它们不平行。

如图所示，在四边形 DEFG 平面上作相交直线 EM 和 EN，使 e'm'//a'b'和 e'n'//b'c'，画出水平投影 em 和 en，经检查，em//ab 和 en//bc，说明 EM//AB 和 EN//BC。这符合两平面平行的几何条件，所以可以断定△ABC 平面与四边形 DEFG 平面平行。

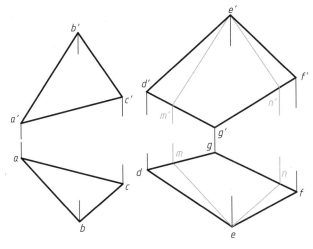

图 3-55　判断两平面是否平行

如果被检验的两平面是同一个投影面的垂直面，则只需判断其积聚投影是否平行即可。如在图 3-56 （a）中，因为 p//q，所以 P 平面//Q 平面，而在图 3-56 （b）中，因为 r 不平行于 s，所以 R 平面也不平行于 S 平面。

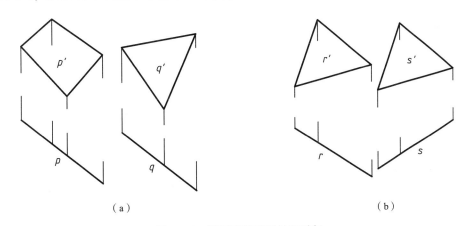

（a）　　　　　　　　　　　　　　（b）

图 3-56　判断两铅垂面是否平行

在图 3-57 中，平面体表面 ABCD 上的相交直线 AB 及 BC 分别平行于表面 EFGH 上的相交直线 EF 及 EH（BC 与 EH 同面投影平行，且两投影上投影长度之比相等，所以它们是平行直线），因此表面 ABCD 平行于表面 EFGH。这两个平面分别包含有侧垂线 AB 和 EF，所以它们又都是侧垂面。经过这样的线面分析，得知 ABCD 及 EFGH 是一对互相平行的侧垂面，它们的侧面投影应积聚成一对平行直线。

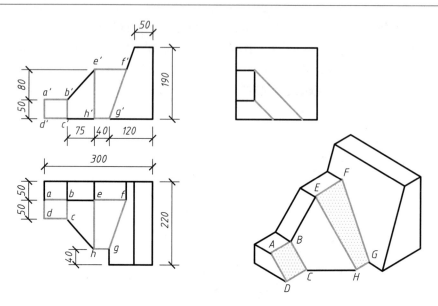

图 3-57　形体上的平行表面

3.4.4　直线与平面、平面与平面相交

相交问题是求解共有元素的问题，即求交点、交线的问题，解题时还要区分出可见性。

如图 3-58（a）所示，直线 AB 与平面 P 如不平行则必相交，其交点 K 为直线 AB 与平面 P 的共有点，它既属于直线 AB 又属于平面 P。这是求直线与平面交点的基本依据。

如图 3-58（b）、（c）所示，平面 P 与平面 Q 如不平行，则必相交，其交线 MN 为两平面的共有线。因此，只要求出两个平面的两个共有点，或求出一个共有点和交线的方向，即可确定两平面的交线。

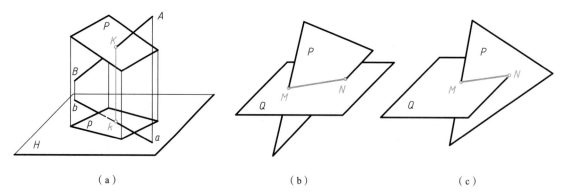

（a）　　　　　　　　　　　（b）　　　　　　　　　　　（c）

图 3-58　直线与平面、平面与平面相交

假定平面是用几何图形表示的且不透明，则在投影图上就有可见与不可见的问题。为了进一步弄清楚直线与平面、平面与平面相交时的空间位置关系，除求出交点交线外还必须对直线或平面各投影的可见性进行判别，不可见部分用虚线表示。

1. 相交的任何一方有积聚投影的情形

直线与平面相交，如果直线或平面的某一投影有积聚性，则可利用该投影直接求出交点或交线的一个投影。

[例 3-17]　如图 3-59（a）所示，试求直线 AB 与铅垂面 P 的交点，并判别其投影的可见性。

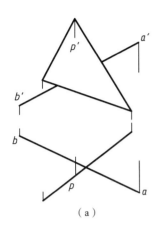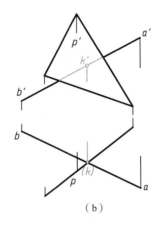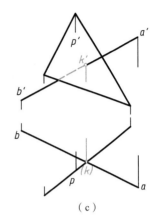

图 3-59　求直线与铅垂面的交点

[解]　设直线 AB 与铅垂面 P 的交点为 K，因为 P 的水平投影有积聚性，所以交点 K 的水平投影（k）必在 p 上；而交点 K 又是属于直线 AB 的点，故 K 点的水平投影应在直线 AB 的水平投影上。因此，ab 与 p 的交点（k）即是交点 K 的水平投影。根据直线上点的投影规律，可在 a′b′ 上求得 k′，如图 3-59（b）所示。

直线与平面相交，在平面有积聚性的投影上（本例中的水平投影），直线的投影（ab）是可见的；在无积聚性的投影上（正面投影），直线的投影露在图形边界以外的部分也是可见的；包围在图形边界以内的部分则会发生可见与不可见的问题。直线穿过交点（本例中的 K）就从平面的一侧到了另一侧，所以可见性将发生改变，交点则是可见与不可见的分界点。对于本例，从水平投影上可以看出，在交点的左面是平面在前，直线在后，所以正面投影上 k′ 以左的一段为不可见，从 k′ 往右则为可见，如图 3-59（c）所示。

[例 3-18]　如图 3-60（a）所示，试求铅垂线 DE 与△ABC 平面的交点 K，并判断直线投影的可见性。

[解]　由于交点是直线上的点，而铅垂线的水平投影有积聚性，所以交点的水平投影（k）与铅垂线的水平投影重合（图 3-60b）。又因为交点也属于平面，故可用面内定点的方法，求出交点的正面投影 k′。

在水平投影上连 b(k)，b(k) 交 ac 于 f，bf 是平面上通过 K 点的辅助直线的水平投影。求出 b′f′，它与 d′e′ 的交点即为所求的 k′。

利用两交叉直线 DE 和 AC 上对 V 面的重影点来判断直线 DE 在正面投影上的可见性。从水平投影上看到 de 在 ac 之前，故正面投影上 e′k′ 可见，而 k′ 以上的另一段为不可见，但伸出三角形后仍为可见，如图 3-60（c）所示。

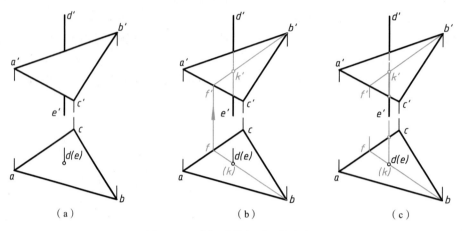

图 3-60　求铅垂线与平面的交点

[**例 3-19**]　如图 3-61（a）所示，试求铅垂面 P 与任意斜平面△ABC 的交线，并判断各部分的可见性。

[**解**]　如图 3-61（a）所示，由于铅垂面 p 的水平投影有积聚性，故可直接求得△ABC 平面上 AB、AC 两直线与 P 平面的两个交点 M（m，m'）、N（n，n'），MN（mn，$m'n'$）即为所求的交线（图 3-61b）。

由水平投影可以看出，P 平面将△ABC 平面分成两部分，位于 P 平面前面的一部分其正面投影可见，另一部分的正面投影为不可见，交线是可见与不可见的分界线（图 3-61c）。

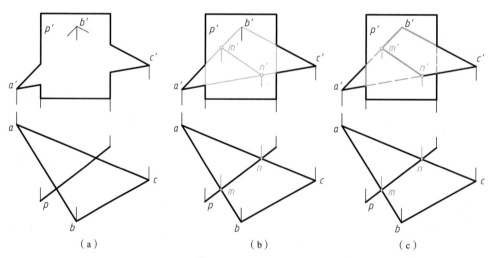

图 3-61　求铅垂面与任意斜平面的交线

[**例 3-20**]　图 3-62（a）所示立体被铅垂面 P 和正垂面 Q 切割，试在投影图上作出 P 和 Q 两平面交线 MN 的各投影。

[**解**]　如图 3-62（b）所示，铅垂面 P 的水平投影 p 有积聚性，所以交线 MN 的水平投影 mn 在 p 上；又由于正垂面 Q 的正面投影 q' 也有积聚性，则交线 MN 的正面投影 $m'n'$ 在 q' 上。由 mn 和 $m'n'$ 可得 $m''n''$。

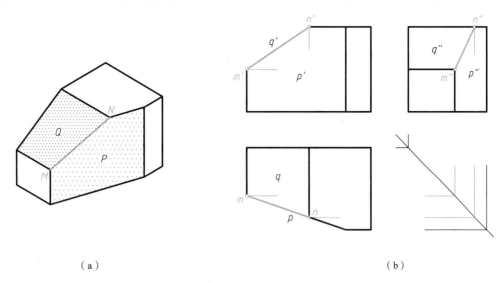

（a）

（b）

图 3-62　求铅垂面与正垂面的交线

2. 相交的任何一方都没有积聚投影的情况

方法一：建立辅助投影，使相交的任一方的辅助投影有积聚性。

[例 3-21]　如图 3-63（a）所示，试求任意斜直线 DE 与任意斜平面△ABC 的交点 K，并判定其投影的可见性。

[解]　由于相交的直线和平面均为任意倾斜状态，故没有积聚投影可以利用，但可以通过建立辅助投影面使二者之一成为新投影面的垂直线（面），那样就可以利用新投影的积聚性来求交点、交线了。

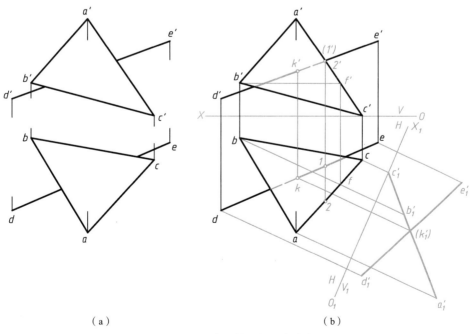

（a）

（b）

图 3-63　建立辅助投影求交点

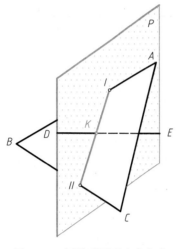

在图 3-63（b）中，建立辅助投影面 V_1 使△ABC 平面成为 V_1 面的垂直面，作出 DE 和△ABC 的新投影，利用积聚性可在新投影上求出（k_1'），再反向求得 k 和 k'，此即为交点 K 的两投影。

通过 V_1 面上的投影，得出线面的上下关系，可判定水平投影的可见性；利用两交叉直线 DE 和 AC 上对 V 面的重影点 Ⅰ、Ⅱ，可判定其正面投影的可见性，作图结果如图 3-63（b）所示。

方法二：利用辅助平面求交点、交线。

如图 3-64 所示，直线 DE 与△ABC 平面均为任意倾斜状态，可利用辅助平面的方法求它们的交点。

使用辅助平面求交点的步骤如下：

（1）包含直线（DE）作辅助平面（P）；

图 3-64　用辅助平面法求交点

（2）求辅助平面与已知平面（ABC）的交线（ⅠⅡ）；

（3）求交线与已知直线的交点，此即所求。由于交线 ⅠⅡ 与 DE 的交点 K 既在直线 DE 上，又在平面△ABC 内，所以它是所求线面的公共点。

辅助平面 P 的选择必须便于求得交线 ⅠⅡ，故应选用特殊平面作为辅助平面。

[**例 3-22**] 如图 3-65（a）所示，试用辅助平面法求任意斜直线 DE 与任意斜平面△ABC 的交点，并判定其投影的可见性。

[**解**] 如图 3-65（b）所示，包含 DE 作铅垂面 P 为辅助平面，在水平投影上用 p 表示它。利用 p 的积聚性求出 P 与△ABC 平面的交线 ⅠⅡ（12, 1'2'），求出 ⅠⅡ 与 DE 的交点 K（k, k'），K 即为线面交点。利用两交叉直线 AC 和 DE 上对 V 面的重影点 Ⅲ、Ⅳ，检查水平投影 3、4，断定 Ⅳ点在后，所以 k'点往右的一段不可见。同样的方法，利用两交叉直线 AB 和 DE 上对 H 面的重影点，可判断直线水平投影的可见性。

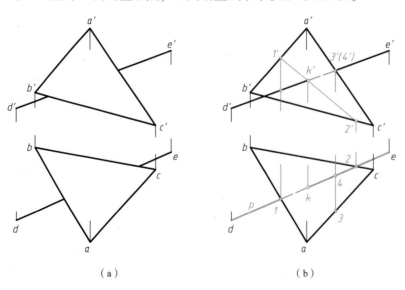

（a）　　　　　　　　　　　　　（b）

图 3-65　用辅助平面法求交点

当两个任意斜平面相交时，由于它们的投影没有积聚性可以利用，所以不能直接求出交线的投影。在这种情况下，如不采用辅助投影的方法，可在其中一个平面上任取一条与另一平面不平行的直线，然后利用辅助平面法求出这条直线与另一平面的交点，此为两平面的一个共有点。用这个方法求出两个共有点，由它们即可确定交线。当两个相交平面为几何图形时，所求得的交线应是在两个图形的共有范围之内的一段。

[例 3-23] 如图 3-66（a）所示，试求△ABC 与△DEF 的交线，并判断其各部分的可见性。

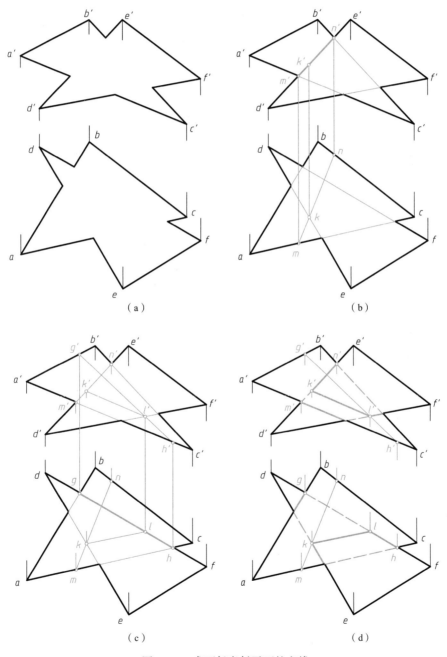

（a）　　　　　　　　　　（b）

（c）　　　　　　　　　　（d）

图 3-66　求两任意斜平面的交线

[**解**] 为使直线与平面的交点尽可能在平面图形的范围之内，所以求交点时所选择的直线其投影最好与相交平面的各投影都有重叠部分，例如 DE、DF 的投影与△ABC 的两个投影就都有重叠部分。

如图 3-66（b）所示，用辅助平面法求出 DE 直线与△ABC 平面的交点 K（k，k′），用同样的方法求出 DF 直线与△ABC 平面的交点 L（l，l′），如图 3-66（c）所示。连 KL（kl，k′l′）即为所求的交线。

如图 3-66（d）所示，利用交叉直线 BC 和 DE 上对 V 面重影点的前后关系（反映在水平投影上）可判断出正面投影上各处的可见性；利用交叉直线 AC 和 DF 上对 H 面重影点的上下关系（反映在正面投影上）可判断出水平投影上各处的可见性。

§3.5　同坡屋顶的画法

在坡屋顶中，如果各屋面有相同的水平倾角，且屋檐各处同高，则由这种屋面构成的屋顶称为**同坡屋顶**（图 3-67）。解决同坡屋顶的投影图画法问题，实质是解决特殊条件下面面交线的求法问题。

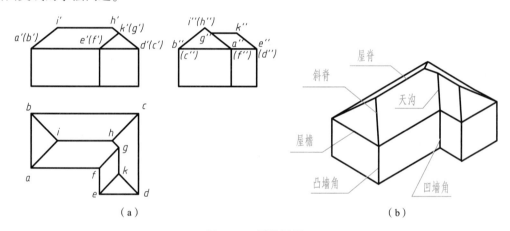

图 3-67　同坡屋顶

同坡屋顶有如下一些投影规律：

（1）过两平行屋檐的屋面如果相交，则必交出水平屋脊，屋脊与屋檐平行，且其水平投影与屋檐的水平投影等距离。如图 3-67（a）中的 ih 平行于 af 和 bc，且与 af、bc 等距离；gk 平行于 fe 和 cd，且与 fe、cd 等距离。

（2）过相邻屋檐的两屋面必相交于倾斜的屋脊或天沟，通过凸墙角的是斜脊（图 3-67b），通过凹墙角的是天沟。斜脊或天沟的水平投影是屋檐水平投影夹角的分角线，对于正交的屋檐来说即为正负 45°方向的斜线。图 3-67（a）中的 ai、bi 都是斜脊的水平投影，fg 是天沟的水平投影。

（3）屋顶上过某点当有两条交线时，过该点必还有第三条交线。三条交线中一定有一条是水平屋脊，另外两条是斜脊或天沟。如图 3-67（a）中过 g 的三条交线，gk 是水平屋脊的水平投影，gf 是天沟的水平投影，gh 是斜脊的水平投影。

根据上述投影规律，在已知屋檐水平投影和屋面倾角（或坡度）的条件下，可以完成同坡屋顶投影图的绘制。

[**例 3-24**] 设已知同坡屋顶四周屋檐的水平投影（图 3-68a）及屋面的水平倾角 α，试作出该屋顶的正投影图。

[**解**]

（1）在水平投影上将屋檐包围的区域划分成互相交错重叠的三个矩形 1-2-3-4、5-6-7-8、5-9-2-11，如图 3-68（b）所示。

（2）过矩形各顶点作45°斜线，这些斜线交出 a、b、c、d、e、f，如图 3-68（c）所示。

（3）过斜线的各交点作屋脊，即连接 ab、cd、ef，得图 3-68（d）。

（4）去掉无墙角处（9、11）的斜线，描深其余部分即得屋顶的水平投影，得图 3-68（e）中的水平投影。

（5）根据屋面的水平倾角画出屋顶的正面投影，也可以再画出侧面投影，并区分出可见性，加深描黑，完成图 3-68（e）。

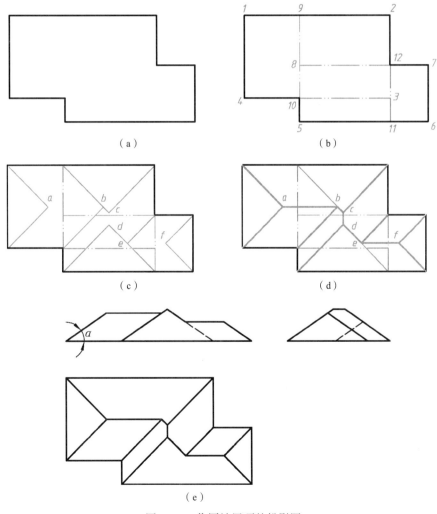

图 3-68 作同坡屋顶的投影图

第4章　平面立体构形及轴测图画法

工程中的复杂形体，经过分解剖析，一般可以看作是由一些基本立体按照一定的构形方式组合、构造出来的。这些构形方式大致包括**叠加**、**切割**、**交接**等，如图4-1所示。有些复杂的形体也可能是多种构形方式的综合。分析形体的成型方法，叫**形体分析**。本章研究平面立体的构形问题及其轴测图的画法。

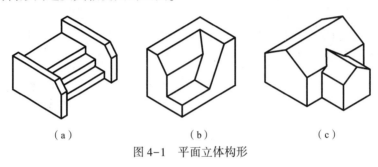

（a）　　　　　　　　　（b）　　　　　　　　　（c）

图4-1　平面立体构形

§4.1　基本平面体的叠加

有些立体可以看作是由一些基本立体经过简单叠加（堆积）成型的。所谓叠加是指基本立体之间只有简单接触，而不另外产生表面交线。图4-2所示是叠加形成的立体。

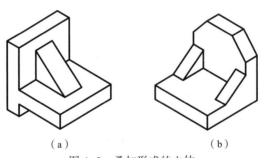

（a）　　　　　　　　　　（b）

图4-2　叠加形成的立体

基本立体叠加时，如果顺着接触面有错台，即两个基本立体的表面不是对齐的，则在相应的投影上两立体间将有表面分界线，如图4-3（a）所示。如果两个基本立体在某一侧的表面是对齐的（共面），则在相应的投影上基本立体之间将无表面分界线，如图4-3（b）所示。把形体看作是叠加形成的，这只是认识形体构形的一种思维方法，实际上形体本身是一个整体，在接触面处并不存在接缝。

由叠加形成的立体，其三面投影图上常有比较明显的分块痕迹。借助于投影图上的分块线框，分析每个线框的含义，容易了解各个简单形体的形状和它们间的叠加关系。这是

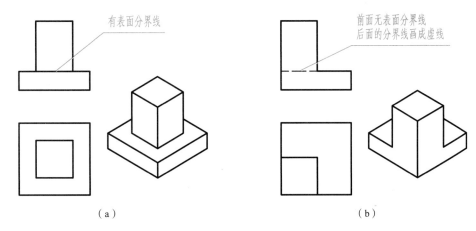

图4-3 叠加立体的表面分界线

根据投影图反过来想象形体形状的常用方法。图4-4（a）所示的形体，对照正面投影和水平投影，可以把它划分成Ⅰ、Ⅱ、Ⅲ三个组成部分。它们是按照左、中、右的次序依次叠加起来的。分别想象每一组成部分的形状（图4-4c、d、e），按照叠加关系综合起来，可以想象出该形体的整体形状（图4-4b）。

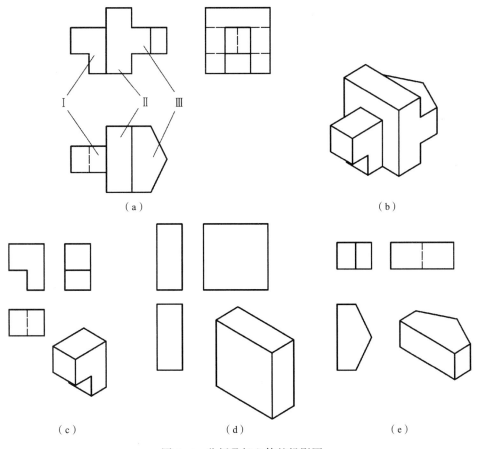

图4-4 分析叠加立体的投影图

§4.2 基本平面体的切割

基本立体被平面切割（**截切**），所形成的形体称为**截切体**。切割立体的平面称为**截平面**，截平面与立体表面的交线叫**截交线**，截交线所围成的截面图形称为**截断面**或**断面**。截平面可能不止一个，多个截平面切割立体时（挖切）截平面之间可能有交线，也可能形成切口或挖切出槽口、空洞。图 4-5 示出了一些由切割形成的平面立体。

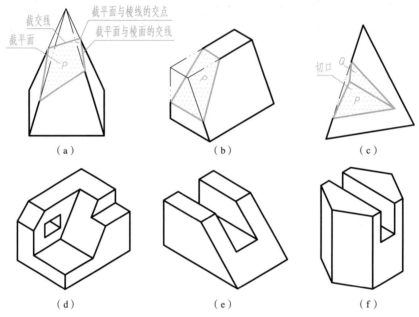

图 4-5 切割（挖切）形成的平面立体

平面体的表面都是平面，截平面与它们的交线都是直线，所以整个立体被切割所得到的截交线将是封闭的平面多边形。多边形的各边是截平面与被截表面（棱面、底面）的交线，多边形的各顶点是截平面与被截棱线或底边的交点，如图 4-5（a）所示。因此，求作截平面与平面体的截交线问题可归结为线面交点问题或面面交线问题。作图时也可以两种方法并用。

绘制截切体的投影图的一般方法和作图步骤如下：

（1）几何抽象——把形体抽象成基本立体被平面切割或挖切所形成的，画出立体切割前的原始形状的投影；

（2）分析截交线的形状——分析有多少表面或棱线、底边参与相交，判明截交线是三角形、矩形、还是其他的多边形等；

（3）分析截交线的投影特性——根据截平面的空间状态分析截交线的投影特性，如是否反映截断面的实形、投影是否重合在截平面的积聚投影上等；

（4）分别求出截平面与各参与相交的表面的交线，或求出截平面与各参与相交的棱线、底边的交点，并连成多边形；

（5）对图进行修饰——丢弃被截掉的棱线，补全、接上原图中未定的图线，并分清可见性，加深描黑。

[**例4-1**] 如图4-6（a）所示，试求四棱锥被一正垂面 P 切割后的三面投影图，并求截断面的实形。

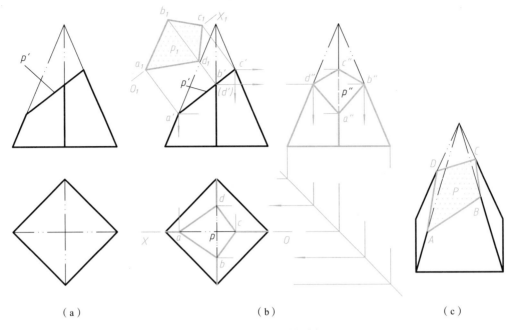

图4-6 四棱锥被切割

[**解**] 由图4-6（a）可知，截平面 P 与四个棱面都相交，所以截交线为四边形，它的四个顶点为四棱锥的四条棱线与截平面 P 的交点。由于截平面为正垂面，故截交线的正面投影重合成一直线段（即 p′），而水平投影和侧面投影则为四边形（相仿形）。

作图方法如图4-6（b）所示，先画出四棱锥被切割前的侧面投影。由于截平面的正面投影有积聚性，所以截交线四边形的四个顶点 A、B、C、D 的正面投影 a′、b′、c′、d′ 可直接在 p′ 上标出。根据直线上点的投影的从属性质，可在各棱线的侧面投影和水平投影上分别求出 a″、b″、c″、d″ 和 a、b、c、d，将各顶点的同面投影依次相连，即得截交线的侧面投影和水平投影。最后，丢掉被截平面截去的棱线部分，在各投影上将剩余部分按可见性补齐描深即可。

通过求辅助投影的办法可画出截断面的实形，如图4-6（b）所示。由于截平面为正垂面，故在水平投影中选取一条参照轴线 OX，在正面投影中安放 O_1X_1 平行于截平面的积聚投影 p′，根据辅助投影的作图原理可作出截断面的实形 p_1。

[**例4-2**] 求图4-7（a）所示形体的水平投影。

[**解**] 根据对已知投影的分析，该形体可以看作是由梯形四棱柱被截平面 P 切割形成的，作图时首先画出完整的梯形四棱柱的水平投影，如图4-7（b）所示。

截平面与棱柱的三个棱面和左端底面相交，故截交线为四边形。截平面 P 为正垂面，该四边形 ABCD 的正面投影重合在 p′ 上，所以可直接标出 a′b′c′d′。截交线的侧面投影则为四边形，利用三个棱面的侧面投影的积聚性，与 a′b′c′d′ 平齐可标出 a″b″c″d″。水平投影也是四边形，由 a′b′c′d′ 和 a″b″c″d″ 可作出 abcd。去掉被截断的棱线，将其余应有的部分加深描黑。

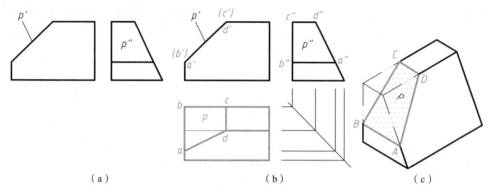

（a） （b） （c）

图 4-7 梯形四棱柱被切割

[**例 4-3**] 试补全图 4-8（a）所示带有槽口的五棱柱的正面投影，并作出其侧面投影。

[**解**] 槽口是由三个截平面 P、Q、R 切割形成的，P 为正平面，Q 和 R 为侧平面。因此，槽口由三个平面图形组成，每个图形由截交线和相邻截平面间的交线所围成。具体的

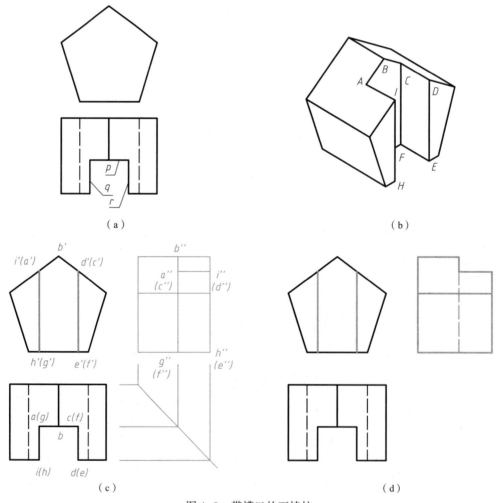

（a） （b）

（c） （d）

图 4-8 带槽口的五棱柱

作图方法如图4-8（c）所示。

先画出切割前完整五棱柱的侧面投影。截平面 P 如果伸展开全部切断棱柱，则其截交线将是与棱柱底面图形相同的五边形。但实际上 P 面受 Q、R 平面的约束，所以它的实际截面是五边形 ABCFG（图4-8b），可直接作出其正面投影 a'b'c'f'g'，它反映 ABCFG 的实形。侧面投影 a"b"c"f"g" 应重合成一条竖直线。截平面 Q、R 为一对左右对称的侧平面，其截面 AIHG 和 CDEF 的正面投影重合成一对竖直线段，可以直接画出；根据两投影求出它们的侧面投影 a"i"h"g" 和 c"d"e"f"，这两个图形将重叠在一起且反映实形。丢弃被截掉的线段，区分可见性，用不同的线型描深其余的部分，得图4-8（d）。

[例4-4] 补全图4-9（a）所示带切口的三棱锥的水平投影和侧面投影。

[解] 该三棱锥被两个截平面（水平面和正垂面）切割而成，因此，需要求出两个截平面与三棱锥表面的交线以及两截平面之间的交线。作图方法如图4-9（b）所示。

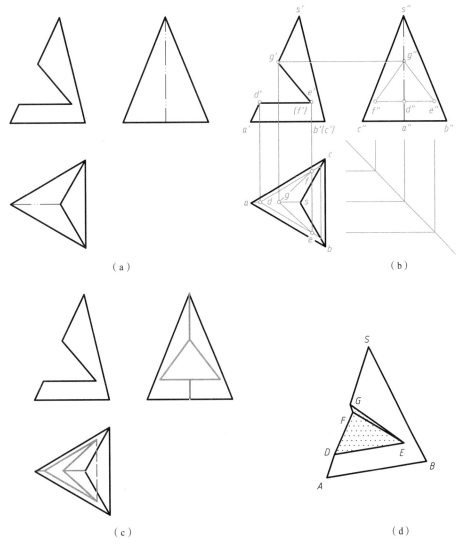

（a）   （b）

（c）   （d）

图4-9 带切口的三棱锥

由于水平截平面与棱锥的底面△ABC 平行，若把它扩展开，它与棱锥的截交线将是与 △ABC 相似的三角形。所以交线 DE//AB、DF//AC，可直接定出其正面投影 d'e'、d'f'（两线重合），由 d' 作出水平投影 d，再根据 de//ab、df//ac 求出水平投影 de、df。根据 d'e'、 d'f' 和 de、df 可求出侧面投影 d"e"、d"f"。另一截平面是正垂面，利用正面投影的积聚性，可作出它与三棱锥表面的交线 GE、GF 的三面投影。由于两截平面同时垂直于 V 面，所以它们的交线 EF 为正垂线，其正面投影积聚成一个点，即 e'（f'），水平投影 ef 为一竖直线，侧面投影 e"f" 与水平截平面的侧面投影重合在一起。

最后，丢弃被截掉的棱线，描深其余应有的图线，不可见的轮廓线画成虚线，结果如图 4-9（c）所示。

§4.3　基本平面体的交接

两立体相交连接也称**相贯**，相交两立体表面产生的交线，称为**相贯线**。立体相交组合时需要用几何方法作出它们的相贯线。相贯线的形状和数目随基本立体的形状和它们的相对位置而定。当一个立体全部贯穿另一个立体时，这样的相贯称为**全贯**（图 4-10a），这时有两条相贯线；当两个立体互相贯穿时，则称为**互贯**（图 4-10b），这时有一条相贯线。

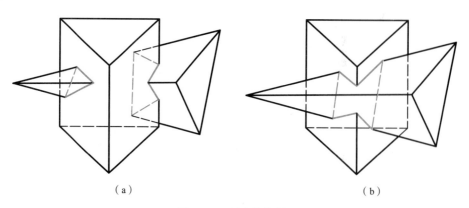

（a）　　　　　　　　　　　　　　　　　　　（b）

图 4-10　两立体相贯

两平面立体的相贯线一般是一条或两条闭合的空间折线。当两立体有表面共面且连在一起时，相贯线则会不闭合，如图 4-1（c）所示。相贯线上的边是两立体所有参与相交的表面之间的交线，相贯线上的顶点是所有参与相交的棱线或底边对另一立体表面的交点。所以，求这些折线的方法有两种：一是求出两立体上所有参与相交的棱面或底面间的交线；二是求出每一立体上参与相交的棱线或底边与另一个立体表面的交点，再依次连接这些交点。作图时也可两种方法混用。

求两平面立体相贯线的步骤如下：

（1）分析相贯线的类型，确定折线的条数、每条折线的边数或顶点数；

（2）求相交表面间的交线或每一立体上参与相交的棱线、底边对另一立体表面的交点；

（3）如果求的是交点，则依照一定的规则连接所求各点，即只有两点在第一个立体的同一表面上，又在第二个立体的同一个表面上，这样的两点才可以相连；

（4）分清各边线的可见性，只有在产生该边线的两个表面的某一同面投影均都可见时，该边线的相应投影才是可见的；

（5）修饰整理，把投影图中的相贯线及其他应补齐、接上的线段按可见性加深描黑。

[**例 4-5**] 试完成图 4-11（a）所示房屋模型的水平投影。

[**解**] 本题需要求出模型中两部分房屋的屋面、墙面间的交线，从几何形体上说亦即需要求出两个五棱柱表面间的交线（相贯线）。

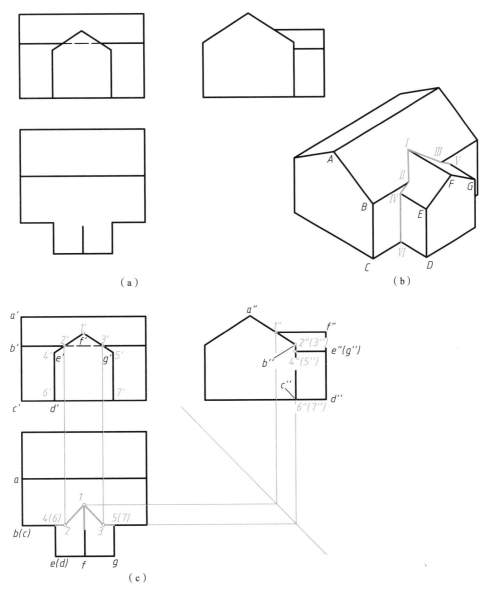

图 4-11　完成房屋模型的水平投影

观察两五棱柱，均为水平放置，由于作为房屋底部的两个水平棱面共面且连在一起，则相贯线不闭合，只需求出上部的棱面交线即可。两个五棱柱均为棱面相交，底面没有参与相交。大五棱柱前面的两个棱面参与相交，小五棱柱上面的四个棱面参与相交，则相贯线为 6 条线段连成的空间折线（Ⅵ Ⅳ Ⅱ Ⅰ Ⅲ Ⅴ Ⅶ）。大五棱柱左右放置，其侧面投影积聚为五边形，小五棱柱前后放置，其正面投影积聚为五边形。因此相贯线的正面投影和侧面投影为已知（6′4′2′1′3′5′7′和 6″4″2″1″3″5″7″），如图 4-11（c）所示。

在正面投影中，由大五棱柱的 B 棱与小五棱柱上面两个棱面交点的正面投影 2′、3′可得到其水平投影 2、3。

在侧面投影中，由小五棱柱的 F 棱与大五棱柱的 AB 棱面交点的侧面投影 1″可得其水平投影 1。

小五棱柱其余四条棱线与大五棱柱的 BC 棱面相交，该棱面为正平面，其水平投影积聚为水平线段，因此，四条棱线交点的水平投影 4、6、5、7 可直接求出。

依次连接 6421357，得相贯线的水平投影。相交各棱面的水平投影均可见，故交线的水平投影可见。

由于底部的两个水平棱面共面，因此，不能在水平投影的 6、7 点间画线。

[例 4-6]　如图 4-12（a）所示，已知一个正三棱锥和一个正三棱柱相贯，试画全该相贯体的三面投影。

[解]　求相贯线前先作出两立体的原始侧面投影。

（1）分析相贯线

观察两平面立体，正三棱锥的底面 ABC 是水平放置的，左右对称，前后不对称，后棱面 SAC 为侧垂面，其侧面投影积聚为直线段。正三棱柱水平放置，两底面为正平面，三个棱面的正面投影有积聚性，其中上棱面 DE 为水平面，另两个棱面为正垂面。由于三棱柱在正中贯穿三棱锥，所以属于全贯，前后应有两条相贯线。

三棱柱的三个棱面和三条棱线参与相交。三棱锥的三个棱面和前面一条棱线 SB 参与相交。由于相贯线是三棱柱的三个棱面与三棱锥棱面的共有线，因此三棱柱棱面的正面积聚投影也就是相贯线的正面投影，亦即相贯线的正面投影为已知。

对于前面的一条相贯线，三棱锥的左前棱面 SAB 与三棱柱的上棱面和左下棱面相交出 Ⅰ Ⅴ、Ⅰ Ⅵ两条交线；同理，三棱锥的右前棱面 SBC 与三棱柱的上棱面和右下棱面相交出 Ⅲ Ⅴ、Ⅲ Ⅵ两条交线。所以前面的一条相贯线为由四条线段组成的封闭的空间折线。

后面的相贯线是由三棱锥的后棱面 SAC 与三棱柱的三个棱面相交形成的，所以相贯线为三角形 Ⅱ Ⅳ Ⅶ。由于棱面 SAC 为侧垂面，故后面相贯线的侧面投影也已知。

（2）求交线、交点

三棱柱的棱面 DE 为一水平面，扩展开来与三棱锥的截交线是与底面 ABC 相似的等边三角形，可画出它的水平投影，并在其上根据相贯线上点的正面投影 1′、2′、3′、4′、5′直接得到其水平投影 1、2、3、4、5（图 4-12c）。由这些点的两投影作出其侧面投影 1″、2″、3″、4″、5″，它们重合在 DE 棱面的侧面投影上。三棱柱下棱线 F 与三棱锥表面的交点 Ⅵ、Ⅶ，可直接标出其正面投影 6′、7′和侧面投影 6″、7″，根据它们可作出水平投影 6、7。

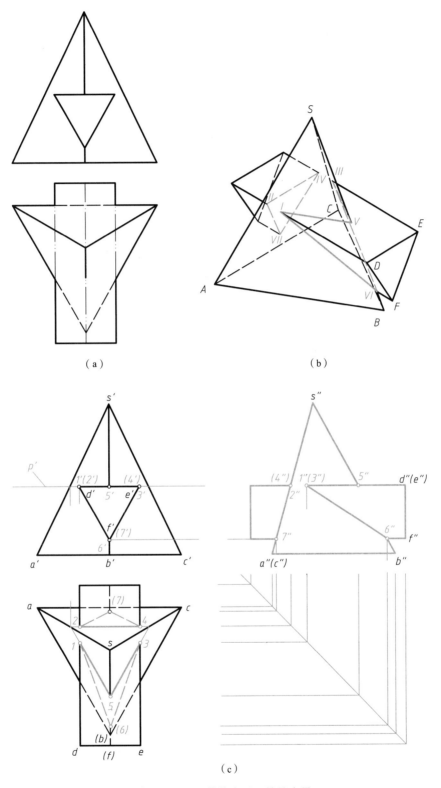

（a）

（b）

（c）

图 4-12 正三棱柱和正三棱锥全贯

（3）依次连接所求各点的同面投影

某两点对于每一立体来说都在同一表面上，这样的两点才能相连。在连点时要区分出线段的可见性。因为相贯线上每一线段都是两个表面的交线，所以只有当相交两平面的投影都可见时，交线的投影才是可见的；只要其中有一个面是不可见的，交线的投影就不可见。不可见的线段画成虚线。图 4-12（c）的水平投影中 16、63、47、72 都不可见。

（4）完成三面投影

相贯线画完后，还应根据两立体的相互遮挡关系，在各投影中判断各棱线或底边的可见性。例如三棱锥的底边 AB、BC、AC 各有一段在三棱柱的下方，所以水平投影中 ab、bc、ca 各有一部分应画成虚线。

两立体相交后构成了一个相贯体，其内部不存在分界线，故在投影图中不应画出穿入立体内部的轮廓线。

不应遗漏某些线段，例如水平投影中的实线 s5、虚线 6b 等。

［例 4-7］ 如图 4-13 所示，将上一例题改为穿孔的形式，求作该相贯体的两投影。

［解］ 由于是穿孔，除需求出相贯线外，尚需画出孔壁（棱面）间的交线的投影，如水平投影中的 12、34、67，侧面投影中的 1″2″、3″4″、6″7″ 等，当然还必须考虑它们的可见性。

由于取走了三棱柱，三棱锥底边的水平投影 ab、bc、ca 均可见，前棱线的 6b 部分也可见。

在形体分析时立体上贯穿多棱面的孔可以作为切割（挖切）问题看待。

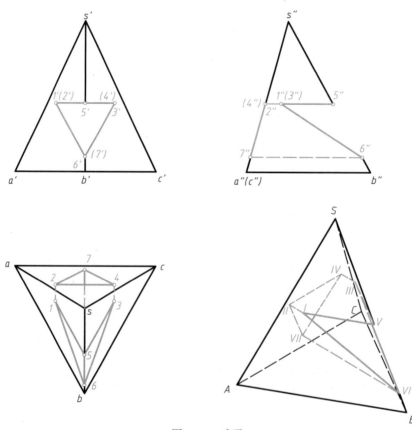

图 4-13 穿孔

[**例4-8**] 试完成图4-14（a）所示房屋模型的两面投影。

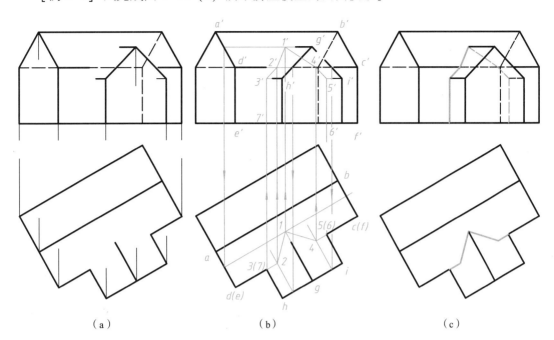

（a）　　　　　　　　（b）　　　　　　　　（c）

图4-14　完成房屋模型的两面投影

[**解**] 本题需要求出屋面间、墙面间以及屋面与墙面间的交线，从几何形体上说亦即需要补全两个五棱柱表面间的交线。在图4-14（b）中，利用辅助平面法求出过 G 的屋脊与屋面 ABCD 的交点 Ⅰ(1，1′)，用同样的方法再求出屋檐 DC 与屋面 GH 和 GI 的交点 Ⅱ(2，2′) 和 Ⅳ(4，4′)，墙面 CDEF 与 ⅦⅢH 和 ⅥⅥ 的交线 ⅢⅦ(37，3′7′) 和 ⅤⅥ(56，5′6′) 可利用这些铅垂面的水平投影的积聚性直接求出。连接所得各交点即为表面交线。需要注意，作图结果应有 3′2′//h′g′，32//hg 和 5′4′//i′g′，54//ig。本例的相贯线不闭合。

根据可见性区分线型，并接上原图中的未定图线，加深描黑，得图4-14（c）。

§4.4　简单平面立体的尺寸标注

标注尺寸的基本要求是：

（1）必须严格遵守制图标准中有关尺寸标注的规定；

（2）所注尺寸必须齐全，应能完全确定立体的形状和大小，既不能有所遗漏，也不应有互相矛盾的多余尺寸；

（3）尺寸布置得当，标注清晰，便于看图。

复杂的形体是由基本立体加工、组合而成的，所以首先要掌握基本立体的尺寸配置。表示基本立体形状和大小的尺寸叫**定形尺寸**。图4-15中列出了一些基本立体的尺寸注法。从中可以看出，所注尺寸的数量以能完全确定该立体的形状和大小为度。一般来说，棱柱一类的基本体（图4-15a、b、c、d、e），应注出它的底面尺寸和高度。底面尺寸的数量视底面图形而定，其中底面为正多边形时（图4-15c、d）可能一个尺寸就够了；底面为矩形时（图 4-15a、b）需要两个尺寸确定它；底面为梯形时（图 4-15e）需要三个尺寸确定它。棱锥一类的基本体（图 4-15f、g），需注出它的底面尺寸、锥高和顶点位置。棱台一类的基本体（图 4-15h），需注出它的上、下底面尺寸和棱台的高度。

　　基本立体被切割时，除了需要注出基本体自身的尺寸外，尚需注出截平面的位置。表示截平面位置的尺寸应注在截平面的积聚投影上，图 4-16 列出了几个被切割的基本体的尺寸注法示例。基本立体叠加或交接时，除了需要注出各基本体自身的尺寸外，尚需注出各基本几何体之间的位置关系，除非这种位置关系已由图形本身很明确地表示出来了。反映基本体之间位置关系或截平面位置的尺寸叫形体的**定位尺寸**。

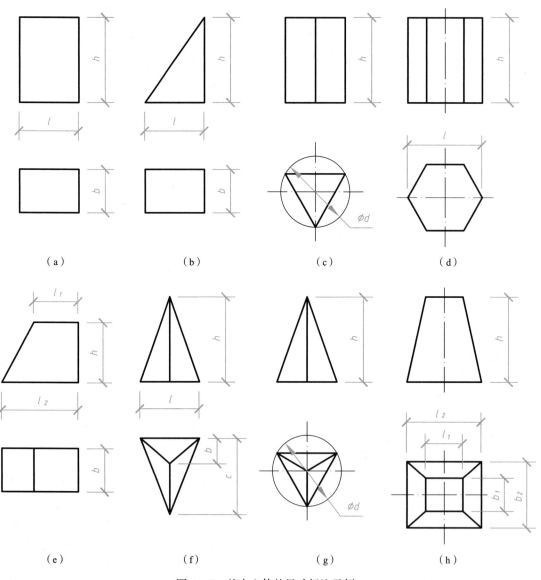

图 4-15　基本立体的尺寸标注示例

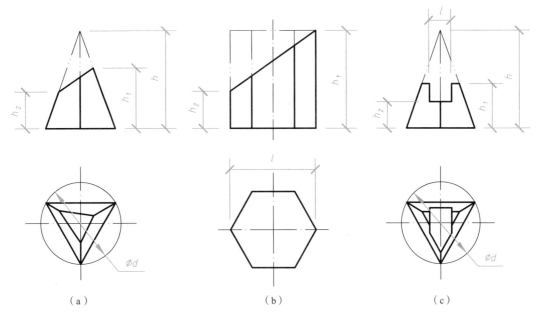

(a)　　　　　　　　　　　(b)　　　　　　　　　　　(c)

图4-16　被切割或带切口的基本立体尺寸标注示例

§4.5　轴测投影原理及画法

4.5.1　轴测投影的形成

多面正投影图可以完全确定物体的形状及其各部分的大小，而且作图简便，故在工程中被广泛地采用。但是这种图立体感较差，不易看懂。这是因为多面正投影法中的投射方向总是与形体的某一主要方向一致，所以每一个投影只能反映出形体上两个方向的尺寸。如图4-17（a）所示，正面投影只反映了形体的长和高；水平投影只反映了形体的长和宽；侧面投影只反映了形体的高和宽。如果能在形体的一个投影上同时反映出形体的长、宽、高三个方向的尺寸，如图4-17（b）所示，则这样的投影就具有立体感了。

为此，可以选用一个不平行于任一坐标面的方向为投射方向，将形体连同确定该形体各部分位置的直角坐标系一起投射到同一个投影面 P 上，这样得到的投影就能同时反映出形体三个方向的尺寸。这种投影方法即为**轴测投影法**，形体在 P 投影面上的投影就叫作该形体的**轴测投影**，也称**轴测图**。

根据投射方向的不同，轴测投影分成以下两类：

1. 正轴测投影

投射方向垂直于投影面时所得到的轴测投影称为**正轴测投影**。如图4-18（a）所示，使坐标系的三条坐标轴 O_1X_1、O_1Y_1 和 O_1Z_1 都与投影面 P 倾斜，然后用正投影法将形体连同坐标系一起投射到 P 投影面上，即得到此形体的正轴测投影。

2. 斜轴测投影

投射方向倾斜于投影面时所得到的轴测投影称为**斜轴测投影**。如图4-18（b）所示，通常使投影面 P 平行于 $X_1O_1Z_1$ 坐标面，即平行于形体上包含长度和高度方向的表面，而

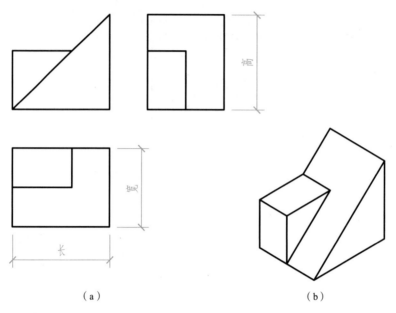

（a）

（b）

图 4-17 多面正投影图和轴测投影图

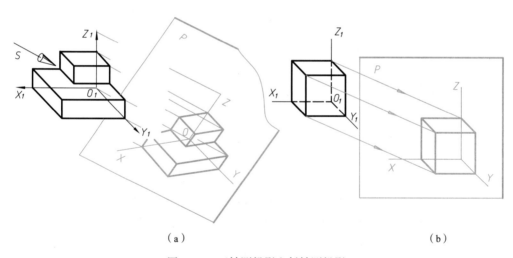

（a）

（b）

图 4-18 正轴测投影和斜轴测投影

使投射方向倾斜于 P，即得到此形体的斜轴测投影。在斜轴测投影中也可以使投影面 P 平行于 $X_1O_1Y_1$ 坐标面，即平行于形体上包含长度和宽度方向的表面。

4.5.2 轴测投影的特性

轴测投影是一种单面投影。如图 4-18 所示，投影面 P 称为**轴测投影面**，坐标轴 O_1X_1、O_1Y_1 和 O_1Z_1 在轴测投影面上的投影 OX、OY 和 OZ 称为**轴测轴**，投影面 P 上轴测轴之间的夹角 $\angle XOY$、$\angle YOZ$ 和 $\angle XOZ$ 称为**轴间角**，轴间角确定了三条轴测轴的关系，轴测轴上线段与相应的原坐标轴上线段的长度之比，称为**轴向伸缩系数**。轴间角和轴向伸缩系数是画轴测图的两大要素，它们的具体值将因轴测图的种类不同而不同。

绘制轴测投影时需要遵守的作图原则:

1. 轴测投影属于平行投影,所以轴测投影具有平行投影的特性,**画轴测投影时必须保持平行性、定比性**。如:空间形体上互相平行的直线,其轴测投影仍互相平行;空间互相平行的或同在一直线上的两线段长度之比在轴测投影上仍保持不变。

2. 空间形体上与坐标轴平行的直线段,其轴测投影的长度等于实际长度乘上相应轴测轴的轴向伸缩系数,即沿着轴的方向需按比例截量尺寸。其他不与坐标轴平行的直线,由于伸缩系数不同,故不能沿它按确定的比例截量尺寸,画图时只能通过坐标定点的方法作出其两端点后才能画出该直线的轴测投影。这就是只能**沿轴测量**的原则。

4.5.3 工程上常用的两种轴测图

1. 正等轴测图

在正轴测投影中,坐标轴对轴测投影面的倾斜角决定了轴间角和轴向伸缩系数。当三条坐标轴的倾角取成相等时,三个轴间角和三个轴向伸缩系数也相等。可以证明,此时的轴间角均为**120°**,各轴向伸缩系数均约为**0.82**(图4-19a)。这种正轴测投影叫**正等轴测投影(正等轴测图)**。此外,改变坐标轴对轴测投影面的倾斜角,就会得到另外的轴间角和轴向伸缩系数。当有两条坐标轴对轴测投影面的倾斜角相等而第三条不等时,就有两个轴向伸缩系数相等而另一个不等,所画的轴测图叫**正二轴测图**;若三个轴向伸缩系数均不相等,这样画出的轴测图叫**正三轴测图**。

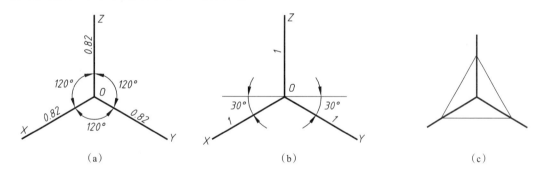

（a）　　　　　　　　　　（b）　　　　　　　　　　（c）

图4-19　正等轴测图的轴间角和轴向伸缩系数

在手工绘图中正等轴测图作图相对比较简便,且有较好的图示效果,所以是最常用的一种轴测图。画图时通常把 OZ 轴画成竖直的,OX 轴和 OY 轴则画成与水平方向呈30°角,如图4-19(b)所示。为使作图简便,通常还把各轴的轴向伸缩系数简化为**1**,称为**简化伸缩系数**,这样画出的轴测图形状未变,只是比真实的轴测图放大了约1.22倍。今后将不再特别声明,画正等轴测图时一般均采用简化伸缩系数,以避免做乘法运算。

2. 斜二轴测图

在斜轴测投影中,通常是令 $X_1O_1Z_1$ 坐标面平行于轴测投影面,这样,不论投射方向如何倾斜,轴测轴 OX 和 OZ 总是呈直角,且它们的轴向伸缩系数均为1。即一切平行于 $X_1O_1Z_1$ 坐标面的图形在斜轴测投影中均反映实形。而 OY 轴的方向及轴向伸缩系数则视投射方向的不同而自由改变。为了便于作图,可取 OY 轴与水平呈45°或30°或60°,其轴向伸缩系数可取成1或0.5等等,如图4-20所示。当 OY 轴的轴向伸缩系数取成1时,三个轴向伸缩系数全都相等，画出的轴测图叫**斜等轴测图**。当 OY 轴的轴向伸缩系数取成 0.5 或 0.7 或其他的非 1 值时，画出的轴测图叫**斜二轴测图**。OY 轴的轴向伸缩系数为 0.5 的斜二轴测图的视觉效果比斜等轴测图好，所以它也是常用的一种轴测图。今后将不再特别声明，画斜二轴测图时一般均采用 0.5 的 OY 轴轴向伸缩系数。

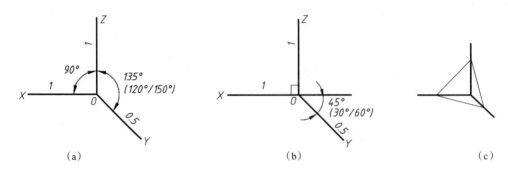

图 4-20   斜二轴测图的轴间角和轴向伸缩系数

4.5.4   平面立体轴测图的画法

虽然各种轴测图的轴间角和轴向伸缩系数不同，但绘制轴测图时应遵守的原则和对形体的处理方法是相同的。画轴测图时必须首先选定轴测图类型，确定轴间角大小，这样才可以画出轴测轴；其次必须确定轴向伸缩系数，这样才可以沿轴测量。下面是几种常用的画法。

1. 坐标法

根据形体上各点的坐标，沿轴测轴方向进行度量，画出它们的轴测图，并依次连接所得各点，得到形体的轴测图，这种画法称为**坐标法**，它是画轴测图的最基本的方法，也是其他各种画法的基础。

[**例 4-9**] 画出图 4-21（a）所示三棱锥的正等轴测图。

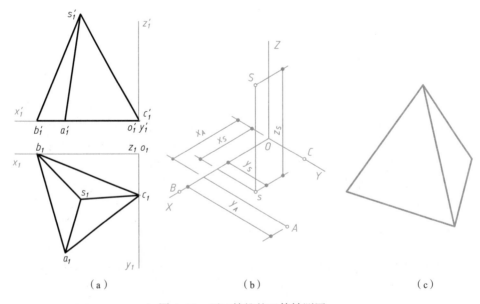

图 4-21   画三棱锥的正等轴测图

[**解**] 在图 4-21（a）中，设定三棱锥的坐标系为 O_1-$X_1Y_1Z_1$，从而可确定三棱锥上各点 S、A、B、C 的坐标值。为作图方便起见，使 $X_1O_1Y_1$ 坐标面与锥底面重合，O_1X_1 轴通过 B 点，O_1Y_1 轴通过 C 点。

作图方法示于图 4-21（b）中。按轴间角 120°画出正等轴测图的轴测轴，沿各轴截量每个点的三坐标，由此确定各点的位置。连接所得各点，并描深可见的棱线和底边，得图 4-21（c）。

为了增强轴测图的立体感，通常轴测图上只画可见轮廓线，对看不见的部分则省略虚线不画。

2. 端面法

对于柱类和锥类形体，通常是先画出能反映其特征的一个端面或底面，然后以此为基础画出可见的棱线和底边，完成形体的轴测图，这种画法称为**端面法**。

对于棱台类形体，通常先画出上、下底面，然后以此为基础连接相应顶点画出可见的棱线，完成形体的轴测图。

[**例 4-10**] 画出图 4-22（a）所示正六棱柱的正等轴测图。

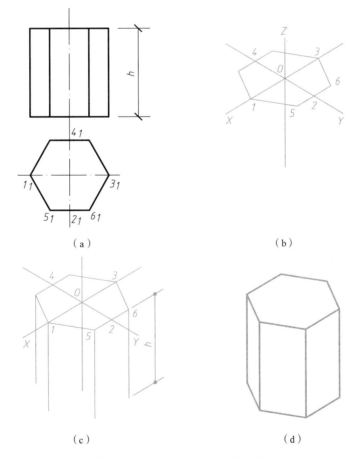

（a）　　　　　　　　　　　　（b）

（c）　　　　　　　　　　　　（d）

图 4-22　画正六棱柱的正等轴测图

[**解**] 该正六棱柱前后、左右对称，故选用上底面中心点为坐标原点。

作图方法示于图 4-22（b）、（c）中。画出正等轴测图的轴测轴，根据上底面各顶点的 x、y 坐标，画出上底面的正等轴测图。上底面的六个边中，只有平行于 X 轴的前后两个边画图时可以直接量取长度，其他四个边不与坐标轴平行，必须通过先确定端点的方法才能画出它们。过上底面各顶点沿 Z 轴方向画出互相平行的可见棱线，在可见棱线上截出棱柱的高度，连接所得各点即为下底面上的可见边。最后描深可见图线，得图 4-22（d）。

[**例 4-11**] 画出图 4-23（a）所示棱柱体的斜二轴测图。

[**解**] 图 4-23（a）中棱柱体的前、后端面互相平行，形状相同，因此设定坐标系时可使前端面与坐标面 $X_1O_1Z_1$ 重合，这样前、后端面的斜二轴测投影形状不变。

作图方法示于图 4-23（b）。画出斜二轴测图的轴测轴，在 XOZ 内画出前端面的实形，过前端面各顶点作 OY 轴的平行线，在这些平行线上量取棱柱体厚度的一半得后端面上的各顶点，连接所得各点，最后描深可见的图线，得图 4-23（b）。

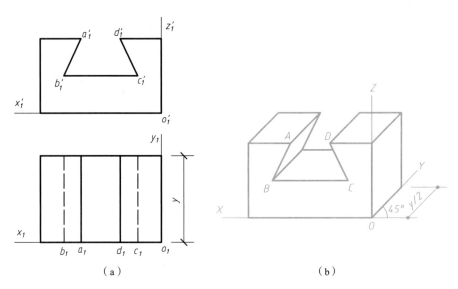

图 4-23　画棱柱体的斜二轴测图

[**例 4-12**] 画出图 4-24（a）所示正六棱台的正等轴测图。

[**解**] 作图方法示于图 4-24（b）、（c）中。画出轴测轴后以 O 点为下底的中心画出下底面六边形（图 4-24b），再沿 OZ 轴截取棱台的高度得上底面的中心，画出上底面六边形（图 4-24c），由上、下底面各顶点画出可见棱线，最后描深图线，得图 4-24（d）。

3. 切割法

对于能从基本立体切割而成的形体，可先画出原始基本立体的轴测图，然后分步进行切割，得出该形体的轴测图，这种画法称为**切割法**。

[**例 4-13**] 绘制图 4-25（a）所示立体的正等轴测图。

[**解**] 该立体可以看成是长方体被切去某些部分后形成的。故画轴测图时，可先画出完整的长方体，再画切割部分。

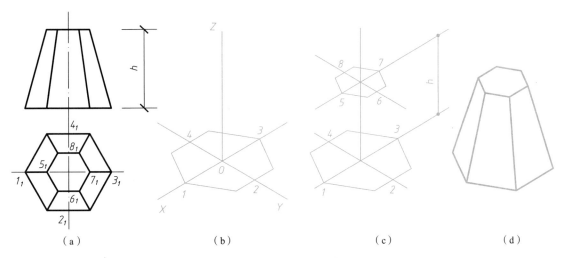

（a）　　　　　　（b）　　　　　　（c）　　　　　　（d）

图 4-24　画正六棱台的正等轴测图

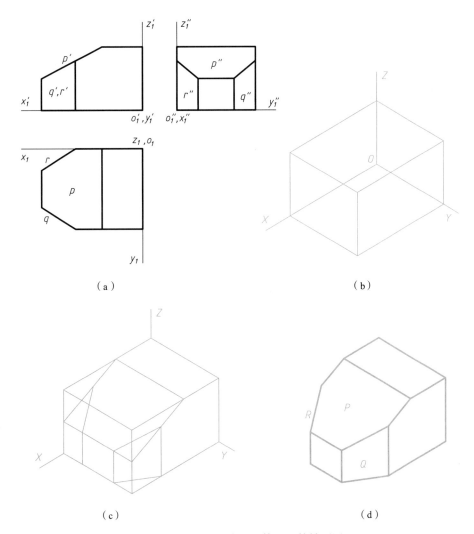

（a）　　　　　　　　　　　　　　（b）

（c）　　　　　　　　　　　　　　（d）

图 4-25　画切割式平面体的正等轴测图

作图方法见图 4-25（b）、（c）。选定坐标原点和坐标轴（图 4-25a），画出正等轴测图的轴测轴和完整长方体的轴测图（图 4-25b），再沿轴的方向定出截割平面 P 截切各棱线所得的交点，画出长方体左上部被 P 截切形成的切口，用同样的方法画出两个铅垂面 Q、R 截切形成的切口（图 4-25c），最后描深可见的图线，得图 4-25（d）。

4. 叠加法

对于由几个基本体叠加而成的形体，宜在形体分析的基础上，将各基本体逐个画出，最后完成整个形体的轴测图，这种画法称为**叠加法**。画图时要注意保持各基本体的相对位置。画图的顺序一般是先大后小。

[**例 4-14**]画出图 4-26（a）所示挡土墙的斜二轴测图。

[**解**]该挡土墙可以看成是由三部分叠加而成的（图 4-26a）：Ⅰ为水平放置的矩形板，Ⅱ为在Ⅰ上面竖直放置的矩形板，Ⅲ为在Ⅰ、Ⅱ的右上方前后对称放置的两块三角形板。

作图方法见图 4-26（b）、（c）、（d）。选定坐标原点和坐标轴，使形体的前端面与 $X_1O_1Z_1$ 面重合，底板Ⅰ的底面与 $X_1O_1Y_1$ 面重合，分别画出Ⅰ、Ⅱ、Ⅲ三部分的轴测图，并保持它们间的相对位置关系，最后擦除多余的轮廓线，描深可见的部分，得图 4-26（e）。

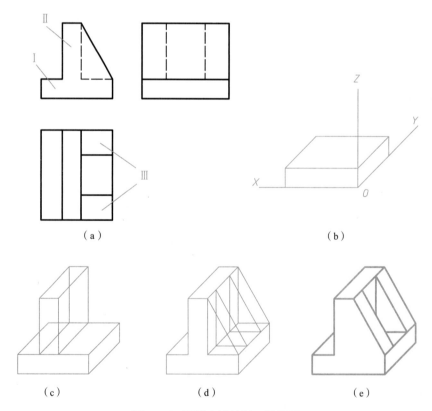

图 4-26 画挡土墙的斜二轴测图

第5章 规则曲线、曲面及曲面立体

§5.1 曲 线

由**曲面**或曲面与平面围成的立体叫**曲面体**。规则的曲面，例如**圆柱面**、**球面**等，是运动的线按照一定的控制条件运动的**轨迹**。曲面体的投影，曲表面与其他表面的交线都有可能是**曲线**，如图 5-1 所示。本节研究曲线的投影及其画法。

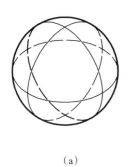  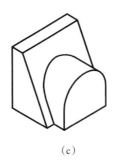 

（a）　　　　　　　　（b）　　　　　　　　（c）　　　　　　　　（d）

图 5-1　曲面体的外形轮廓及曲表面的交线

5.1.1　曲线的形成与分类

曲线可以看作是不断改变运动方向的点连续运动的轨迹（图 5-2）。根据点的运动有无规律，曲线可以分成**规则曲线**和**不规则曲线**。规则曲线是能用数学方法精确描述的曲线，例如圆、正弦曲线、渐伸线等都是规则曲线。不规律曲线的随意性很大，它不能直接用数学式子作精确地描述，例如海岸线、山体的坡脚线等都是不规则曲线。本章讨论的只限于规则曲线。

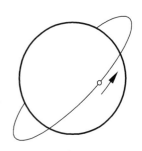

图 5-2　曲线

曲线可以根据它是否位于同一平面上而分为**平面曲线**和**空间曲线**。曲线上的所有点都位于同一平面上时，这样的曲线叫平面曲线。几何中的圆、椭圆等都是平面曲线。如果曲线上的连续四个点不在同一平面上，这样的曲线叫空间曲线。圆柱螺旋线、一般情形下两曲表面的交线等都是空间曲线。

5.1.2　曲线的投影

曲线的投影一般仍为曲线，如图 5-3 所示。由于曲线是点的集合，所以画出曲线上一系列点的投影，并以光滑曲线连接起来，就可得到该曲线的投影。作图时为了能准确地控制好曲线投影的形状，应把曲线上的一些特殊点（如曲线的端点、转向点、最高或最低点等）的投影画出来。

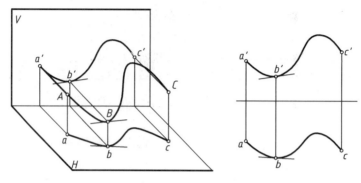

图 5-3　曲线的投影

曲线的**切线**对于控制曲线投影的作图有重要作用。过曲线上一点的切线，其投影仍与曲线的投影相切于该点的同面投影。例如图 5-3 中过曲线 *ABC* 上任一点 *B* 的切线，其正面投影与曲线的正面投影相切于 *b′*，其水平投影与曲线的水平投影相切于 *b*。

平面曲线的投影，视曲线所在平面对投影面的倾斜状态有三种情况：当曲线所在平面平行于某个投影面时，曲线在该投影面上的投影将反映曲线的实形（图 5-4a）；当曲线所在平面垂直于某个投影面时，曲线在该投影面上的投影是一段直线（图 5-4b）；当曲线所在平面倾斜于某个投影面时，其投影是变了形的曲线（图 5-4c）。最后这种情形，对于二次曲线来说其投影仍为同类的二次曲线，即圆和椭圆的投影一般为椭圆，特殊情形下可能是圆，抛物线的投影仍为抛物线，双曲线的投影仍为双曲线。

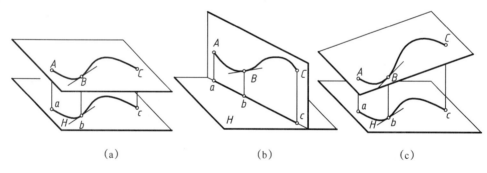

(a)　　　　　　　(b)　　　　　　　(c)

图 5-4　平面曲线的投影

5.1.3　圆的投影

圆是工程中常用的平面曲线。根据圆平面对投影面的倾斜状态，圆的投影有可能是等大的圆、长度等于圆的直径的线段或长轴长度等于圆的直径的椭圆。依据圆的投影有以上这些形态，在已知圆的位置、倾斜方向和大小的条件下可以作出圆的投影。

[**例 5-1**] 已知位于铅垂面 *P* 内的圆的圆心为 *O*（*o*，*o′*），直径为 *D*，如图 5-5（a）所示，试作出该圆的两投影。

[**解**] 作图过程示于图 5-5（c）、（d）、（e）中。圆的水平投影为直线段，长度等于 *D*。正面投影为椭圆，其长轴是圆内平行于 *V* 投影面的直径的投影，所以它的方向竖直，长度等于 *D*；短轴垂直于长轴，其长度根据水平投影确定（图 5-5c）。长短轴的端点都属

于特殊点，为了能较准确地画出正面投影椭圆，尚需求出属于椭圆上的一些一般点。为此，可作出圆的辅助投影使其反映实形（图5-5b、d），在辅助投影上取圆上的点，并反求出这些点的正面投影，即为椭圆上的点。最后以光滑曲线将所求各点连接起来即得正面投影椭圆。完成的图如图5-5（e）所示。

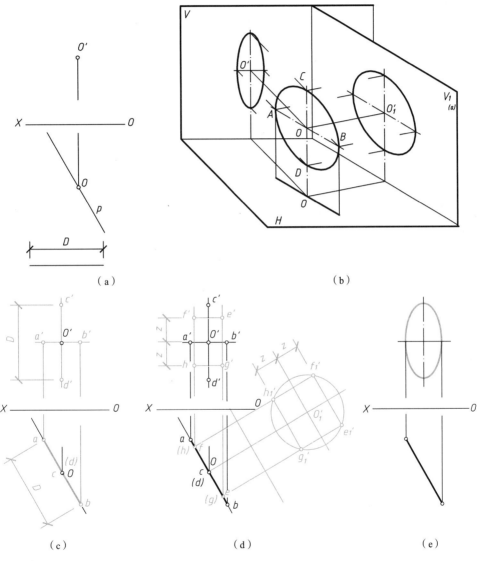

图5-5 铅垂面内圆的投影

5.1.4 圆柱螺旋线的投影

圆柱螺旋线是工程中常用的空间曲线。

1. 形成

动点在圆柱面上沿着圆柱的轴线方向作等速移动，同时又绕柱轴作等速旋转运动，此动点的运动轨迹为圆柱螺旋线。柱轴称为螺旋线的轴线，圆柱的半径称为螺旋半径，动点

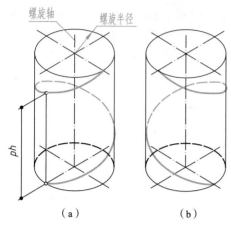

图 5-6　圆柱螺旋线的形成

转动一周后沿轴线移动的距离称为导程，记为 ph，如图 5-6 所示。螺旋线有左旋和右旋之分。握住右手四指伸直拇指，点的旋转符合四指方向且点的移动符合拇指方向时，形成的螺旋线称为右旋螺旋线，如图 5-6（a）所示；反之则称为左旋螺旋线，如图 5-6（b）所示。

2. 投影的画法

根据螺旋线的形成方法，当已知螺旋半径 r、导程 ph、旋向和轴线位置后，便可作出螺旋线的投影。在图 5-7（a）中给出了螺旋线的轴线为铅垂线，A（a，a'）点为起点，旋向右旋，oa 确定螺旋半径，ph 为导程，作螺旋线的方法示于图 5-7（b）、（c）中。螺旋线的水平投影重合在圆周上。把圆周分为若干等份（例如 12 等份），在正面投影中把导程 ph 也分为相同的等份，并过各等分点作一组水平线（图 5-7b），过水平投影中圆周上各分点作竖直线，与正面投影中相应的水平线相交，得 $1'$、$2'$、…、$11'$、$12'$ 等，把这些点连成光滑曲线即为圆柱螺旋线的正面投影（图 5-7c）。

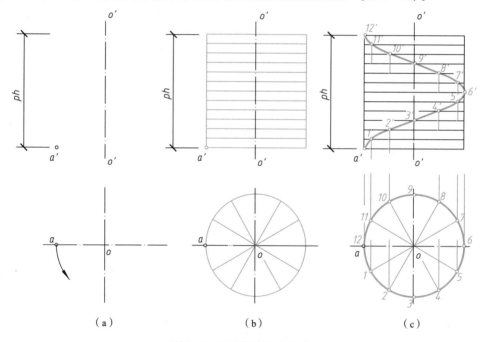

（a）　　　　　　　　（b）　　　　　　　　（c）

图 5-7　圆柱螺旋线的投影

§5.2　曲　面　概　述

5.2.1　曲面的形成与分类

曲面有规则曲面和不规则曲面之分，本章只讨论规则曲面。

　　规则曲面可以看作是运动的线按照一定的控制条件运动的轨迹（图5-8），该运动的线称为**母线**。曲面上任一位置的母线，称为该曲面的**素线**。控制母线运动的线或面，分别称为**导线、导面**。

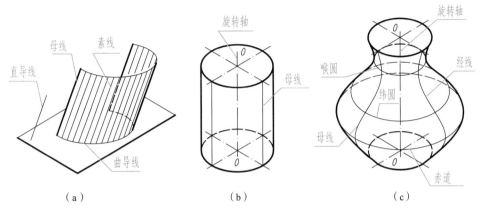

（a）　　　　　　　　　　（b）　　　　　　　　　　（c）

图5-8　曲面的形成

　　由直线作母线运动生成的曲面叫**直纹面**（**直线面**），如图5-8（a）、（b）所示。直纹面上布满了直的素线。圆锥面、圆柱面都是直纹面的例子，它们上面都有直的素线存在。只能由曲线作母线运动生成的曲面叫**曲线面**（**复曲面**），如图5-8（c）所示。球面、圆环面都是曲线面的例子，在曲线面上是作不出直线的。

　　从运动的控制条件上说，可以由母线绕一固定的轴线旋转生成的曲面叫**旋转面**（**回转面**），该固定的轴线叫**旋转轴**，图5-8（b）、（c）所示为旋转面。由直母线旋转生成的叫**旋转直纹面**，只能由曲母线旋转生成的叫**旋转曲线面**。在旋转过程中，母线上任一点的运动轨迹是圆，称之为**纬圆**（**纬线**），纬圆所在的平面垂直于旋转轴，圆心在旋转轴上。比相邻两侧都大的纬圆称为**赤道**，比相邻两侧都小的纬圆称为**喉圆**。在旋转曲线面中过旋转轴的平面称为**径面**，径面与曲面的交线称为**经线**。

　　需要指出，同一种曲面往往可以由不同的方法生成。例如圆柱面（图5-8b）可以由直母线绕着与其平行的轴旋转生成，也可以由圆沿着轴线方向平移生成。在使用计算机作三维造型时需要掌握曲面的多种建模方式。

5.2.2　曲面的表示方法

　　在投影图上表示一个曲面，原则上说只要作出确定曲面的几何要素的投影就可以了。因为母线、导线或导面给定以后，形成的曲面将被唯一地确定。但在实际作图中，为了形象和便于识别，若有可能总要画出曲面的外形轮廓。作投影时平行于某个投射方向且与曲面相切的投射线形成了投射柱面，投射柱面与曲面相接触的部分称为曲面在该投射方向下的**外形轮廓线**，简称**外形线**。投射柱面与投影面的交线，即曲面外形轮廓线的投影，习惯上仍称为外形线。显然，对不同的投射方向，曲面有不同的外形线，并且外形线通常也是曲面在该投射方向下可见与不可见的分界线。图5-9示出了对球面作投影时的情形，每个投射方向都有各自的外形轮廓大圆，每个轮廓大圆都把球面分为可见与不可见的两半部分。三面投影图上的三个投影都是圆，但它们是不同轮廓大圆的投影，并非同一条线的三投影。

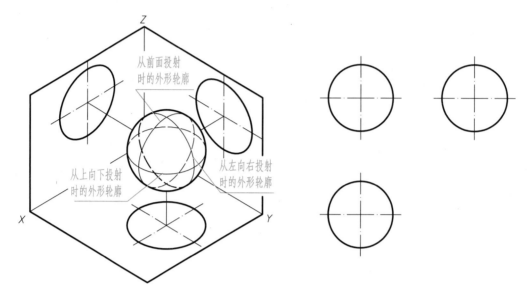

图 5-9　曲面的外形线

为了形象、确切地表示曲面，有时还画出曲面上的若干条素线或曲面的骨架，如图 5-10 所示。骨架由曲面的有规律分布的素线或网格构成。

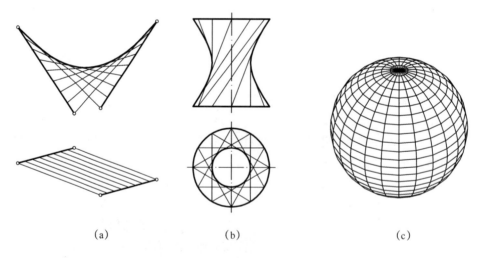

(a)　　　　　　　　　(b)　　　　　　　　　(c)

图 5-10　画出曲面的素线或骨架

5.2.3　曲面上点的投影

在给定了曲面的投影的情况下，若已知曲面上一点的一个投影，就像在平面上定点那样，可借助于过点在曲面内作辅助线的方法求出点的其余各投影。但在曲面上作的辅助线其投影应为最简单的线，例如直线或圆。对于直线面来说，可利用它的直素线为辅

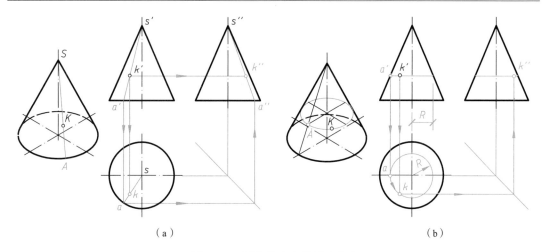

图 5-11　用素线法和纬圆法定点

助线来求点的其余投影，这种方法叫**素线法**。对于
旋转面来说，可利用纬圆为辅助线来求点的其余投
影，这种方法叫**纬圆法**。圆锥面是旋转直纹面，它
是由直母线绕着与它相交的轴旋转生成的，图 5-11
示出了用素线法和纬圆法根据圆锥面上点 K 的正
面投影 k' 求其余投影的作图方法：过 k' 作素线或纬
圆的正面投影，求出它们的其余二投影，由 k' 在它
们上面求得 k 和 k''。

　　在特殊情形下，有的曲面的某个投影可能有积
聚性，利用积聚性可直接求得曲面上点的相关投
影。图 5-12 示出了圆柱面的三面投影图和利用水
平投影的积聚性求点的水平投影及侧面投影的
方法。

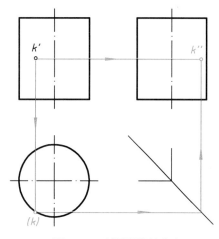

图 5-12　利用积聚性定点

§5.3　直　纹　面

　　直纹面分为旋转直纹面和非旋转直纹面。圆柱面、圆锥面、单叶旋转双曲面等为旋转
直纹面，柱状面、锥状面、双曲抛物面等属于非旋转直纹面。本节讲述几种常见直纹面的
形成及其投影。

　　1. 柱面

　　直母线 l 沿着一条曲导线 C 运动，且始终保持与某一固定方向 T 平行，这样形成的曲
面称为**柱面**，如图 5-13 所示。由柱面的形成过程可知，柱面上的所有素线都互相平行，
所以在投影图上画出了外形线就相当于指明了母线运动时的固定方向 T。

　　柱面可沿其素线向两个方向无限延伸，但实际画图时只是画出有限的一段。求柱面上点
的投影可利用素线法作图，图 5-13（b）示出了根据柱面上 K 点的水平投影 k 求其正面投影
k' 的作图方法：过 k 作线 ab 平行于水平投影上的外形线，求出 $a'b'$，并在其上由 k 作出 k'。

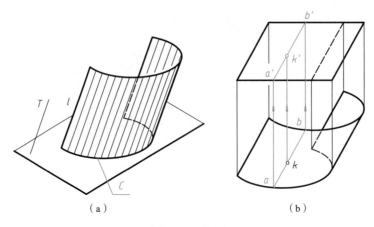

图 5-13　柱面

柱面的曲导线一般为平面曲线。柱面如果有两个或两个以上的对称平面，则对称平面的交线称为柱面的轴，图 5-14 示出了几种有轴的柱面。柱面被垂直于素线的截平面所截，得到的图形叫**正截面**。柱面常以正截面的形状来命名和分类，例如正截面为圆的叫**圆柱面**，正截面为椭圆的叫**椭圆柱面**，等。所以常用到的圆柱面只是柱面中的一种。

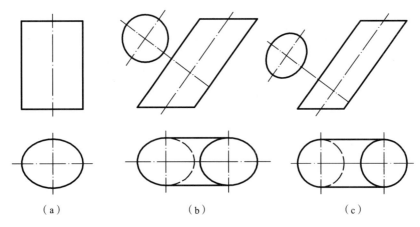

图 5-14　几种有轴的柱面

2. 锥面

直母线 l 沿着一条曲导线 C 运动，且始终通过定点 S，这样形成的曲面称为**锥面**，如图 5-15 所示。定点 S 称为**锥顶**，锥面上的所有素线都通过它。在投影图上表示锥面应画出锥顶和曲导线的投影及各投影的外形线。锥面可以向锥顶的两侧无限延伸，实际画图时只是表示了锥面有限的一段。

在锥面上定点，一般可以用素线法，如图 5-15（b）所示。如果用平行于投影面的截平面能对锥面截出圆形，也可以用纬圆法作点的投影。

锥面的导线一般为平面曲线。锥面如果有两个或两个以上的对称平面，则对称平面的交线称为锥面的轴，垂直于轴线的截平面截割锥面得到的图形叫正截面。有轴锥面常以正截面的形状来分类和命名，例如圆锥面、椭圆锥面等。所以经常用到的圆锥面只是锥面中

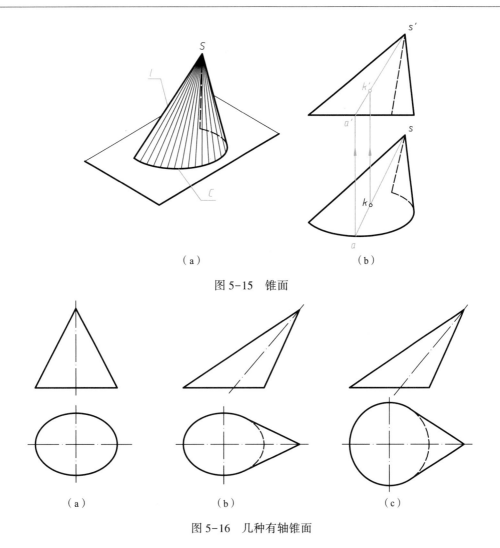

（a）   （b）

图5-15 锥面

（a）   （b）   （c）

图5-16 几种有轴锥面

的一种。图5-16 示出了几种有轴的锥面。

3. 柱状面

直母线沿着两条曲导线运动，且始终平行于某一导平面，这样形成的曲面称为**柱状面**，如图5-17 所示。由形成过程可知，柱状面上所有的素线都平行于导平面，而彼此间则为交错关系。图5-17（a）示出的是以水平圆和侧平圆为曲导线，以 V 投影面为导平面形成的柱状面，图5-17（b）是它的两面投影图。投影图上画出了曲导线、外形线及一些素线的投影，画素线时先画它的水平投影（如 ab），借助于侧平圆的辅助投影可作出相应的正面投影（如 a'b'）。

图5-18 所示柱状面桥墩是柱状面应用的一个例子。该墩上的柱状面是以水平圆和水平椭圆为曲导线，以正平面为导平面由直母线运动形成的。

4. 锥状面

直母线沿着一条直导线和一条曲导线移动，且始终平行于一个导平面，这样形成的曲面称为**锥状面**，如图5-19 所示。由形成过程可知，锥状面上所有的素线都平行于导平面，

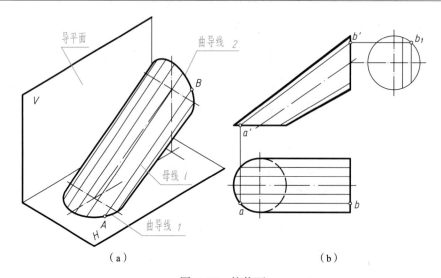

（a）　　　　　　　　　　　　　　（b）

图 5-17　柱状面

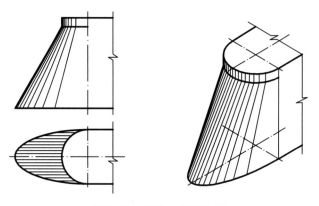

图 5-18　桥墩上的柱状面

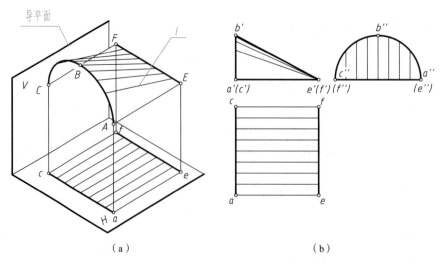

（a）　　　　　　　　　　　　　　（b）

图 5-19　锥状面

而彼此间则为交错关系。图 5-19 所示锥状面是以 V 投影面为导平面，投影图上画出了两条导线和一些素线的投影。画素线时先画它的水平投影，进而作出它的侧面投影，最后求出其正面投影。图 5-20 为锥状面在屋顶结构中的应用。

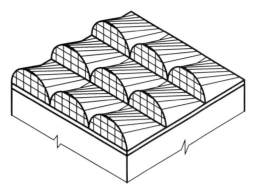

图 5-20 锥状面屋顶

5. 螺旋面

以圆柱螺旋线及其轴线为导线，直母线沿着它们移动而同时又与轴线保持一定角度，这样形成的曲面称为**螺旋面**。其中，若直母线与轴线始终正交，则形成的是**正螺旋面（或称直螺旋面或平螺旋面）**，如图 5-21 所示；若直母线与轴线斜交成某个定角，则形成的是**斜螺旋面**。正螺旋面其实是锥状面的一种，它的导平面是轴线的垂直面。当正螺旋面的轴线为铅垂线时，它的所有素线均为水平线，而彼此间则为交错关系。所以在该螺旋面上画素线时，正面投影上可过螺旋线上的点作水平线，水平投影上则将圆周上的相应点与圆心相连。图 5-22 所示螺旋楼梯为正螺旋面在建筑工程中的应用一例。

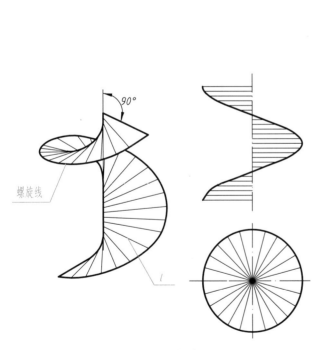

图 5-21 正螺旋面

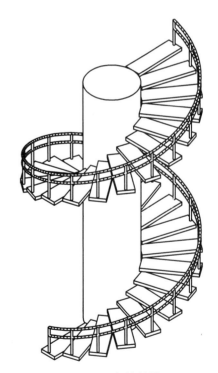

图 5-22 螺旋楼梯

6. 双曲抛物面

直母线 l 沿着两条交错直导线 AB、CD 移动，且始终平行于某个导平面 P，这样形成的曲面称为**双曲抛物面**，如图 5-23 所示。由形成过程可知，双曲抛物面上的所有素线都平行于导平面，而它们彼此间则为交错关系。图 5-23（b）是双曲抛物面的两面投影图，图上画出了直导线和一些素线的投影，正面投影上各素线的包络线是双曲抛物面的外形线。为了画出双曲抛物面的素线，可将直导线线段分成相同的等份，相应分点的连线即为素线。

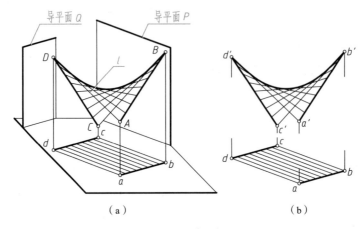

（a）　　　　　　　　　　　　　（b）

图 5-23　双曲抛物面

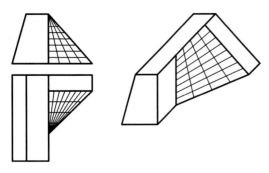

图 5-24　双曲抛物面护坡

在图 5-23 中，若以 AB 为母线，以交错直线 AD 和 BC 为直导线，以平行于 AB 和 CD 的平面 Q 为导平面，也可以形成同一个双曲抛物面。由此可知，双曲抛物面上有两族素线，其中每一条素线与同族的素线均不相交，而与另一族的所有素线均相交。双曲抛物面在土木、水利工程中有较广泛的用途，在屋顶结构、挡土墙、护坡、渠道边坡中常可见到它的应用，图 5-24 所示为一双曲抛物面护坡，图上画出了双曲抛物面的两族素线。

7. 单叶旋转双曲面

直母线 l 绕着一条与其交错的轴线旋转，形成的曲面称为**单叶旋转双曲面**，如图 5-25 所示。母线上距轴最近的点旋转的轨迹是曲面的喉圆。图 5-25（b）所示的投影图上画出了轴为铅垂线时单叶旋转双曲面的轴线、素线和外形线的投影。正面投影上的外形线是各素线正面投影的包络线，为双曲线，所以单叶旋转双曲面也可以看成是双曲线绕其虚轴旋转生成的。水平投影上各素线与喉圆相切，即喉圆的水平投影同时也是各素线水平投影的包络线。在单叶旋转双曲面上作素线，可先在水平投影上作喉圆的切线，利用切线与上下纬圆水平投影的交点求出素线的正面投影。

与双曲抛物面一样，单叶旋转双曲面上也有两族直素线，每条素线与同族素线都不相交，而与另一族的所有素线均相交。图 5-26 所示是由单叶旋转双曲面的两族数量相同的素线组成的水塔支架。

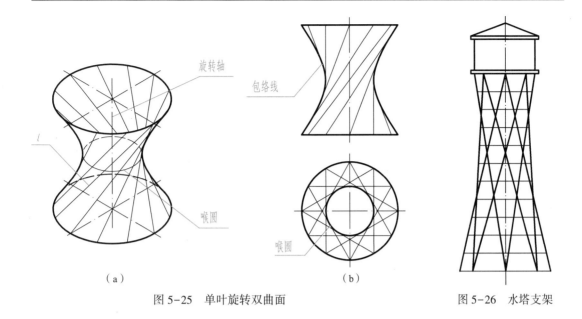

（a）

图 5-25 单叶旋转双曲面

（b）

图 5-26 水塔支架

§5.4 旋转曲线面

曲线面亦有旋转曲线面和非旋转曲线面两类，本节只讲述两种由圆旋转生成的曲线面。

1. 球面

圆绕着自身的任一直径旋转生成的曲面称为**球面**，如图 5-27（a）所示。球面任意方向的正投影都是圆，圆的直径等于球面的直径，如图 5-27（b）、（c）所示。三面投影图上虽然各个投影都是大小相等的圆，但它们却是球面上不同方向外形线的投影：正面投影上的圆是球面上平行于 V 面的外形轮廓大圆的投影，其水平投影为一反映直径长度的水平线段，其侧面投影为一相同长度的竖直线段，它们位于过球心投影的水平、竖直中心线上，不再单另画线表示；水平投影上的圆是球面上平行于 H 面的外形轮廓大圆的投影，其

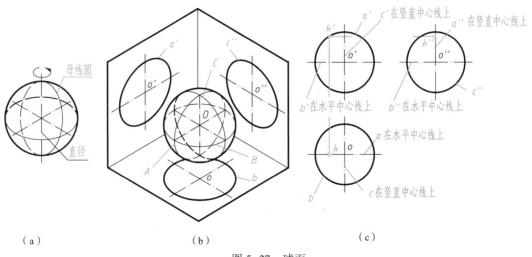

（a）

（b）

（c）

图 5-27 球面

正面和侧面投影均为反映直径长度的水平线段，它们位于过球心投影的水平中心线上，不再单另画线表示；侧面投影上的圆是球面上平行于 W 面的外形轮廓大圆的投影，其正面和水平投影均为反映直径长度的竖直线段，它们位于过球心投影的竖直中心线上，亦不再单另画线表示。图 5-27（c）上还示出了位于正面外形线大圆上的 K 点的三投影。

球面上的每个外形轮廓大圆都把球面分为两半部分。例如正面轮廓大圆将球面分为前后两半，作正面投影时位于前半球面上的点、线是可见的，位于后半球面上的点、线则不可见。对于水平轮廓大圆和侧面轮廓大圆也有类似的结论。

2. 环面

圆绕着圆平面内不通过圆心的直线旋转，形成的曲面称为**环面**，如图 5-28（a）所示。旋转中外半圆周形成的是外环面，内半圆周形成的是内环面。图 5-28（b）画出了旋转轴为铅垂线时完整环面的两面投影图，其中正面投影上的上下两水平线段是母线圆上最高、最低两点运动轨迹的投影；左右两圆是环面上平行于 V 面的素线圆的投影；水平投影上的大小圆是环面的内外轮廓线，点画线圆是母线圆的圆心轨迹线。

在环面上作点，使用纬圆法，图 5-28（b）中示出了根据环面上 K 点的正面投影 k' 求水平投影 k 的作图方法。

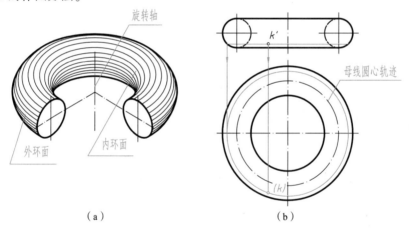

（a）　　　　　　　　　　　　　　（b）

图 5-28　环面

§5.5　基本曲面立体和立体上的曲表面

曲面体是由曲面或曲面和平面围成的立体。常用的基本曲面体有**圆柱**、**圆锥**、**圆台**、**球**等，如图 5-29 所示。这些基本曲面体都是由旋转面或旋转面与平面围成的，都属于**旋转体**，它们的投影与相应的旋转面的投影相似。

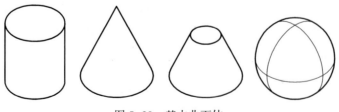

图 5-29　基本曲面体

5.5.1 圆柱

圆柱面和两个底平面围成**圆柱体**，简称圆柱。**直圆柱**的底平面垂直于轴线，如图 5-30（a）所示。图 5-30（b）是圆柱的三面投影图，本图所示圆柱，轴线为铅垂线，所以圆柱面的水平投影是个圆，且有积聚性。圆柱面上所有的点、线，其水平投影都在该圆周上。圆柱的正面投影和侧面投影是两个相同的矩形，矩形的水平边是上、下底面的投影，矩形的竖直边是圆柱面不同投射方向的外形线。正面投影的左右两竖直边是圆柱面的最左、最右外形轮廓线（轮廓素线）的投影，它们的侧面投影重合在轴线侧面投影的位置，不再单另画线表示。侧面投影的左右两竖直边是圆柱面的最后、最前外形轮廓线（轮廓素线）的投影，它们的正面投影重合在轴线正面投影的位置，不再单另画线表示。

需要注意，在画圆柱及其他旋转体的投影图时总要用点画线画出轴线的投影，在反映圆形的投影上还需用点画线画出圆的中心线。

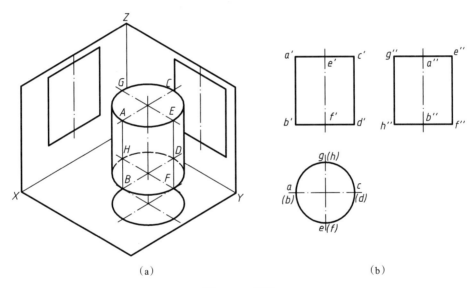

（a）   （b）

图 5-30　圆柱

图 5-31 示出了**圆筒**的投影图。圆筒可以看成是在圆柱体上同轴穿了一个圆孔形成的，圆孔即圆筒的内表面，也是一个圆柱面，它的表示方法与圆筒的外表面相同，仅因它在物体的内部，相关投影上的外形线为不可见，故画成虚线。在圆柱面上作点、线的投影，可以利用圆柱面有积聚性的投影进行作图。

圆柱的大小由其直径和高度确定，圆柱的位置由其轴线的位置确定，图 5-32 示出了圆柱和圆孔的尺寸注法。圆柱的直径可以注在反映圆形的投影上，也可以注在非圆形的投影上。

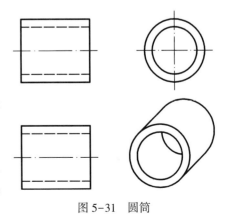

图 5-31　圆筒

113

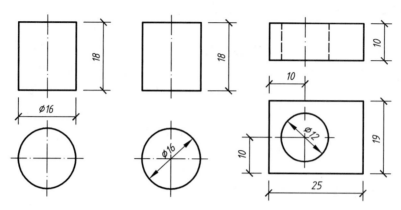

图 5-32　圆柱和圆孔的尺寸注法

在工程形体上出现的可能只是圆柱的一部分，例如**圆角**（图 5-33a）、**圆端**（图 5-33b）、**圆拱**（图 5-33c）等都是部分圆柱（面）的应用。在标注尺寸时对于这些等于或小于半圆柱的柱面需要注出其半径而不标注直径。

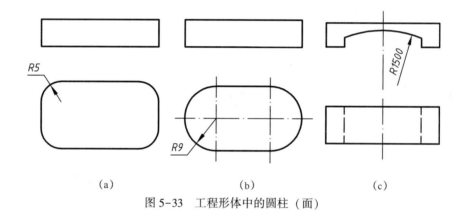

（a）　　　　　　　　　　（b）　　　　　　　　　　（c）

图 5-33　工程形体中的圆柱（面）

5.5.2　圆锥和圆台

圆锥面和底平面围成**圆锥体**，简称圆锥，**直圆锥**的底平面垂直于圆锥的轴线，如图 5-34 所示。圆锥被平行于锥底面的平面截去锥顶得到圆台，所以圆台是圆锥的一部分。

图 5-34（b）所示是轴线为铅垂线的圆锥的三面投影图。水平投影上的圆是底圆的投影，圆心是锥顶的投影，圆周内的整个区域是圆锥面的投影。正面投影和侧面投影是两个相同的三角形，三角形的底边是圆锥底面的投影，三角形的其余边线是圆锥面不同投射方向的外形线，其中正面投影上的左右两边线是圆锥面的最左、最右外形轮廓线（轮廓素线）的投影，对应的水平投影重合在圆的水平中心线上，对应的侧面投影重合在轴线的侧面投影位置上；侧面投影中的左右两边线是圆锥面的最后、最前外形轮廓线（轮廓素线）的投影，对应的水平投影重合在圆的竖直中心线上，对

应的正面投影重合在轴线的正面投影位置上。圆锥的投影图上要用点画线画出轴线和底圆投影的中心线。

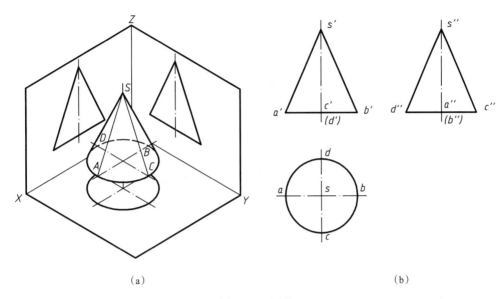

（a） （b）

图 5-34 圆锥

图 5-35 示出了圆台的投影图。

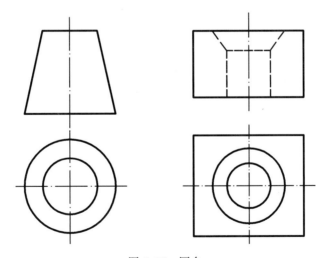

图 5-35 圆台

在圆锥面上作点、线的投影可使用素线法和纬圆法。

圆锥的大小由底圆直径和锥高确定，圆台的大小由上下底圆的直径和圆台高确定，它们的位置由轴线的位置确定，图 5-36 示出了圆锥和圆台的尺寸注法。

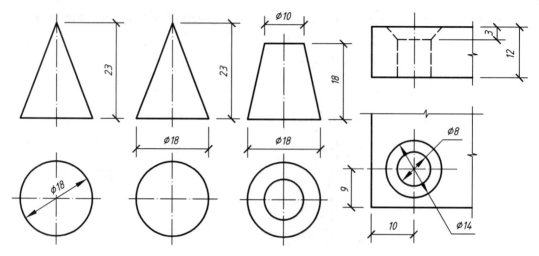

图 5-36　圆锥和圆台的尺寸注法

5.5.3　球

球面自身封闭形成**球体**，简称球。球的投影与球面的投影相同，各个投影都是相同大小的圆。有关球的作图问题，例如作点、作线，实际上就是球面上的作图问题，如前所述，球面上作点、作线使用纬圆法。

[**例 5-2**]　已知球面上点 A、K、B 的正面投影 a'、k'、b' 可见，如图 5-37（a）所示，试作出它们的水平投影。

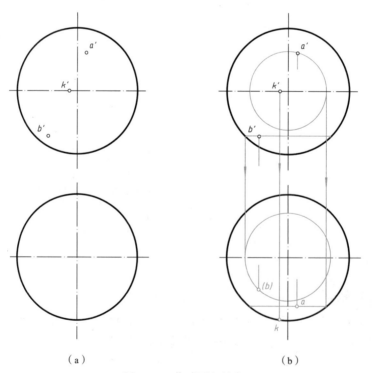

（a）　　　　　　　　　　　　　　（b）

图 5-37　作球面上的点

[**解**] 球面上没有直线，所以球面上定点只能用纬圆法。如图 5-37 所示，由 k' 的位置及可见性可知 K 点在上下球面的分界大圆（水平投影轮廓）的前半圆周上，可直接求出其水平投影 k，它可见。图示求 a 所作的纬圆是过 A 的正平纬圆，由于 A 在上半球面上，故 a 可见；求 b 所作的纬圆是过 B 的水平纬圆，由于 B 在下半球面上，故 b 不可见。

球的大小由球的直径确定，标注球的直径时要在直径符号前冠以球形代号"S"，如图 5-38 所示。半球面可注半径，半径前同样要加 S。球的位置通过标注球心的位置确定。

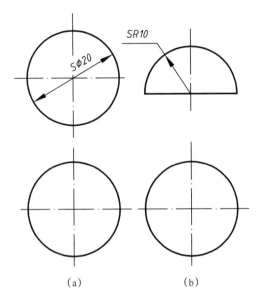

(a)   (b)

图 5-38　球的尺寸注法

§5.6　平面与曲面体或曲表面相交

5.6.1　截交线

有些工程形体是由曲面体被平面切割形成的。与平面体被切割一样，截平面与曲面体相交将产生截交线。另外有些工程形体是由曲面体与平面体组合在一起构成的，当曲面体的曲表面与平面体的平表面接触时也要产生平面与曲面的交线，如图 5-39、图 5-40 所示，这样的交线不一定闭合，也许它只是整个截交线的一段，但为了说明交线的形成，对它也常以截交线相称。本节讨论在投影图上作截交线的方法。

截交线是截平面与被截立体表面的共有线，它上面的各个点既属于截平面又属于被截立体的表面。这是求截交线的根本依据。截交线的具体形状，与曲面的类型及截平面的位置有关。当截交线是曲线时，一般应求出曲线上的一些点，连接各点才能画出截交线。为了控制好截交线的形状，求点时应求出有关的特殊点，例如**最高点**、**最低点**、可见与不可见的**分界点**等。求截交线上点的方法，视被截表面的性质而定：当曲表面是直纹面时，可用求直素线与截平面的交点的方法获得截交线上的点；当曲表面是旋转面时，可用求纬圆与截平面的交点的方法获得截交线上的点。

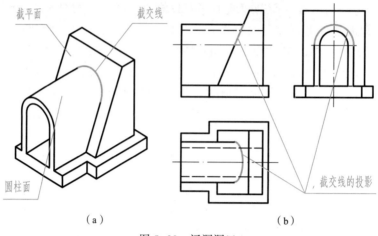

图 5-39　涵洞洞口

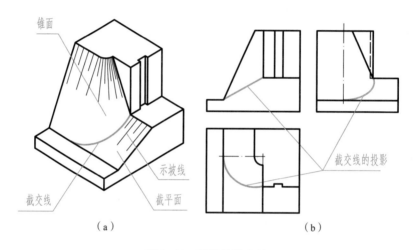

图 5-40　渠道的进水口

5.6.2　平面与圆柱相交

根据截平面与圆柱的相对几何关系，截平面截割圆柱面的交线有三种形式：与圆柱轴线平行的平面，若与柱面相交，则交线为两条平行的直线（素线）；与圆柱轴线垂直的平面，交圆柱面得纬圆；与圆柱轴线倾斜的平面，交圆柱面得椭圆，如表 5-1 所示。图 5-39 所示涵洞洞口上的端墙背面与管节拱圈的半圆柱面交出的即是半个椭圆。

[**例 5-3**] 已知圆柱被一正垂面切割，如图 5-41（a）所示，求作截断后圆柱的三面投影图及截断面的实形。

[**解**] 截平面倾斜于圆柱的轴线，所以与圆柱面的交线是个椭圆。该椭圆是截平面与圆柱面的共有线，其正面投影重叠成斜的直线段，水平投影则重合在柱面的水平投影圆周上，都不需要单另作图。它的侧面投影一般仍为椭圆，需要求点作出。

作图时先画出完整圆柱的侧面投影（图 5-41c），并在其上作出交线椭圆的一些特殊点的投影。A（a，a'）、B（b，b'）、C（c，c'）、D（d，d'）是交线椭圆的最低、最高、最前、

平面与圆柱面的交线 表5-1

截平面与圆柱面的关系	交线的形状	投影图
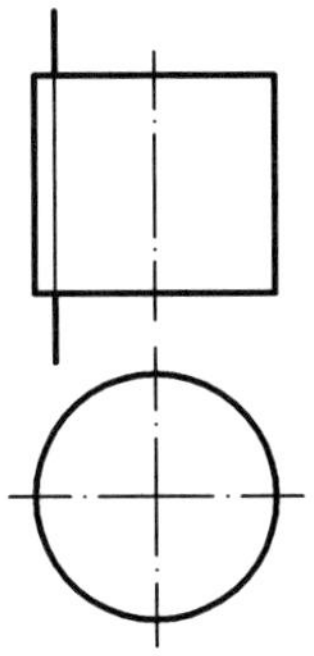 平行于轴线	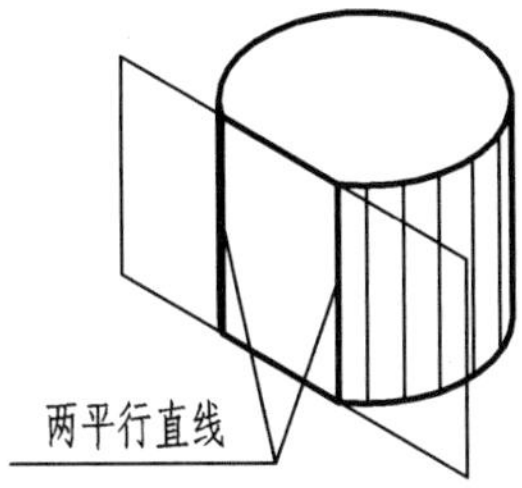 两平行直线	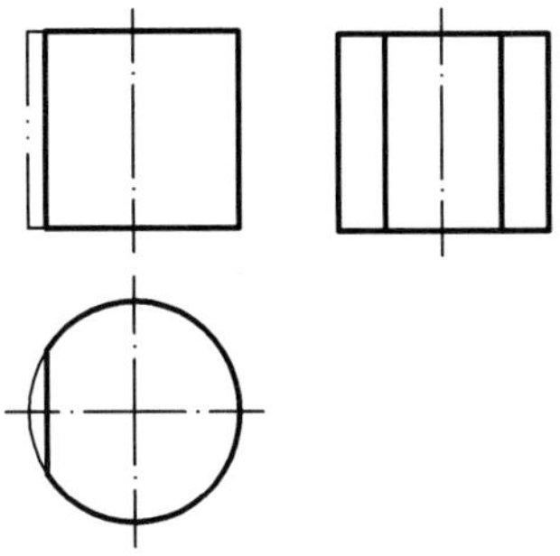
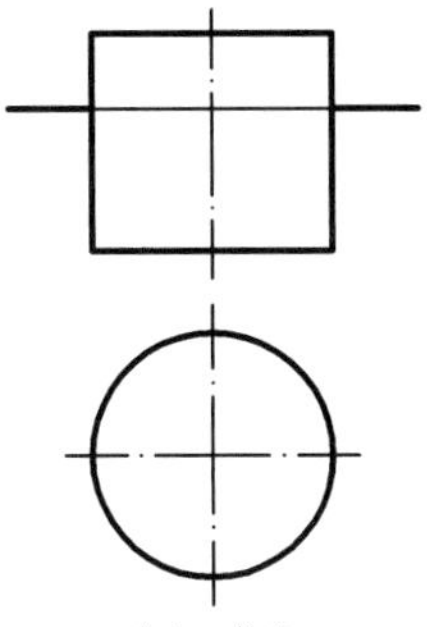 垂直于轴线	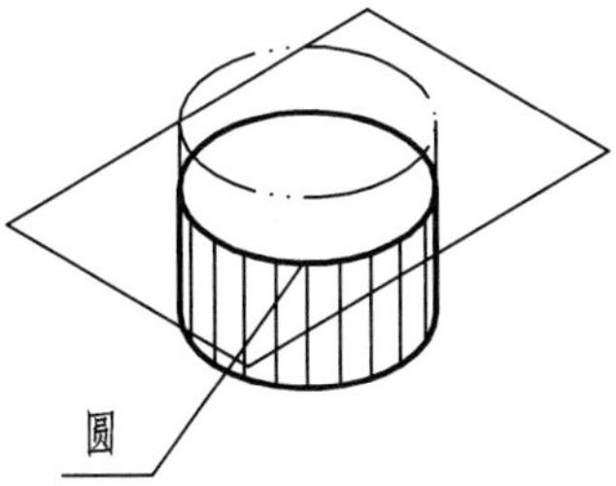 圆	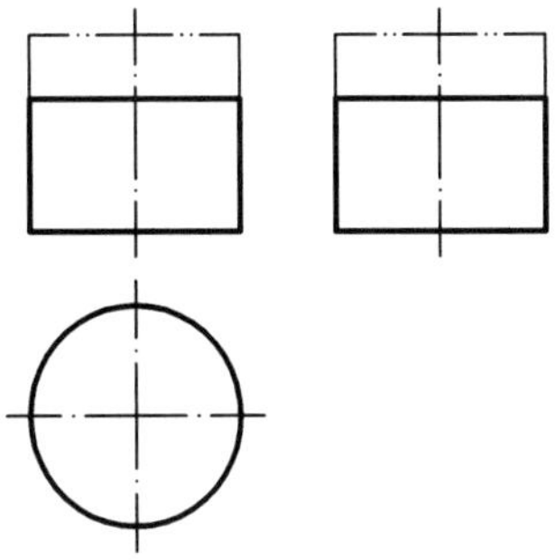
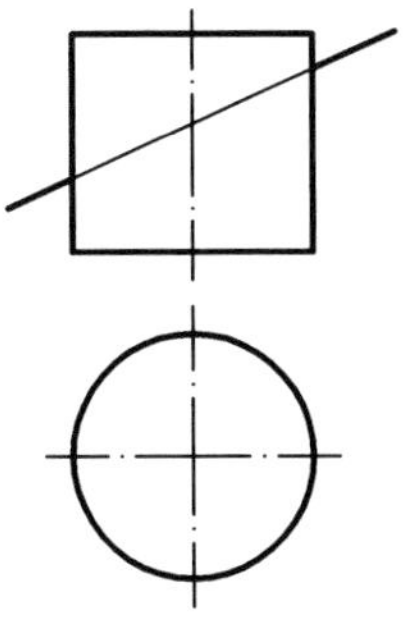 倾斜于轴线	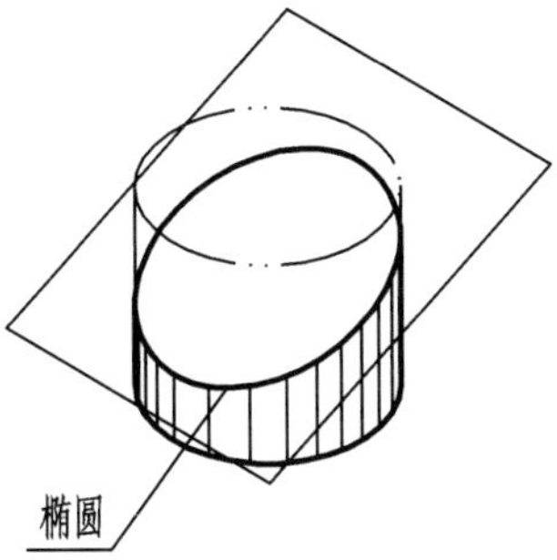 椭圆	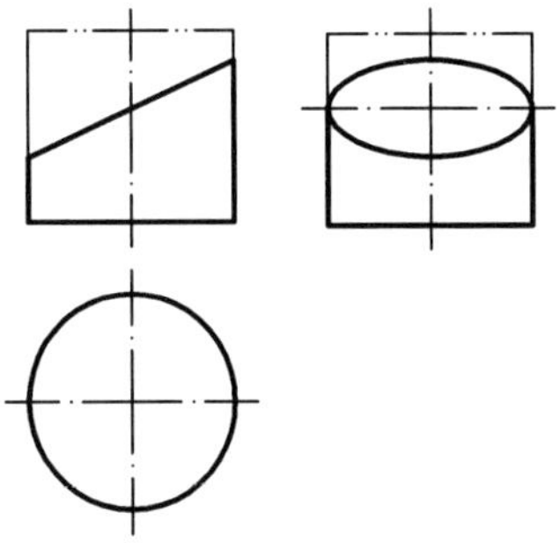

最后四个点，也是交线椭圆的长、短轴端点，求出它们的侧面投影 a''、b''、c''、d''，其中 a''、b'' 成了侧面投影椭圆的短轴端点，c''、d'' 成了侧面投影椭圆的长轴端点，也是轮廓素线与椭圆的切点。还要再求一些中间点的侧面投影，例如在正面投影上取 e'（图 5-41d），在水平投影上作出 e，由 e' 和 e 可求得 e''。将所求各点的侧面投影用光滑曲线连接起来，即得交线椭圆的侧面投影。最后，由于圆柱的上部被截断，所以侧面投影上只将截交线及其以下部分描黑加深。

作出截断面的辅助投影，可得它的实形，如图 5-41（e）所示。

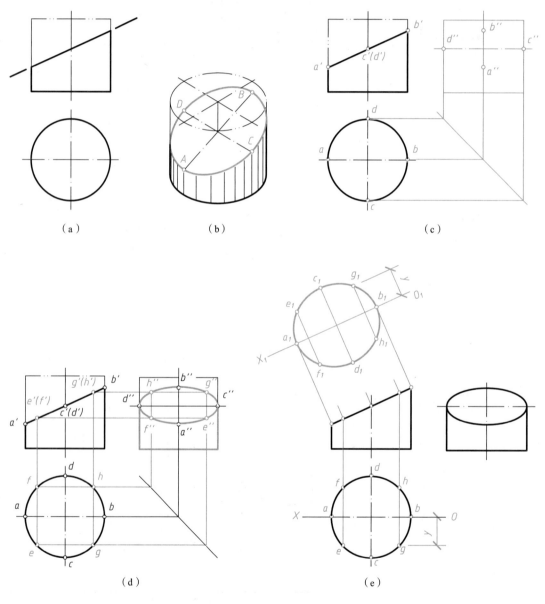

图 5-41　圆柱被截断

在本例中，截平面与圆柱轴线间的夹角大小影响到截交线的侧面投影形状，图 5-42 示出了随夹角大小的改变所引起的侧面投影形状的变化，其中夹角为 45°时椭圆的投影变成了圆（图 5-42b）。

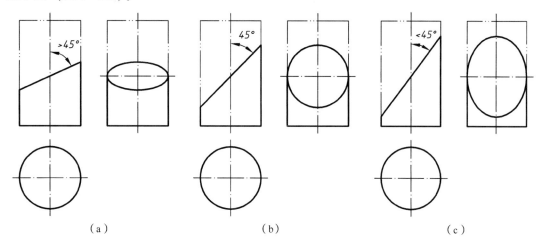

图 5-42 圆柱截交线投影的变化

[**例 5-4**] 补全图 5-43（a）所示挡墙上圆形通道的水平投影。

[**解**] 圆形通道为一圆柱面，其轴线垂直于 *W* 投影面。挡墙背面为一正垂面，它与柱面斜交形成截交线椭圆，其正面投影积聚为直线段，侧面投影重合在圆柱面的侧面投影上，为一圆周。如图 5-43（b）所示，在截交线的正面投影线段上取 1′，在侧面投影圆周上可作出 1″，根据它们可求出其水平投影 1。取点时要取出截交线上一些特殊点。将所求各点的水平投影相连，得截交线的水平投影。原题水平投影上的轮廓素线未画全，作出截交线后还应将轮廓素线补齐接上，并按线型要求描黑加深。

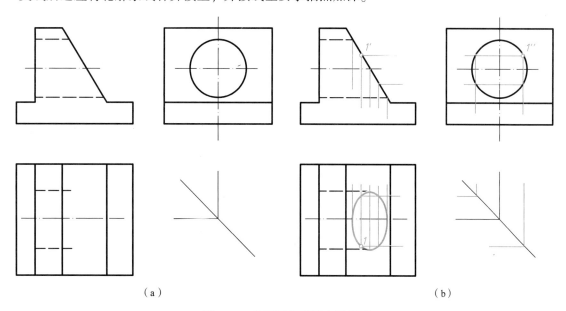

图 5-43 作圆形通道的水平投影

[**例 5-5**] 圆柱被两个平面切割，如图 5-44（a）所示，试补全其水平投影。

[**解**] 两个以上截平面切割立体，除需画出各自的截交线外，还应作出相邻截平面之间的交线。在本例中，水平截平面截柱面得两平行的素线，正垂面截平面截柱面得椭圆弧，两截平面间交出一条直线，如图 5-44（b）所示。作图方法及步骤示于图 5-44（c）、（d）中。

图 5-45 示出了由圆柱被切割成型的一些例子。

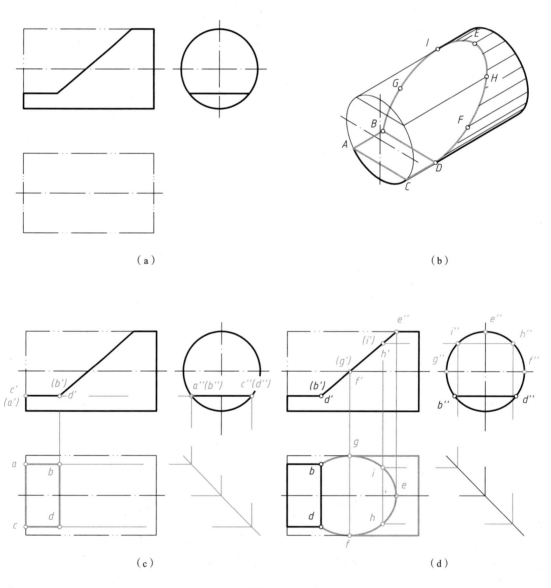

（a）

（b）

（c）

（d）

图 5-44　圆柱被两个平面切割

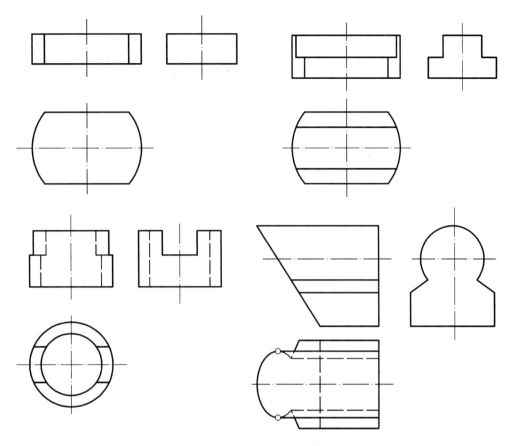

图 5-45　圆柱切割成型的例子

5.6.3　平面与圆锥相交

根据截平面与圆锥面的相对几何关系，平面截割圆锥面的交线有相交两直线、圆、椭圆、抛物线、双曲线等五种形式，它们统称为圆锥曲线，如表 5-2 所示。当截平面通过锥顶时它与圆锥面的交线是一对相交直线；除此之外，其他几种交线都是圆锥面的素线与截平面交点的集合。当截平面垂直于轴线时它与锥面的交线是纬圆；当截平面倾斜于轴线并与所有素线都相交时得到的交线是闭合的，即椭圆；当截平面平行于一条素线时，该素线与截平面没有交点，所以交线上有一个"缺口"，即抛物线；当截平面平行于两条素线时，此两条素线都不与截平面相交，此时的交线为双曲线。

[**例 5-6**] 圆锥被一正垂面切割，如图 5-46（a）所示，求圆锥截断后的三面投影图。

[**解**] 作图时先画出完整圆锥的侧面投影（图 5-46c）。由于截平面与锥面轴线倾斜且与所有素线相交，所以交线为椭圆。椭圆的正面投影成为线段 $a'b'$，在它上面取点，例如图 5-46（d）上的 g'，用素线法或纬圆法可作出对应的其余两投影 g、g''。重复这样的作图，可求出椭圆上一系列点的水平投影和侧面投影，并最终连成椭圆的水平及侧面投影，它们均仍为椭圆。为了控制好各投影的曲线形状，需作出一些特殊点的投影。A、B 是椭圆的最低、最高点（图 5-46b），也是椭圆的长轴端点，在图 5-46（c）上由 a'、b' 作出 a、b 及 a''、b''，它们相应地是水平投影椭圆和侧面投影椭圆的轴（长轴或短轴）的端

平面与圆锥面的交线

表 5-2

截平面与圆锥面的关系	交线的形状	投影图
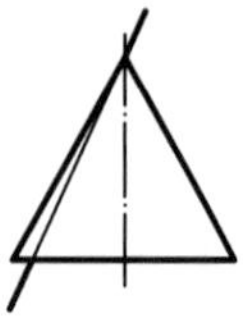 通过锥顶	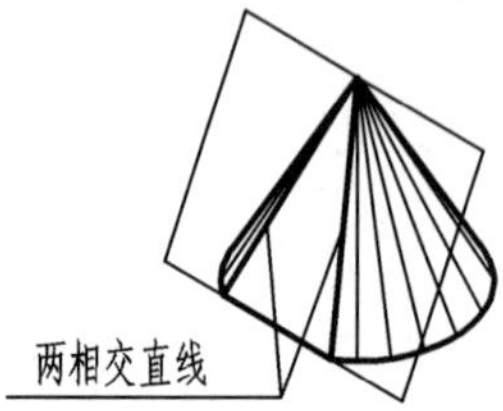 两相交直线	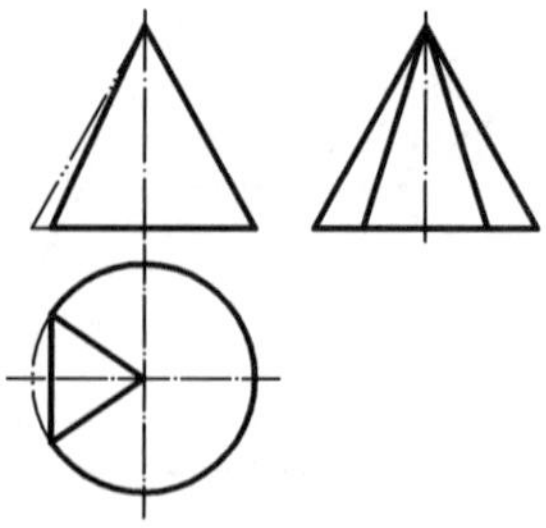
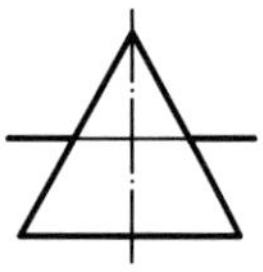 垂直于轴线	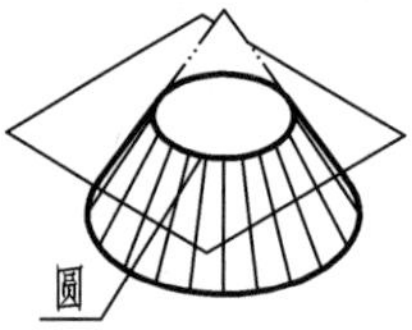 圆	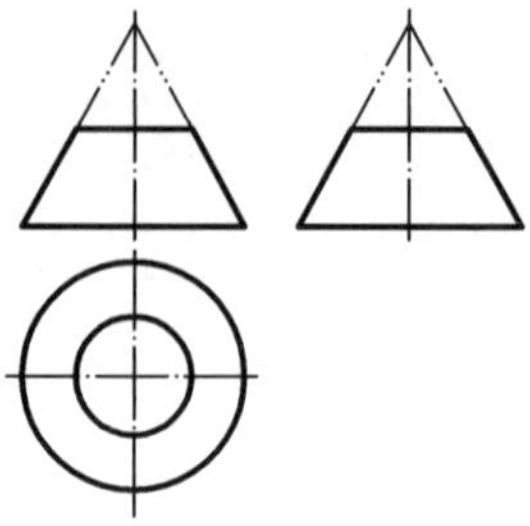
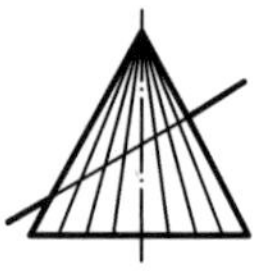 倾斜于轴线 且与所有素线相交	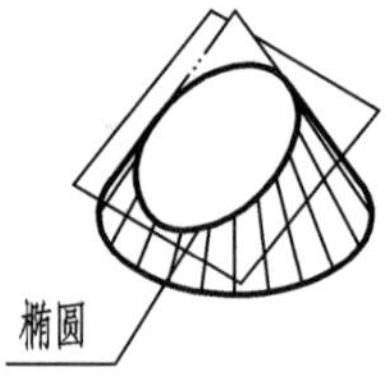 椭圆	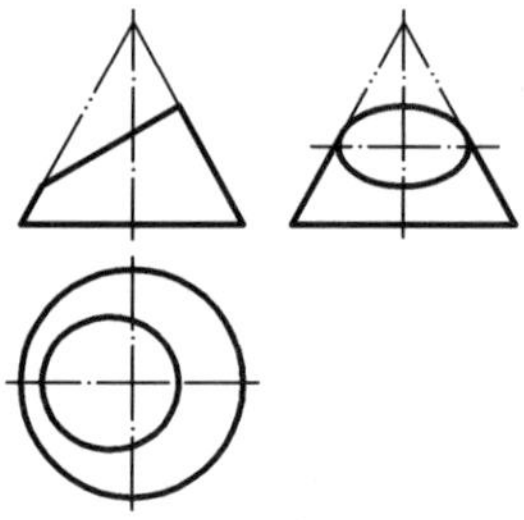
 与一条素线平行	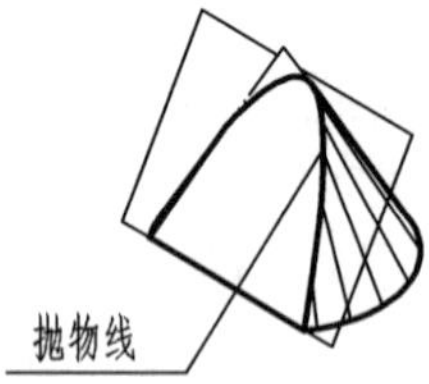 抛物线	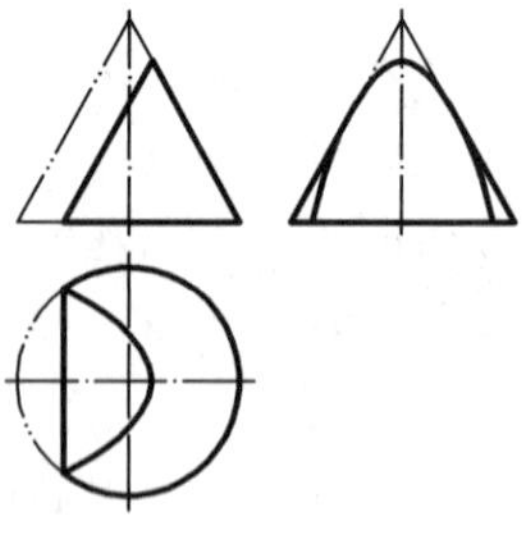
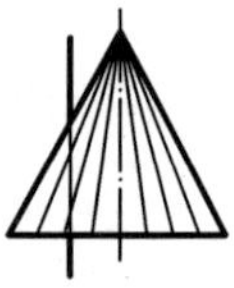 与两条素线平行	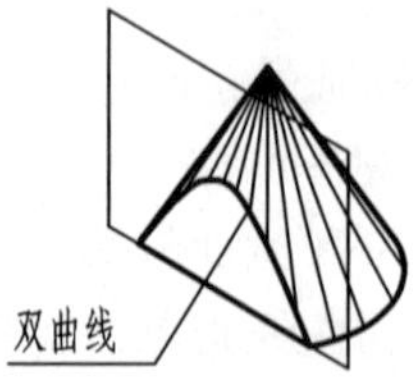 双曲线	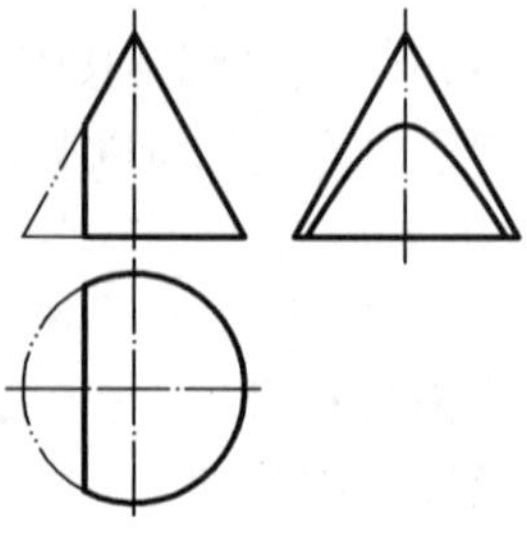

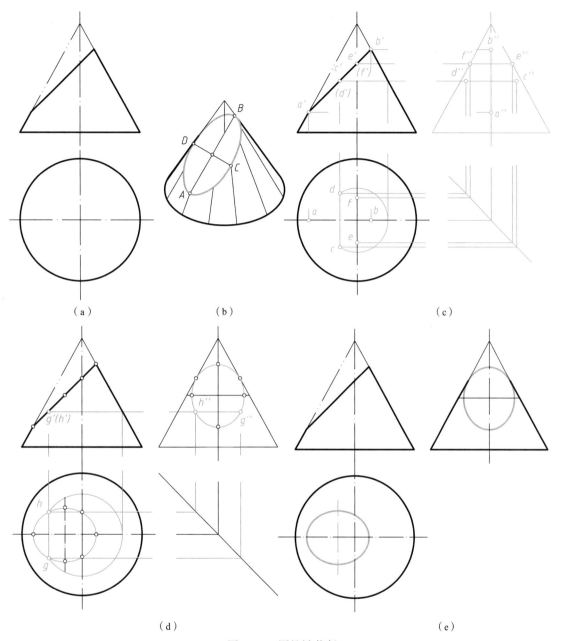

（a） （b） （c）

（d） （e）

图 5-46 圆锥被截断

点。C、D 是交线椭圆的短轴端点，在正面投影上 c'、d' 位于 $a'b'$ 的中点处，作出它们的其余两投影，即得到水平投影椭圆和侧面投影椭圆的另一轴的端点。$a'b'$ 与正面投影轴线的交点 e'、f' 是截平面与圆锥面的最前、最后轮廓素线交点的正面投影，作出它们的侧面投影 e''、f''，这两点将是侧面投影椭圆与轮廓素线的切点，轮廓素线自它们起往上是被截掉的，以下部分应加深描黑。完成的图如图 5-46（e）所示。

[**例 5-7**] 圆锥被三个截平面切割，已知其正面投影，如图 5-47（a）、（b）所示，试作出它的三面投影图。

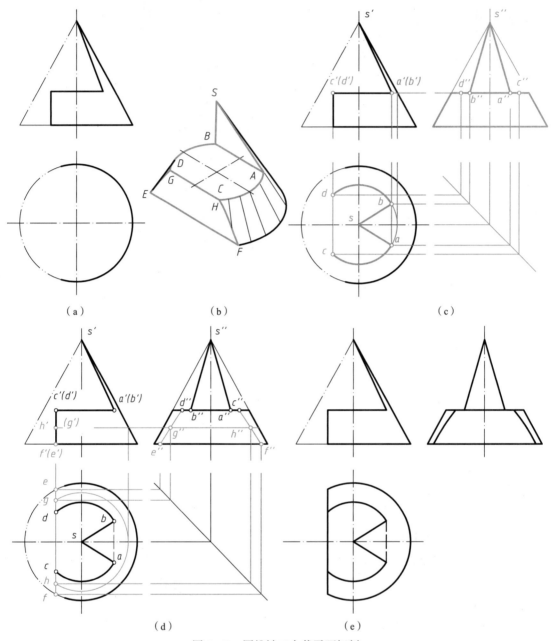

图 5-47　圆锥被三个截平面切割

[解] 有多个截平面切割立体时，除了画出各自的截交线外，尚需画出相邻截平面间的交线。本题作图时先画出完整圆锥的侧面投影。第一个截平面通过了锥顶，它的截交线是两条相交的直线（素线），只需求出直线端点的投影便可画出直线的投影（图 5-47c）；第二个截平面垂直于轴线，其截交线是圆弧，找到该圆的半径即可画出它的水平及侧面投影；第三个截平面是侧平面，它平行于两条素线，其截交线是双曲线，双曲线的水平投影重合在一竖直线段上，需作出双曲线上的一些点才能画出它的侧面投影（图 5-47d）。再画出三个截平面间的两条交线的两投影，分清可见性，将实际存在的部分加深描黑得图 5-47（e）。

5.6.4 平面与球相交

平面与球面相交，交线总是圆。但该圆的投影视截平面与投影面的倾斜关系可能是直线、圆或椭圆，如图 5-48 所示。

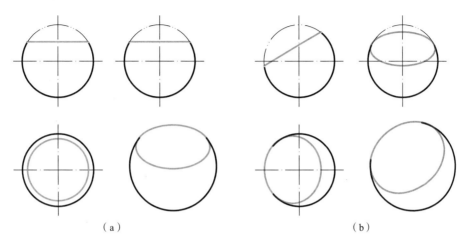

（a） （b）

图 5-48 球的截交线

[**例 5-8**] 球被铅垂面切割，已知其水平投影，如图 5-49（a）所示，试补全其正面投影。

[**解**] 截交线的水平投影重合在直线段 ab 上，正面投影应为椭圆，需要作出截交线上一些点的正面投影才能连成该椭圆。球面上作点使用纬圆法。例如过 G 点作平行于 V 面的

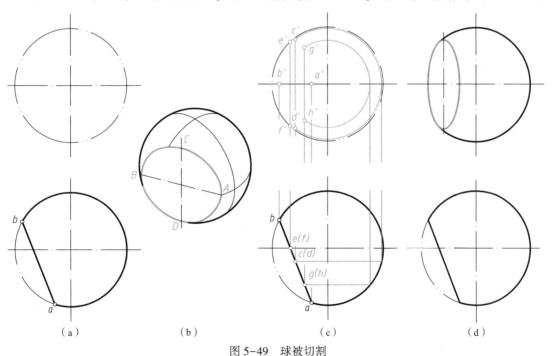

（a） （b） （c） （d）

图 5-49 球被切割

127

纬圆（图 5-49c），由 g 向纬圆的正面投影引竖直线可交得 g'。AB 是截交线圆的水平直径（图 5-49b），CD 是其竖向直径，a、b 在水平轮廓大圆上，c、d 在 ab 的中点处。在图 5-49（c）上作出它们的正面投影 a'、b'、c'、d'，它们分别是正面投影椭圆的两轴的端点。水平投影上 ab 与水平中心线的交点 e、f，是正面轮廓大圆上的点的水平投影，由 e、f 向上引线在正面投影大圆上交出 e'、f'，大圆与正面投影椭圆将切于这两点。完成的图如图 5-49（d）所示。

图 5-50 示出了球被三个平面切割得到的投影图。

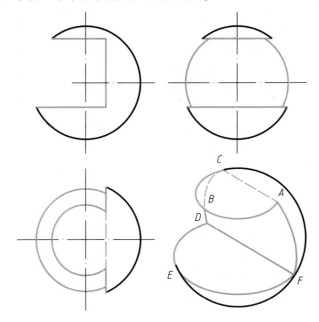

图 5-50　球被三个平面切割

5.6.5　被切割曲面体的尺寸注法

要表示被切割了的曲面体的形状及大小，应在投影图上标注出切割前原始形体的定形尺寸，还应标注出确定截平面位置的定位尺寸。一般地说，截平面的定位尺寸应标注在其有积聚性的那个投影上，如图 5-51 所示。

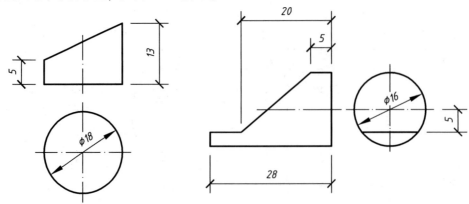

图 5-51　被切割曲面体的尺寸注法

5.6.6 平面体与曲面体交接

平面体与曲面体相交连接，表面间也要产生交线，如图 5-52 所示。如果平面体上只有一个平面与曲面体相交，则截交线是一条平面曲线（图 5-52a）；如果平面体上有多个平面参与相交，则交线是由多条截交线组成的**空间曲折线**（图 5-52b），曲折线的顶点是平面体上参与相交的棱线与曲面体表面的交点，这样的交点叫直线对曲面体的**贯穿点**。求作平面体与曲面体的交线，可归结为求曲面体的截交线和贯穿点问题。

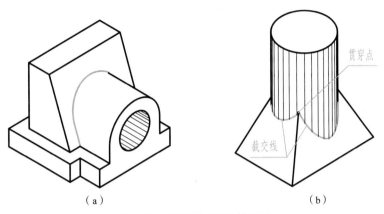

（a）   （b）

图 5-52 平面体与曲面体交接

[**例 5-9**] 求作四棱锥与圆柱表面间交线的两面投影（图 5-53）。

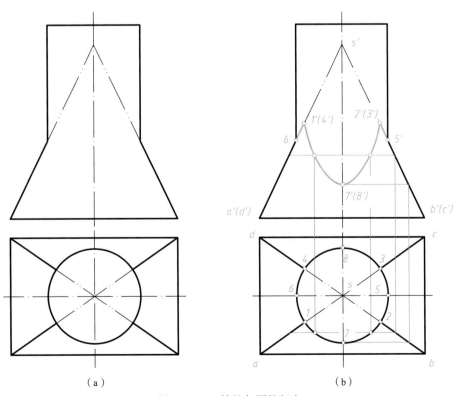

（a）   （b）

图 5-53 四棱锥与圆柱相交

129

[**解**] 圆柱的轴线为铅垂线，柱面的水平投影积聚为圆，所以截交线的水平投影重合在该圆周上。四棱锥的锥顶在柱轴上，四个棱面交柱面得四条椭圆弧。左右两棱面为正垂面，它们与柱面的交线其正面投影重合在这两棱面的正面投影上。四条棱线对柱面的贯穿点，其水平投影 1、2、3、4 可在 sa、sb、sc、sd 与圆周的相交处直接标出，由它们可作出对应的正面投影 1′、2′、3′、4′。在正面投影上，圆柱的左、右轮廓素线与棱锥的左、右棱面的正面投影相交得 6′、5′，线段 1′6′4′ 及 2′5′3′ 就是左右两条椭圆弧的正面投影。棱锥的前后两棱面交得的截交线，其水平投影为圆弧段 172 和 384，利用平面内作点的方法可求出 7′、8′，它们是前后截交线正面投影椭圆上的最低点。再补充求出截交线的一些中间点即可在正面投影上连成椭圆弧。

§5.7　两曲面体或曲表面相交

两曲面体以曲表面相交的方式连在一起，这种相交关系也称为相贯，曲表面间的交线称为相贯线，如图 5-54（a）所示。曲面体上开槽、穿孔，如果发生了曲表面间相交，这种关系也属于相贯问题，如图 5-54（b）所示。

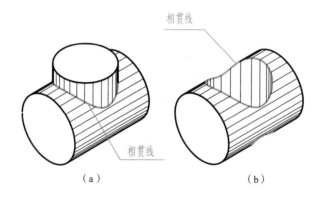

（a）　　　　　　　　　　　　　（b）

图 5-54　曲面体相贯

画相贯体的投影图时应画出相贯线的投影。曲面体的相贯线一般情形下是**封闭的空间曲线**，特殊情形下可能是平面曲线或直线。相贯线是两相交曲面的共有点的集合，求相贯线时可找到两曲面的一些共有点，然后连成光滑曲线。为了控制好所连曲线的形状，应特别求出相贯线上的一些特殊点，例如位于轮廓素线上的点、可见与不可见的分界点、最低或最高点等。具体求共有点时可用表面定点的方法，或者借助于辅助平面进行作图。

[**例 5-10**] 如图 5-55（a）所示，两直径不等的圆柱其轴线正交，试作出圆柱面间的相贯线。

[**解**] 竖直圆柱的水平投影为一圆，它有积聚性，相贯线是两柱面的共有线，它的水平投影重合在此圆周上；平放圆柱的侧面投影也是个圆，相贯线的侧面投影重合在此圆周上，但由于竖直圆柱的直径较小，被最前、最后轮廓素线夹住的一段圆弧 5″1″（图 5-55b）就是相贯线的侧面投影。这相当于已经有了相贯线的水平投影和侧面投影，只需作出它的正面投影。在水平投影的圆周上任取一点，例如 4（图 5-55c），在侧面投影的弧段

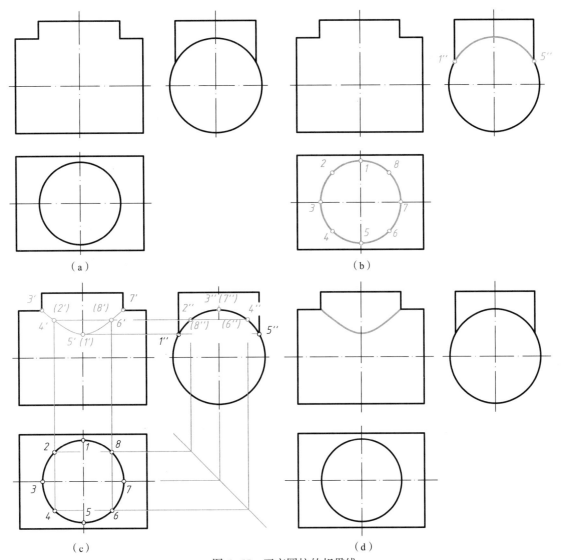

（a）　　　　　　　　　（b）

（c）　　　　　　　　　（d）

图 5-55　正交圆柱的相贯线

5″1″上作出 4″，由 4 和 4″可求出 4′。按照此法可作出相贯线上的一系列点的正面投影，然后即可连成光滑曲线。图中的 3′、5′、1′、7′是相贯线上特殊点的正面投影。完成的图如图 5-55（d）所示。

　　如果在平放圆柱上穿了一个竖直圆孔，如图 5-56 所示，则圆柱面间同样要产生交线，交线的求法与两实体圆柱相贯时相同。但穿通的圆孔将在平放圆柱的上下两侧都有交线，且在投影图上应画出圆孔的轮廓素线（图中的虚线）。

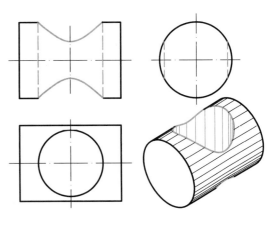

图 5-56　圆柱上穿孔

[**例 5-11**] 圆锥上前后贯通一圆柱孔，如图 5-57（a）所示，试补全其水平及侧面投影。

[**解**] 圆柱面与圆锥面相交得出前后两条相贯线，相贯线的正面投影积聚在圆周上，要作其另外两投影仍可使用表面定点的方法，但本例采用辅助平面法作图。

如图 5-57（b）所示，作辅助平面 P，P 与锥面和柱面均有截交线，两截交线的交点是锥面与柱面的共有点，即相贯线上的点。改变辅助平面的位置，重复上述作图可求得相贯线上的一系列点。辅助平面的选择应使其能与两曲表面都交出投影为最简单的截交线，即圆或直线，对于本例应选用水平面作为辅助平面，辅助平面的高度应在柱面最上和最下轮廓素线之间变化。

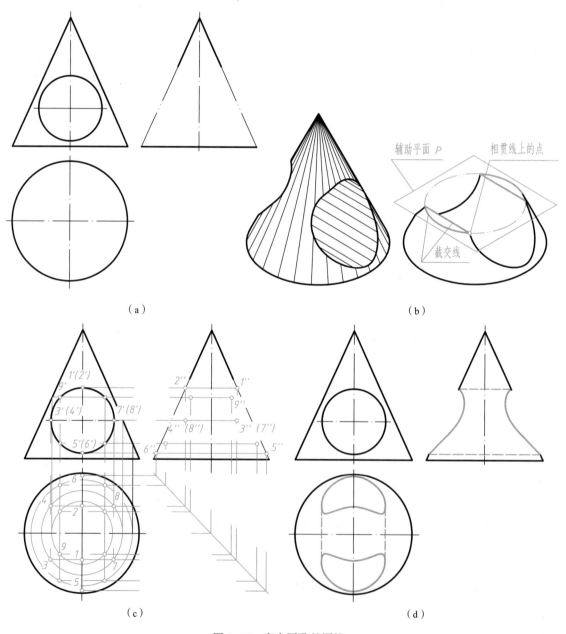

（a）　　　　　　　　　　　　　　　　（b）

（c）　　　　　　　　　　　　　　　　（d）

图 5-57　穿有圆孔的圆锥

在图 5-57（c）的正面投影圆周上任取一点 9′，过它画一水平线，此线是辅助平面的正面投影。辅助平面与锥面交出纬圆，与柱面交出直素线，作出该纬圆和素线的水平投影，它们相交得水平投影 9，由 9、9′可作出对应的侧面投影 9″。这样就求出了相贯线上一个点的三投影。在正面投影圆周上另取一点，重复上述作图，即可求得相贯线上另一点的三投影。为了控制好相贯线的投影形状，图 5-57（c）上还标明了一些特殊点的求法。连接完成的相贯线如图 5-57（d）所示，图中还画出了圆孔两投影的轮廓素线。

两曲面体或曲表面相交时，在特殊情形下相贯线可能是平面曲线或直线。例如两圆柱轴线平行、柱面相交，交线为平行直线（图 5-58a）；两锥面共顶、锥面相交，交线为相交直线（图 5-58b）；两旋转曲面共轴，交线为圆（图 5-58c、d）；两二次曲面同切于一球面，交线为二次曲线（图 5-58e、f）等。

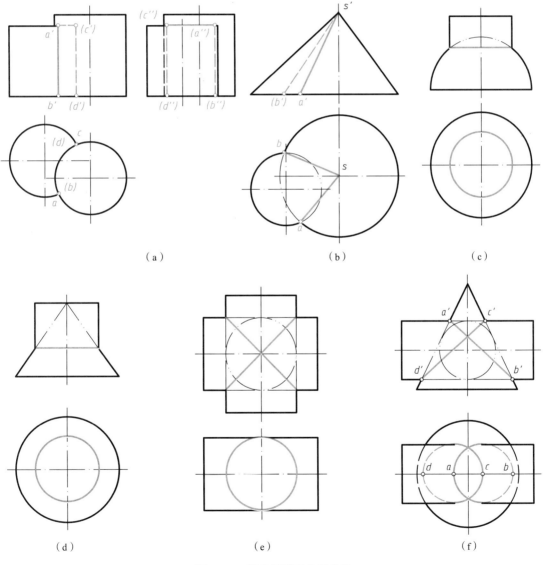

（a）　　　　　　　　　　　　（b）　　　　　　　　　　　　（c）

（d）　　　　　　　　　　　　（e）　　　　　　　　　　　　（f）

图 5-58　特殊情形下的相贯线

§5.8　圆柱与圆锥的轴测图画法

画圆柱和圆锥的轴测图，需画出底圆和柱面、锥面关于轴测投影投射方向的外形轮廓线的轴测图，如图 5-59 所示。曲面的外形线与底圆在轴测图上是相切的关系。

图 5-59　圆柱和圆锥的轴测图

5.8.1　位于或平行于坐标面的圆的轴测图

在多数情况下，圆柱或圆锥的底面都位于或平行于某个坐标面，所以底圆的轴测投影形状视坐标面与轴测投影面的倾斜状况而定。在正等轴测投影中，各坐标面都不平行于轴测投影面，且有相同的倾角，所以平行于任一坐标面的底圆，其正等轴测图总是椭圆，如图 5-60（a）所示。可以证明，椭圆的长轴垂直于对应的轴测轴，即位于或平行于 $X_1O_1Y_1$ 坐标面的底圆，其轴测投影椭圆的长轴垂直于轴测轴 OZ，亦即为水平方向；位于或平行于 $X_1O_1Z_1$ 坐标面的底圆其轴测投影椭圆的长轴垂直于轴测轴 OY；位于或平行于 $Y_1O_1Z_1$ 坐标面的底圆，其轴测投影椭圆的长轴垂直于轴测轴 OX。各椭圆的短轴垂直于各自的长轴。图 5-60（b）为某形体的正等轴测图。经过推算，在采用简化伸缩系数的情况下，长轴的长度是底圆直径的 1.22 倍，短轴的长度是底圆直径的 0.71 倍。

在斜二轴测投影中，由于坐标面 $X_1O_1Z_1$ 平行于轴测投影面，所以凡是平行于 $X_1O_1Z_1$ 坐标面的底圆，其斜二轴测图总是与底圆同样大小的圆。平行于另两个坐标面的底圆，其

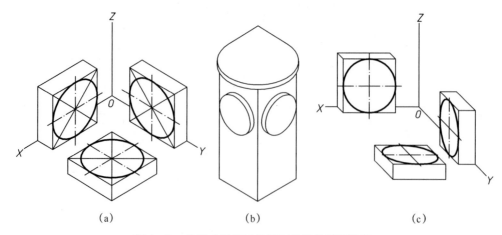

| (a) | (b) | (c) |

图 5-60　位于或平行于坐标面的圆的轴测投影

斜二轴测图均为椭圆，但它们的长轴方向均不与对应的轴测轴垂直，如图 5-60（c）所示。

5.8.2 轴测椭圆的画法

1. 坐标定点法

画轴测椭圆的最基本方法是用**坐标定点**的方法作出椭圆上的一系列点，然后连成光滑曲线。所谓坐标定点就是在底圆上取点，将其坐标沿轴测轴进行截量，从而得到点的轴测图，如图 5-61 所示。为了便于控制好椭圆的绘制效果，在底圆上取点时可先作一个各边平行于坐标轴的外切正方形，并画出它的对角线，如图 5-62（a）所示，取正方形各边的中点 1_1、2_1、3_1、4_1 及对角线上的四个点 5_1、6_1、7_1、8_1，共八个点作为度量的目标。画轴测图时也先画出正方形的轴测图，正等轴测图上它是个菱形，别的情形下它是个平行四边形，菱形或平行四边形的对角线即正方形对角线的轴测图。按定比关系求出对角线上的 5、6、7、8，加上菱形或平行四边形四条边上的四个中点 1、2、3、4，共八个点，过这八个点可连成内切于菱形或平行四边形的椭圆。使用这八个特定的点作椭圆的方法又称为**八点法**。八点法对于画任何种类的轴测图都适用，但在正等轴测投影中求得的对角线上的点恰是椭圆长、短轴的端点。

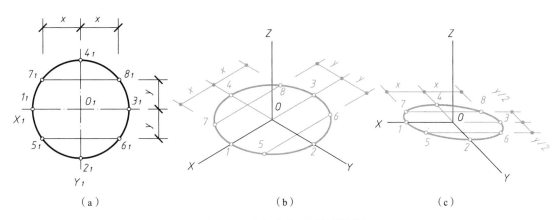

图 5-61　坐标定点画圆的轴测图

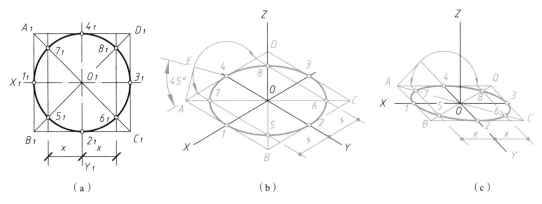

图 5-62　八点法画圆的轴测图

2. 近似画法

对于正等轴测图，可以用四段圆弧拼接起来近似地当作轴测图中的椭圆。如图 5-63 所示，以平行于 $X_1O_1Y_1$ 面的圆为例，作圆的外切正方形的轴测投影，得菱形 $ABCD$，以其短对角线的两端 B、D 为两个圆心，以 B、D 与菱形对边中点 4、3、1、2 的连线和长对角线的交点 E、F 为另两个圆心，共得四个圆心。以 B、D 为圆心，以 $B4$、$D2$ 为半径画两段圆弧，再以 E、F 为圆心，以 $E4$、$F2$ 为半径画另两段圆弧，这四段圆弧组成一个扁圆，此扁圆可近似地作为圆的正等轴测图使用。这种方法又称为**四心法**。

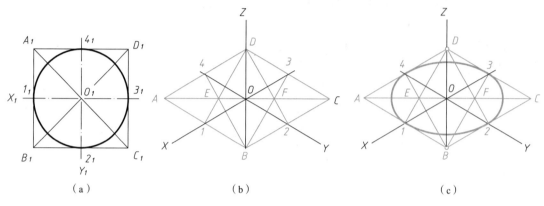

图 5-63 四心法画扁圆

5.8.3 画圆柱和圆锥的轴测图

如图 5-64 所示，以 O 为中心画出圆柱下底圆的正等轴测图椭圆（图 5-64b），沿 OZ 截量圆柱高度，得点 O_p，以 O_p 为中心画出圆柱上底圆的正等轴测图椭圆，作两椭圆的两条平行于 OZ 轴的公切线（图 5-64c），并描深可见部分，即得圆柱的正等轴测图（图 5-64d）。

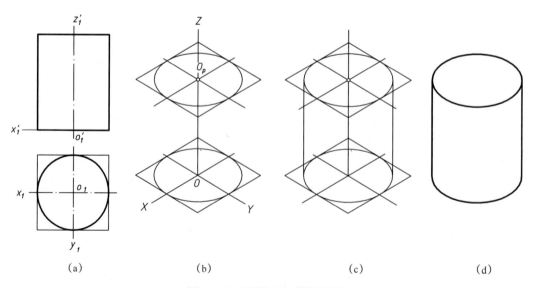

图 5-64 画圆柱的正等轴测图

图 5-65 示出了画圆锥的斜二轴测图的作图方法。以 O 点为中心画出圆锥底圆的斜二轴测图椭圆（图 5-65b），并沿 OZ 截量圆锥的高度，得点 S，过 S 作椭圆的两条切线（图 5-65c），并描深可见部分即得圆锥的斜二轴测图（图 5-65d）。

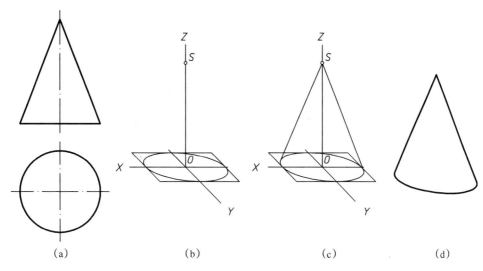

(a)　　　　　　(b)　　　　　　(c)　　　　　　(d)

图 5-65　画圆锥的斜二轴测图

图 5-66 示出了绘制圆拱门洞的斜二轴测图的方法。拱圈的底面平行于 V 面，在斜二轴测图中反映实形，所以只需以它的正面投影为基础，沿 Y 轴方向按伸缩系数将各控制点拉开应有的距离（图 5-66b），连接各条棱线并作半圆柱面的外形轮廓线（半圆的公切线），描深可见部分即得图 5-66（c）所示的斜二轴测图。

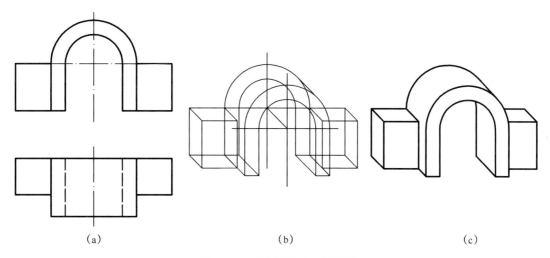

(a)　　　　　　　　(b)　　　　　　　　(c)

图 5-66　画门洞的斜二轴测图

图 5-67 示出了被切割圆柱的轴测图画法。先画出完整圆柱的轴测图，直的截交线与轴线平行，曲线截交线需求出它上面的一些点，每一点都需沿轴截量其三个坐标确定它的

位置。在底圆上作与轴测轴平行的弦，弦的端点已经有了两个坐标，过弦的端点作柱轴的平行线，沿此线截量第三个坐标即得到截交线上点的轴测图。

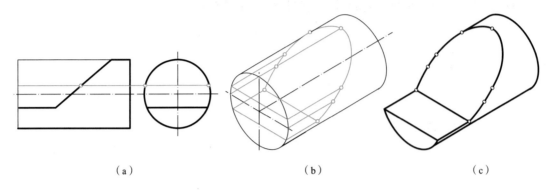

（a）　　　　　　　　　　（b）　　　　　　　　　　（c）

图 5-67　画被切割圆柱的轴测图

5.8.4　正交两平面间圆角正等轴测图的近似画法

物件上相邻表面间的棱角处常特意做成圆角的形式，称为倒圆角。正交两平面间的圆角，其正等轴测图，如图 5-68（a）所示。图 5-68（b）、（c）表示了此种情形时圆角轴测的近似画法。图中尺寸 r 代表圆角半径，h 代表板厚，根据它们可以找到在轴测图上画圆弧时的圆心位置。用 r 在轴测图上量得圆弧与边线的切点，过切点作切线的垂线，可交出轴测圆角的画弧中心（图 5-68c）。所画各段圆弧恰是用四心法绘制近似轴测椭圆时的相应弧段。尺寸 h 用于求得板材另一侧面的圆弧中心。

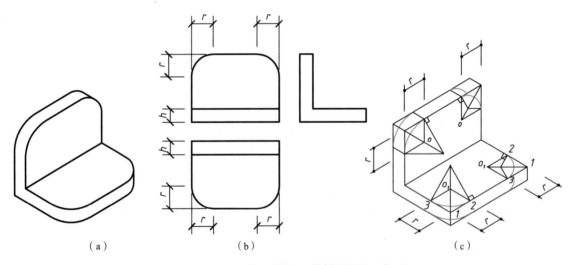

（a）　　　　　　　　　　（b）　　　　　　　　　　（c）

图 5-68　正交两平面间圆角正等轴测图的近似画法

5.8.5　轴测投影投射方向的正投影

画轴测图时坐标面一般都选成三投影面体系中的投影面的平行面。将轴测投影的投射方向向三投影面作正投影，如图5-69所示，可在三面正投影图上表示出轴测投影的投射方向。由几何关系推导得知，在正等轴测投影中，其投射方向的三个投影均与水平呈45°倾斜（图5-69b）；对于斜二轴测图，其投射方向的正面投影倾斜45°，水平投影倾斜70°32′，侧面投影倾斜19°28′。

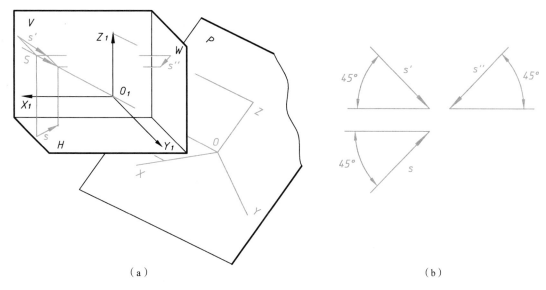

（a）　　　　　　　　　　　　　　　　　　　（b）

图5-69　投射方向的正投影

利用投射方向的正投影，可以正确把握轴测投影的图示效果。例如由图5-70（a）的水平投影可以看出，是柱面上的A_1、B_1素线投射成了圆柱正等测轴测图上的轮廓素线。当截平面P位于如图5-70（a）所示的位置时，其轴测效果如图5-70（b）所示，右面的轮廓素线A是完整的；而当截平面外移至图5-70（c）所示的位置时，其图示效果则如图5-70（d）所示，右面的轮廓素线A被切断了。

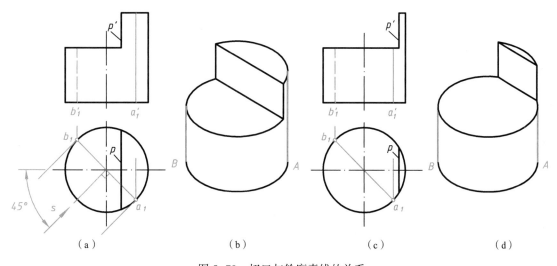

（a）　　　　　　（b）　　　　　　（c）　　　　　　（d）

图5-70　切口与轮廓素线的关系

第6章 组 合 体

§6.1 组合体的形成分析

工程形体一般较为复杂，为了便于认识、把握它的形状，常采用几何抽象的方法，把复杂形体看成是由一些基本几何体（如棱柱、棱锥、棱台、圆柱、圆锥、圆台、球等）按照一定的构形方式加工、组合而成的。常见形体的构形方式一般有立体**相加**和**相减**两大类，相加包括前面讲过的简单叠加和相交连接，相减即前面讲过的切割（或挖切）。有些复杂的形体也可能同时由几种构形方式综合而成。由基本几何体经过这些加工、组合构造出来的形体，称为**组合体**。分析组合体的形成方法，叫**形体分析**。形体分析是认识形体、表达形体、想象形体和几何造型的基本思维方法。

简单叠加是基本立体之间无损的自然堆积，叠合面是基本体的自然表面，立体叠加后不另外产生表面交线。图 6-1（a）所示的组合体，可看作是由三个四棱柱叠加而成的。叠加时基本立体的表面贴在了一起，但是没有接缝。叠加后当两基本立体的某处表面连成

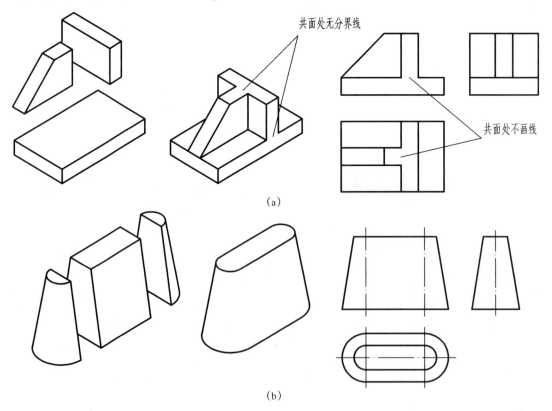

（a）

（b）

图 6-1 叠加式组合体

一个平面时，这两个表面间没有分界线，因此画图时共面处不应画线。图 6-1（b）所示的组合体，可看作是由两个半圆台和一个梯形棱柱叠加形成的。叠加时棱柱的棱面与锥面相切，平滑过渡的表面间也没有分界线，所以画图时也不应画线。

切割式组合体是由基本立体被一些平面或曲面切割形成的。图 6-2（a）所示的组合体，可以看作是由棱柱先切去它的右上角，再挖去一个小棱柱，或者反过来，先挖切出槽，再斜切掉端部形成的。也可以把该组合体看作是 U 形八棱柱被斜切一次形成的。图 6-2（b）所示的组合体是由立方体挖去了 1/4 圆柱，并用两个截平面又切去了一个角形成的。画切割式组合体一般是先画出切割前的原始形状，然后逐步画出有关的部分。

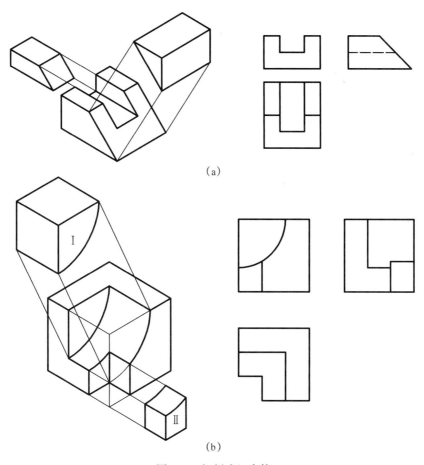

图 6-2　切割式组合体

相交连接起来的组合体，表面之间可能产生交线（截交线或相贯线），画图时要画全这些交线。图 6-3 所示的组合体是由圆柱与一个八边形棱柱交接在一起形成的，在表面相交处应画出交线，在平面与曲面相切处则不应画线。

在更多的情形下，形体可能是由多种构形方式综合形成的，图 6-4 所示是这种组合体的一个例子。

需要指出，形体分析时分析的思路不是唯一的。同样一个形体，往往可以从不同的角度分析它的形成方式。

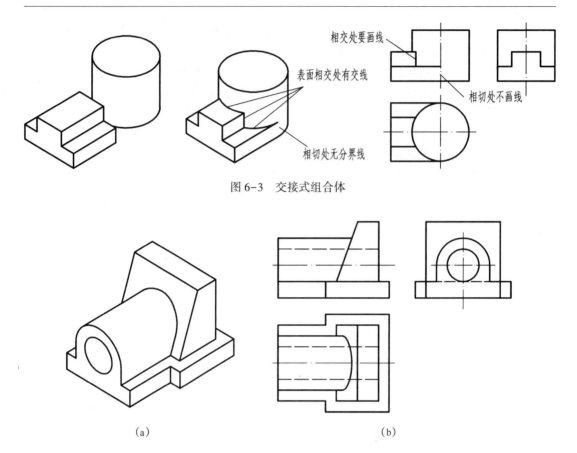

图 6-3　交接式组合体

(a)　　　　　　　　　　　　　　　　(b)

图 6-4　综合方式形成的组合体

§6.2　组合体的三视图及其画法

在工程制图中，常把工程形体在多面正投影中的某个投影称作**视图**。正面投影是从前面向后投射（前视）得到的视图，在土木工程图上称之为**正立面图**（简称**正面图**）；水平投影是从上向下投射（俯视）得到的视图，在土木工程图上称之为**平面图**；侧图投影是从左向右投射（左视）得到的视图，在土木工程图上称之为**左侧立面图**（简称**侧面图**）。三面投影图总称为**三视图**或**三面图**。

根据实物画组合体三视图的一般步骤是：（1）进行形体分析；（2）选定正面图；（3）画出三视图的草图；（4）在草图上标注尺寸；（5）根据草图用绘图仪器画出工作图。现以图 6-5（a）所示组合体为例，说明组合体三视图的画法。

1. 形体分析

画组合体三视图时，首先要分析该组合体是由哪些基本立体组成的，再分析各基本立体之间的组合关系，从而弄清楚它们的形状特征和投影图画法。这是一种把复杂问题分解成若干简单问题，有条理地逐个予以解决的方法。

对于图 6-5（a）所示组合体，可以将它分析成是由以下这些基本立体组成的（图6-5b)：底板是一个长方体，两侧各开了一个小圆柱孔；底板之上，中间靠后面的一块支

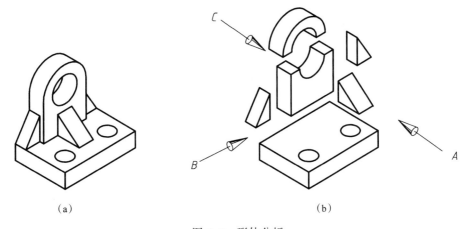

(a)　　　　　　　　　　　　　　(b)

图 6-5　形体分析

撑直板由半圆柱和一个长方体叠加而成，板上有一个圆柱孔贯通前后；直板的两侧各有一个小三棱柱形的斜撑，前边还有一个小三棱柱斜撑位居中央。

应该注意，形体分析仅仅是一种认识对象的思维方法，实际上物体仍是一个整体。采用形体分析的目的，是为了把握住物体的形状，便于画图、看图和配置尺寸。

2. 选定正面图

在用视图表达物体的形状时，选择物体的摆放状态和投射方向对物体形状特征的表达效果和图样的清晰程度都有明显的影响。由于正面图是三视图中的主要视图，因此要首先确定正面图。选择正面图一般应考虑以下四条原则：

（1）将物体放置成正常的工作状态，并使物体的主要面与投影面平行；

（2）使正面图能较多地反映物体的形状特征和各组成部分的相对关系；

（3）为了合理利用图纸，要使物体较大的一面平行于正立投影面；

（4）为了使视图清晰，在确定观察方向时应尽可能减少各视图中不可见的线条。

由于组合体的形状是多种多样的，在选择正面图时，有时不能全部满足上述要求，这时就要根据具体情况，全面分析，权衡轻重，决定取舍。

对于图 6-5 所示组合体，首先把它放置成正常状态，使底板在下并且平放，三个主要面与投影面平行。再考虑从哪个方向投射能较多地反映物体的形状特征，例如沿着箭头 A 或 C 所示方向投射，得到的视图均能较多地反映组合体的主要形状特征；但从 C 向投射显然增加了许多虚线，故不可取。沿着箭头 B 所示方向投射得到的视图反映物体的形状特征不够明显，而且从 B 方向投射得到的视图面积较小，图纸的利用欠合理。经全面分析比较，最后选定把从 A 向投射得到的视图作为正面图。

3. 画三视图草图

（1）布置图面。不要急于画某个视图，先要安排各视图在图纸上的位置和大小。草图是凭目测由徒手或部分借助于简单工具画出来的，所以安排视图位置时先要目测形体各部分间的大小比例关系。例如本例物体的长、宽、高之间大致是 3∶2∶4 的关系，据此比例关系用轻淡的细线在图纸上画出三个矩形，如图 6-6（a）所示（为了清晰地表明每一步的作图结果，本插图不是徒手绘制的）。各个矩形就是各个视图的边界，用它们来控制三

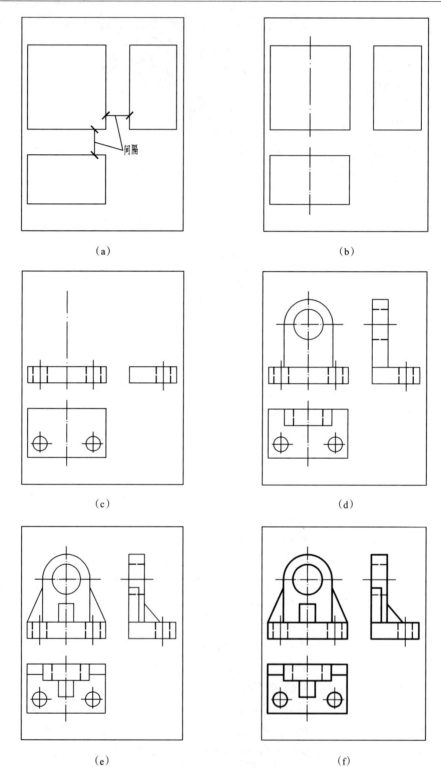

图 6-6　根据实物画组合体的三视图

(a) 布置视图；(b) 画定位基准线；(c) 画底板三视图；
(d) 画直板三视图；(e) 画斜撑三视图；(f) 整理、检查、加深图线

视图的位置和大小。三个矩形的布局要匀称，它们之间要留有足够的间隔，使得全图疏密得当、布置均匀，如未达到要求应调整矩形的大小或位置。

（2）在矩形边界内画出每个视图的定位基准线，例如对称轴线、基座底边、直板的侧边等，如图 6-6（b）所示。

（3）根据形体分析，按正确定位逐个画出每个基本立体的三视图，如图 6-6（c）、（d）、（e）所示。注意，不是把整个组合体的某一个视图画完了再去画另一个视图。徒手画图的技术与手法已在 §1.7 中详述过了。

（4）修饰描深，如图 6-6（f）所示。由于人为地将形体分解、拼合而产生的接缝应当去掉不描。

4. 标注尺寸

在视图上标注尺寸，用来表达物件的实际大小。从操作层面来说，标注尺寸分为两步：先在视图上配全尺寸线，称之为配置尺寸；然后根据设计、计算或对实物的测量值，集中填写尺寸数字，称之为注写尺寸。后文中说到标注尺寸时，一般是对涵盖以上两项工作的总称。关于标注尺寸的基本方法将在 §6.3 中讲述。

5. 根据组合体草图用仪器画工作图

根据草图用仪器画图，可按以下步骤进行：

（1）根据图形的复杂程度，选定图纸幅面和绘图的比例。

（2）安排各视图的位置，使图面布置匀称、合理，具体作法与画草图时布置图面的作法相同。画图时仍是先画出各视图中的一条水平线和竖直线作为基准，通常以视图的对称轴线或较长的轮廓线作为基线。

（3）用轻而细的线条画出底稿。

（4）经检查无误后，按规定线型加深描黑。

（5）书写各项文字。

读者可按照画组合体三视图的步骤对图 6-7（a）所示组合体进行分析和试画。

图 6-7（a）所示物体可看成是由长方体底板、带圆角和圆孔的长方体立板和一个切去一角的梯形棱柱所组成，如图 6-7（b）所示。画该物体三视图的具体步骤示于图 6-8 中。

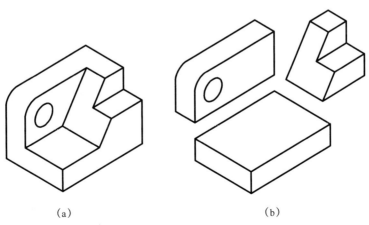

(a)   (b)

图 6-7 组合体

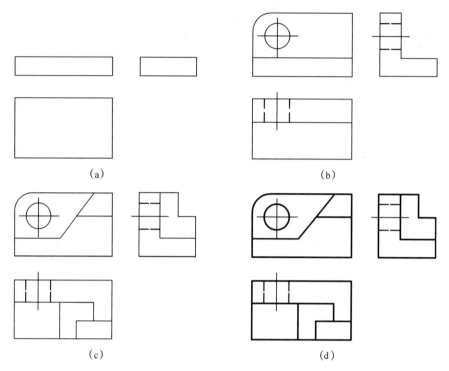

图 6-8　画组合体三视图

（a）画底板三视图；（b）画立板三视图；（c）画切角梯形棱柱三视图；（d）整理、检查、加深图线

§6.3　组合体的尺寸注法

组合体的三视图只表达了物体的形状，物体各部分的实际大小则是由视图中所标注的尺寸来表示的。因此，标注尺寸是表达物体的一项重要内容。

6.3.1　标注组合体尺寸的基本要求

如同对简单的平面体、曲面体标注尺寸一样，在组合体的三视图上标注尺寸同样要符合以下基本要求：

（1）必须严格遵守制图标准中有关尺寸注法的规定（详见第 1 章）。

（2）尺寸配置齐全，应能完全确定形体的形状和大小，既不缺少尺寸，也不应有不合理的多余尺寸。

（3）尺寸标注清晰、布置得当，便于看图。

为了达到上述要求，除应熟悉制图标准中的有关规定外，在标注尺寸时还应考虑两个问题：1）需要标注哪些尺寸；2）这些尺寸应该标注在什么位置。后面即分别作出说明。

6.3.2　尺寸的分类

根据形体分析，组合体可以看作是由一些基本立体组成的。如果标注出确定这些基本立体自身形状和大小的尺寸，又注出说明各基本立体之间的相互位置关系的尺寸，那么，整个物体的形状和大小也就完全确定了。具体地说，在组合体的三视图中，应注出如下三种尺寸：

1. 定形尺寸

前已说明，描述组成物体的各基本立体的形状和大小的尺寸称为定形尺寸。常见基本立体的定形尺寸的数量及注法见第4、5两章。

2. 定位尺寸

前已说明，反映组合体中各基本立体之间相对位置关系或截平面位置的尺寸称为定位尺寸。

在标注定位尺寸时，需要注意以下几点：

（1）基本立体之间，在左右、上下和前后三个方向上的相互位置都需要确定。例如图6-9所示组合体中的圆柱与棱柱，在左右方向上的相互位置是用尺寸11确定的；前后的相互位置是用尺寸8确定的。由于圆柱与棱柱是上下叠放的，它们的叠放关系已由图形明确表示出来了，所以上下方向的定位尺寸就不需要再作标注。

（2）棱柱的位置用其棱面确定，圆柱和圆锥的位置，一般都用它的轴线来确定。例如图6-9中标注出了棱柱的棱面和圆柱轴线间的距离11和8，用以表明两者在左右和前后方向上的相互位置关系。量取定位尺寸的基准通常选用物体的底面、主要端面、对称平面、旋转体的轴线等。

（3）处于对称位置的基本立体，通常需注出它们相互间的距离。如图6-10所示的组合体中，底板上两个小圆柱孔的位置是左右对称的，因此标注了两个小圆孔轴线之间的距离58，而不应标注小圆孔轴线到四棱柱底板侧面或到对称轴线的距离。

（4）当基本立体的轴线位于物体的对称平面上时，相应的定位尺寸可以省略。例如在图6-10所示的组合体上，前后两块立板上的半圆形槽口的轴线，正好在物体的左右对称平面上，因此就不必注出槽口在左右方向的定位尺寸了。底板上的两个小圆孔的轴线正好在物体的前后对称平面上，因此它们的前后方向也不需要再进行定位了。

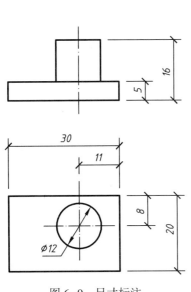

图6-9 尺寸标注

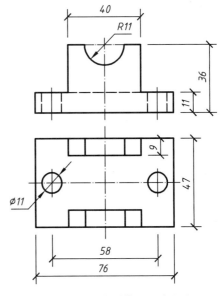

图6-10 对称形体的尺寸注法

3. 总体尺寸

总体尺寸是指物体的总长度、总宽度和总高度。总体尺寸用以表达物体的整体大小。图 6-10 中的尺寸 76、47、36 即为组合体的总体尺寸。

以上三种尺寸可能互相有些交叉、重复，在标注尺寸时要合理地进行选择，去掉一些重复的尺寸不注。例如图 6-9 中，由于标注了组合体的总高度 16 和底板的厚度 5，就不必再标圆柱的高度；在图 6-12 中，由于需要用尺寸 118 保证圆孔的高度，用 R50 保证半圆柱端面的半径大小，这时总高度即应免去不注。总之，标注尺寸需要有合理的选择，不应该盲目拼凑一些尺寸，或者看见有图线就注尺寸，也不应该注写互相矛盾的多余尺寸。

6.3.3　尺寸的标注位置

确定了组合体应标注哪些尺寸后，就应考虑将这些尺寸注写在什么地方。这时，遵循的原则是使尺寸标注清晰，布置得当，便于阅读和查找。为此在配置和标注尺寸时，除应遵守第 1 章有关尺寸注法的一些基本规定外，还要注意以下几点：

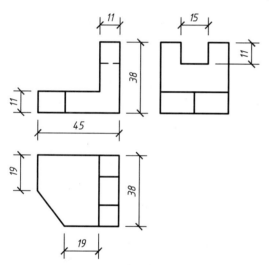

图 6-11　按形状特征布置尺寸

（1）某个部位的尺寸应尽可能将其标注在反映该部位形状特征最明显的那个视图上。例如在图 6-11 中，该反 L 形棱柱的整体轮廓在正面图上反映的效果最好，因此该反 L 形棱柱的基本尺寸 45、38 就标注在正面图中；物体左前端的切角在平面图上最具特征，所以切角的定位尺寸两个 19 就标注在平面图上；而物体右上部的槽口在侧面图中最为明显，故槽口的定形尺寸 15、11 就标注在侧面图中。

（2）为使图形清晰，一般应将尺寸注在图形轮廓以外；但为了便于查找，对于图内的某些细部，其尺寸也可酌情注在图形内部。

（3）尺寸布局应相对集中，并尽量安排在两视图之间的位置。

（4）尺寸排列要整齐，大尺寸排在外边，小尺寸排在里面，各尺寸线之间的间隔应大致相等，约为 7~10mm。

（5）尽量避免在虚线上标注尺寸。

标注尺寸是一项极其严肃的工作，必须认真负责，一丝不苟。

6.3.4　组合体尺寸标注示例

图 6-12 是图 6-5 所示组合体的三视图尺寸标注示例，图 6-13 是图 6-7 所示组合体的三视图尺寸标注示例。

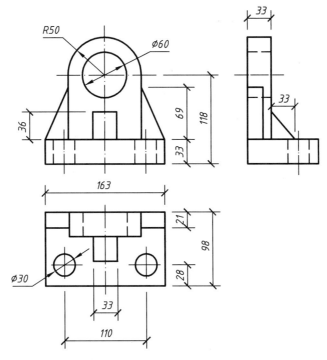

图 6-12　组合体的尺寸标注示例

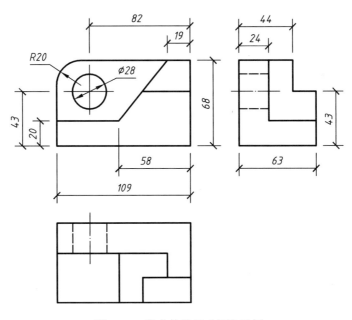

图 6-13　组合体的尺寸标注示例

§6.4　组合体三视图的阅读和根据两视图作第三视图

根据给出的视图想象形体的空间形状，简称**读图**。读图是边看图、边想象的思维过

149

程。由于人们对事物思维方式的差异，读图并不存在一条简单的通用方法。一般来说，读图能力的基础，一是要熟练掌握投影原理，二是要有丰富的知识储备。本节只是讲述读图的一些基本原则和方法。

6.4.1　读图的一些要领

1. 联系各个视图阅读，综合想象物体的形状

图 6-14 所示的四个物体，它们的平面图都是相同的，但结合它们各自的正面图，就会知道它们表达的是不同的物体。图 6-15 所示的三个物体，它们的正面图、平面图都是一样的，只有联系各自的侧面图，才能断定它们各自所表达的物体形状。

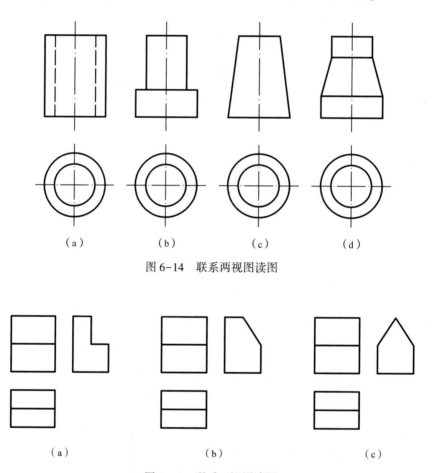

（a）　　　　（b）　　　　（c）　　　　（d）

图 6-14　联系两视图读图

（a）　　　　　　（b）　　　　　　（c）

图 6-15　联系三视图读图

读图过程中，一般是先根据某一视图作设想，然后把自己的设想在其他视图上作验证，如果验证不出矛盾，则设想成立；否则再作另一种设想，直到想象出来的物体形状与已知的视图完全相符为止。

2. 对线框，进行投影分析

视图中有一条条的图线，图线围成了一个个的封闭线框，利用投影关系查对每个线框

在另外视图上的对应部分，即所谓的**对线框**。通过对线框，进行两方面的分析：形体分析和线面分析。

读图时的形体分析即根据对线框，从图上对物体进行构形分析。在图 6-16（a）所示组合体的三视图中，通过对线框，该物体可分解为Ⅰ、Ⅱ、Ⅲ三个部分。分别想象出每个部分的形状，然后根据它们间的相互位置，综合想象出物体的整体形状，如图 6-16（b）所示。

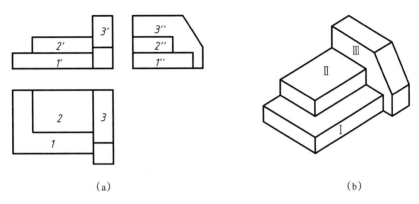

（a）　　　　　　　　　　　（b）

图 6-16　形体分析

线面分析是指对形体上个别部位的表面、交线进行深入的考察。当组合体在形成时遇到有切割或表面相交时，切口或表面交接处的图线常呈现出较为复杂的情况。这时要利用直线、平面、曲面的投影规律，想象有关表面的空间位置和形状，帮助弄清这些部位的构形。在图 6-17（a）所示组合体的三视图上，利用线面分析可以帮助想象物体的形状。先查看正面图中的线框 p'，它是一个梯形。梯形的其余投影要么是梯形（相仿性），要么是线段（积聚性）。按照投影关系，线框 p' 可能对应于平面图中的梯形 p 或线段 12。但由于 p' 只能对应于侧面图中的倾斜线段 p''，所以，物体表面 P 是一个侧垂面，其平面图只能是梯形 p，而不是线段 12。再从正面图中分析线框 q'，与它对应的平面图只能是倾斜线段

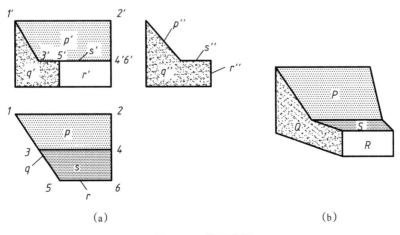

（a）　　　　　　　　　　　（b）

图 6-17　线面分析

15，由此说明平面 Q 是一个铅垂面，它的侧面图是与 q' 同边数的图形（五边形）q''。用同样的方法可以分析出平面 R 是一个正平面，平面 S 是一个水平面。根据以上对物体各个面的分析，可以设想物体的原始形状是长方体，用铅垂面 Q 斜切去其左前角，再用侧垂面 P 和水平面 S，切割成如图 6-17（b）所示的形状。

3. 视图中线条和线框的实际意义

在进行形体分析和线面分析时，对视图中出现的线条和线框要弄懂它们的实际意义。视图中出现的线条有可能是下列三种情形之一：

（1）形体表面有积聚性的投影，如图 6-17（a）中水平投影上的线段 15 代表的是 Q 平面的积聚投影。

（2）表面与表面交线的投影，如图 6-17（a）中正面投影上的线条 1′3′ 是 P 与 Q 两平面交线的正面投影。

（3）曲面的外形轮廓线，如图 6-18（a）中正面投影上的 $a'b'$ 和 $c'd'$，它们是圆柱面的最左、最右两条轮廓素线。

视图中的封闭线框，除相贯线外一般情况下它是表面的投影，可能是：

（1）平面的投影。当线框是多边形时，它可能是多个平面的积聚投影，也可能是某一平面的投影。后一种情形下它在另外视图上的对应投影，要么是一条直线，要么是同边数的多边形。如图 6-17（a）中的五边形线框 q'，在水平投影上对应的是直线 q，在侧面图上对应的是五边形 q''。

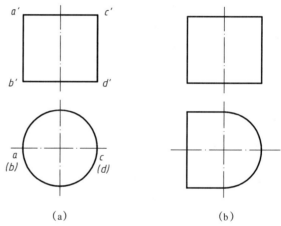

（a）　　　　　　　（b）

图 6-18　曲面体的投影

（2）曲面的投影。如图 6-18（a）中的 $a'b'd'c'$ 代表的是圆柱面。

（3）组合表面的投影。由平面平顺过渡到曲面时，由于它们之间没有分界线，组合表面的周边就会形成一个封闭的线框。如图 6-18（b）中的正面投影线框代表的就是平面与圆柱面的组合。

6.4.2　读图举例

[例 6-1] 试想象出图 6-19 所示物体的形状。

[解] 正面图上各基本体的分块比较明显，可以从它入手，在正面图上划分出 I、II、III 三个部分，用对线框的办法找到每个部分在另外两个视图上的对应投影，这样就把每一部分的三个投影从整

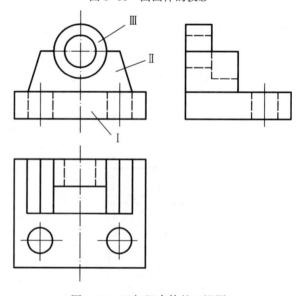

图 6-19　已知组合体的三视图

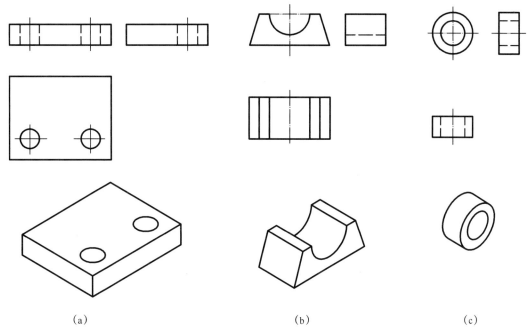

(a)   (b)   (c)

图 6-20 将形体分解

体上分离了出来，如图 6-20（a）、（b）、（c）所示。单独考察每个部分，不难想象出第一部分是一个长方体底板，其上有两个小圆孔；第二部分是一个带有半圆形缺口的梯形棱柱；第三部分是一个空心圆柱。从图 6-19 中的侧面图可以看出，梯形棱柱、圆柱的后表面与底板的后表面是对齐的。就左右方向来说，从正面图可以看出，梯形棱柱恰好在底板的中央部位，而空心圆柱则置于梯形棱柱的缺口中。由于圆柱与梯形棱柱结合成了一体，所以侧面图中圆柱下边的那条轮廓线也就不存在了。经过分解与综合，最后想象出物体的形状如图 6-21 所示。

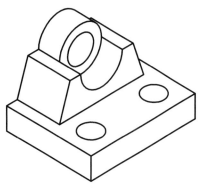

图 6-21 综合想象物体的形状

6.4.3 根据两视图求作第三视图

一般情况下，形体的两个视图就能把它的形状确定下来，所以看懂两个视图，就能正确作出它的第三视图。根据两视图求作第三视图是读图练习的一种有效方法。

[例 6-2] 根据组合体的正面图和平面图（图 6-22），画出它的侧面图。

[解] 首先读图。根据正面图和平面图，可以看出该物体由左右两部分组合而成：左边部分可以看作是一个长方体被一个正垂面和两个铅垂面切割形成的，如图 6-23（a）所

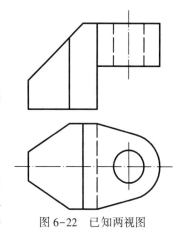

图 6-22 已知两视图

153

示；右边部分是由一个半圆柱和一个梯形棱柱组成的圆端形水平板，并贯穿了一个圆柱孔，如图 6-23（b）所示。把左右两部分的形状结合在一起，就可以得到该物体的总体形状，如图 6-23（c）所示。

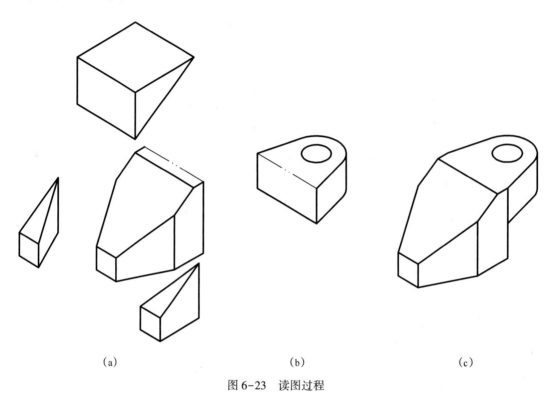

（a）　　　　　　　　　　　（b）　　　　　　　　　（c）

图 6-23　读图过程

想象出物体的形状以后，就可以按照投影关系，逐步画出其侧面图。画图过程如图 6-24 所示。

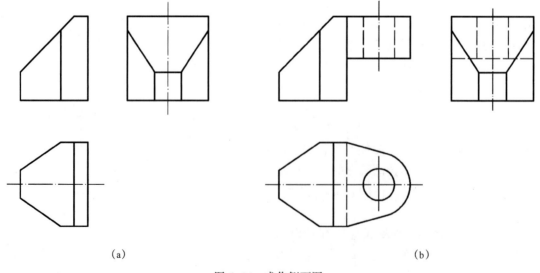

（a）　　　　　　　　　　　　　　　　　　　（b）

图 6-24　求作侧面图

[**例6-3**] 根据物体的正面图和侧面图（图6-25），画出它的平面图。

[**解**] 两已知视图上有明显的分块导向，根据投影关系，可以把该物体分解为下、中、上三个部分：下边部分是一个长方体底板；中间部分是一个梯形棱柱，其上贯通了两个圆柱孔；上边部分为一个五边形棱柱，如图6-26所示。

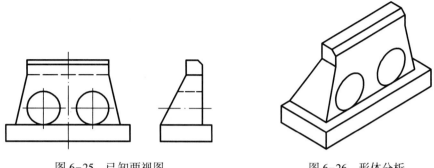

图6-25 已知两视图　　　　　　　　　　　图6-26 形体分析

按照投影关系逐步画出该物体的平面图。画图过程如图6-27所示。注意圆孔的背后一端呈现出两个椭圆，它们是侧垂面切割空心圆柱面形成的，平面图上应按求截交线的方法作出。

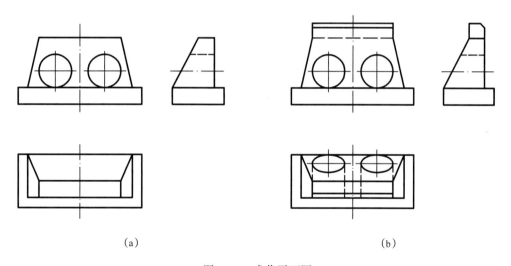

（a）　　　　　　　　　　　　　　　（b）

图6-27 求作平面图

§6.5 组合体的轴测图

在画组合体的轴测图时，应先分析组合体的构成方法，以此确定轴测图的绘制方案。单纯的平面体或曲面体的轴测图画法已在第4、5两章中讨论过了，下面讨论平面体与曲面体或曲面体与曲面体组合时的轴测图画法。

1. 由平面体与曲面体叠加或在平面体上开孔形成的立体

画这种组合体的关键是给曲面体正确定位。旋转体需通过旋转轴进行定位，在轴测图上也就是首先通过底圆的中心实现定位。图 6-28（a）所示圆端形长板由两个半圆柱和一个长方体拼接而成，画轴测图时先定出上底面上的两个圆心的位置，以它们为基准分别画出两端的半圆柱，然后画出中间的长方体，但不应画接缝。实际上是作出几个椭圆弧的公切线即可。图 6-28（b）表示的滑轮支座是由长方体底板和两个圆端形支架组成的，支架上有两个圆孔。画轴测图时先画出底板，然后定出支架板侧面上的圆心位置，以它们为基准画出圆端面和圆孔的轴测图，进而完成支架板的绘制。

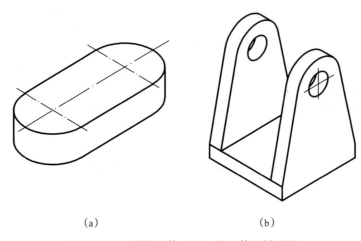

（a）　　　　　　　　　　　　　　　（b）

图 6-28　画带旋转体（面）的立体的轴测图

2. 由交接、切割或曲面体上开孔形成的立体

平面体与曲面体或曲面体与曲面体交接形成的立体，或者曲面体被切割、开孔、开槽，都将出现表面交线。画这类立体的轴测图时，表面交线一般需要通过定点的方法作出：从正投影图上取得这些点的三个坐标，沿轴测轴截量坐标并画坐标折线，即可作出点的轴测图。但对于由圆柱构成的形体，在其轴测图上已经比较准确地画出了底圆的情况下，也可以通过图 6-29、图 6-30 所示的辅助平面法直接在轴测图上求点并画出交线。图 6-29（a）所示为一拱形屋顶模型的正等轴测图，两个半圆柱屋面将相交，需在轴测图

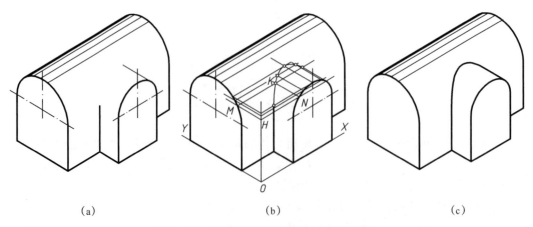

（a）　　　　　　　　　　　　　　（b）　　　　　　　　　　　　　　（c）

图 6-29　在轴测图上求拱形屋顶的相贯线

上补出相贯线。如图 6-29 (b) 所示,延长两山墙墙脚线使交于一点 O,过 O 作竖直线 OH,在 OH 上适当高度取一点 H,过 H 作一辅助水平面,该水平面与两山墙交出两条交线 HM 和 HN,它们分别与大拱、小拱的端部交出 M 点和 N 点,过 M 作大拱的素线,过 N 作小拱的素线,两条素线都是辅助平面上的直线,它们应相交,交点 K 即为相贯线上的点。改变辅助平面的高度,重复上述作图步骤,可作出相贯线上的一系列点,连接这些点可得所求的相贯线。图 6-29 (c) 是完成的轴测图。

图 6-30 用同样的方法求出了涵洞端墙与洞身的交线。

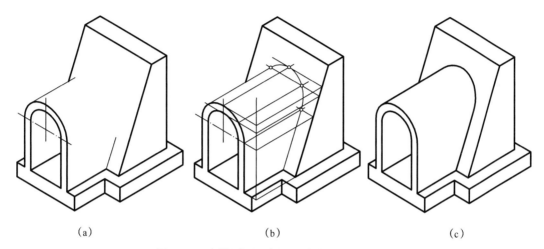

(a)　　　　　　　　　　　(b)　　　　　　　　　　　(c)

图 6-30　在轴测图上求涵洞端墙与洞身的交线

第7章 图样画法

　　工程物体的形状和结构是各种各样的，只用前面所讲的三视图可能难以充分满足表达的要求。为此，在制图标准中规定了多种表达方法，画图时可根据形体的具体情况选用。

§7.1 基本视图

　　前面介绍的正立面图、平面图和左侧立面图，是在正立投影面、水平投影面和侧立投影面等三个基本投影面上得到的视图。根据制图标准规定，在原有三个投影面的基础上可以再增加三个与其相对的投影面，这六个投影面统称为**基本投影面**。将物体置于观察者与投影面之间，分别向六个基本投影面投射（图7-1），可得到六个视图，统称为**基本视图**，如图7-2所示。在增设的三个基本投影面上所得到的视图为：**背立面图**——由后面向前投射（后视）所得的视图；**底面图**——由下向上投射（仰视）所得的视图；**右侧立面图**——由右向左投射（右视）所得到的视图。

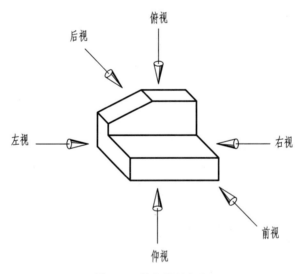

图7-1　基本投射方向

　　六个投影面的展开方法如图7-2所示。六个基本视图的配置关系如图7-3所示。在同一张图纸上按此关系布置视图时，可以不标注视图名称，否则需在视图的下方标出图名。

　　画图时，一般不需要全部画出六个基本视图，而应根据物体的形状和结构特点，选用必要的几个基本视图即可。

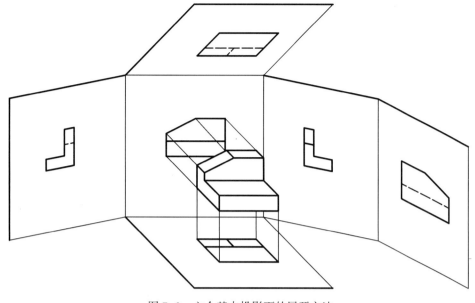

图 7-2 六个基本投影面的展开方法

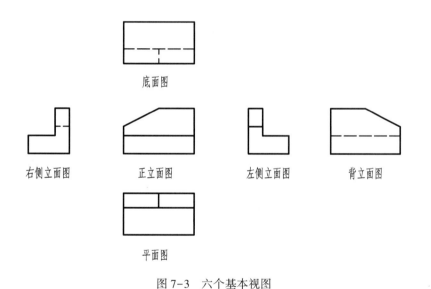

底面图

右侧立面图   正立面图   左侧立面图   背立面图

平面图

图 7-3 六个基本视图

§7.2 剖 视 图

7.2.1 剖视的概念

在绘制物体的图样时，物体上不可见的轮廓线是用虚线表示的，如图 7-4 所示。如果物体的内部结构比较复杂或被遮挡的部分较多，在视图上就会出现较多的虚线，形成图面虚、实线交错重叠，使得层次不清，不利于看图和标注尺寸。为了克服这种缺陷，常采用作剖视的方法。假想用**剖切面**在适当的部位剖开物体，把处于观察者和剖切面之间的部分移去，而将余下的部分向投影面投射，使原来看不见的内部结构成为可见的。用这种方法得到的图形称为**剖视图**，简称**剖视**。物体经剖切并移去遮挡部分后产生剖视图的投射方向称为**剖视方向**。在有些专业工程图上剖视图也称为**剖面图**或**剖面**。

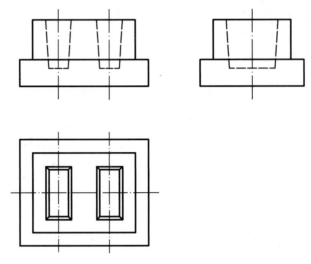

图 7-4　双柱杯形基础的三视图

如图 7-5（a）所示，假想用基础的前后对称平面为剖切面将基础切开，移去剖切平面前面的部分，画出剩余部分的正面投影，就得到了双柱杯形基础的剖视图，如图 7-5（b）所示。

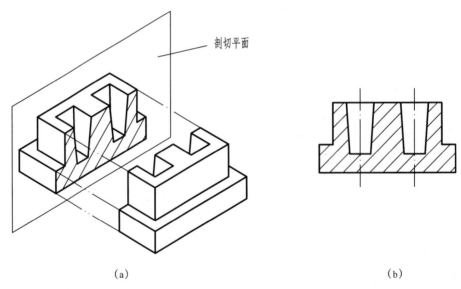

（a）　　　　　　　　　　　　　　　　　　　　（b）

图 7-5　剖视图的形成

由于剖切是假想的，实际上物体并没有因为剖切而缺少一部分，所以把物体的一个视图画成剖视图，并不影响其他视图的完整性。而且根据需要，对一个物体可以作几个剖视，每次作剖视，都是从完整的物体上经过剖切而得到的。

7.2.2 剖视图的画法

现以图 7-6（a）所示沉井模型为例，说明剖视图的画法。

1. 确定剖切平面的位置

剖切平面的位置应根据需要确定，一般情况下应选用平行于投影面的平面作为剖切平面，并使其通过需要显露的孔、洞、槽等不可见部分的中心线，使内部形状得以表达清楚。图 7-6 中分别选用了沉井前后对称平面和左右对称平面为剖切平面。

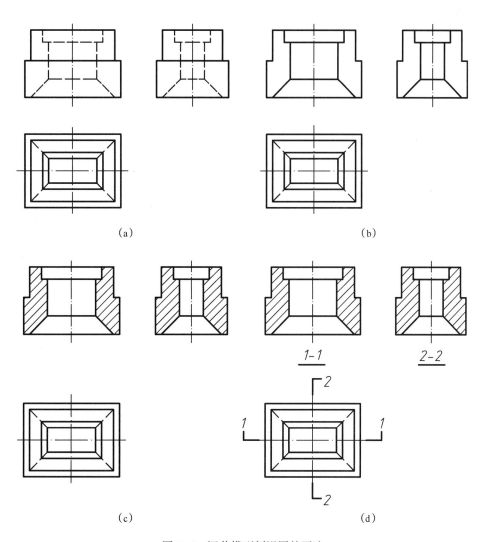

图 7-6 沉井模型剖视图的画法

2. 根据剖切后物体的剩余部分画剖视图

设想用所选定的剖切平面将物体剖开，移去观察者与剖切平面之间的部分，将剩余部分向投影面投射，即得到沉井模型的剖视图，如图 7-6（b）所示。

物体被剖切后，仍可能有不可见轮廓线存在。当不可见部分在其他视图上可以表达清楚时，剖视图上一般不再用虚线表示它，所以图 7-6（b）中即未画虚线。但对于在其他视图上亦难以表达清楚的部分，也允许在剖视图上画出虚线表示它。

3. 画剖面线

为了使剖视图层次分明，在剖视图中将剖切平面切着的实体部分（称为**剖面区域**）画上剖面线，如图 7-6（c）所示。剖面线通常用与水平成 45°角、间隔均匀的细实线绘制，可以向左倾斜，也可以向右倾斜。但是，在同一物体的各个剖视图中，剖面线的倾斜方向及剖面线间的间隔必须一致。如果有两个物体接触，则相邻两物体的剖面线应该方向相反或间隔不等。

4. 剖切符号和剖视图的名称

在可以说明剖切平面位置和剖视方向的视图上应画出剖切符号，剖切符号由剖切位置线和剖视方向线组成。剖切位置线用 6~10mm 长的粗短画表示，剖视方向线用 4~6mm 长的粗短画或箭头表示。剖视方向线的末端要注写剖切符号的编号，编号可用阿拉伯数字或大写的拉丁字母表示，如图 7-6（d）所示。绘制时，剖切符号不宜与图的轮廓线相接触。与剖切符号相对应的剖视图上，应使用相应的编号作为视图名称注在视图的下方或上方。

7.2.3 常用的剖切方法

剖切面的种类主要有以下几种，可视物体的结构特点从中选用：

1. 用单一剖切平面剖切

这说的是作一个剖视图只使用一个剖切平面。这种剖切方法适用于仅用一个剖切平面剖切后就能将内部构造显露出来的物体，如图 7-6 中的 1-1、2-2 剖视图用的都是这种剖切方法。

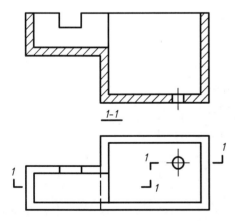

图 7-7 用多个平行的剖切平面剖切

2. 用几个平行的剖切平面剖切

当物体内部结构层次较多，用一个剖切平面不能将物体的内部形状表达清楚时，可用几个相互平行的剖切平面按需要将物体剖开，画出剖视图，如图 7-7 所示。用这种剖切方法得到的剖视图习惯上称为**阶梯剖视**。

采用这种方法画剖视图时应注意，剖切平面的转折处在剖视图上不应画线。在标注剖切符号时，剖切位置线转折处使用相同的数字编号，写在转角的外侧。

3. 用几个相交的剖切平面剖切

用几个相交且交线垂直于某个投影面的剖切平面对物体进行剖切，并将其中不平行于投影面的剖切平面所截出的部分旋转到与投影面平行的位置后再进行投射。用这种方法得到的剖视图习惯上称为**旋转剖视**，如图 7-8 所示。

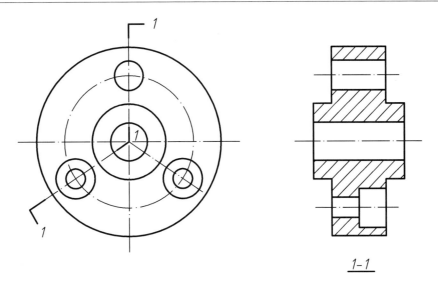

图 7-8　用两个相交的剖切平面剖切

7.2.4　剖视图的种类

1. 全剖视图

用剖切平面完全地将物体剖开所得到的剖切视图称为**全剖视图**。全剖视图常用于外形不太复杂、而所得到的剖视图形状又不对称的物体，图 7-9 所示的桥台模型的 1-1 剖视图即为全剖视图。

2. 半剖视图

当物体具有对称平面，需在垂直于对称平面的投影面上作剖视图时，以对称轴为界，一半画成剖视图，另一半画成外形视图（外形视图上可省去虚线不画），这种剖视图称为**半剖视图**。图 7-6 中的沉井左右、前后都具有对称平面，所以正面图和侧面图上均可作成半剖视图，

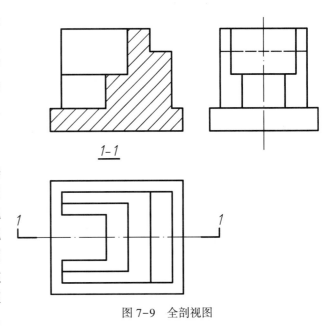

图 7-9　全剖视图

如图 7-10 所示。对于半剖视图的标注，剖切符号仍可画成贯通全图的形式，如图 7-10 中平面图上表示的那样。

3. 局部剖视图

用剖切面局部地剖开物体所得的剖视图，称为**局部剖视图**，如图 7-11 所示。局部剖视图用波浪线作为分界线，将其与外形部分分开。波浪线既不能超出轮廓线，也不能与图上其他线条重合。局部剖视图不需要标注剖切符号，也不用另外注写视图名称。

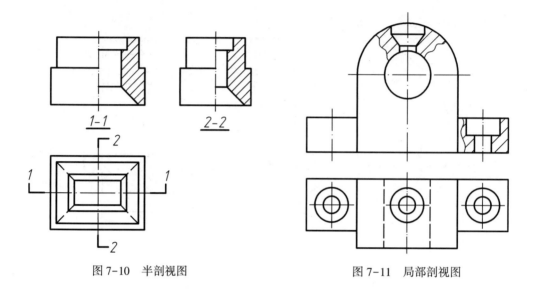

图 7-10　半剖视图　　　　　　　　　图 7-11　局部剖视图

7.2.5　剖视图中的尺寸注法

在剖视图中标注尺寸时，除应遵守前述制图标准的有关规定外，还要注意以下两点：

（1）在有剖面线的地方注写尺寸数字时，应把写数字处的剖面线断开，如图 7-12 所示，切不可使剖面线穿过尺寸数字。

（2）在半剖视图中标注尺寸，遇到有一端无法画出尺寸界线（如图 7-13 中的尺寸 40）或尺寸起止符号（如图 7-13 中的尺寸 φ24）时，应把能完整标注的一端照旧画出，而将另一端画过对称轴或圆心适当长度，并按图形完整时的尺寸数字书写即可，如图 7-13 所示。

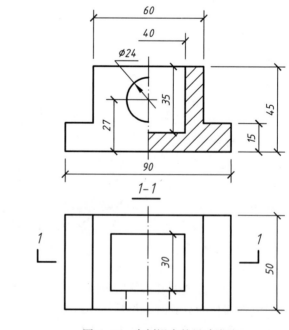

图 7-12　剖面线中注写尺寸数字　　　　图 7-13　半剖视中的尺寸注法

7.2.6 建筑材料图例

如前所述,在剖视图中,物体被剖切平面切到的区域应画剖面线。有时为了表明物体的材料,需在剖面区域画出该物体的材料图例以取代剖面线。这样的剖视图不仅可以表达物体的形状,同时还可以表明物体的材料。特别是在土木工程图中,有时作剖视只是为了表明结构物各部分所用的建筑材料,而不是为了表示其内部形状。

常用的建筑材料图例如图7-14所示。图例中的斜线一律画成45°的细实线,并应作到疏密得当,间隔匀称。

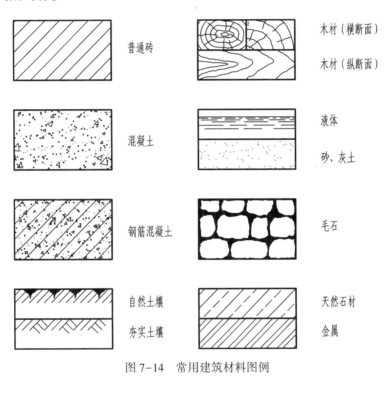

图7-14 常用建筑材料图例

§7.3 断 面 图

7.3.1 断面图的形成

假想用剖切面将物体的某处切断,仅画出该剖切面与物体接触部分的图形,即截交线所围成的图形,这种图称为**断面图**,简称**断面**,也称**截面图**或**截面**。断面图上同样要画出剖面线或材料图例。

断面图与剖视图的区别在于:断面图仅画出物体被切着部分的图形,而剖视图除应画出断面图形外,还应画出沿剖视方向看到的部分。图7-15示出了断面图1-1与剖视图2-2的区别。

断面图的标注与剖视图基本相同,只是不画剖视方向线,而是将编号书写在剖切位置线的一侧以指示剖视方向,编号写在哪一侧即代表了该断面的剖视方向是指向那一侧。

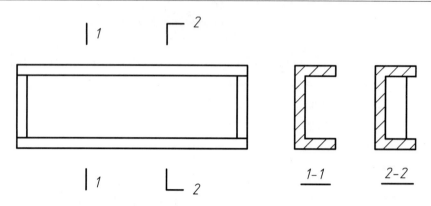

图 7-15　断面图与剖视图的区别

7.3.2　断面图的种类

1. 移出断面图

移出断面图的图形应画在视图之外，轮廓线用粗实线绘制，配置在剖切位置线的延长线上（如图 7-16 所示）或其他适当的位置。

2. 重合断面图

重合断面图的图形应画在视图之内，断面轮廓用粗实线绘出。当视图中轮廓线与重合断面图的图形重叠时，视图中的轮廓线仍应连续画出，不可间断。图 7-17 为重合断面图，重合断面图不需标注剖切符号。

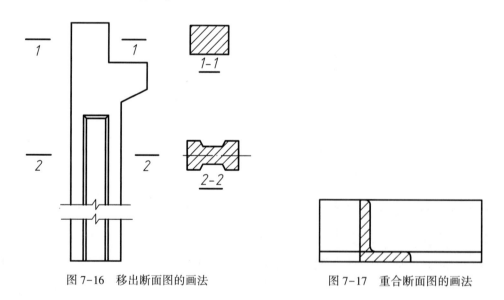

图 7-16　移出断面图的画法　　　　　图 7-17　重合断面图的画法

§7.4　轴测图中的剖切画法

为了表示物体的内部形状，也可在轴测图中采用剖切的画法。剖切面一般取平行于坐标面的平面。

[**例 7-1**] 作出图 7-18 所示物体的轴测图，并在轴测图上沿物体的两对称面把物体剖去四分之一。

[**解**]

（1）画出物体整体外形的轴测图，如图 7-19（a）所示。

（2）用剖切平面剖切物体，画出物体被剖切后的截面轮廓线。对于本例，取被截断边线的中点，逐点相连即为截面轮廓线，如图 7-19（b）所示。

（3）擦去多余的图线，并画出由于剖切而暴露出的可见图线，如图 7-19（c）所示。

（4）在截面轮廓范围内画上剖面线，从而得到物体被剖切后的轴测图，如图 7-19（d）所示。

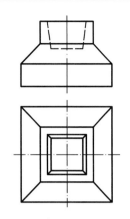

图 7-18 杯形基础的两视图

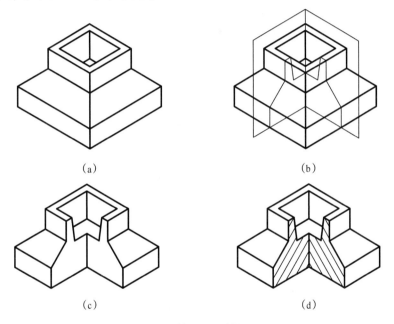

(a)　　　　　　　　　　　(b)

(c)　　　　　　　　　　　(d)

图 7-19 轴测图的剖切画法

图 7-20 表明了各种轴测图中不同坐标面内的剖面线方向。剖面线在正投影图中是 45°方向，即 1∶1 的坡度。在轴测图上角度要改变，但 1∶1 的关系可按轴向伸缩系数移量到轴测轴上，连成的直线即为 1∶1 斜线的轴测图，亦即 45°剖面线在轴测图上的方向。由此可见，图 7-20 是表示轴测类型的标识符。

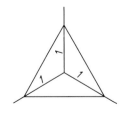
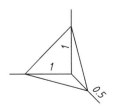

图 7-20 不同轴测图的剖面线方向

§7.5　简化画法

1. 对称图形的简化画法

为了节省绘图时间和图幅，有时物体的对称视图可只画一半或四分之一，并在对称轴的两端画出对称符号。对称符号由两条与对称轴垂直的平行细实线组成，如图 7-21 所示。

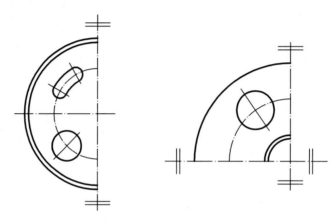

图 7-21　对称图形的简化画法

2. 相同结构要素的省略画法

当物体上有多个完全相同的结构要素且呈现有规律地排列时，则在图样中将会出现多个有规律分布的相同图形。为了简化作图，此时可在两端或适当位置画出该结构要素的完整形状，其余部分则省略不画，仅以中心线或中心线的交点表示，如图 7-22 所示。

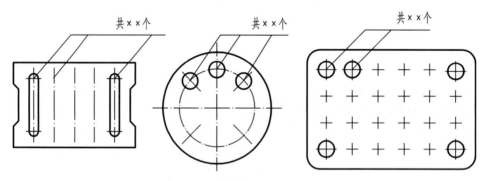

图 7-22　相同结构要素的省略画法

3. 折断省略画法

物体较长且沿长度方向的形状相同或按一定规律变化时，在图样中可用折断线将图形中间断开省略不画，沿长度方向使图的首尾两端收拢，如图 7-23 所示。需要注意，其尺寸仍应按物体的真实长度标出。

有时只需要表示物体的某一部分，这时也可以将其余部分断掉不画，如图7-24所示。

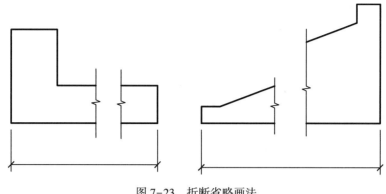

图 7-23　折断省略画法

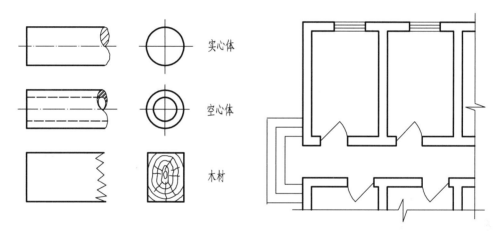

图 7-24　折断省略画法

§7.6　第三角画法

　　如第2章所述，两个互相垂直的投影面 H 和 V 无限扩展后，把整个空间分成了四个分角。将物体放在第一分角内（图7-25），使其处于观察者和投影面之间，这样作多面正投影的方法叫**第一角画法**。我国规定在绘制工程图时要采用第一角画法，本书前面所讲过的也都是用的这种画法，第一角画法得到的视图配置已示于图7-3中。西方有些国家采用的是**第三角画法**，即将物体置于第三分角内作投影，此时投影面位于观察者和物体之间，并且把它当作是透明的。投影面展开后平面图到了正立面图的上方（图7-26），六个基本视图的配置情况如图7-27所示。为了便于识别，如采用第三角画法则需在图上画出第三角画法的识别符号，其样式如图7-28所示。我国制图标准规定，第三角画法在必要时才允许使用。

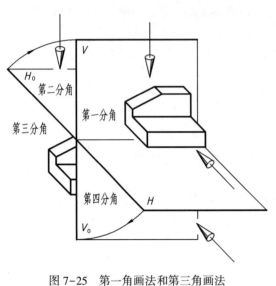

图 7-25　第一角画法和第三角画法

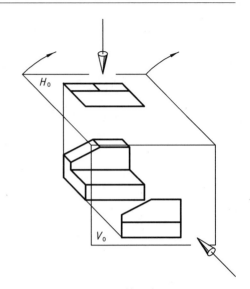

图 7-26　第三角画法

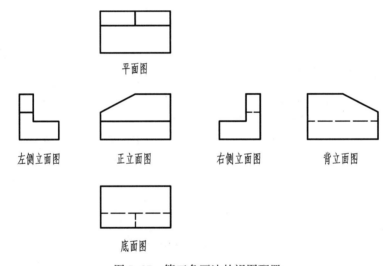

平面图

左侧立面图　　　正立面图　　　右侧立面图　　　背立面图

底面图

图 7-27　第三角画法的视图配置

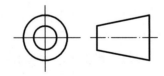

图 7-28　第三角画法识别符号

第8章 绘图软件 AutoCAD 的基本用法和二维绘图

使用传统的手动工具人工绘图不仅费时费力，且有一定的技术难度。新的图形技术是使用计算机辅助绘图。在计算机绘图中，有时需要用户编制专门的绘图程序，依靠程序的运行自动实现绘图，这种绘图方式叫**程序式绘图**；更多的情形是使用已有的绘图软件，在软件的帮助下通过人机交互实现绘图，这种绘图方式叫**交互式绘图**。AutoCAD 就是一种流行很广的交互式通用绘图软件。该软件功能强大，操作方便，使用它可以代替手工快速画出精美的各种工程图样。从教学实际出发，照顾到尽量大的兼容性，本书将主要以 Auto-CAD 2014 为背景取材组稿。在本章里讲述 AutoCAD 的基本用法以及如何用它绘制二维图形。但在最后一节也适当介绍一些 AutoCAD 2016 版的有关知识及用法，以期再扩大一些使用对象。在第 9 章里则讲述 AutoCAD 的三维绘图和渲染技术。

§8.1 AutoCAD 用户界面

点击 AutoCAD 2014 的快捷方式图标，或选择 "Autodesk" 程序组，并单击 AutoCAD 2014 程序项，即可启动 AutoCAD 2014。

在学习 AutoCAD 的使用方法之前，需要先来认识一下该软件的基本工作环境。

8.1.1 图形窗口

AutoCAD 2014 提供了 "**草图与注释**"、"**三维基础**"、"**三维建模**" 和 "**AutoCAD 经典**" 四种工作空间模式，它们的**图形窗口**是不一样的。图 8-1（a）表示的是 "AutoCAD 经典" 的界面样式，图 8-1（b）则是 "草图与注释" 界面样式，两者的主要区别是后者出现了功能区操作环境。学习 AutoCAD 软件的基本用法和二维绘图以选用 "AutoCAD 经典" 用户界面为宜。

"AutoCAD 经典" 用户界面主要由**标题栏、菜单栏、标准工具栏、状态栏、绘图区、命令行窗口**以及多种**工具栏**，或者还有**工具选项板**（图 8-1a 中已关闭）组成，主要组成部分的功能如下：

1. 菜单栏

菜单栏位于屏幕的顶部第二行，其内容如图 8-2 所示。它包含了一系列的命令和选项，用鼠标器选取菜单栏上的菜单项，可以弹出该项目下的下拉菜单，进而在下拉菜单框内点取其中的条目，即可触发相应的操作命令或选项。

2. 工具栏

根据用户需要，可以在屏幕上布置许多工具栏。图 8-1（a）所示的用户界面上，在菜单栏的下方是标准工具栏，接在标准工具栏尾部的是样式工具栏，标准工具栏的下方是

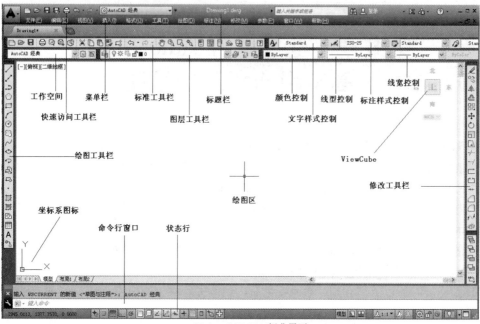

(a) AutoCAD 2014经典界面

(b) AutoCAD 2014草图与注释界面

图 8-1　AutoCAD 的图形窗口

图 8-2　菜单栏

工作空间控制栏和图层工具栏，接在它右边的是颜色、线型、线宽控制栏；在屏幕左右两侧竖立着的是绘图工具栏、修改（编辑）工具栏。如果不关闭工具选项板，它的初始位置也在屏幕的右侧。工具栏上排列着各种图标式按钮，用鼠标按下某个按钮就可执行相应的命令。工具栏、工具选项板的停泊位置是可以移动的。

3. 状态栏

状态栏位于屏幕的底部，样式如图 8-3 所示。状态栏上反映出当前的作图状态。左端的数字动态地显示着作图光标的当前位置（坐标）；右端有一排按钮，用于控制并指示用户当前的工作状态，用鼠标单击任一按钮均可改变按钮的起落，当按钮按下时表示相应的设置或功能处于打开状态。

图 8-3　状态栏

4. 绘图区

屏幕中央最大的窗口区域是绘图区，如图 8-4 所示。绘图区是绘制和显示图形的地方。绘图区的左下角有一坐标系图标，它上面指示了 X、Y 轴的方向，在原点处画有一个小正方形，它表示这是世界坐标系。在 AutoCAD 中用户也可以建立自己的坐标系，即用户坐标系。

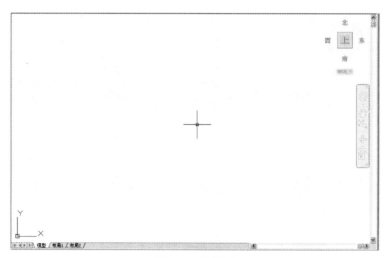

图 8-4　绘图区

5. 命令行窗口

屏幕的下方，状态栏之上是命令行操作和提示的显示区域。用户键入的命令、数据以及 AutoCAD 发出的提示信息就显示在这个区域，如图 8-5 所示。这个区域最小可以只有 1 行，文字有多行时会自动向上滚动。用户也可以改变该区域成为多行，为了看到信息提示，建议大家将其改成 2 行或 3 行。

图 8-5　命令行窗口

命令行中的命令提示符是"键入命令："，当这个提示符出现时表明系统处于等待接受命令的状态。

8.1.2　菜单栏功能简介

如图 8-2 所示，AutoCAD 2014 的菜单栏上有 12 个菜单项。点击每个菜单项，都会出现一个下拉菜单，内中包含许多条目，它们大部分是操作命令，也有些是选项，图 8-6 所示是"绘图"菜单项的下拉菜单。

在各菜单栏目中，右边标有"…"的条目被触发后将弹出一个对话框；右边标有小三角形的条目表示它还有下一级子菜单。这种显示方式是 AutoCAD 的通用格式，在各个下拉菜单中都采用这种统一的约定。

图 8-6　下拉菜单图

1. 文件

"文件"菜单项主要用于文件管理，其下拉菜单中包含了很多文件管理的命令项目，如新建、打开、关闭、保存、打印等。"新建"用于新建一个图形文件，对应的操作命令为 NEW；"打开"用于打开一个已经存在的文件，对应的操作命令为 OPEN；"关闭"用于关闭当前图形，对应的操作命令为 CLOSE；"保存"用于快速保存一个文件，对应的操作命令为 QSAVE；"另存为"用于保存一个未命名的文件，或者将图形用别的名字或路径另外存盘，对应的操作命令为 SAVEAS；"输出"用于以其他格式存贮文件，对应的操作命令为 EXPORT；"页面设置管理器"用于打印页面的设置，对应的操作命令为 PAGES-ETUP；"绘图仪管理器"用于配置输出设备，对应的操作命令为 PLOTTERMANAGER；"打印"用于图形输出，对应的操作命令为 PLOT 或 PRINT。

2. 编辑

"编辑"菜单项包括了剪切、复制、粘贴、清除等编辑功能。下拉菜单中的"剪切"

是将选中的对象剪切到剪贴板里，对应的操作命令为 CUTCLIP；"复制"是将选中的对象拷贝至剪贴板里，对应的操作命令为 COPYCLIP；"粘贴"可将剪贴板里的内容粘贴到指定的地方，对应的操作命令为 PASTECLIP。

3. 视图

"视图"菜单项包含了显示控制、视图管理等命令，利用视图的下拉菜单中的选项可实现显示缩放（ZOOM）、平移（PAN）、重画（REDRAW）、重生成（REGEN）以及三维观察、动画的生成操作等功能。

4. 插入

"插入"菜单项主要用于插入外部图形和数据，例如插入块、外部参照、光栅图像、3DS 图形等。

5. 格式

"格式"菜单项主要用于图形的宏观控制，例如对图层、颜色、线型、线宽、文字样式、标注样式、点样式以及作图环境等的设置与管理。

6. 工具

"工具"菜单项为用户提供了许多辅助工具，例如工作空间的选择、选项板的选择、对用户坐标系的操作、命令组文件调用以及给 AutoCAD 作系统配置的"选项"等都在这个菜单项的下拉菜单中。

7. 绘图

图形是由一些图形元件组成的，AutoCAD 定义了的图形元件，例如直线、圆、矩形、多段线、文本等，在 AutoCAD 中叫实体。"绘图"菜单项的下拉菜单中集中了绘制各种实体的命令，也就是常说的绘图命令。图 8-6 显示了该下拉菜单的内容。

8. 标注

"标注"菜单项主要用于尺寸标注的控制及操作。

9. 修改

"修改"菜单项的下拉菜单中集中了有关图形编辑操作的命令，例如删除、移动、旋转、修剪等。

10. 参数

指定图形对象间的约束关系，用于建立参数化图形。

11. 窗口

AutoCAD 是一个多文档一体化的设计环境，用户可以同时打开、编辑多个图形文件，"窗口"菜单项用于对各图形文件窗口的管理。

12. 帮助

这是提供帮助的菜单项。

8.1.3 工具栏

工具栏由一系列的图标按钮组成，鼠标移向每个按钮时将自动浮现出该按钮的名称。通过点击图标按钮即可执行一项功能。各工具栏出现的位置已示于图 8-1 中，但工具栏的位置是可以任意拖动的，并且随着位置的改变有些工具栏将会自动变成横向放置或竖向放置。

根据需要，工具栏可以被关闭，也可以随时被打开。若要打开工具栏，最简便的操作方法是将鼠标移至任一工具栏上，单击右键，再在弹出的快捷菜单中选取需要打开的工具栏即可。

1. 标准工具栏（Standard）

标准工具栏位于绘图区的顶部，在菜单栏的下方，AutoCAD 2014 的标准工具栏其样式及内容如图 8-7 所示。标准工具栏上包含了 Microsoft Office 的一些标准操作和 AutoCAD 经常使用的基本操作。

图 8-7　标准工具栏

2. 图层工具栏和特性工具栏（Layers，Properties）

图层工具栏和**特性工具栏**位于标准工具栏的下方，其样式及内容如图 8-8 所示，左边是图层工具栏，右边的特性工具栏包含有颜色控制（Color Control）、线型控制（Linetype Control）、线宽控制（Lineweight Control）等内容，这些控制功能的使用方法将在后面讲到图层、颜色及线型时再作进一步说明。

图 8-8　图层工具栏和特性工具栏

3. 绘图工具栏（Draw）

在图 8-1 中**绘图工具栏**位于屏幕的最左边且为竖向放置。它上面主要包含一些常用的绘图命令，如画直线、矩形、圆等，另外还包含一些别的操作，例如创建块、图案填充等。图 8-9 是横放时的绘图工具栏。

图 8-9　横放的绘图工具栏

4. 修改工具栏（Modify）

在图 8-1 中**修改工具栏**位于屏幕右边且为竖向放置。它上面包含着一些对实体进行编辑操作的常用命令，例如删除、移动、复制、旋转等。横放时的样式示于图 8-10 中。

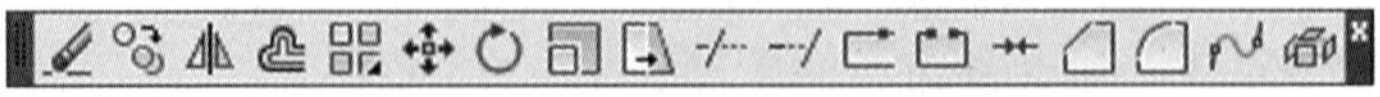

图 8-10　横放的修改工具栏

8.1.4　字符窗口

除图形窗口外，AutoCAD 还提供了一个字符窗口，用以显示用户在操作过程中所使用过的命令及各项提示。字符窗口可大可小，边上有滚动条帮助查看前后的文字。图形窗口与字符窗口各自是独立的，用户可以使用 F2 键在两者之间进行切换。

§8.2 绘 图 基 础

8.2.1 AutoCAD 命令及其输入方法

AutoCAD 是交互式绘图软件, 对它的操作是通过命令实现的。命令有多种输入方式: 命令行键盘输入、从菜单中点取菜单项输入、在工具栏上点取图标按钮输入等。在命令提示符"键入命令:"后面直接敲入命令的名字, 这就是命令行键盘输入。在菜单上点取菜单项, 或在工具栏上点取图标按钮, 也相当于向 AutoCAD 键入了某条命令。不过 AutoCAD 有 300 多条命令, 工具栏上出现的只是其中的一部分; 另外, 命令在菜单中的分布不是显而易见的, 而且在 AutoCAD 的版本更新中命令的编组情况时有变化, 所以最基本、最稳妥的输入方法是命令行键盘输入。本书在讲述各项命令时主要就采用这种方法。但菜单输入和工具栏输入无需敲键, 使用鼠标器简单点击一下即可实现, 所以有快速、简便的优点, 大家在实用中尽可自由选用。由于菜单可能是分层次的, 命令执行时也可能是多选项的, 为了叙述简单起见, 本书采用如下的描述形式代表层次关系:

"绘图 \ 圆 \ 圆心、直径"

它表示从菜单栏上选"绘图", 在其下拉菜单中选"圆", 继而选它的下级菜单中的"圆心、直径"项。

使用键盘从命令行输入命令的方法, 有下面几点需加以说明:

1. 即使是在中文版中使用命令, 也要键入命令的英文名字, 确定选项也要用英文字母回答。命令名和选项中的字母, 敲入大小写是等效的。

2. 一条命令敲完后要敲回车键或空格键结束键入。AutoCAD 中使用键盘输入命令、选项、数据时, 在很多情形下 (但不是一切情形下) 空格键等效于回车键。

3. 有些命令的名字前面加了一个连字符"—", 这样的命令表示其选项和参数是在命令行操作的。对应地, 使用未加连字符的同名命令一般则将弹出对话框。例如—LINETYPE 是命令行操作命令, 而 LINETYPE 则是对话框操作命令。

4. 一条命令执行完毕后, 在"键入命令:"提示符下紧接着再敲一次回车键或空格键, 等效于重复键入了上一道命令。

5. 有些命令可以透明地执行, 即在别的命令的操作过程中插进去执行它。这样的命令叫透明命令。透明使用这样的命令时要在命令名前键入一个单引号, 例如, ′ZOOM。

6. 许多命令的名字很长, 为了节省敲键时间, AutoCAD 给一些命令规定了别名, 或称为**短命令**。例如 LINE 命令的别名为 L, ERASE 命令的别名为 E, 等等。键入命令时敲入别名等效于敲入了命令的全称。在表 8-1 中摘录了 AutoCAD 中的一部分命令的别名, 更多的命令别名可到本书配套的《教学园地》的"第二教材"中查找。用户通过修改 AutoCAD 的 ACAD. PGP 文件还可以自己为命令创建别名。

AutoCAD 中的命令别名摘录　　　　　　　　　　　　　　表 8-1

别名	命令全称	功能	别名	命令全称	功能
A	ARC	画圆弧	ML	MLINE	画复合直线
B	BLOCK	定义块	O	OFFSET	实体偏移
C	CIRCLE	画圆	PL	PLINE	画多段线
D	DIMSTYLE	设置尺寸标注样式	PO	POINT	画点
DT	TEXT	标注文本	R	REDRAW	重画
E	ERASE	擦除实体	RE	REGEN	重新生成
F	FILLET	倒圆角	RO	ROTATE	实体旋转
HI	HIDE	消除隐藏线	S	STRETCH	拉伸
I	INSERT	插入块	SC	SCALE	变比
L	LINE	画直线	XL	XLINE	画构造线
M	MOVE	实体平移	Z	ZOOM	显示缩放

8.2.2　数据的输入

执行一条命令时，往往需要输入必要的数据，下面简要说明几种数据的输入方法。

1. 点的定位

（1）用键盘敲入点的绝对坐标，例如：

指定点：<u>100, 200</u>

表示点的绝对坐标为（100，200）。绝对坐标是以当前坐标系的原点为基准进行度量的（数据下的横线是本书排印时加入的，下同）。

（2）用键盘敲入点的相对坐标，其形式为：

指定点：<u>@ 50, 80</u>

这是用符号 @ 表示相对坐标，它后面的一对数字是相对于当前点的坐标增量。

（3）用键盘敲入点的极坐标，其形式为：

指定点：<u>50<30</u>

或　指定点：<u>@ 20<30</u>

前者表示点距坐标原点的距离为 50，该点与原点的连线相对于 X 轴正向的夹角为 30°；后者表示点相对于前一点的距离为 20，两点连线的水平倾角为 30°。

（4）用鼠标器在屏幕上直接定点。移动光标到达某个位置，按下鼠标器的左键即完成了点的输入。在光标移动过程中，屏幕下方状态栏上的左端动态地显示着点的坐标。

（5）使用**对象捕捉**精确地定点。AutoCAD 有对象捕捉功能，能够精确地捕捉到线段的端点、中点、圆弧的圆心等特殊点，具体的操作方法将在讲述辅助绘图工具时详述。

（6）使用**自动追踪**功能精确地定点。自动追踪功能可以帮助用户按指定的角度或与其他对象的特定关系来确定点的位置，具体的用法也将在讲述辅助绘图工具时说明。

（7）使用**点过滤**功能定点。过滤的含义及操作将在讲述辅助绘图工具时详述。

2. 角度的输入

在默认状态下，角度的大小是自正 X 方向逆时针度量的，通常用度表示，可用键盘敲入度数，但不敲度的符号。

3. 位移量的输入

当出现含有"位移"的提示时，表明系统要求用户输入位移量。这时有两种输入方法：一种是用键盘直接敲入位移量的 X、Y 分量，两数字间用逗号隔开；第二种方法是用鼠标来指定位移量，即在屏幕上先指定一个基准点，再指定第二个点，AutoCAD 自动计算两点间的方向和距离，并把它们作为位移量使用。

8.2.3 设定绘图界限

一般来说，在开始绘图之前首先要进行一些基本的设置，例如设置**绘图界限、图层、颜色、线型、线宽**，直至使用的**字体字样、尺寸标注样式**等。本节暂时撇开图层、线型等项目，这里只说明一下使用 LIMITS 命令进行绘图界限（图形界限）的设置。

屏幕的物理尺寸是确定的，所谓规定绘图界限是指把绘图区域定义成多少个**图形单位**，这是通过给绘图区域的左下角、右上角设定坐标值来实现的。具体的操作方法如下例所示：

命令：<u>LIMITS</u> ↵

重新设置模型空间界限：

LIMITS 指定左下角点或 [开（ON）关（OFF）] <0.0000, 0.0000>：<u>−3500, −2000</u> ↵

LIMITS 指定右上角点 <420.0000, 297.0000>：<u>3500, 2000</u> ↵

在这一段对话中，尖括号内的数据是当前值，用户键入的部分在本书排印时人为地加上了下横线，没有加下横线的文字是系统显示的。本书在后面讲到其他命令的操作时也采用这种排印形式。上述对话显示中有 3 个选项提示，方括号内的 ON 表示打开对绘图边界的检查功能，所以若选择了 ON，图形元素就不能超出绘图界限，否则系统将拒绝接受超出界限的错误输入。选项 OFF 表示关闭这种检查，对于超出界限的元素仍然可以画出。写在方括号外的是默认选项，即要求输入绘图界限的左下角和右上角的坐标。设定了绘图界限也就确定了坐标原点的位置，如同本例操作的那样，绘图区域的左下角并非坐标原点（0，0），操作的结果，坐标原点是在绘图区域的中央。在 AutoCAD 2014 中，方括号内的各选项间用空格隔开，并且可以用鼠标点选。

上述对操作流程的描述，第一行是键入命令名，但在行首按传统习惯添加了"命令："字样。后续各行是按命令行窗口（图 8-5）的实际显示列出的，在提示文字行前端都重复了当前的命令名。为简练起见，本书后续对操作流程描述时均略去这两种成分不写。

绘图时通常需在设定了绘图界限后再用 ZOOM ALL 调整一下屏幕显示的范围，使其能显示出整个作图范围。有关 ZOOM 命令的用法本书将在讲述图形显示控制时再作说明。

8.2.4 绘制图形

画图工作是通过各种绘图命令、编辑命令等进行的。绘图命令中最基本、最常用的是画直线的命令 LINE（别名 L），现在，先以它的使用为例在这里画一个建筑物外形（图 8-11）。这是在绘图界限为 （−3500，−1000）~ （3500，3000）的环境下进行作图的，其操作流程如下：

<u>LINE</u> ↵	（键入画直线的命令）
指定第一点：<u>−2000, 0</u> ↵	（指定直线的起点）
指定下一点或［放弃（U）］：<u>2000, 0</u> ↵	（指定直线的另一端点）
指定下一点或［放弃（U）］：<u> </u>	（用空回车结束本命令）
↵	（再次空回车，重复使用画直线的命令）
指定第一点：<u>−1700, 0</u> ↵	
指定下一点或［放弃（U）］：<u>@ 0, 600</u> ↵	
指定下一点或［放弃（U）］：<u>@ 830, 0</u> ↵	
指定下一点或［闭合（C）放弃（U）］：<u>@ 0, −600</u> ↵	
指定下一点或［闭合（C）放弃（U）］：<u> </u>	
↵	
指定第一点：<u>1700, 0</u> ↵	
指定下一点或［放弃（U）］：<u>@ 0, 600</u> ↵	
指定下一点或［放弃（U）］：<u>@ −830, 0</u> ↵	
指定下一点或［闭合（C）放弃（U）］：<u>@ 0, −600</u> ↵	
指定下一点或［闭合（C）放弃（U）］：<u> </u>	
↵	
指定第一点：<u>−1000, 600</u> ↵	
指定下一点或［放弃（U）］：<u>@ 0, 600</u> ↵	
指定下一点或［放弃（U）］：<u>@ 2000, 0</u> ↵	
指定下一点或［闭合（C）放弃（U）］：<u>@ 0, −600</u> ↵	
指定下一点或［闭合（C）放弃（U）］：<u> </u>	

这个操作流程太长，事实上今后使用 AutoCAD 提供的多种作图功能，可以更加简练地画出这个图形。

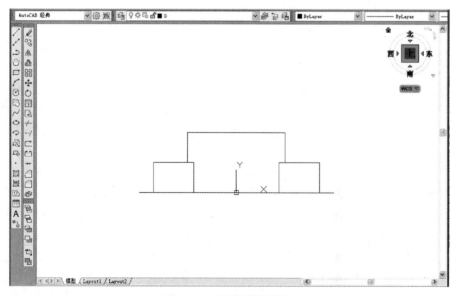

图 8-11　画建筑物外形

8.2.5 图形的保存与输出

使用 SAVE 命令或选菜单"文件\保存"或"文件\另存为"可以保存图形。如果图形尚未取名，键入 SAVE 命令或选菜单"文件\保存"都将弹出"图形另存为"对话框，在对话框内用户可以指定保存的路径、文件名和文件类型，指定后按"保存"按钮即可。能够保存的文件类型包括 dwg、dwt、dxf 等文件，并且还能按以前版本的格式保存。任何时候使用菜单选项"文件\另存为"都将弹出"图形另存为"对话框。

完成的图形可在打印机上打印出来，也可在绘图机上画出来，这一步叫**图形输出**。键入 PLOT 命令或选菜单"文件\打印"将弹出"打印-模型"对话框，图形输出的设置及操作就在此对话框内进行。如果只是采用当前的默认设置，直接击"确定"按钮即能在打印机或绘图机上作图形输出。

8.2.6 退出系统

键入 QUIT 命令或选菜单"文件\退出"就表示要结束工作，退出 AutoCAD 系统。退出之前如果未曾存盘，系统会询问用户要不要将图形保存，以避免由于误操作造成图形丢失。

8.2.7 系统变量

AutoCAD 向用户开放了一系列的**系统变量**用以控制绘图环境、绘图功能和许多命令的执行。例如系统变量 GRIDMODE 处于打开状态时，屏幕上将显示绘图栅格作为画图时的视觉参考，将该变量关闭则不显示这种栅格；又如通过对系统变量 DIMASZ 的赋值可以控制标注尺寸时尺寸线尾端箭头的长度；等等。

AutoCAD 将相关的系统变量放到一些对话框中，通过对话框操作可改变相应的系统变量的值，从而改变了工作环境或命令的执行效果。但是在某些情况下直接在命令行修改系统变量的值会更加方便和快捷。直接修改时可在命令提示符"键入命令"下像使用普通命令一样直接键入系统变量的名字，并回答修改的值，如下例所示：

GRIDMODE ↵
输入 GRIDMODE 的新值 <0>：1 ↵

8.2.8 AutoCAD 的多文档界面

在 AutoCAD 中可以同时打开多个图形文件，如图 8-12 所示。在打开的图形文件中单击其中一个图形窗口的任意位置，即可将其激活为当前工作图。光标在当前工作图窗口内为十字形，在另外的图形窗口内则为箭头。多个图形文件之间可以互相拷贝、粘贴、拖放。使用菜单项"窗口"中的选项可对已打开的图形窗口进行管理，选其下拉菜单中的"层叠"，各图形窗口为层叠放置，选"水平平铺"则各图形窗口水平分隔（即窗口上下排列），选"垂直平铺"各窗口竖直分隔（即窗口左右排列），如图 8-12 所示。

用户可以通过将系统变量 SDI 设置为 1 来关闭多文档工作模式。

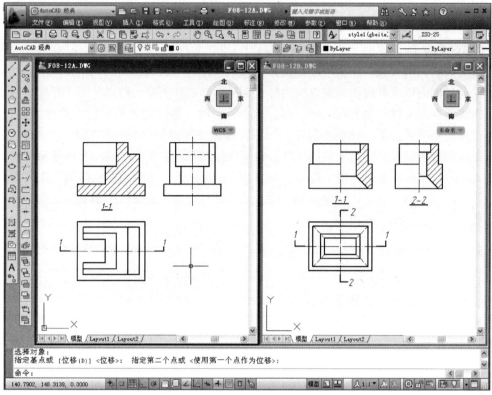

图 8-12　多文档界面

§8.3　常用绘图命令

1. 点

命令：POINT

下拉菜单："绘图 \ 点"

功能：在指定的位置画一个点。

命令操作及说明：

POINT ↵

　指定点：　　　　　　　　　（指定点的位置）

点在图形中的显示形式可以是个小圆点，也可以是别的样子的标记。选菜单"格式 \ 点样式"可以弹出"点样式"对话框，如图 8-13 所示，在此对话框内用户可以选择点的标记样式和大小。

2. 直线

命令：LINE

下拉菜单："绘图 \ 直线"

功能：按指定的端点画直线或折线。

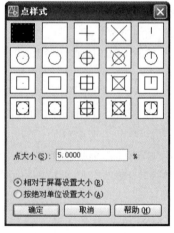

图 8-13　点样式对话框

命令操作及说明:

LINE ↵

指定第一点: (指定第一个点)

指定下一点或［放弃（U）］:   (指定下一个点或取消上一步)

指定下一点或［放弃（U）］:   (指定下一个点或取消上一步)

指定下一点或［闭合（C）放弃（U）］:   (指定下一个点或闭合或取消上一步)

……   (连续提问，连续回答)

指定下一点或［闭合（C）放弃（U）］: ↵   (空回车结束画线)

对于"指定第一点:"的提示若用空回车回答，表示使用此前最后画的直线或圆弧的末端作为本次画线的起点。对于"指定下一点或［放弃（U）］"提示的回答，可以指定一个点作为直线的端点，也可以回答一个 U，这表示要取消刚刚画出的一段直线，连续回答 U 就连续倒着向前取消已经画好的线段。对于"指定下一点或［闭合（C）放弃（U）］:"提示的回答，若键入 C，则将已画折线的最后端点与起点闭合起来。用空回车回答提示将结束画线命令。

3. 构造线

命令: XLINE

下拉菜单:"绘图 \ 构造线"

功能: 通过指定的点画无限长直线，**即构造线**。

命令操作及说明:

XLINE ↵

指定点或［水平（H）垂直（V）角度（A）二等分（B）偏移（O）］:

对于本行提示可直接键入一点，则继续提示:

指定通过点:

再回答一点，则两点决定了一条无限长直线。用户可以不断指定新点，画出许多交于第一点的构造线。但在很多情形下是选用方括号内的选项，各选项的含义如下:

H——过一点画水平无限长直线。

V——过一点画竖直无限长直线。

A——过一点画指定倾角的无限长直线。

B——画指定顶角的无限长分角线。

O——从指定直线偏移一段距离画它的无限长平行线。

所谓无限长直线是说它贯穿整个绘图区域，这样的直线常用作辅助作图线。例如图 8-14 中为了保证两个视图间的投影关系，作图时加画了许多水平构造线作为辅助线。作图完成后这些构造线是要设法删掉或隐去的。构造线虽是无限长直线，但它可以被断开和修剪。断开和修剪是编辑操作，相应的命令将在讲述图形编辑时详述。

4. 圆

命令: CIRCLE

下拉菜单:"绘图 \ 圆 \ …"

功能: 用多种方式画圆。

命令操作及说明:

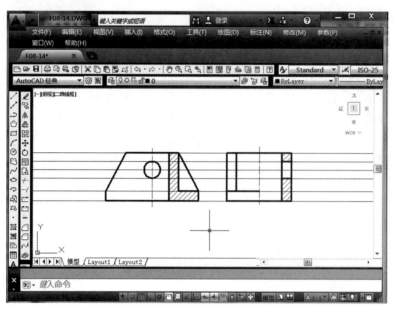

图 8-14　使用构造线

CIRCLE ↵

指定圆的圆心或 [三点 (3P) 两点 (2P) 切点、切点、半径 (T)]:

选项 3P 表示通过 3 点画圆，选项 2P 表示由两点决定直径画圆，选项 T 为按指定的半径作圆使与已知的两直线或圆或圆弧相切。默认的方式是给定一点作为圆心，然后将显示要求指定半径或直径的提示：

指定圆的半径或 [直径 (D)]:

指定半径是默认方式，此时若移动光标将能看到屏幕上有一动态变化大小的圆。敲入半径值按回车键，或用光标调整动态圆至合适的大小，击鼠标左键即可将圆确定下来。若拟指定直径画圆，应先回答 D 并回车，然后键入直径的值。

5. 圆弧

命令：ARC

下拉菜单："绘图 \ 圆弧 \ …"

功能：用多种方式画圆弧。

命令操作及说明：

ARC ↵

指定圆弧的起点或 [圆心 (C)]:

AutoCAD 提供了 11 种画弧的方式。在菜单上选"绘图 \ 圆弧"将显示出如图 8-15 所示的画弧子菜单，11 种方式的含义依次是：

指定弧上三点

指定弧的起点、圆心、端点

指定弧的起点、圆心、角度

指定弧的起点、圆心、长度

图 8-15　圆弧子菜单

指定弧的起点、端点、角度

指定弧的起点、端点、方向

指定弧的起点、端点、半径

指定弧的圆心、起点、端点

指定弧的圆心、起点、角度

指定弧的圆心、起点、长度

继续

以上"端点"说的是参考终点，意思是说它本身不一定恰在弧上，但它可提供弧的终止角；"角度"说的是圆心角；"长度"说的是弦长。"继续"说的是持续画弧，使其与刚才所画直线段或圆弧相切。以上 11 种画弧方式有些是重复的，只是输入数据的顺序不同而已。

6. 椭圆

命令：ELLIPSE

下拉菜单："绘图 \ 椭圆 \ …"

功能：画椭圆或椭圆弧。

命令操作及说明：

ELLIPSE ↵

指定椭圆的轴端点或［圆弧（A）中心点（C）］：

本行提示有 3 个选项，分别说明如下：

（1）选项"指定椭圆的轴端点"

这是默认的选项，即通过指定轴的端点来画一个椭圆。在此提示下直接输入一点，它表示椭圆上一条轴的一个端点，接着出现提示：

指定轴的另一个端点：

再输入该轴的另一端点，又提示：

指定另一条半轴长度或［旋转（R）］：

这时若以距离值来回答，该值即被作为另一轴的半长使用，由此即确定了椭圆；若以光标点来回答，AutoCAD 将根据它到中心的距离作为另一半轴长，而指定的点并不一定恰在椭圆上。如果选用 R 来回答，则表示采用旋转的方法生成椭圆。此时第一条轴将被作为主轴，亦即某个圆的直径，AutoCAD 将提示：

指定绕长轴旋转的角度：

意思是要求输入绕主轴转动那个圆的旋转角，角度的有效范围是 0～89.4°，椭圆就是由那个圆在三维空间旋转了指定角度后投影而成的。例如圆的直径为 30，回答的旋转角为 60°，则画出的椭圆其短轴长度应为 15。

（2）选项 C

本选项提供按椭圆心和两个半轴长度画椭圆的工作方式，操作如下：

指定椭圆的轴端点或［圆弧（A）中心点（C）］：C ↵

指定椭圆的中心点：   （需指定椭圆心）

指定轴的端点：   （需指定一条轴的一个端点）

指定另一条半轴长度或［旋转（R）］：

最后这个提示的回答方法与前面所述相同。

（3）选项 A

本选项用来画椭圆弧。选择了本项后 AutoCAD 首先要求用户构造椭圆弧的母体椭圆，其方法与画椭圆相同。构造了母体椭圆后 AutoCAD 提示：

指定起点角度或［参数（P）］： （指定起始角）

指定端点角度或［参数（P）包含角度（I）］： （指定终止角）

按提示回答即可画出椭圆弧。在绘图工具栏上有一个画椭圆弧的按钮，点击了它相当于在画椭圆的命令中自动选择了画弧的选项 A。

7. 矩形

命令：RECTANG 或 RECTANGLE

下拉菜单："绘图 \ 矩形"

功能：画矩形，矩形可以带有倒角或圆角。

命令操作及说明：

RECTANGLE ↵

指定第一个角点或［倒角（C）标高（E）圆角（F）厚度（T）宽度（W）］：

本行提示的默认选项是键入一个角点，于是出现要求指定另一角点的提示：

指定另一个角点：或［面积（A）尺寸（D）旋转（R）］：

两个角点为一对对顶点确定了一个矩形。方括号内的各选项的含义如下：

C——指定倒角的尺寸画带有倒角的矩形，如图 8-16（a）所示。

E——设置矩形的标高，用于三维绘图。

F——指定圆角半径画带有圆角的矩形，如图 8-16（b）所示。

T——设置厚度，用于三维绘图。

W——设置矩形边线的线宽，线宽以图形单位为计量单位，当线宽为 0 时实际的线宽由 LWEIGHT 命令设置的线宽决定，在公制度量单位中该命令定义的线宽以毫米为单位。

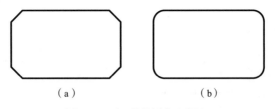

（a） （b）

图 8-16 矩形的倒角和圆角

A——允许按面积画矩形。

D——允许按长度和宽度画矩形。

R——按指定的旋转角画斜放的矩形。

8. 正多边形

命令：POLYGON

下拉菜单："绘图 \ 正多边形"

功能：画正多边形。

命令操作及说明：

POLYGON ↵

输入侧面数 <4>：   （相当于 2009 以前版本的提示 "输入边的数目"）

指定正多边形的中心点或 [边（E）]：

（1）默认的选项是指定多边形的中心，指定后出现提示：

输入选项 [内接于圆（I）外切于圆（C）] <I>：

回答 I 或 C 后会继续询问圆的半径，指定半径后即画出了正多边形，辅助圆并不显示出来。

（2）选项 E 表示用给定边长的办法画正多边形，选此选项后将提示：

指定边的第一个端点：

指定边的第二个端点：

两点决定一条边，AutoCAD 将以此边为第一条边按逆时针走向布设其余各边，画出多边形。

9. 多段线

命令：PLINE

下拉菜单："绘图 \ 多段线"

功能：绘制**多段线**。多段线是由连续的线段和弧段组成的，这些线段和弧段可以有不同的宽度，如图 8-17 所示。

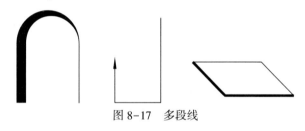

图 8-17　多段线

命令操作及说明：

PLINE ↵

指定起点：

当前线宽为 0.0000

指定下一个点或 [圆弧（A）半宽（H）长度（L）放弃（U）宽度（W）]：

这是首先以画直线方式出现的提示，再指定一个点后提示变为：

指定下一点或 [圆弧（A）闭合（C）半宽（H）长度（L）放弃（U）宽度（W）]：

提示中各选项的含义如下：

默认选项——要求指定线段的下一个端点。

A——转入画圆弧方式，选择了此选项后将会变成画弧方式的提示。

C——从当前位置画一直线与起点相连，使多段线成为封闭的图形。

H——指定线宽的一半值。

L——沿前一段直线方向继续画一指定长度的直线段。

U——作废多段线上的最后一段，连续选择此项就连续向前倒退。

W——指定线宽。线宽包括起点线宽和终点线宽，线宽为 0 时表示最细，并且不受图形放大的影响。

当用户选择了 A 转到画弧方式以后，提示信息变为：

指定圆弧的端点或

[角度（A）圆心（CE）闭合（CL）方向（D）半宽（H）直线（L）半径（R）第二个点（S）放弃（U）宽度（W）]：

该提示的默认选项是要求指定弧的终点，此前所画线段或弧段的终点是本段圆弧的起点，并且二者相切。其他选项的含义如下：

A——指定弧的圆心角，正值表示逆时针画弧，负值为顺时针画弧。

CE——指定弧的圆心。

CL——用弧将多段线闭合。该选项从有了第二个点以后才出现。

D——指定弧的起始方向。

H——指定弧线的半宽。

L——转换到画直线方式。

R——指定弧的半径。

S——指定圆弧的第二点，选用此选项后将按三点定弧方式画弧。

U——作废最后所画的一段。

W——指定线宽。

10. 样条曲线

命令：SPLINE

下拉菜单："绘图 \ 样条曲线"

功能：绘制**样条曲线**。

命令操作及说明：

SPLINE ↵

当前设置：方式=拟合　节点=弦

指定第一个点或 [方式（M）节点（K）对象（O）]：

本行提示的默认选项是要求用户指定样条曲线的起点，输入第一点后会出现要求指定第二点的提示：

输入下一个点或 [起点切向（T）公差（L）]：

指定了第二点，屏幕上的橡皮带呈曲线形，曲线从第一点开始，通过第二点，终止于光标的当前位置。AutoCAD 接着提示：

输入下一个点或 [端点相切（T）公差（L）放弃（U）]：

可以再继续指定样条曲线的下一点，于是提示变为：

输入下一个点或 [端点相切（T）公差（L）放弃（U）闭合（C）]：

如此继续不断地输入曲线的一系列点，并将重复显示这个提示，直至用空回车回答后本命令结束。也可以回答 C，使曲线自动闭合后结束本命令。选项 L 用于设置拟合公差，即曲线与输入点之间所允许的偏移距离的最大值。

用样条曲线可以绘制不规则曲线，图 8-18 是用它画的材料图例。

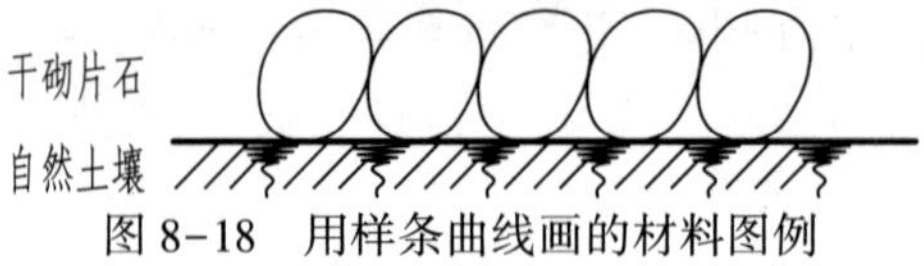

图 8-18　用样条曲线画的材料图例

§8.4 对图形的显示控制

为了便于绘图操作，AutoCAD 提供了一些控制图形显示的命令和方法。这些命令只是改变图形的显示效果，例如将图形的某个局部放大显示等，它们并不引起图形实际尺寸的变化。下面是其中的一些命令和操作方法。

1. 重画（REDRAW）

透明使用 REDRAW 命令可以刷新屏幕，清掉残留的标记符号和修复擦伤的线条。本命令无任何选项和操作参数。

2. 显示缩放（ZOOM）

ZOOM 命令用来放大或缩小观察对象的视觉尺寸，而对象本身的实际尺寸则并未改变。该命令可透明使用。

ZOOM ↵

指定窗口的角点，输入比例因子（nX or nXP），或者

［全部（A）中心（C）动态（D）范围（E）上一个（P）比例（S）窗口（W）对象（O）］<实时>:

该项提示的意义及操作方法如下：

（1）直接指定一个窗口的对顶点，则窗口内包含的图形将被放大为全绘图区域显示。

（2）直接输入一个数字，即将图形按实际大小以该数为系数进行缩放；若在数字后面加上一个 X，表示相对于当前显示的大小按此系数缩放；数字后面加上 XP，表示相对于当前的图纸空间按此系数缩放，有关图纸空间的概念本书将在第 9 章讲述。

（3）直接用空回车回答，则进入实时缩放状态。这时十字光标变成了一个放大镜，按住鼠标左键向上移动光标，图形即跟着放大；向下移动光标则图形随之缩小。按 Esc 或回车键可退出实时缩放状态。

（4）选项 A 可在当前屏幕上显示全部图形。

（5）选项 C 可让用户指定一个显示中心和缩放系数（后跟字母 X）或显示高度进行缩放，指定的高度比当前图形的高度大，图形将被缩小，反之则放大。

（6）选项 D 提供动态调整观察窗口大小和自由选取观察区域的功能。

（7）选项 E 将整个图形尽可能大地扩展到全屏幕。

（8）选项 P 恢复显示上一次 ZOOM 命令缩放的情形。

（9）选项 S 表示按比例系数缩放，操作与（2）说明的相同。

（10）选项 W 表示用窗口缩放，操作与（1）说明的相同。

需要指出，使用标准工具栏上的"实时缩放""窗口缩放"和"缩放上一个"按钮是进入实时缩放状态、按窗口放大和还原到前一画面的最简便的操作方法。

3. 重新生成（图形重构）（REGEN）

使用 REGEN 命令系统将重新计算图形数据，然后再将图形显示出来。它与 REDRAW 命令不同，REDRAW 只是画面的刷新。有时当使用 ZOOM 命令缩放图形后，圆有可能变成了多边形，这时执行一次 REGEN 命令即可恢复成圆。

4. 填充显示（FILL）

FILL 命令决定 PLINE 等命令所绘实体是内部填充还是只显示边缘框架，即该命令控

制填充的可见性。FILL 命令只有 ON 和 OFF 两种状态选项，选择 OFF 将只显示有关实体的框架轮廓，不填充。如果改变了 FILL 命令的显示状态，画面上已经画好的实体不会自动跟着改变显示，需要再执行一次 REGEN 命令才会改变显示效果。

5. 平移（PAN）

透明使用 PAN 命令或点击标准工具栏上的"实时平移"按钮，可将屏幕上的图形移动显示。这时光标变成了一只小手，按住鼠标左键移动光标则图形可被拖着移动。按 Esc 或回车键可结束平移状态。

§8.5　图层、线型、线宽、颜色

8.5.1　概念

图层可以想象成没有厚度的透明图片。通常把一幅图的不同图线、颜色的实体和图的不同内容分画在不同的图片上，而完整的图形则是各透明图片的叠加。所以图层是对图的图线、颜色、内容及状态进行控制的一种技术。

每一图层都有一个层名，0 层是 AutoCAD 自己定义的，系统启动后自动进入的就是 0 层。其余的图层要由用户根据需要去建立，层名也是用户给取的，可以是汉字、字母或数字。建立图层是设置绘图环境的一项必需工作，应在开始画图之前就做。

一个图层可以是可见的，也可以是不可见的。只有可见的图层才能被显示和输出，不可见的图层虽然也是图的一部分，但却不能显示和输出。不能显示也就不能进行编辑。如果需要显示和输出，应先打开它。

一个图层可以被冻结，冻结了的图层除不能显示、编辑和输出外，也不参加重新生成运算。对于某些有大量实体而又暂时不用的图层，在需要多次进行具有重新生成功能的操作时将它们冻结，可以节省运算时间。需要使用冻结了的图层时应先解冻。

一个图层可以被锁定，锁定了的图层仍然可见，但不能对其实体进行编辑。给图层加锁可以保护实体不被选中和修改。要想恢复对实体的编辑操作应先开锁。

一个图层可以是可打印的，也可以是不可打印的。关闭了打印设置的图层即使是可见的，却不能打印输出。

各个图层具有相同的坐标系、绘图界限和显示时的缩放倍数，各图层间是精确地对齐的。

对每个图层可以指定它的线型、线宽（粗细）、颜色和打印样式。图层的线型、线宽、颜色是指在本图层上绘图时所使用的线型、线宽和颜色。不同的图层可以设置成不同的线型、线宽、颜色。当在某个图层上画图时，各个实体一般都使用图层的线型、线宽、颜色（ByLayer——随层），但也可以使用命令或实体特性工具栏为某些实体单独规定线型、线宽、颜色。

颜色可简单地用颜色号表示，颜色号的取值为 1~255，其中 1~7 号颜色有标准的颜色名，具体的对应关系如下：

1——红（Red）；2——黄（Yellow）；3——绿（Green）；4——青（Cyan）；

5——蓝（Blue）；6——洋红（Magenta）；7——黑/白（Black / White）；

颜色号 7 取决于用户使用的绘图区的背景色，背景色为黑时 7 号色为白，背景色为白时 7 号色为黑。

线型是由线型的名字称呼的。一种线型实际上是由一系列连续的点、空格及短线段组成的。AutoCAD 的线型文件中提供了丰富的线型。常用的线型有 Continuous（实线）、ACAD_ISO04W100（点画线）、ACAD_ISO02W100（虚线）等。使用线型时应将它们加载。

线宽表明图线的粗细，除"ByLayer"（随层）、"ByBlock"（随块）、"默认"（Default）三种设置外，在公制单位情况下 AutoCAD 将线宽定义为 24 种宽度，取值范围为 0.00～2.11mm。用户可在规定的线宽中选用。按照指定的线宽画出的图线将影响到图形输出的效果，但在屏幕上是否显示出粗细来可由状态栏上的"显示/隐藏线宽"按钮控制。当按下该按钮时图线显示出粗细，当弹起它时无论线宽是多少一律只用细线显示。

AutoCAD 提供了多种手段进行图层、图线、颜色的控制和操作，有命令、菜单、工具栏等，操作过程可在命令行窗口交互地进行，也可在对话框里进行。

8.5.2 使用图层特性管理器对话框进行图层操作

键入 LAYER 命令或选菜单"格式 \ 图层"或在图层工具栏上单击"图层特性管理器"按钮，将弹出"图层特性管理器"（Layer Properties Manager）对话框，如图 8-19 所示。有关图层的操作可在该对话框里进行。

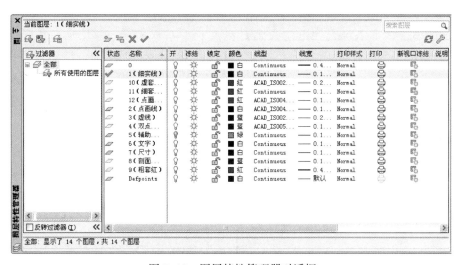

图 8-19 图层特性管理器对话框

对话框左侧是"过滤器"树列表框，右侧是"图层"列表框。"过滤器"树列表框内显示了本图形中的图层分类条目，例如"所有使用的图层"、"特性过滤器 1"等。列表框上部有 2 个过滤器按钮和一个"图层状态管理器"按钮，使用过滤器按钮可按设定的特性条件过滤出有关的图层，或按用户需要人为地将一些图层划分成组。

在"图层"列表框中，显示了图层的详细信息。它上面有"新建图层"、"删除图层"、"置为当前"及新建并冻结等按钮，单击"新建图层"按钮可建立新的图层，新图层的名字可以使用系统的安排，也可以由用户修改成自己的命名。默认情形下新图层的各种特性均与所选图层相同，用户可根据需要修改这些特性，例如将鼠标移到它的线型处击左键，就会弹出"选择线型"对话框，借此可选择别的线型。用鼠标选择未被使用的图层，按"删除图层"按钮，可以删除该图层。"置为当前"按钮是用来指定当前图层的，当前图层在状态项下将自动用"√"作标记。

"图层"列表框表头上的各项，依次是状态、名称、开、冻结、锁定、颜色、线型、线宽、打印样式、打印、说明，框内各图层对应地在这些项目下用图标或特性值显示了各自的工作状态和特性。单击显示图标，图层的工作状态将发生变化，例如单击灯泡，图层由打开变为关闭或由关闭变为打开；单击锁头，图层由开锁变为锁定或由锁定变为开锁；

图 8-20　选择颜色对话框

等等。单击特性值，则将弹出相应的对话框，有关特性的设置和调整操作即在这些对话框里进行。例如单击颜色值，可弹出图 8-20 所示"选择颜色"（Select Color）对话框，利用它可为图层选择颜色；单击线型名称可弹出图 8-21 所示"选择线型"（Select Linetype）对话框，为了选择线型必须先将有关的线型装入，为此按该对话框下部的"加载"按钮，则进一步弹出图 8-22 所示"加载或重载线型"（Load or Reload Linetypes）对话框，这时选择需要使用的线型，按"确定"，则返回到"选择线型"对话框，在此可以选择图层所使用的线型；单击线宽值，可弹出图 8-23 所示"线宽"（Lineweight）对话框，

在此对话框内可选择图层的线宽；单击打印样式名称，可弹出图 8-24 所示"选择打印样式"（Select Plot Style）对话框，在框内可以选择图层的打印样式。所谓打印样式，它是一系列打印参数设置的集合，用以控制打印的效果。

单击图层工具栏右端的下拉标记可以打开它，如图 8-25 所示。利用该列表框可以选择当前图层或对图层的工作状态进行设置。

图 8-21　选择线型对话框

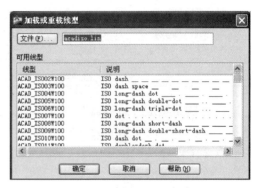

图 8-22　加载或重载线型对话框

图 8-23 线宽对话框

图 8-24 选择打印样式对话框

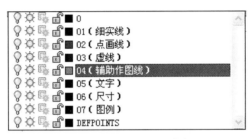

图 8-25 图层控制列表框

8.5.3 使用实体特性工具栏进行实体特性操作

实体特性工具栏可为当前作图设置实体的属性，其上各列表框的含义如图 8-26 所示。单击"颜色控制"列表框，可以将它打开，如图 8-27 所示。在此框内可以为当前的作图单独选择颜色，即用它定义实体的颜色。工具栏上往右依次是线型控制列表框、线宽控制列表框、打印样式列表框。图 8-28~图 8-30 分别是它们打开后的样子，使用这些列表框可为当前作图单独设置属性。

图 8-26 实体特性工具栏的功能

8.5.4 为当前作图单独设置颜色，线型，线宽的命令

除了使用实体特性工具栏外，还可使用命令为当前作图单独设置属性，简述如下：

图 8-27　颜色控制列表框　　　图 8-28　线型控制列表框　　　图 8-29　线宽控制列表框

图 8-30　打印样式
控制列表框

1. 设置颜色（COLOR，-COLOR）

使用命令 COLOR 或选菜单"格式 \ 颜色"将进入"选择颜色"对话框（图 8-20），使用命令-COLOR 则为命令行操作。

2. 设置线型（LINETYPE，-LINETYPE）

使用命令 LINETYPE 将弹出图 8-31 所示"线型管理器"（Linetype Manager）对话框。利用它除了可以选定当前作图使用的线型外，还可以定义线型比例。在 AutoCAD 中除实线外，其他的线型都是由点、空白段、短线段组成的。在定义线型时已经定义了这些小段的长度，但实际显示在屏幕上的小段长度与当时的绘图环境有关。线型比例的作用就是调整这些小段的长度，以求有较好的图示效果。点击右上方的"显示细节"按钮，在对话框右下角的"全局比例因子"文本框内可以键入全局性线型比例，"当前对象缩放比例"文本框内可以键入绘制当前实体使用的线型比例。当前绘图的线型比例只影响此后所画的线条，而不改变此前已经画好的图线。使用命令-LINETYPE 则可进入命令行操作。

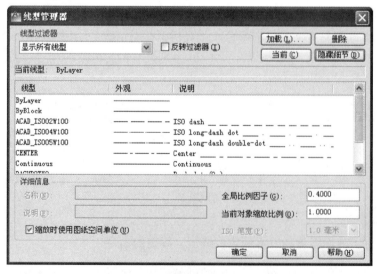

图 8-31　线型管理器对话框

3. 设置线宽（LWEIGHT，-LWEIGHT）

使用命令 LWEIGHT 或选菜单"格式\线宽"将弹出图 8-32 所示"线宽设置"（Lineweight Settings）对话框。在其左部的"线宽"列表框内可以选择当前作图使用的线宽；

在其右上部的"列出单位"组合框内可以选择线宽单位；在其右中部的"显示线宽"复选框内可以确定屏幕上是否显示线宽，即相当于状态栏上的"线宽"按钮的作用；在其右中部的"默认"文本框内可以定义或修改默认的线宽值；利用右下部的"调整显示比例"滑块可以调节线宽的显示比例。使用-LWEIGHT 命令则可通过命令行操作。

图 8-32　线宽设置对话框

4. 设置全局线型比例（LTSCALE）

除使用"线型管理器"对话框外，还可以使用命令 LTSCALE 设置全局线型比例。全局线型比例因子会影响到所有已经画出的线型和将要绘制的图线。

LTSCALE ↵
输入新线型比例因子 <1.0000>：

5. 设置新线型比例（CELTSCALE）

CELTSCALE 是个系统变量，它只影响此后所画线型，而不改变此前已经画好的图线，作用与在"线型管理器"对话框中使用"当前对象缩放比例"输入比例因子一样。

§8.6　图　形　编　辑

图形编辑是指对图形进行的修改、擦除、复制、变换等操作，使用编辑命令可以灵活快速地画出复杂的图形，因此图形编辑是成图技术的一个重要组成部分。

8.6.1　构造选择集

要对图形进行修改、编辑，需要从图上选取拟处理的对象，被选中的这些目标构成**选择集**。AutoCAD 允许用户先选取目标，后发出编辑命令；也允许用户先发出编辑命令，后选取目标。究竟按哪种方式工作，与系统的设置有关，可通过系统变量 PICKFIRST 进行控制。现在假定系统设置的工作方式是先发出编辑命令，后选取目标，则在键入一条编辑命令后，命令行窗口将出现要你选择目标的提示：

选择对象：
有很多选取目标的方法，下面只说明几种：

1. 指点方式。这是默认的方式，此时十字光标被一个方形光标□取代。移动该光标至要选取的图形实体上，按空格键或回车键或鼠标左键，则当前实体被选中，它立即变为醒目的显示方式。接着又重复这个提示，等待你继续选择下一个目标。直到不需要再选择了，可用空格键或回车键作回答。结束了选取目标的工作，所发布的修改、编辑命令即被执行。

2. 窗口方式。窗口是画面上的一个矩形方框，完全落入这个方框内的那些实体都是被选中的目标，与方框边界相交的实体则不属于被选中的对象。当出现选择对象的提示时，用鼠标直接在屏幕上点击一下，然后拖拉出一个矩形方框，这就是窗口。当窗口的大小能够收容所要选取的目标时，再次按下鼠标器的左键，窗口内的这些目标即被选中，并且变为醒目的显示方式。接着命令行窗口内继续出现选择对象的提示，当用空回车回答时就结束了目标选取工作，并且编辑命令即被执行。

3. 交叉窗口方式。如果用 C 来响应选取对象的提示，则表示要用交叉窗口选取处理的对象。交叉窗口方式也需要开一个窗口，落入窗口内和与窗口边界相交的实体都是选中的对象。

4. 扣除方式。目标选取多了，可从选择集中扣除掉多选的实体。用 R 回答选取对象的提示，则出现删除对象的提示：

删除对象：

这时，可用指点或窗口等方式来指明要从选择集中移出的对象。可以多次扣除对象，当用空回车或鼠标右键结束扣除操作后，编辑命令即被执行。

5. 添加方式。回答 A，可从扣除状态切换到添加状态，以便用其他选取方法继续选取编辑对象。

6. ALL 方式。用 ALL 来回答选择对象的提示，表示选取全部实体，这时，除了被锁住或冻结的实体外，全部实体都被列入选择集。

8.6.2　实体的删除与恢复

1. 删除（ERASE）

ERASE ↵

ERASE 选择对象：　　　　　　　　　　　　　　（用任何方法构造选择集）

……

ERASE 选择对象：↵　　　　　　　　　　　　　（空回车即执行擦除功能）

2. 恢复（OOPS）

删除错了可用 OOPS 命令恢复刚被删去的实体。

8.6.3　实体的复制

1. 复制（COPY）

COPY ↵

COPY 选择对象：

……

COPY 选择对象：↵

当前设置：复制模式 = 多个

指定基点或 [位移（D）/模式（O）] <位移>：

选择一个点作为基点，屏幕上会提示：

指定第二个点或 [阵列（A）] <使用第一个点作为位移>：

此时随着光标的移动，所选实体或图形在屏幕上也跟着移动，到达合适位置后，击鼠标左键，图形即被复制到该位置。接着继续提示：

指定第二个点或［阵列（A）/退出（E）/放弃（U）］<退出>：
连续指定点，就连续复制该图形，直至用空回车结束本命令为止。

2. 偏移（画等距线）（OFFSET）

OFFSET命令用来生成与已有实体保持等距离（即平行）的新实体，如图8-33所示。在默认情况下，**偏移**的结果与原实体的线型、线宽均相同，多段线偏移后仍为多段线，各线段保持连接关系不断开（图8-33e）。

OFFSET ↵
当前设置：删除源=否　图层=源　OFFSETGAPTYPE=0
指定偏移距离或［通过（T）/删除（E）/图层（L）］<通过>：
在此提示后键入偏移距离，接下来提示：
选择要偏移的对象，或［退出（E）/放弃（U）］<退出>：
用指点方式选择要偏移的对象，下一道提示将是：
指定要偏移的那一侧上的点，或［退出（E）/多个（M）/放弃（U）］<退出>：
向哪一侧偏移就在那一侧任意地方指定一个点，于是对象即复制到了指定的一侧。然后还会重复显示：
选择要偏移的对象，或［退出（E）/放弃（U）］<退出>：
此时可继续选择别的要偏移的对象。按回车键或鼠标右键可结束本命令的执行。

选项"通过（T）"用于指定复制对象通过的点，选项"删除（E）"用来确定在偏移时是否要删除原对象，选项"图层（L）"可将原对象从所属的图层偏移到当前的图层里。

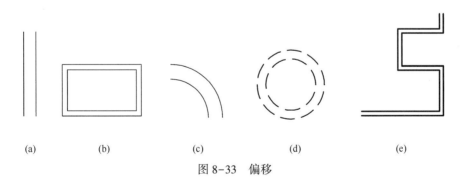

(a)　　　　　(b)　　　　　(c)　　　　　(d)　　　　　(e)

图8-33　偏移

用偏移命令复制对象时，复制的结果不一定与原对象相同。对于直线段、构造线是平行复制，但对于圆、圆弧偏移后是同心圆和圆弧，矩形、多段线偏移后仅保持各边平移距离不变，而整个图形则发生了缩放。

3. 阵列（ARRAY，—ARRAY）

这是实现多重拷贝的另一方法。把指定的目标拷贝成按一定规则排列的样式，称为**阵列**。图8-34（a）表示的是矩形阵列，图8-34（b）是环形阵列，图8-35是路径阵列。作阵列的命令行操作为：

−ARRAY ↵
选择对象：
……

选择对象：↵

输入阵列类型［矩形（R）环形（P）］<R>：

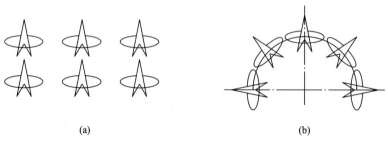

(a)　　　　　　　　　　　　　　　　　　(b)

图 8-34　矩形阵列和环形阵列

默认状态下为矩形阵列，它的后续提示为：

输入行数（---）<1>：

输入列数（｜｜｜）<1>：

输入行间距或指定单位单元（---）：

输入列间距（｜｜｜）：

行间距、列间距可用数字回答，也可以用鼠标指定一个单位网格，它的两边长确定了行、列间距。

如果选择了画环形阵列，则后续的提示为：

指定阵列的中心点或［基点（B）］：

指定阵列中项目的数目：

指定填充角度（+=逆时针，-=顺时针）<360>：　　　（输入总的张角）

是否旋转阵列中的对象？［是（Y）否（N）］<Y>：

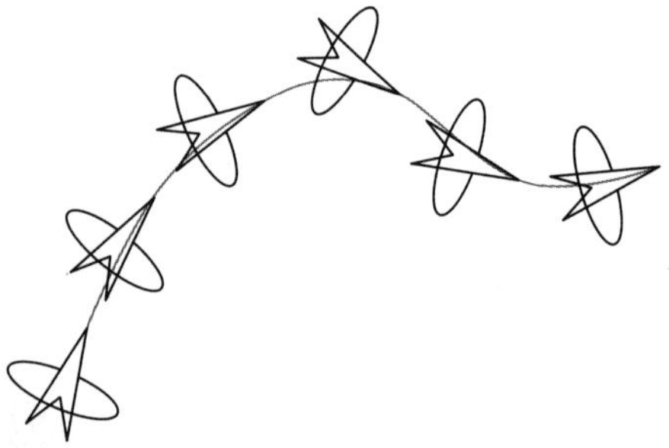

与常规不同，在 AutoCAD 2014 中，执行命令 ARRAY 后并不弹出对话框，而仍然是命令行操作方式，但它的提示中增加了"路径阵列"选项。图 8-35 是路径阵列的一个例子，它是被复制对象沿一条指定路径均匀分布的阵列形式。

8.6.4　等分，断开，修剪

1. 指定段数等分（DIVIDE）

使用 DIVIDE 命令可将选定的线段、弧或圆分成指定的等份。

图 8-35　路径阵列

DIVIDE ↵

选择要定数等分的对象：　　　　　　　　　　　（选取等分的目标）

输入线段数目或［块（B）］：　　　　　　　　　（回答分成的段数）

2. 指定长度分割（MEASURE）

使用 MEASURE 命令可将选定的线段、弧或圆按指定的段长布设分点。

MEASURE ↵

选择要定距等分的对象：　　　　　　　　　　　（选取定长分割的目标）

指定线段长度或［块（B）］： （回答线段长）

3. 断开（BREAK）

使用 BREAK 命令可将选定的实体剪断。

<u>BREAK</u> ↵

选择对象： （选取目标）

指定第二个打断点 或［第一点（F）］：

选目标时所指定的点被默认为断口的第一点，敲入第二点后即从第一点到第二点间断开。如果想另外指定一点作为断口的第一点，应回答 F，此后即可根据提示指定断口的第一点和第二点。圆和圆弧上的断口是从第一点逆时针到达第二点的。在修改工具栏上有一个用一点断开实体的按钮，它用于只有一个断点断开实体的情形。

4. 修剪（TRIM）

TRIM 命令如同 BREAK 命令一样，可将选定的实体剪出断口，但它不用定点的办法规定断口的位置，而是用剪切边剪断的方法将指定的实体断开。图 8-36 是用圆作为剪切边剪断椭圆所形成的地球卫星轨道，图 8-37 表示了将井字形图形修剪成类似于马路的十字路口的样子，下面是**修剪**该图的操作过程：

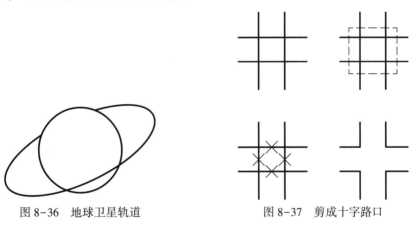

图 8-36　地球卫星轨道　　　　　　图 8-37　剪成十字路口

<u>TRIM</u> ↵

当前设置：投影＝UCS，边＝延伸

选择剪切边…

选择对象或<全部选择>：

选择对象： ↵

选择要修剪的对象，或按住 Shift 键选择要延伸的对象，或

［栏选（F）窗交（C）投影（P）边（E）删除（R）放弃（U）］：

这时，在被剪实体上断口部位指定一点，则夹在剪切边内的这一段即被剪掉。此后继续重复出现上述提示，可以继续指定剪切的部位，直至用空回车结束本命令。

　　选择选项 F，可用鼠标指定栏选点，栏选点构成栏选线，凡是与栏选线相交的对象都被修剪；选项 C 表示可用交叉窗口指定要修剪的对象；选项 P 可以指定修剪的空间，用于三维绘图；选项 E 用于确定当剪切边不够长而未与被修剪的边相交时是否按延长剪切边发挥修剪作用；选项 R 用于删除选定的对象；选项 U 取消上一次操作。

　　修剪与后面才能讲到的延伸是两种相反的操作，但在 AutoCAD 中，修剪时也可以进行延伸操作。根据提示，在选择对象时如果不按 Shift 键，选取的目标即被修剪，而按住 Shift 键去选取目标则为将其延伸。

8.6.5　倒角

1. 倒圆角（FILLET）

使用 FILLET 命令可以用指定半径的弧将已知直线、圆弧或圆光滑地连接起来。连接时不够长的线是否延长，多余的线是否裁掉，这些都取决于是否采用修剪模式。

FILLET ↵
当前设置：模式=修剪，半径=0.0000
选择第一个对象或［放弃（U）多段线（P）半径（R）修剪（T）多个（M）］：R ↵

（一般是先设置连接圆弧的半径）

指定圆角半径 <0.0000>：　　　　　　　　　　　（输入半径值）
选择第一个对象或［放弃（U）多段线（P）半径（R）修剪（T）多个（M）］：

（选择连接的第一个对象）

选择第二个对象，或按住 Shift 键选择对象以应用角点或［半径（R）］：

（选择连接的第二个对象）

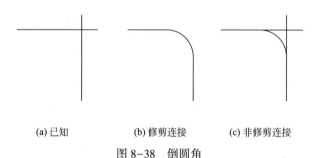

(a) 已知　　　　　　　(b) 修剪连接　　　　　　(c) 非修剪连接

图 8-38　倒圆角

选项 P 表示处理多段线，选项 M 允许连续倒多个圆角，选项 T 可让用户选择是否采用修剪模式，采用修剪模式时不够长的线会自动延长，连接后多余的线会自动剪断。图 8-38 示出了修剪模式和非修剪模式下连接的不同效果。

2. 倒棱角（CHAMFER）

使用 CHAMFER 命令可以对相交的两直线倒棱角。

CHAMFER ↵
（"修剪"模式）当前倒角距离 1=0.0000，倒角距离 2=0.0000
选择第一条直线或［放弃（U）多段线（P）距离（D）角度（A）修剪（T）方式（E）多个（M）］：D ↵　　　　　　　　　　　（一般都先指定倒角大小）
指定第一个倒角距离 <10.0000>：　　　　　　（输入第一条边的倒角距离）
指定第二个倒角距离 <同上项输入>：　　　　　（输入第二条边的倒角距离）
选择第一条直线或［放弃（U）多段线（P）距离（D）角度（A）修剪（T）方式（E）多个（M）］：　　　　　　　　　　　　　　　　　　　（指定第一条边）
选择第二条直线，或按住 Shift 键选择直线以应用角点或［距离（D）角度（A）方法（M）］：

（指定第二条边）

选定了第二条边后，倒棱角即完成。

选项 P 可处理多段线，选项 A 表示根据倒角的一个距离和倒角的角度确定倒角的大小，选项 E 表示倒角方式，可在该项下选"距离（D）"方式或"角度（A）"方式操作，选项 T 控制倒角时是否修剪连接，选项 M 允许连续倒多个棱角。

8.6.6 图形变换

图形的移动、旋转、缩放等都属于**图形变换**。但不要把这里说的变换与显示控制中的类似现象混同，在显示控制中图的变化只是视觉上的，图本身的实际位置和尺寸并未改变，而这里说的变换是图形本身发生了变化。

1. 移动（MOVE）

使用 MOVE 命令可移动图形，操作方法类似于 COPY 命令。图形移动后原图不见了，但执行拷贝命令则原图依然存在，这是两者的区别。

2. 旋转（ROTATE）

使用 ROTATE 命令可将选定的图形旋转一个角度。

ROTATE ↵

UCS 当前的正角方向：ANGDIR＝逆时针   ANGBASE＝0

选择对象：   （选择目标）

……

选择对象：↵

指定基点：   （指定旋转中心）

指定旋转角度或［复制（C）参照（R）］<0>：

正的旋转角使目标逆时针旋转，负角则顺时针旋转。选项 C 表示旋转后仍需保留原始图形，选项 R 表示以参照方式确定旋转角，用户需指定一个参照角和一个新角度，AutoCAD 将自动算出旋转角进行旋转。

3. 缩放（SCALE）

使用 SCALE 命令可对所选图形的实际尺寸按比例进行缩放。

SCALE ↵

选择对象：   （选择目标）

……

选择对象：↵

指定基点：   （指定比例变换的中心）

指定比例因子或［复制（C）参照（R）］<1.0000>：

指定的比例因子大于 1 时图形放大，小于 1 时图形缩小。选项 C 表示原始图形不被删除，选项 R 表示采用参照方式缩放，用户需提供参照长度的值和新长度的值，AutoCAD 将自动计算缩放系数进行缩放。

4. 镜像（MIRROR）

镜像即对称变换，使用 MIRROR 命令可画出已知图形的对称图形。

MIRROR ↵

选择对象：

……

选择对象：↵

指定镜像线的第一点：

指定镜像线的第二点：

要删除源对象吗？［是（Y）否（N）］<N>：

5. 拉伸（STRETCH）

使用 STRETCH 命令可在保持原有连接关系不被破坏的前提下将一部分实体移动。例如在图 8-39 中拟将门以图 8-39（a）所示位置移到图 8-39（d）所示位置，无需擦掉原图重画，使用 STRETCH 命令可将前墙向右拉伸，门即到了右边。本例的操作过程如下：

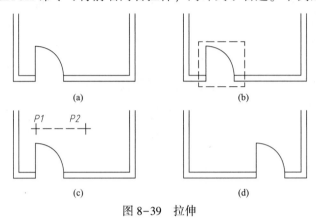

图 8-39　拉伸

<u>STRETCH</u> ↵

以交叉窗口或交叉多边形选择要拉伸的对象…

选择对象：<u>C</u> ↵　　　　　　　　　　　　　　　　　　　（用交叉窗口选取目标）

指定第一个角点：

指定对角点：

选择对象：↵

指定基点或［位移（D）］<位移>：　　　　　　　　　　　　（选图中 P1 点）

指定第二个点或<使用第一个点作为位移>：　　　　　　　　　（选图中 P2 点）

6. 延伸（EXTEND）

与 TRIM 命令的功能相反，EXTEND 命令可以**延伸**指定的线段、开口的多段线和圆弧，使其伸长到选定的某一边界处。被伸长的实体叫延伸边，延伸到达的边界叫边界边，它可以是直线、圆弧、圆、多段线等。

<u>EXTEND</u> ↵

当前设置：投影 = UCS，边 = 延伸

选择边界的边…

选择对象或 <全部选择>：　　　（选择一个或多个边界边）

……

选择对象：↵

选择要延伸的对象，或按住 Shift 键选择要修剪的对象，或

［栏选（F）窗交（C）投影（P）边（E）放弃（U）］：

选取一条延伸边实现一次延伸，又重复出现这行提示，直至用空回车或鼠标右键结束本命令。选取延伸边时光标要落在拟延长方向的那一端。如果边界边太短，有可能起不到延长

时的边界作用，使用选项 E 用户可确定是否将边界边按自身延长使用：

输入隐含边延伸模式［延伸（E）不延伸（N）］＜不延伸＞：

在 AutoCAD 2014 中，延伸命令下也可以进行修剪操作，不按 Shift 键选取目标即为延伸，而按住 Shift 键选取目标则为修剪。

8.6.7 实体的修改

1. 命令行操作修改对象的特性（CHPROP）

这里说的修改特性是指修改对象的颜色、线型、图层等属性。对象可以是多个。CHPROP 命令的操作如下：

CHPROP ↵

选择对象：　（选择目标）

……

选择对象：↵

输入要更改的特性

［颜色（C）图层（LA）线型（LT）线型比例（S）线宽（LW）厚度（T）透明度（TR）材质（M）注释性（A）］：

直接回答各选项的关键字，即可进行相应项目的修改。提示中的有些选项是用于三维绘图的。

2. 多段线编辑（PEDIT）

使用 PEDIT 命令可以编辑由 PLINE 命令产生的多段线。

PEDIT ↵

选择多段线或［多条（M）］：　　　　　　　　　　　　（选择目标）

输入选项

［闭合（C）合并（J）宽度（W）编辑顶点（E）拟合（F）样条曲线（S）非曲线化（D）线型生成（L）反转（R）放弃（U）］：

与此同时，屏幕上还浮现出各选项的列表，直接回答各选项的关键字或用鼠标点击列表中对应选项，即可进行相应项目的修改。

选项 C 用于将开口的多段线闭合起来，闭合后该选项位置变成了 Open 选项，它用于将闭合的多段线断开。所有各选项的功能列于表 8-2 中。

PEDIT 命令选项功能　　　　　　　　　　　　　　　　表 8-2

选项	功　　能
C（闭合）	将原来断开的多段线的起点、终点相连形成闭合的多段线
O（打开）	将原来闭合的多段线断开
J（合并）	可将与多段线首尾搭接的圆弧、直线或其他多段线并入到原多段线中
W（宽度）	改变多段线的宽度
E（编辑顶点）	提供一系列编辑折线顶点及相关线段的功能
F（拟合）	通过折线顶点产生一条双圆弧拟合的光滑曲线
S（样条曲线）	可产生由顶点控制但不一定通过顶点的样条曲线
D（非曲线化）	解除 F 和 S 选项产生的曲线，拉直多段线中的所有线段
L（线型生成）	控制非连续线型在顶点处的绘制方式，选项打开时按多段线的全长绘制线型，关闭时按各线段独立绘制线型
R（反转）	反转多段线顶点的顺序
U（放弃）	取消上一次的编辑结果

3. 操作选项板修改对象的几何参数和特性（PROPERTIES）

使用 PROPERTIES 命令或点击标准工具栏上的"对象特性"按钮，则弹出"特性"（Properties）选项板，在此选项板内可以修改选定对象的几何参数和属性。选项板的具体内容视所选对象的多少、种类而定，图 8-40 是修改直线时的选项板。选项板顶部的列表框内标识出当前表内显示的是"直线"的信息，这些信息中呈灰色显示的是只读信息，其余的可以修改。"常规"特性信息包括颜色、图层、线型等，"几何图形"特性信息包括起点坐标、终点坐标等参数。将光标移到要修改的项目上击左键，即可对该项目进行修改操作。

4. 利用工具栏修改对象的属性

直接选取要修改的对象，然后在有关工具栏上根据要修改的内容（如图层、线型等）点击相应的列表框，在打开的列表框中直接修改即可。

5. 利用图层转换器转换图层

使用图层转换器能对当前图形的图层进行转换，使之与其他图形的图层结构或 CAD 标准文件相匹配。选择菜

图 8-40　直线特性选项板

单"工具 \ CAD 标准 \ 图层转换器"，将弹出"图层转换器"对话框，如图 8-41 所示。对话框左侧的"转换自"选项区域内显示出当前图形中的图层结构，使用"加载"按钮打开作为转换目标的图形文件，它的图层结构即显示在右侧的"转换为"选项区域内。从"转换自"选项区域内选择要转换的图层，在"转换为"选项区域内指定拟转换成的图层，按"映射"按钮，在"图层转换映射"选项区域内就显示出了对应的转换关系。各对应转换关系都指定后，按"转换"按钮即完成了图层转换。

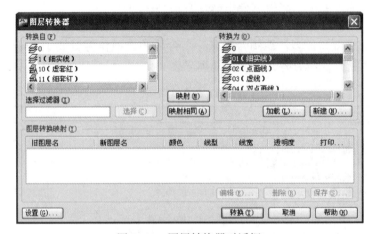

图 8-41　图层转换器对话框

8.6.8　取消执行结果和重新执行

1. 放弃（U）
该命令取消上一道命令的执行结果。

2. 批量放弃（UNDO）
UNDO 命令可以作废一批命令的执行结果。在执行本命令时回答一个数字，即表示撤销此前相应数目命令的执行结果。

3. 重做（REDO）
REDO 命令恢复刚刚被 U 或 UNDO 命令取消的执行结果。

8.6.9　利用夹点功能进行编辑

夹点是可用于编辑操作，布局在实体上的控制点，这些点以小方块的形式显示出来，如图 8-42 所示。直接对实体进行选取操作，例如用窗口方式选中一批实体，或直接点取某个实体，则这些实体上便显示出一些小方块，实体本身也变为醒目的显示方式。这些小方块表示的就是夹点。当夹点出现后可以直接对实体进行拉伸、移动、旋转、缩放、镜像等操作。在夹点出现后命令提示符后面没有什么变化，这时在夹点中选取其中一个点击它一下，此夹点便成了基点，基点是用另外的颜色涂实的小方块。与此同时命令行窗口出现显示：

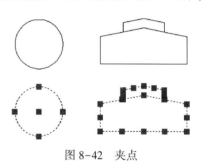

图 8-42　夹点

＊＊拉伸＊＊
指定拉伸点或［基点（B）复制（C）放弃（U）退出（X）］：
这个显示告诉用户可以使用夹点进行操作了，并且默认的操作是拉伸。这时移动鼠标，光标会拖着基点将实体拉伸。到达合适位置后击左键，拉伸即结束。

如果用 MO 或空回车回答上述提示，则显示信息变成了下面的内容：
＊＊移动＊＊
指定移动点或［基点（B）复制（C）放弃（U）退出（X）］：
这个显示表示此时可以进行移动操作。

如果键入 RO 或二次用空回车响应，则显示的信息又变为：
＊＊旋转＊＊
指定旋转角度或［基点（B）复制（C）放弃（U）参照（R）退出（X）］：
这个显示表示现在可以进行旋转操作。

如果键入 SC 或三次用空回车响应，则将进入变比状态：
＊＊比例缩放＊＊
指定比例因子或［基点（B）复制（C）放弃（U）参照（R）退出（X）］：
如果键入 MI 或四次给出空回车，则将进入镜像操作状态：
＊＊镜像＊＊
指定第二点或［基点（B）复制（C）放弃（U）退出（X）］：
这里提示的第二点即镜像线的第二个点。

要撤销夹点显示可按 Esc 键。

AutoCAD 2014 对于一些特定的对象（例如二维对象中的直线、多段线、圆弧、椭圆弧、样条曲线等）新增加了"多功能夹点"，当光标悬停在这些夹点上时，会浮现出多种编辑功能的选项菜单，使得用同一个夹点可以进行不同的编辑操作，选择功能的方法是将光标拖到菜单中去点取。

§8.7　使用多线

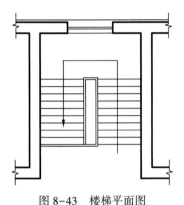

图 8-43　楼梯平面图

多线是复合直线，它是由一组平行的直线构成的集合体。集合体中的每一条直线称为一个元素，各个元素可以使用各自的线型。集合体最多可由 16 个元素组成，系统的默认设置为 2 个元素。在建筑工程中，使用多线可以快速准确地绘制建筑工程图，如图 8-43 所示。

多线的操作包括三个部分：设置多线的样式、绘制多线、编辑多线。

8.7.1　设置多线的样式

使用命令 MLSTYLE 或选菜单"格式 \ 多线样式"就进入了图 8-44 所示的"多线样式"（Multiline Styles）对话框。框内显示了系统默认设置时的多线样式的名称为 STANDARD（标准），它由 2 个元素组成，均为由层决定的线型。

图 8-44　多线样式对话框

使用该对话框设置多线样式的操作方法如下：

（1）点击"新建"按钮，弹出"创建新的多线样式"对话框，给新样式取名后按"继续"按钮，则弹出的"新建多线样式"对话框，如图8-45所示。

（2）对话框右侧"图元"组框内显示的是"标准"样式的元素组成，点取它们中的任一个，其线型、颜色、偏移距离都可以修改，也可以删除。点击"添加"按钮，可以增添新的元素，并且通过操作"偏移"、"颜色"、"线型"选项按钮，可以调整新元素的各个属性。

（3）对话框左侧的"封口"组框，用来设置多线两端是否要画出封口以及采用什么样式的封口。"填充"框内用来设置多线背景的颜色，"显示连接"复选框用来设置拐角处是否显示连接线。

（4）按"确定"按钮退出"新建多线样式"对话框，回到了"多线样式"对话框，这时必须按"置为当前"按钮，将新建的多线样式设置为当前使用的样式，才能用它来画图。最后按"确定"按钮退出"多线样式"对话框。

图8-45　新建多线样式对话框

8.7.2　绘制多线

使用MLINE命令可以绘制多线。

MLINE ↵

当前设置：对正=上，比例=20.0，样式=STANDARD

指定起点或［对正（J）比例（S）样式（ST）］：

各选项的功能及用法说明如下：

1. 默认选项为指定起点。指定了起点后会陆续询问下一点，这样一段一段画出多线。

2. 选项J

本项功能是确定多线的定位方法。选择本项后将提示：

输入对正类型［上（T）无（Z）下（B）］＜当前值＞：

选T表示多线最上面的一条通过指定的顶点，选Z表示多线的中心线通过指定的顶点，选B表示多线的最下面一条通过所指定的顶点。各种对齐方式的定位效果示于图8-46中。

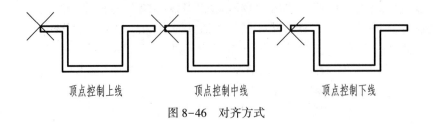

图 8-46　对齐方式

3. 选项 S

本选项可指定多线元素间距的比例因子。选 S 后将显示：

输入多线比例 <当前值>：

可以输入一个新的比例因子，当输入一个 0 时画出的多线将与 LINE 命令画的单一直线相同。

4. 选项 ST

本选项可以选取当前使用的多线样式：

输入多线样式名或 [?]：

可以回答一个已经装入系统的多线样式名称。

8.7.3　编辑多线

多线可以经过编辑处理在形态上产生很多变化。编辑多线的命令是 MLEDIT，或者选用菜单"修改\对象\多线"，结果将弹出图 8-47 所示"多线编辑工具"对话框。该对话框有 12 个图标，代表着 12 种不同的编辑处理功能。左起第一列是把相交的多线处理成十字形的闭合、打开、合并的功能，第二列是把相交的多线处理成 T 形的闭合、打开、合并的功能，第三列第一个是角点结合工具，可将相交的多线处理成角点形式，第二、三个是在多线上增加、删除节点的工具，第四列有剪断多线或修复断口的功能。图 8-48 中表示了少数几种编辑处理的效果。

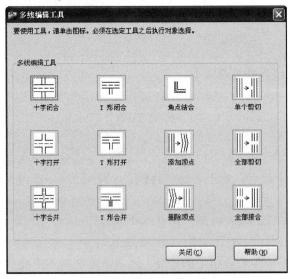

图 8-47　多线编辑工具对话框

十字形闭合 　　　十字形打开 　　　十字形合并 　　　角点结合

图 8-48　相交多线的编辑

§8.8　辅助绘图工具

AutoCAD 提供了一批帮助画图的工具型命令，这些命令本身并不产生实体，但可为用户设置一个更好的工作环境，帮助用户提高作图的准确性和绘图速度。

8.8.1　光标捕捉（SNAP）

使用 SNAP 命令可以生成一个分布在屏幕上的**虚拟栅格**，这种栅格是不可见的，但却使得光标在移动中只能落在栅格的一个格点上。这种工作状态叫**光标捕捉**。当本命令与后面将要讲到的 GRID 命令配合使用时，使得 SNAP 的栅格相当于是可见的。

SNAP ↵

指定捕捉间距或［开（ON）关（OFF）纵横向间距（A）传统（L）样式（S）类型（T）］<10.0000>：

直接用一个大于 0 的数字回答，将得到 X 和 Y 轴方向有相同间距的捕捉栅格，此栅格也就是光标移动的最小步长。在赋值的同时 SNAP 即为打开。选项 ON/OFF 是打开或关闭光标捕捉功能用的，关闭后光标即恢复了自由移动。按 F9 功能键或在状态栏上单击"捕捉模式"按钮也可实现光标捕捉功能的打开或关闭。选项 A 可以分别设置 X、Y 方向的间距；选项 L 确定是否保持捕捉到栅格的传统行为；选项 S 用来设置栅格的形式，它可以是普通的矩形栅格，也可以是按照画正等轴测图的样式分布的栅格；选项 T 用于设置捕捉的类型，它有两个选择：按追踪角度捕捉和按栅格捕捉，追踪问题将在后面讲述。

8.8.2　屏幕栅格（GRID）

使用 GRID 命令可在屏幕上显示**参考栅格**，在有参考栅格的屏幕上作图如同使用方格纸画图一样，有一个视觉参考。

GRID ↵

指定栅格间距（X）或［开（ON）关（OFF）捕捉（S）主（M）自适应（D）界限（L）跟随（F）纵横向间距（A）］<10.0000>：

直接回答一个数字表示设定栅格的间距，数字后面加上一个 X 则表示给出的是倍数，例如 3X 表示用捕捉栅格（SNAP 命令设定）间距的 3 倍作为屏幕栅格的间距。选项 ON/OFF 为打开或关闭栅格显示，按 F7 功能键或单击状态栏上的"栅格显示"按钮也可实现打开或关闭栅格显示。选项 S 表示采用与捕捉栅格相同的间距，选项 M 用于设置主栅格线的栅格分块数，选项 D 设置是否允许以小于栅格间距的距离拆分栅格，选项 L 设置是否显示超出绘图界限的栅格，选项 F 设置是否跟随动态 UCS 的 XY 平面而改变栅格平面，选项 A 允许分别设置栅格的 X 和 Y 方向间距。

8.8.3　正交方式绘图（ORTHO）

在**正交方式**下绘图，只能沿 X、Y 轴方向画线，在一般情况下即只能画水平线和竖直线。

ORTHO ↵
输入模式［开（ON）关（OFF）］<当前值>:
按 F8 功能键或单击状态栏上的"正交模式"按钮也能打开或关闭正交绘图功能。

8.8.4　对象捕捉（OSNAP）

在作图时如果需要使用图上的某些特殊点，例如某线段的中点、直线与圆的交点等，若直接用光标去拾取，误差可能很大；若采用键入数字的办法，事先又难以知道这些点的准确坐标。对象捕捉正是帮助用户迅速而准确地捕捉到可见实体上的这类特殊点，供作图定位使用。对象捕捉本身并不产生实体，而是配合其他命令使用的。

在对象捕捉状态下，搜寻目标时可令出现一个活动的矩形**靶框**（Aperture）。当靶框落在指定的实体上时，还会显示出某种样式的**捕捉标记**。这时，不管鼠标是否精确地到达了目标点，只要按下鼠标左键即可实现捕捉。

1. 对象捕捉的类型
AutoCAD 可以实现对下列类型的点和目标进行捕捉：
（1）端点（ENDpoint）
捕捉线段、圆弧、椭圆弧、多线、多段线等实体的端点。
（2）中点（MIDpoint）
捕捉线段、圆弧、椭圆弧、多线、多段线、样条曲线等实体的中点。
（3）圆心（CENter）
捕捉圆、圆弧、椭圆、椭圆弧的中心。
（4）节点（NODe）
捕捉由 POINT、DIVIDE 或 MEASURE 命令生成的点。
（5）象限点（QUAdrand）
捕捉圆、圆弧、椭圆、椭圆弧上离靶框最近的象限点，象限点是指圆上 0°、90°、180°、270°处的点。
（6）交点（INTersection）
捕捉直线、圆、圆弧、椭圆、椭圆弧、多段线、样条曲线、构造线等实体之间的交点。
（7）插入点（INSertion）
捕捉块、文本的插入点。
（8）垂足（PERpendicular）
可以在直线、圆、圆弧、椭圆、椭圆弧、多段线、样条曲线、构造线上或其延长线上捕捉与最后输入的一点成正交的离光标最近的点。

（9）切点（TANgent）

捕捉圆、圆弧、椭圆、椭圆弧上与作图过程中最后一点的连线形成相切的离光标最近的点。

（10）最近点（NEArest）

捕捉线段、圆、圆弧、椭圆、椭圆弧、多段线、样条曲线、构造线等实体上离光标最近的点，这样的点可能是端点、切点或垂足。

（11）外观交点（APParent Intersection）

用于捕捉三维空间实体在屏幕上形似相交的交点。

（12）延长线（EXTension）

捕捉直线、圆弧延长线上的点，例如延长线与其他线的交点。

（13）平行线（PARallel）

过点作直线的平行线时用来捕捉平行的目标。

以上各种捕捉类型，英文名称的前3个大写字母为关键字，使用时只需键入关键字即为有效。

2. 对象捕捉的方法

对象捕捉有许多操作方法：

（1）单点方式

不需要事先键入对象捕捉的命令，只需在作图过程中当出现需要输入点的提示时（例如画直线命令的"指定第一点:"），键入捕捉类型的关键字（例如 INT），于是就自动进入了捕捉状态，此时命令行出现"于"这样的提示，屏幕上可能出现有靶框，移动靶框去选择实体，选中后即有捕捉类型的标记（Marker）出现（例如交点的标记为×；端点的标记为□，平行线的标记为//等），此时按鼠标左键即捕捉到了需要的类型点。单点方式每次只能捕捉一个目标，捕捉完了即自动退出捕捉状态。打开对象捕捉工具栏，点击它上面的按钮可以代替输入捕捉类型关键字。

（2）OSNAP 命令和自动捕捉

键入 OSNAP 命令或选菜单"工具\绘图设置"将弹出图 8-49 所示"草图设置"对话框。对话框内有 7 个标签，"捕捉和栅格"标签用于设置光标捕捉和屏幕栅格，"极轴追踪"标签用于设置追踪，"对象捕捉"标签用于设置对象捕捉，"动态输入"标签用于设置在输入过程中屏幕上的浮显形式。图 8-49 显示的是对象捕捉标签的页面内容。利用复选框"启用对象捕捉"可以打开或关闭对象捕捉功能，在组合框"对象捕捉模式"栏目内列出了各种捕捉类型，每一种类型前面都有一个图标作为该类型的标记，用户可以根据需要选择要启用的捕捉类型。对话框左下角有一"选项"按钮，按此按钮将弹出图 8-50 所示"选项"（Options）对话框，在此对话框内可以进行自动捕捉的设置，包括：

标记——打开或关闭捕捉类型标记的显示。

磁吸——打开或关闭捕捉磁吸，磁吸可把靶框锁定在类型点上。

显示自动捕捉工具提示——打开或关闭捕捉提示。

显示自动捕捉靶框——打开或关闭靶框显示。

颜色——设置标记的颜色。

自动捕捉标记大小——调整标记的大小。

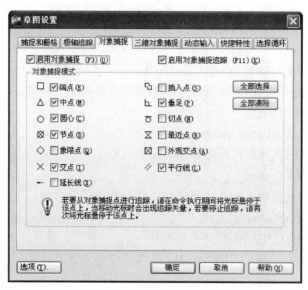

图 8-49　草图设置对话框

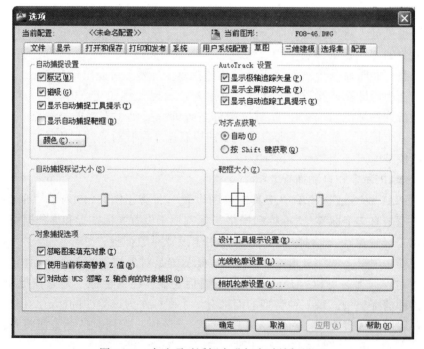

图 8-50　在选项对话框内进行自动捕捉设置

靠框大小——调整靠框的大小。

在草图设置对话框中选择了"启用对象捕捉"，击"确定"后即进入了捕捉状态。按 F3 功能键或按下状态栏上的"对象捕捉"按钮也可启用自动捕捉功能。在自动捕捉状态下，当需要输入点时，移动鼠标走近目标点，事先设定的捕捉类型点就会显示出相应的捕捉标记。

8.8.5 自动追踪

自动追踪可以帮助用户按指定的角度或与其他对象的特定关系来确定点的位置。自动追踪包括两种追踪方式：**极轴追踪**是按事先设定的角度增量来追踪点；**对象捕捉追踪**是按与对象的某种特定关系来追踪，这种特定关系确定了一个事先并不知道的角度。两种追踪方式可以同时使用，单击状态栏上的"极轴追踪"按钮和"对象捕捉追踪"按钮能够打开或关闭追踪功能。对象捕捉追踪必须与对象捕捉模式同时工作。

1. 极轴追踪

极轴追踪功能可以在 AutoCAD 要求指定一个点时，按预先设置的角度增量显示一条辅助线，用户可以沿此辅助线准确地定位一个点。例如，在图 8-51（a）中拟过 A 点画一条 30°倾斜的线段 AB，使 AB 长为 60。为此，单击"极轴"按钮打开角度追踪功能，键入 LINE 命令，并选 A 点为起点（图 8-51b），当提示要求输入下一个点时移动光标，在光标牵动的橡皮筋直线接近 30°时一条辅助线就出现了，并同时显示有追踪提示，这时直接在命令行键入长度值 60，并回车即可画出符合要求的 AB 线段。

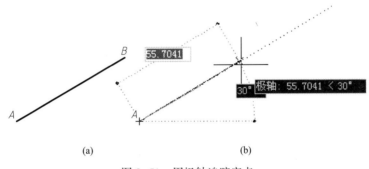

(a)   (b)

图 8-51　用极轴追踪定点

使用极轴追踪时，默认的角度增量为 90°，AutoCAD 预设了一些增量值供选用，这些增量值为 90°、60°、45°、30°、22.5°、18°、15°、10°、5°。用户可通过"草图设置"对话框的"极轴追踪"标签页面（图 8-52）对角度增量等进行设置，包括可以指定其他的角度增量值。

极轴追踪不能和正交方式绘图并用。

2. 对象捕捉追踪

对象捕捉追踪是沿着过某实体的捕捉点的辅助线方向进行追踪的，在使用该功能之前要先打开对象捕捉功能。

设已知任意方向的线段 AB（图 8-53），拟寻找一点使其在 A 的正右方，在 B 的正下方。操作过程如下：

（1）键入 POINT 命令。

（2）在出现"指定点："提示后移动光标到 A 点处，稍停片刻，临时捕捉点 A 上显示一个加号"+"。不要拾取该点，光标向右稍动一下，就有一条通过 A 的水平辅助线，光标移走后辅助线可能消失，但加号就留在那里不动。

（3）移动光标到 B 点处，稍停片刻，等到 B 点处也出现加号，向下稍动一下光标，就

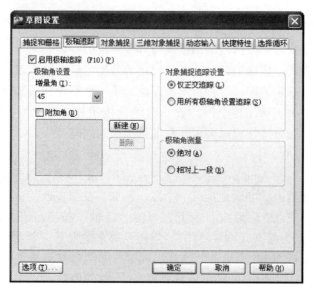

图 8-52　极轴追踪设置

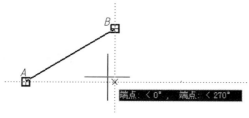

图 8-53　用对象捕捉追踪

有一条通过 B 的竖直辅助线。

（4）沿竖直辅助线向下移动光标，当光标的高度接近 A 点的高度时过 A 的水平辅助线又出现了。辅助线提供了追踪方向，两线的交点处即为所找的点，击鼠标左键拾取它，即为所求。

8.8.6　建立用户坐标系（UCS）

在默认状态下，AutoCAD 使用世界坐标系（WCS）作为通用的定位基准。屏幕左下角的坐标系图标表明了世界坐标系的 X、Y 轴方向，而坐标系原点的位置与 LIMITS 命令的设置有关。

根据画图的需要，用户可以建立自己的用户坐标系（UCS）作为度量、定位的基准。例如，在画多面正投影图时就需要定义和使用用户坐标系，以提高作图效率和便于度量。以图 8-54 所示的投影图为例，画水平投影和正面投影时，若使用同一个世界坐标系给各实体定位那是很不方便的。如果在 o 处和 o' 处建立两个用户坐标系，分别作为画水平投影和正面投影的定位基准，就能借助于图中所注的尺寸读取坐标，方便了数据的输入。

用户坐标系的图标上没有小正方形。

1. UCS 命令

UCS 命令用来建立用户坐标系。

UCS ↵

当前 UCS 名称：＊世界＊

指定 UCS 的原点或［面（F）命名（NA）对象（OB）上一个（P）视图（V）世界（W）X Y Z Z轴（ZA）］<世界>：

用户坐标系的功能主要用于三维作图，本书将在第 9 章进一步阐述，这里仅说明与二维作图有关的操作：直接指定一点作为坐标原点，用户坐标系即移动到此处。用空回车响应，则回到世界坐标系。

2. UCSICON 命令

UCS 命令只是建立、保存和选用坐标系，但它不控制图标的显示。有关图标的显示操作是由 UCSICON 命令控制的。

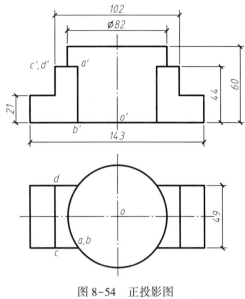

图 8-54　正投影图

UCSICON ↵

输入选项［开（ON）关（OFF）全部（A）非原点（N）原点（OR）可选（S）特性（P）］<开>：

选项 ON 为打开图标显示；OFF 为关闭图标显示；A 用于改变所有视窗的图标显示情况；N 为在屏幕左下角显示图标；OR 为在原点处显示图标，此时图标上会出现一个十字，它的交叉点即原点的位置；S 控制 UCS 图标是否可选并且可以通过夹点操作；使用选项 P 能够弹出"UCS 图标"对话框，用以设置坐标系图标的样式、大小、颜色等属性。

8.8.7　点过滤符（.X/.Y）

画多面正投影与画单个的平面图形不同，正投影图的各个投影间保持着确定的投影关系，即它们在位置和尺寸上是相互关联的。以图 8-54 所示投影图为例，正面投影上 $a'b'$ 的左右位置不是靠标注尺寸定位的，它要与水平投影上的 a，b 对正。所以画 $a'b'$ 时要借助于 a，b 的位置。像这样一类在作图中需要输入一个受制于其他条件的点时，AutoCAD 允许借用某些中间点（已知点）取得所需要的坐标，这就是 AutoCAD 提供的坐标过滤功能。启用坐标过滤功能的办法是用**点过滤符**".X"或".Y"来回答关于点的位置的提示，例如画 $a'b'$ 直线时键入：

LINE ↵

指定第一点：.X ↵

于

此时再用对象捕捉的办法捕捉 INT 类型的点 a，这样就借助于 a 取得了 a' 需要的 x 坐标。接下来会出现"（需要 YZ）："的提示，表示还需要 y 和 z 坐标。在二维绘图中 z 坐标可以被忽略，y 坐标的输入则视具体情况而定：当图上有可供直接使用的尺寸时（例如本例中的 44），可按尺寸键入；当无可直接使用的尺寸时，也可以再次借用某个已知点（例如

c'）过滤出它的 y 坐标：

于（需要 YZ）：.Y ↵

于

捕捉 c' 并忽略 z 坐标，这样，就由 a 和 c' 确定了 a' 的位置。

8.8.8　求两点间的距离（DIST）

使用 DIST 命令可以测量两点间的距离、坐标增量和它们间连线的水平倾角。

DIST ↵

指定第一点：

指定第二点或［多个点（M）］：

距离=<距离值>，XY 平面中的倾角=<角度值>，与 XY 平面的夹角=<角度值>

X 增量=<水平距离>，Y 增量=<竖直距离>，Z 增量=<Z 向距离>

§8.9　成图方法参考

前面几节讲解的是一些命令的用法，本节则讲述绘图的技术路线，即具体到要画一幅图时应当考虑些什么？从何处入手？怎样合理地选用命令？动手画图之前对这些问题要有一个通盘的考虑。所以先作图形分析是必要的，至少要分析下面几点：

（1）作图需要的环境条件。例如按多大的比例来画，图占多大幅面，使用哪些线型，需要定义多少个图层，等等。

（2）图形本身的几何关系。例如图上哪些实体是可以直接画出的，哪些实体是由作图确定的，作图会遇到哪些捕捉类型点，图是否对称，需要使用几个用户坐标系，等等。

（3）绘图的技术与技巧。例如要用到哪些辅助作图工具，采用哪些作图命令和编辑命令能够实现绘图要求和提高功效，等等。

经过图形分析可以形成一个完成本项作图的技术方案。但实际上，绘制一幅图可能会有许多实施办法，方案不止一个。不同的成图方法也许都是可行的，也可能它们在工作效率和质量上有些差别，我们的目标是确保图的正确性，并力争快速、准确、优质地完成作图。

下面对 3 个绘图实例给出可供参考的成图方法。

［**例 8-1**］在适当位置画出图 8-55（a）所示适当大小的五角星。

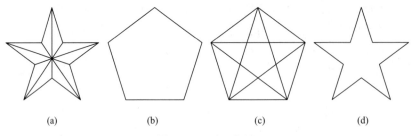

(a)　　　(b)　　　(c)　　　(d)

图 8-55　画五角星

［**解**］本图未指定尺寸，无需用 LIMITS 设置绘图界限。图形只有实线，可在同一个层内完成作图。五角星的五个顶点因不知道它们的坐标，故不能逐点输入。但五角星必然要

内接于一个正五边形，所以可先用 POLYGON 画出正放的正五边形，如图 8-55（b）所示。利用五边形的顶点隔点相连即可画出如图 8-55（c）所示的内接五角星。为此需要打开自动捕捉功能，并设置成捕捉交点（INT）类型，然后用 LINE 命令连续操作，隔点连线即可。接下来使用 TRIM 和 ERASE 命令修剪、擦除多余的线段和五边形，可得出图 8-55（d）所示的空心五角星。最后再用 LINE 命令并借助于捕捉功能即可连成如图 8-55（a）所要求的五角星了。

对于本例，若先画一个圆，用 DIVIDE 命令将其五等分，也能得到 5 个顶点。

[**例 8-2**] 按图 8-56 指定的尺寸，用 1:1 的比例画出该图所示立交公路平面示意图，但不标注尺寸。

[**解**] 计算一下图的尺寸，约需 300×200 的作图范围。该图有两种线型：Continuous 和 ACAD_ISO04W100，因此至少需要设置 2 个图层。该图多处要遇到几何作图问题：画平行的直线，作圆弧与直线相切等。作图过程中要用到多种捕捉类型，如交点（INT）、端点（END）、垂足（PER）、圆心（CEN）、切点（TAN）等，还要用到许多编辑手段，如偏移（OFFSET）、修剪和断开（TRIM、BREAK）、旋转（ROTATE）、倒圆角（FILLET）、延伸（EXTEND）、修改属性等。下面只是成图方案中的一种：

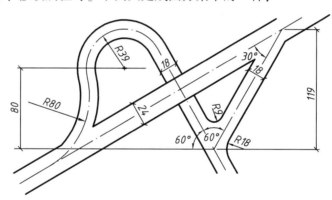

图 8-56　立交公路平面示意图

（1）用 LIMITS 设置绘图界限为（0，0）-（300，200），使用 ZOOM All 显示全图范围。设置 3 个图层：0 号层画实线，1 号层设置为点画线（ACAD_ISO04W100），2 号层设置为实线，但作为画辅助作图线使用，各层区分出线宽。0 号层设置为当前层。

（2）将主干道置于水平位置，画出道路中线的基本框架，如图 8-57（a）所示。根据原图标注的尺寸及几何关系，2 号点相距 1 号点应为 119。注意，因是在 0 号层上作图，所以中线画成了实线，后面将会作调整。

（3）使用偏移命令（OFFSET）画出直线道路的宽度轮廓，再用旋转命令（ROTATE）将图形绕 1 点转动 30°，即得图 8-57（b）的样子。

（4）进入 2 号层，作辅助线求弯道圆弧的圆心 4 号点，过 4 号点作直道 31 的垂线，如图 8-57（c）所示。再回到 0 号层，以点 4 为圆心，分别以 3 个垂足为起点用画弧命令（ARC）画 3 条适当长度的圆弧。

（5）使用倒圆角命令（FILLET）作出半径为 9、18、80 的 3 个连接圆弧，如图 8-57（d）所示。

（6）捕捉到 R80 的圆心 5，在 2 号层里画出连心线 45。在 0 号层内用延伸命令（EX-TEND）延长弯道圆弧至连心线。以 5 点为圆心，分别以 5 点至弯道尾部端点的长为半径画两个辅助圆，如图 8-57（e）所示。

（7）关闭 2 号层，在 0 号层上用修剪和断开（TRIM、BREAK）命令擦掉多出的线段、弧段，用延伸命令修补不够长的线段。选择所有的道路中线为目标，将它们改到 1 号层内，并调整线型比例，这样，它们就变成了点画线。经过修饰得图 8-57（f）。

本题也可以使用追踪和对象捕捉的方法直接画斜线、截量距离和画平行线。

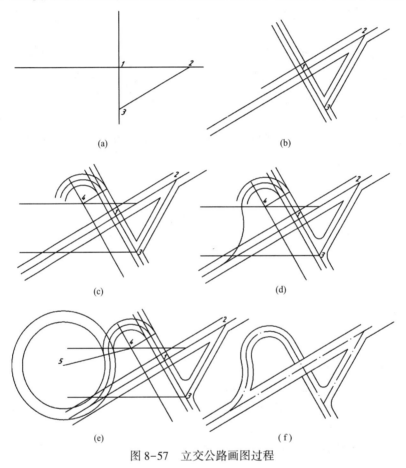

图 8-57　立交公路画图过程

[**例 8-3**]　已知组合体的两视图，如图 8-58 所示。要求在 3 号幅面内用 1：1 的比例画出该组合体的三视图，不注尺寸。

[**解**]　该题与前面两个例题最大的区别是要画 3 个有连带关系的图。3 个图之间既要保持投影关系，其间隔大小又要由用户适当安排。所以使用一个坐标系显然是很不方便的。

为了保证投影关系正确，在多个用户坐标系的情况下应借助于构造线（XLINE）帮助作图。考虑到线型的种类需要和要使用构造线，本题应设置 4 个图层。绘图界限按题目要求可设成（0，0）-（420，297）。

本题可按下述步骤进行作图：

（1）设置绘图界限（0，0）-（420，297）。定义 4 个图层：0 号层画粗实线，用默认色；1 号层为点画线，用红色；2 号层为虚线，中粗，用蓝色；3 号层为细实线，用绿色，用来画构造线和辅助作图线。在 3 号层内画出图幅的外边框，在 0 号层内画出内边框（图 8-59a）。用 UCS 和 UCSICON 命令设置并保存 3 个用户坐标系：O1 坐标系为画平面图使用，原点相对于世界坐标系为（140，80）；O2 坐标系用于画立面图，原点相对于 O1 为（0，90）；O3 坐标系用于画侧面图，原点相对于 O2 为（180，0）。过 3 个坐标系原点使在 1 号层和 3 号层内画出轴线和作图的基线，如图 8-59（a）所示。

（2）设置 0 号层为当前层，恢复 O1 坐标系，根据尺寸在平面图上画圆和矩形，经过修剪将圆内的弦断掉，得图 8-59（b）。

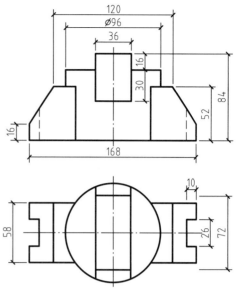

图 8-58 组合体两视图

（3）设置 3 号层为当前层，恢复 O2 坐标系，启动目标自动捕捉功能，对准平面图画一组竖向构造线。再进入 0 号层和 2 号层，根据尺寸用绘图命令和编辑命令画完立面图，如图 8-59（c）所示。重返 3 号层，增画竖向和水平方向的多条构造线。

（4）回到 O1 坐标系，进入 0 号层，根据立面图画完平面图，擦掉竖向构造线，得到图 8-59（d）所示的样子。

（5）调用 O3 坐标系，在 3 号层内增画构造线，在 0 号层和 2 号层内根据平面图和立面图完成侧面图的绘制，如图 8-59（e）所示。

（6）删除所有构造线和辅助作图线，切换回到世界坐标系，得到完成了的三视图，如图 8-59（f）所示。

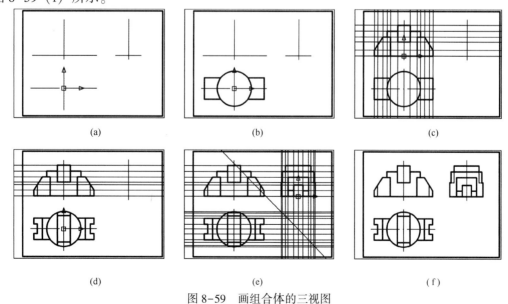

(a)　　　　　　　　　　(b)　　　　　　　　　　(c)

(d)　　　　　　　　　　(e)　　　　　　　　　　(f)

图 8-59 画组合体的三视图

§8.10　块 的 使 用

8.10.1　块的概念

画图中有些子图是要经常使用的，例如标题栏每张图上都要画，而且其样式都相同；图 8-60 所示的专业符号也可能是经常要用到的。如果每次画图都从头开始，一条线一条线地画，工作效率是很低的。AutoCAD 中的块是一组实体的集合，块以块名为标识，一组实体集合成块以后，就成了一个单独的实体，用户可以借助于块名将它插入到图形的任何位置。块技术是建立图形库的一种手段，用户可以把自己专业领域内经常使用的子图做成图块，存到磁盘上，以便画图时像搭积木那样，调用图块快速构造出一幅大图。所以使用块技术可以在工程设计绘图中有效地提高成图的效率。

图 8-60　专业符号

组成块的各个对象可以有自己的图层、线型、颜色。这些对象集合成块以后就成了一个整体，点取块内的任何一个对象就选中了整个块，从而可以整体地对它施行诸如移动、复制、缩放、旋转、删除等操作。

块可以嵌套，一个块内可以包含另一个或几个块。

8.10.2　定义图块（BLOCK，BMAKE，-BLOCK）

使用命令 BLOCK、BMAKE 可通过对话框（图 8-61）操作定义块，使用命令-BLOCK则通过命令行操作来定义块，下面是命令行操作的流程：

-BLOCK ↵
输入块名或 [?]：
指定插入基点：
选择对象：　　（选取构成块的对象）

这样定义成的块可在当前的绘图作业中被 INSERT 命令调用，但是块尚未存盘，因此不能用到别的绘图场合。

8.10.3　块存盘（WBLOCK，-WBLOCK）

使用 WBLOCK 或—WBLOCK 命令可将已定义过的块或现时收集目标新建的块写到磁盘上。块写到了磁盘上才能成为图形库的组成部分，也才能在别的绘图作业中调用它。WBLOCK 是对话框操作的命令，键入它将弹出"写块"对话框，如图 8-62 所示。若使用-WBLOCK 命令，先是弹出"创建图形文件"（Create Drawing File）对话框，在它的文件

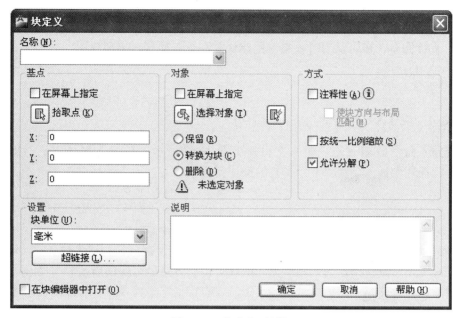

图 8-61 块定义对话框

名条框内键入存盘的文件名，击"保存"按钮后对话框关闭，然后在命令行出现以下提示：

图 8-62 写块对话框

-WBLOCK ↵
输入现有块名或
［块=输出文件（＝）整个图形（＊）］<定义新图形>：
各选项说明如下：
（1）默认方式是直接键入一个已经定义了的图块的块名。

（2）选项"="表示块名与文件名同名。

（3）选项"*"表示将当前的整个图形写盘。

（4）直接回车，表示要当时收集对象建块并写盘。回车后出现提示：

指定插入基点：

选择对象：

8.10.4　块插入（INSERT，-INSERT）

块的插入命令是 INSERT，键入它将弹出图 8-63 所示"插入"对话框。-INSERT 是用于命令行操作的插入命令，下面是它的操作流程：

-INSERT ↵

单位：毫米　转换：　　　1.0000

输入块名或［?］<当前块名>：　　　　　　　　　（键入块名或盘上的图形文件名）

指定插入点或［基点（B）比例（S）X Y Z 旋转（R）］：

在此提示下可直接指定插入点给插入的块定位，方括号内的选项 S 和 R 表示可以先定义插入时的比例和转角，然后再指定插入点。若直接指定了插入点，后面的提示序列为：

输入 X 比例因子，指定对角点，或［角点（C）X Y Z（XYZ）］<1>：

输入 Y 比例因子或 <使用 X 比例因子>：

指定旋转角度 <0>：

图 8-63　插入对话框

分别键入块插入时的 X、Y 方向比例系数和转角，被指定的块即作为整体插入到当前图形中了。插入进来的块是个独立的整体，不能对它的个别成分单独编辑。如果需要单独编辑，须将块分解，分解成一些零散的实体。块的分解可以在插入过程中进行，也可以在插入以后再进行。若拟在插入过程中将其分解，需在回答"输入块名或［?］："提示时在块名的前面敲上一个星号"*"，这样插入进来的块即被分解。若是使用"插入"对话框进行块的插入操作，可选中对话框的左下角的"分解"复选框，这样插入进来的块也被分解了。

8.10.5　块与图层的关系

块中各个对象可能是画在不同的图层上的，插入这样的块时 AutoCAD 有如下约定：

（1）块插入后，原来位于 0 层上的对象被绘制在当前层上，并按当前层的颜色及线型绘出。

（2）对于块中其他层上的对象，若块中有与图形同名的图层，则块中该层上的对象仍绘制在图形中同名的图层上，并按图形的该层颜色、线型绘制；而块中其他层及其上的对象则添加给当前图形。

8.10.6　将插入后的块分解（EXPLODE）

EXPLODE 命令能将插入以后的块分解。

EXPLODE ↵

选择对象：

选择要分解的块，回车后该块即被分解成一些零散的实体。该命令不仅能将块分解，还能将多段线拆散成一系列的直线段和圆弧，将一个完整的尺寸标注拆散为线段、箭头和文本，将填充图案分解成分离的对象等。但是块和尺寸拆开后其组成部分的颜色、线型有可能发生变化，而形状不会改变；多段线拆开后其宽度、切线方向等信息也将丢失，所有直线段和圆弧将按 PLINE 的中心线放置。

§8.11　图　案　填　充

图案填充是指用图案将一封闭的区域填充，使用 AutoCAD 在工程图中画剖面线或材料符号（图 8-64），用的就是这项操作。

8.11.1　概念

图案填充是在一个封闭的区域进行的，围成填充区域的边界叫填充边界，边界需是直线、构造线、多段线、样条曲线、圆、圆弧、椭圆、椭圆弧等实体或这些实体组成的块。在总的填充区域的内部，可能嵌套有另外一些较小的封闭区域，这些较小的内部封闭区域称为**孤岛**。对于包含有孤岛的填充区域来说，有三种填充方式：

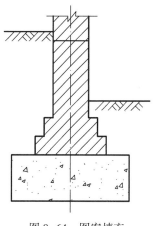

图 8-64　图案填充

1. 普通方式

这是默认的填充方式，填充效果如图 8-65（a）所示。该方式的特征是从边界向里画，剖面线遇到内部的孤岛就断开，再遇到嵌套的孤岛时又继续画。该方式的代号为 N。

2. 外层方式

如图 8-65（b）所示，从边界向里画，剖面线遇到孤岛时就断开，不再考虑内部的嵌套，其结果是只填充了最外层的区域。该填充方式的代号为 O。

3. 忽略方式

如图 8-65（c）所示，忽略内部孤岛的存在，整个填充区域被填满。该填充方式的代号为 I。

用于填充的图案，可以使用系统预定义了的，也可以由用户进行扩充或自定义。AutoCAD 预定义的图案有 80 多种，定义在图案文件 ACAD. PAT 和 ACADISO. PAT 中。被填

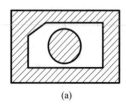 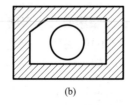 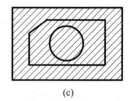

(a)　　　　　　　　　(b)　　　　　　　　　(c)

图 8-65　三种填充方式

充到图中的图案是个整体，可以使用 EXPLODE 命令将其分解。

8.11.2　填充的对话框操作（HATCH，BHATCH）

使用 HATCH 或 BHATCH 命令可进行填充的对话框操作，"图案填充和渐变色"对话框的样式及内容如图 8-66 所示。对话框上有两个标签，图 8-66 显示了"图案填充"标签的页面内容。"类型和图案"组框内可以设置图案的类型和选择具体的图案。图案类型有三种：预定义（Predefined）、用户定义（User defined）、自定义（Custom）。"图案"列表框可列出预定义的图案名称，使用该列表框右边的"…"按钮可以打开"填充图案选项板"，如图 8-67 所示。在选项板上可以选择使用的图案，所选取的图案名称将显示在"图案"列表框中，而图案的样式将显示在"样例"条框内。在"角度和比例"组框内可指定填充图案的转角和比例系数，该系数将调节图案的疏密程度。组框"图案填充原点"用于设置填充原点，以便图案能对齐边界上的某个点。

图 8-66　图案填充和渐变色对话框左半页

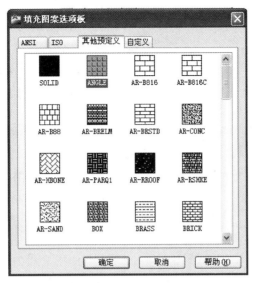

图 8-67　填充图案选项板

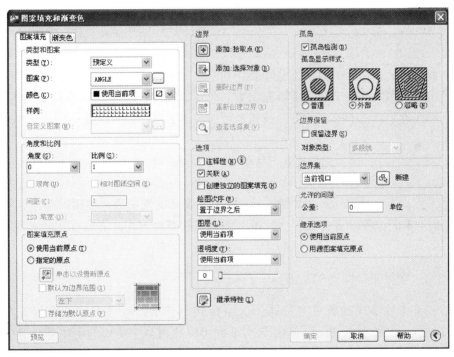

图 8-68　图案填充和渐变色对话框全页

在"图案填充和渐变色"对话框右侧的"边界"组框内,可以用指定内部点或用指定边界对象的方法构造填充区域的边界。选取"添加:拾取点"或"添加:选择对象"选项后,对话框将暂时隐去,供用户退回到图形窗口进行指点或选择对象操作。结束填充边界操作后即恢复对话框,这时按"确定"按钮,即可执行图案填充。在对话框的"选项"组框内可以设定填充图案是否与边界关联,有关联的填充,当边界在编辑中有了变形,图案会随着边界的变化而自动作适应性的改变。

图 8-69　渐变色标签页

"图案填充和渐变色"对话框右下角有一展开标记"⊙"，点击它，对话框将展开成图 8-68 所示全页形式。在"孤岛"组框内用户可以设置遇有孤岛时的填充方式。

"图案填充和渐变色"对话框的"渐变色"标签页面如图 8-69 所示，在此页面内可以选择用单色或双色进行渐变效果的填充。

8.11.3　图案编辑（HATCHEDIT）

使用 HATCHEDIT 命令可对已经填充的图案进行编辑修改。键入该命令后出现提示：

选择图案填充对象：

选择要修改的图案，然后弹出"图案填充编辑"对话框，该对话框和"图案填充和渐变色"对话框完全一样，只是某些项目不可用。利用"图案填充编辑"对话框，用户可以对已填充的图案进行诸如改变填充图案、改变填充比例和角度以及处理孤岛等操作。此外，利用标准工具栏上的"特性"按钮也可以对图案进行编辑修改。

§8.12　注 写 文 字

文字或称文本，是工程图的必要成分。注写文字之前先要定义使用的字体和**字样**，在具体注写时有**单行文字**和**多行文字**（段落文字）两种书写方式，下面对有关问题分别予以说明。

8.12.1　字体和字样（STYLE）

使用 STYLE 命令或选菜单"格式 \ 文字样式"选项，将进入"文字样式"（Text Style）对话框，如图 8-70 所示。利用该对话框可以选用写字使用的字体并设置字样。具体用法如下：

（1）要新建一种字样，需按下对话框右侧的"新建"按钮。在弹出的"新建文字样式"对话框中回答字样名字后，该名字即出现在"文字样式"对话框左上部的"样式"列表框内。接着，在"字体"组框内为该字样选择字体，在"大小"组框内为它设置高度（可以取值为 0，这时字的书写高度将在发出写字命令时再回答），在"效果"组框内为它设置书写效果，例如字的宽度系数（宽高比）、斜体字的向右倾斜度等。设置完成后按对话框下方的"应用"按钮，字样生效。

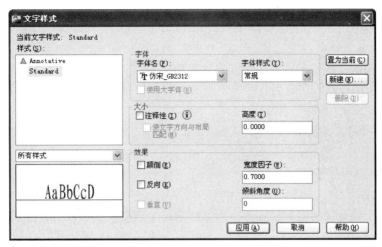

图 8-70 文字样式对话框

（2）"样式"列表框内可以列出已经创建的所有字样的名称，从中选取一种字样，按对话框右侧的"置为当前"按钮，即可将其选作当前使用的字样。对话框左下角的矩形框是所选字样的预览窗口。

（3）不再使用的字样，可用对话框右侧的"删除"按钮将它删除。

有四点需要加以说明：

（1）在工程图上书写汉字，除建筑工程图外，字体要选用不带@符号的"仿宋_GB2312"，并将其宽度系数设为 0.7。

（2）书写字母和数字应选用"gbeitc. shx"字体，宽度系数为 1，这种字体和我国制图标准中规定的数字、拉丁字母的字体一致。

（3）由于 windows 系统所配套的汉字库有差异，一些机器上的 AutoCAD 无法使用"仿宋_ GB2312"字体，在工程图中不能使用带有笔锋的长仿宋体的情况下，可用字体 gbe-itc. shx 和大字体 gbcbig. shx 的组合代替，并且宽度系数取 1 即可。

（4）使用某种字样写成的文字，当此后该字样使用的字体被重新设定后，那些已经写成的文字也将随之改变字形。

8.12.2 单行文字的书写（TEXT）

单行文字并非只能写一行，而是说每一行文字都是一个实体，有多行时它是多个实体的组合。使用 TEXT 命令可书写单行文字。

TEXT ↵
当前文字样式：<当前值> 当前文字高度 <当前值> 注释性 <当前值>
指定文字的起点或［对正（J）/样式（S）］：
各选项的功能如下：
（1）默认项是直接指定一点作为文字起点，接下去会出现提示：
指定高度 <当前值>： （设置字样时，文字高度若取 0，则需在此时指明高度）
指定文字的旋转角度 <当前值>：（指定文字底线的方向）

然后就可键入文字。每键入一个字符当即显示在图中指定的位置，敲错了可退格删去，空格为有效字符，回车则换行，连续回车可退出本命令。输入汉字时可使用流行的各种输入法。

绘图中使用的一些特殊字符，例如表示度的小圆圈，不能由键盘直接产生，为此 AutoCAD 提供了使用控制码实现特殊字符书写的方法。控制码以%%开头，下面是几个例子：

%%d——书写度的符号小圆圈

%%c——书写直径符号 φ

%%p——书写正负号±

%%%——书写百分号%

（2）选项 J

本选项用于确定文字的对齐方式，即怎样定位。选取本选项后 AutoCAD 提示：

输入选项［左（L）居中（C）右（R）对齐（A）中间（M）布满（F）左上（TL）中上（TC）右上（TR）左中（ML）正中（MC）右中（MR）左下（BL）中下（BC）右下（BR）］：

这些选项表明，是文字的哪个部位与上项选定的"起点"对准、定位。

（3）选项 S

本选项用于选择已定义过的某一字样作为当前写字使用的字样。

8.12.3　文字的编辑

点击标准工具栏上的"对象特性"按钮，则可通过"特性"对话框修改文字的内容和几何参数以及各种属性。

8.12.4　多行文字的书写及编辑

使用 MTEXT 命令或点击绘图工具栏的"A"图标按钮，命令行将提示用户创建一个用来写字的矩形区域，然后即弹出"文字格式"工具栏，如图 8-71 所示。利用这个工具栏可以选择字样，选择或改变字体、字高、宽度系数、倾斜角，还可以像在 Word 中那样插入特殊符号、产生特殊效果（如加粗、斜体、带下划线等）。书写多行文字时可以边写边进行编辑修改，各项属性也可以及时调整，直至最后完成了文字的书写，按"确定"按钮即结束操作，"文字格式"工具栏消失。

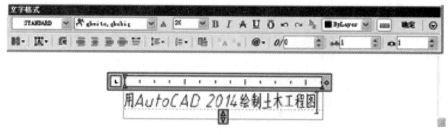

图 8-71　文字格式工具栏

前已述及，单行文字不一定就只有一行，多行文字也不一定就有多行。多行文字不管有多少行，整个是一整体。多行文字可以被分解，分解后可按单行文字编辑修改。

§8.13 尺 寸 标 注

8.13.1 概述

读者已经知道，工程图中的尺寸一般由尺寸界线、尺寸线、起止符号和尺寸数字 4 个要素组成。在 AutoCAD 中起止符号笼统地叫作箭头，其实它不仅仅是指尖尖的实心箭头，还包含许多其他形式的起止符号，如 45°短线、圆点等；尺寸数字在 AutoCAD 中叫尺寸文本。以上四个组成部分标注出来以后，一般是个整体的块，所以一道尺寸就是一个实体，编辑时点取它的任何成分就选中了这道尺寸。这样的标注叫**整合标注**。要想单独处理一道尺寸的局部成分，需要先将它分解。

用 AutoCAD 标注尺寸，有三个主要环节：

（1）尺寸标注样式的设置。例如起止符号是用箭头？还是使用 45°短线？尺寸线是连通的？还是中间断开的？尺寸界线伸出尺寸线多少？在 AutoCAD 中有关尺寸标注的四个要素之间的这些关系和形式是由尺寸变量控制的，理论上，可以通过修改尺寸变量的值对标注形式加以调节。

（2）尺寸标注的操作。AutoCAD 提供了一批标注尺寸的命令，它们多以 DIM 打头，标注尺寸是通过操作这些命令实现的。

（3）尺寸标注的编辑。对于已经标注了的尺寸，免不了要作形式、位置或尺寸数字方面的修改，AutoCAD 提供了编辑、修改已注尺寸的手段。

8.13.2 尺寸标注的类型

AutoCAD 将尺寸分为以下 6 个基本类型：

（1）线性尺寸，或称长度型尺寸；

（2）角度型尺寸；

（3）直径型尺寸；

（4）半径型尺寸；

（5）坐标型尺寸；

（6）引线和公差。

线性尺寸标注的是长度尺寸，根据尺寸线的性质又将它分为 6 种类型：

1. 水平标注

尺寸线为水平线，即用来标注对象的水平尺寸。

2. 垂直标注

标注对象的竖直尺寸。

3. 旋转标注

由指定尺寸线的转角确定尺寸线的方向。用这种方法标注水平尺寸时转角为 0，标注竖直尺寸时转角为 90°，等等。

4. 对齐标注

根据两个**标注点**决定尺寸线的方向。所谓标注点是指选取标注对象时指定的点，例如给一条线段标注长度，为了指明该线段需指出它的两端点，被点取的这两个端点就是两个标注点。在对齐标注中标注点连线的方向即为尺寸线的方向。

5. 基线标注

一组平行的尺寸线共用同一条尺寸界线，如图 8-72（a）所示。

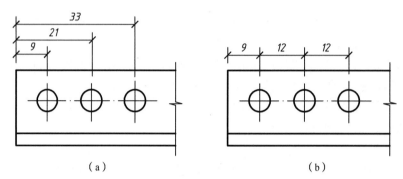

（a）　　　　　　　　　　　　　　　（b）

图 8-72　基线标注和连续标注

6. 连续标注

尺寸线首尾相接，如图 8-72（b）所示。

8.13.3　尺寸标注样式的设置（DDIM，DIMSTYLE）

直接修改尺寸变量的值来设定尺寸标注的形式，操作起来很麻烦。AutoCAD 提供了使用对话框设置尺寸标注样式的操作方法，用户在对话框中修改设置或选项，系统就自动修改了有关的尺寸变量。

使用 DDIM 或 DIMSTYLE 命令或选菜单"标注 \ 标注样式"，将弹出图 8-73 所示"标注样式管理器"对话框。该对话框包含的内容及用法如下：

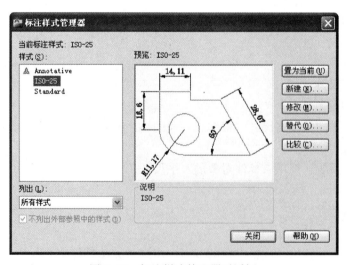

图 8-73　标注样式管理器对话框

（1）在"当前标注样式"后面显示出当前的尺寸标注样式名称。

（2）在"样式"区显示可用的尺寸标注样式。

（3）"列出"列表框内提供了控制尺寸标注样式名称显示的两个选项：

"所有样式"：显示所有的尺寸标注样式。

"正在使用的样式"：只显示被图形中的尺寸标注所用到的标注样式。

（4）"置为当前"按钮将把在"样式"区内选择的标注样式设置为当前标注样式。

（5）"新建"按钮用于创建新的标注样式。

（6）"修改"按钮用于修改当前标注样式中的设置。

（7）"替代"按钮用于设置临时的标注样式替代当前尺寸标注样式中的相应设置。

（8）"比较"铵钮用于比较两个标注样式的区别。

下面说明如何操作以创建新的标注样式。"修改"和"替代"操作使用的对话框和创建时使用的对话框内容相同，故不赘述。

选择"新建"按钮，首先弹出图8-74所示"创建新标注样式"对话框。在"新样式名"文本框内输入新样式的名称，在"基础样式"列表框内选择新创建的标注样式将以哪个已有的样式为基础。在公制单位制图中，AutoCAD提供了以"ISO-25"样式为基础样式，用户可在该样式的基础上进行修改，使其符合我国制图标准的规定。在"用于"列表框中指定新创建的标注样式将用于哪些类型的尺寸标注，打开这个列表框就能看到6种尺寸类型的名称和一个"所有标注"。在土木工程制图中长度尺寸的起止符号是45°短线，但在标注直径、半径时起止符号则改用实心箭头，所以AutoCAD允许为不同的尺寸类型创建不同的标注子样式。

图8-74　创建新标注样式对话框

以上输入工作做完后，击"继续"，则关闭"创建新标注样式"对话框，并进入"新建标注样式"对话框。以下以选择线性标注为例，说明设置标注子样式的操作方法。用于线性标注的对话框如图8-75所示。该对话框有7个标签，它们依次是"线"、"符号和箭头"、"文字"、"调整"、"主单位"、"换算单位"、"公差"。图8-75显示的是"线"标签页面。表8-3列出了本标签页的内容及其作用。使用"线"标签页可以设置尺寸线和尺寸界线。

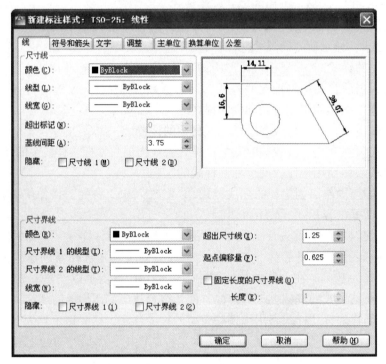

图 8-75 新建标注样式对话框"线"标签页

"线"标签页的使用 表 8-3

组合框	项 目	作 用
尺寸线	颜色 线型 线宽 超出标记 基线间距 隐藏	设置尺寸线的颜色 设置尺寸线的线型 设置尺寸线的线宽 设置尺寸线伸出尺寸线的长度 设置基线标注型的尺寸线间距 控制是否抑制尺寸线的第一段或第二段
尺寸界线	颜色 尺寸界线 1 的线型 尺寸界线 2 的线型 线宽 隐藏 超出尺寸线 起点偏移量 固定长度的尺寸界线	设置尺寸界线的颜色 设置第一条尺寸界线的线型 设置第二条尺寸界线的线型 设置尺寸界线的线宽 控制是否抑制第一条或第二条尺寸界线 设置尺寸界线超出尺寸线的长度 设置尺寸界线起点偏离标注点的偏移量 选择固定长度的尺寸界线

　　图 8-76 是"符号和箭头"标签页面的内容及形式，该页面用以设置尺寸起止符号、圆心符号及弧长符号等，各项目的具体含义及作用列于表 8-4 中。

图 8-76　新建标注样式对话框 "符号和箭头" 标签页

"符号和箭头" 标签页的使用　　　　　　　　　表 8-4

组合框	项　　目	作　　用
箭头	第一个	设置第一个尺寸起止符号的样式, 土木工程图的线性尺寸应选 "建筑标记"
	第二个	设置第二个尺寸起止符号的样式, 同上处理
	引线	设置引线的起止符号样式
	箭头大小	设置尺寸起止符号的大小
圆心标记	无	不作圆心标记
	标记	要作圆心标记
	直线	画中心线
弧长符号	标注文字的前缀	弧长符号注在文字的前面
	标注文字的上方	弧长符号注在文字的上方
	无	不写弧长符号
折断标注	折断大小	显示和设定用于折断标注的间隙大小
半径折弯标注	折弯角度	大半径圆弧的半径标注中尺寸线的折弯角度
线性折弯标注	折弯高度因子	设置折弯线的高度因子

　　图 8-77 是 "文字" 标签页面的内容及形式, 该页面用于设置尺寸文字的外观及注写位置等, 各项目的具体含义及作用列于表 8-5 中。

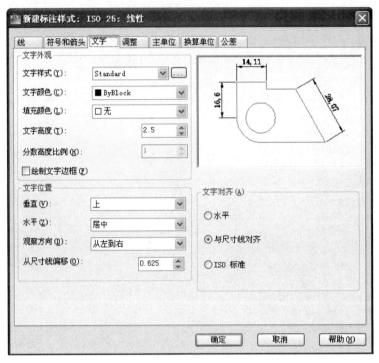

图 8-77　新建标注样式对话框"文字"标签页

"文字"标签页的使用

表 8-5

组合框	项 目	作 用
文字外观	文字样式 文字颜色 填充颜色 文字高度 分数高度比例 绘制文字边框	设置文本字样,击"…"按钮可创建新字样 设置文本颜色 设置文本区域的背景颜色 设置文本高度 设置分数高度比例 控制在文本四周画边框
文字位置	垂直	控制文本在尺寸线垂直方向的定位: 　　居中:标注在尺寸线断开处正中位置 　　上:标注在尺寸线上 　　外部:标注在尺寸线的标注点异侧 　　JIS:按照日本工业标准的规范标注 　　下:标注在尺寸线下
	水平	设置文本在尺寸线上相对于尺寸界线的水平位置: 　　居中:居中标注 　　第一条尺寸界线:注在靠近第一条尺寸界线处 　　第二条尺寸界线:注在靠近第二条尺寸界线处 　　第一条尺寸界线上方:沿第一条尺寸界线标注 　　第二条尺寸界线上方:沿第二条尺寸界线标注
	观察方向 从尺寸线偏移	控制标注文字的观察方向 设置文本与尺寸线的间隔
文字对齐	水平 与尺寸线对齐 ISO 标准	设定尺寸文本为水平排列 设定文本沿尺寸线方向排列 当文本在尺寸界线之间时沿尺寸线排列,当在尺寸界线之外时水平排列

图 8-78 是"调整"标签页面的内容及形式，该页面用于调整尺寸各要素间的关系，表 8-6 列出了页面内各项目的含义及作用。

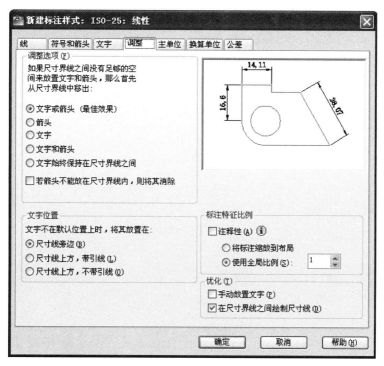

图 8-78　新建标注样式对话框"调整"标签页

"调整"标签页的使用　　　　　　　　　　　　　　　　　　　表 8-6

组合框	项　目	作　用
调整选项	如果尺寸界线之间没有足够的空间来放置文字和箭头，那么首先从尺寸线中移出： 　文字或箭头（最佳效果） 　箭头 　文字 　文字和箭头 文字始终保持在尺寸界线之间 若箭头不能放在尺寸界线内，则将其消除	 文本或箭头，取最佳效果 箭头 文本 文本和箭头 始终将文本放在尺寸界线间 如果空间不够则抑制箭头的显示
文字位置	文字不在默认位置时，将其放置在： 　尺寸线旁边 　尺寸线上方，带引线 　尺寸线上方，不带引线	 尺寸线旁边 尺寸线上方，并加引线 尺寸线上方，不加引线
标注特征比例	使用全局比例 将标注缩放到布局	设置使用多大的全局比例 按布局（图纸空间）缩放标注
优化	手动放置文字 在尺寸界线之间绘制尺寸线	选中了它，标注时可手动放置文本 选中了它，始终在尺寸界线之间绘制尺寸线

　　图 8-79 是"主单位"标签页面的内容及形式，该页面用于设置主单位的格式及精度，表 8-7 列出了页面内各项目的含义及作用。

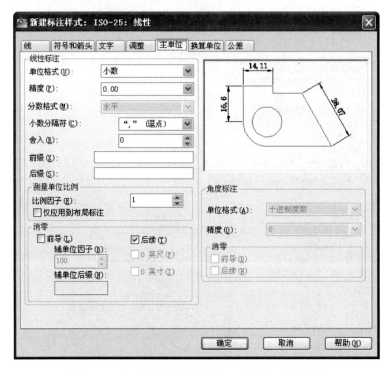

图 8-79　新建标注样式对话框"主单位"标签页

"主单位"标签页的使用　　　　　　　　　　　　表 8-7

组合框	项　　目	作　　用
线性标注	单位格式	设置线性尺寸的单位制
	精度	设定十进制中保留的小数位数，土木工程图选取 0
	分数格式	设置分数的格式
	小数分隔符	设置小数格式的分隔符
	舍入	设置舍入精度
	前缀	为尺寸数字添加前缀
	后缀	添加后缀
	比例因子	设置线性尺寸的比例因子
测量单位比例	仅应用到布局标注	仅将测量比例因子应用于在布局视口创建的标注
消零	前导	抑制前导 0
	后续	抑制后续 0
角度标注	单位格式	设置角度单位制
	精度	设定十进制中保留的小数位数
消零	前导	抑制前导 0
	后续	抑制后续 0

　　在土木工程图上标注尺寸，一般用不到"换算单位"和"公差"标签页。

　　经过以上 5 项设置后，就完成了"线性"尺寸子样式的创建。之后再要打开标注样式管理器时，就能看到在 ISO-25 下方出现了"线性"字样，点击它，就在右侧的预览图上看到它的标注外观，如图8-80所示，这与图8-73所显示的情景已有很大的差别。

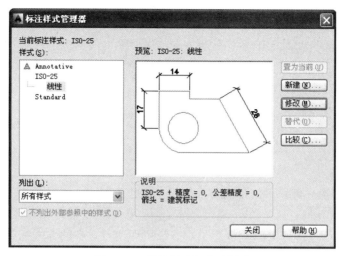

图8-80　线性尺寸标注子样式

8.13.4　尺寸标注的操作

在具体标注尺寸时，激活标注命令最方便的操作方式是使用"标注工具栏"，其样式如图8-81所示，标注前应该先打开它。但以下也提到了使用菜单选项。

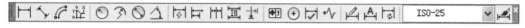

图8-81　尺寸标注工具栏

（一）线性尺寸的标注（DIMLIN）

1. 水平标注、垂直标注、旋转标注

使用DIMLIN命令或选菜单"标注\线性"可实现水平尺寸、竖直尺寸和倾斜尺寸的标注。

DIMLIN ↵

指定第一个尺寸界线原点或 <选择对象>：

对于这个提示有两种回答方式：

（1）直接空回车

这时将出现提示：

选择标注对象：

选取所要标注的目标，接着提示：

指定尺寸线位置或

［多行文字（M）文字（T）角度（A）水平（H）垂直（V）旋转（R）］：

这是要用户指定尺寸线的位置，此时移动鼠标，尺寸线即被拖着移动，找到合适的位置点击一下左键，一道尺寸即被标注完成。方括号内的选项含义如下：

M——按段落文字输入尺寸文本。

T——指定尺寸文本，不使用系统报告的测量值。

A——改变尺寸文本的书写方向。

H——指明要标注水平尺寸。

V——指明要标注竖直尺寸。

R——指明要标注倾斜尺寸。

（2）指定第一个标注点

这时将出现提示：

指定第二条尺寸界线原点：

用户再指定第二个标注点，接着出现提示：

指定尺寸线位置或

［多行文字（M）文字（T）角度（A）水平（H）垂直（V）旋转（R）］：

这个提示与前面的操作方式下出现的提示相同，此处不赘述。

2. 对齐标注（DIMALI）

使用 DIMALI 命令或选菜单"标注＼对齐"可用两点对齐的方式标注线性尺寸。

命令：DIMALI ↵

指定第一个尺寸界线原点或 <选择对象>：

接下去的操作方法和出现的提示与使用 DIMLIN 命令时相似，执行的结果是根据两点的连线方向决定了尺寸线的方向。

3. 基线标注（DIMBASE）

使用 DIMBASE 命令或选菜单"标注＼基线"可按基线形式标注尺寸。在采用本命令之前先要注出一个尺寸，接下来的操作方法是：

命令：DIMBASE ↵

指定第二条尺寸界线原点或［放弃（U）选择（S）］<选择>：

指定下一个尺寸的第二标注点，于是就注出了这道尺寸。接着又重复上面的提示，可用相同的方法操作，直至要结束标注时用 Esc 键退出本命令。

4. 连续标注（DIMCONT）

使用 DIMCONT 命令或选菜单"标注＼连续"可用连续形式标注尺寸。在使用本命令之前先要标注一道尺寸，然后按下述方法操作：

DIMCONT ↵

指定第二条尺寸界线原点或　［放弃（U）选择（S）］<选择>：

指定下一道尺寸的第二标注点，于是就注出了这道尺寸。接着又重复上面的提示，可用相同的方法操作，直至要结束标注时用 Esc 键退出本命令。

（二）角度型尺寸的标注（DIMANG）

使用 DIMANG 命令或选菜单"标注＼角度"可以标注角度。

DIMANG ↵

选择圆弧、圆、直线或 <指定顶点>：

对于这个提示有 4 种回答方式：

（1）空回车，这表示要定义一个角度对其进行标注。它的提示序列为：

指定角的顶点：

指定角的第一个端点：　　　　　　　　　　　　　　（指定角的第一边端点）

指定角的第二个端点：   （指定角的第二边端点）

指定标注弧线位置或［多行文字（M）文字（T）角度（A）象限点（Q）］：

                                            （指定角的尺寸线位置）

（2）选取一段圆弧，接下去的提示为：

指定标注弧线位置或［多行文字（M）文字（T）角度（A）象限点（Q）］：

（3）选取一个圆，可为该圆上的一段弧注出圆心角。选圆时的点即为第一条尺寸界线的起点，亦即弧的起点，弧是按逆时针方向计量角度的，接下去提示：

指定角的第二个端点：   （指定角的参考终点）

指定标注弧线位置或［多行文字（M）文字（T）角度（A）象限点（Q）］：

（4）选取一条直线，接着提示：

选择第二条直线：

指定标注弧线位置或［多行文字（M）文字（T）角度（A）象限点（Q）］：

按提示操作后注出了两直线间的夹角。

前面在线性尺寸标注中的基线标注、连续标注命令也可用于角度尺寸的标注。

（三）直径和半径的标注（DIMDIA，DIMRAD）

使用 DIMDIA 或选菜单"标注\直径"可为圆或圆弧标注直径，直径的符号 φ 是自动写出的；使用 DIMRAD 或选菜单"标注\半径"可以标注半径，半径的符号 R 也是自动加上的。直径和半径的标注操作类似，以直径的操作为例提示序列如下：

DIMDIA ↵

选择圆弧或圆：   （选取要标注的弧或圆）

标注文字＝<报告测量值>

指定尺寸线位置或［多行文字（M）文字（T）角度（A）］：   （指定尺寸线位置）

8.13.5　尺寸标注的编辑

对于已经注好了的尺寸可以使用特性管理器对话框或夹点编辑模式进行编辑。此外，还可使用 DIMEDIT 命令或将其分解后选定任一尺寸要素单独进行编辑、修改。DIMEDIT 命令的操作如下：

DIMEDIT ↵

输入标注编辑类型［默认（H）新建（N）旋转（R）倾斜（O）］<默认>：

各选项的含义是：

H——按默认位置、方向放置尺寸文本。

N——修改指定尺寸的数值。

R——将尺寸文本按指定的角度旋转。

O——修改线性尺寸标注，使尺寸界线偏转一角度而不与尺寸线垂直。

§8.14　建立自己的样板文件

为了提高工作效率，用户要根据本身的专业需要建立自己的**样板文件**。所谓建立样板文件，就是将自己经常使用的工作环境事先设置好，用存贮图形的办法将其命名存盘。保存起来的文件也许只有环境条件，例如绘图幅面、尺寸标注样式、图层设置、字体字样等，而根本就无图形，但这样的空文件可以作为画图的初始条件，以避免每次画图时都从头开始逐项条件进行设置。在土木工程制图中，由于尺寸的注写形式与 AutoCAD 的默认设置多不相同，仅设置尺寸标注样式的工作就是费时费力的操作，所以对于土木工程制图来说，建立自己的样板文件显得尤其重要。样板文件的文件名，其后缀可为 DWT，也可为 DWG，建议使用前者，并将文件放置在系统的 Template 子目录内，这样便于在系统启动时就直接调入它。

在样板文件中包含哪些设置？如何取值？这要根据用户的实际需要确定。下面以适应在竖放的 A4 幅面内用 1∶1 的比例画图的需要为例，说明建立样板文件应包含的基本设置与作图。这个例子对于建立其他幅面的样板文件也有参考意义。

1. 设置绘图界限

A4 幅面的尺寸为 210×297，设置绘图界限时可略大出一些，例如设置成（0，0）~（240，320）。

2. 设置图层、颜色、线型

0 层，默认色，实线，线宽 0.5，画可见轮廓线、图框线用；

1 层，红色，点画线（选用 ACAD_ISO04W100），线宽 0.13，画中心线、轴线用；

2 层，蓝色，虚线（选用 ACAD_ISO02W100），线宽 0.25，画不可见轮廓线、材料分界线用；

3 层，红色，实线，线宽 0.13，画剖面线、标注尺寸、写字用；

4 层，绿色，实线，线宽 0.13，画其他的细实线例如辅助作图线等使用。

线型比例取 0.3。

3. 画图框

在 0、4 号层内画图幅的内、外边框线。

4. 设置字体字样

建立"字样 1"，选用"仿宋_GB2312"字体，宽度系数取 0.7，用于书写汉字；

建立"字样 2"，选用"gbeitc. shx"字体，用于标注尺寸、书写拉丁字母及数字。

5. 设置尺寸标注样式

利用对话框操作在 ISO-25 下建立线性尺寸、角度、直径、半径、引线标注的子样式。

（1）线性标注子样式

设置"线"标签页：

"基线间距"取 7

"超出尺寸线"取 2

"起点偏移量"取 2

其他选项保持初始状态不改。

设置"符号和箭头"标签页：

箭头形式选"建筑标记"，大小取 2

其他选项保持初始状态不改。

设置"文字"标签页：

"文字样式"取"字样 2"

"文字高度"取 2.5

"垂直"选取"上"

"水平"选取"居中"

"从尺寸线偏移"取 1

在"文字对齐"下选取"与尺寸线对齐"

其他选项保持初始状态不改。

设置"调整"标签页：

在"调整选项"下选取"文字"

在"文字位置"下选取"尺寸线旁边"

在"标注特征比例"下选用"使用全局比例"为 1

在"优化"下打开"手动放置文字"和"在尺寸界线之间绘制尺寸线"

设置"主单位"标签页：

"精度"取 0

"舍入"取 1

"比例因子"取 1

其他选项保持初始状态不改。

（2）直径标注子样式

设置"符号和箭头"标签页：

箭头形式 选取"实心闭合"，大小取 3

设置"文字"标签页：

在"文字对齐"下选取"ISO 标准"

其余设置与长度尺寸相同。

（3）半径标注子样式

设置与直径标注子样式相同。

（4）角度标注子样式

在"文字"标签页内设置"垂直"为"外部"，设置"水平"为"居中"；在"调整"标签页内选取"文字或箭头（最佳效果）"

其余的设置与长度尺寸相同。

§8.15 图 形 输 出

在屏幕上画好的图，最终总要用绘图机或打印机将图输出到图纸上，才能在工程实践中使用。进行图形输出操作之前需要先为系统配置好输出设备。AutoCAD 允许同时配置多台输出设备，具体的配置方法此处不作叙述。

输出前应首先进行页面设置。选择菜单"文件 \ 页面设置管理器"，将弹出"页面设置管理器"对话框，如图 8-82 所示。点击"新建"按钮，则弹出图 8-83 所示"新建页面设置"对话框，在此对话框内给页面设置取名，按"确定"后弹出图 8-84 所示"页面设置"对话框。使用该对话框所进行的输出设置，将随着图形文件的存贮而被同时保存下来。

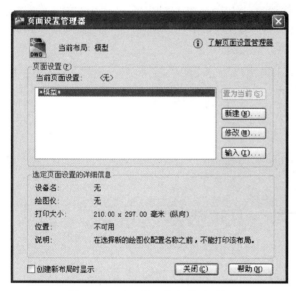

图 8-82 页面设置管理器对话框

图 8-83 新建页面设置对话框

图 8-84 页面设置对话框

　　"打印机/绘图仪"选项区用来选择输出设备；"图纸尺寸"列表框用于指定图幅大小；"打印范围"列表框用于指定输出的图形范围，从"窗口"、"范围"、"图形界限"、"显示"四项中选择一项；"打印偏移"用来调节图形在图纸上的位置；"打印比例"控制输出图形的大小，可选"布满图纸"，也可选择具体的比例，这个比例表示的是图纸上的毫米长度与图形单位间的对应关系，例如 1：2 代表 1 毫米对应于 2 个图形单位；"着色视口选项"主要用于三维图形的打印，用来控制着色和渲染视口的打印方式及质量；"打印选项"提供了可供选择的打印项目；"图纸方向"用来指定图形在图纸上的放法。使用对话框左下角的"预览"按钮，可以预览各项设置的输出效果。按"确定"，关闭页面设置管理器，即结束页面设置。最后要根据自己的页面设置，把图再保存一次。

键入 PLOT 命令或选菜单"文件 \ 打印"或单击标准工具栏上的"打印"按钮，都将进入图 8-85 所示"打印"对话框。该对话框内显示了页面设置的各项内容，如果这些设置没有什么需要再改变，直接按"确定"即可打印输出。

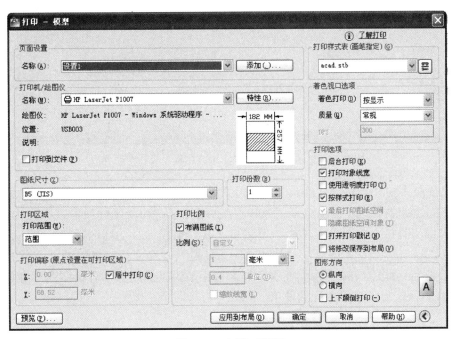

图 8-85 打印对话框

§8.16 AutoCAD 2016 简要介绍

相比以前的版本，AutoCAD 2016 优化了界面，新增了命令预览、实景计算、Exchange 应用程序等新功能，对底部状态栏进行了整体优化，进一步增强了硬件加速效果等。这些改进或新增功能对 AutoCAD 初学者的影响较小，但是工作空间界面的变化，可能会给初学者带来一些不便。AutoCAD 2016 只提供了三种工作空间："草图与注释"、"三维基础"和"三维建模"。之前版本中的"AutoCAD 经典"工作空间，在 AutoCAD 2016 中已不再提供，在二维绘图时可在"草图与注释"工作空间中进行。

打开系统之后，可以看到 AutoCAD 2016 的初始工作环境是"深色主题"的运行界面。在绘图区的最左侧位置醒目地显示了一个较大的浅色方框，内有"开始绘制"的字样，这就是一个提示进入开始绘图工作的按钮。拖动光标去点击它，系统就进入了默认的"草图与注释"工作空间，然后在屏幕下方的状态栏上点击一下左起第二个按钮"栅格"，屏幕就清洁地转换为图 8-86 所示的操作界面效果。

图 8-86 AutoCAD 2016 "草图与注释" 工作空间界面

与之前版本中 "AutoCAD 经典" 工作空间相比，AutoCAD 2016 "草图与注释" 工作空间的不同之处主要体现在隐藏了 "菜单栏"，增加了 "功能区选项卡"，将 "绘图工具栏"、"修改工具栏"、"标准工具栏" 等诸多工具栏集成到 "功能区面板" 中，而导航工具 "ViewCube"、"坐标系图标"、"快速访问工具栏"、"命令行窗口" 及 "状态栏" 等布局基本无变化，如图 8-86 所示。在本章前面各小节讲授的绝大部分绘图命令和操作，均可以在 AutoCAD 2016 版本中继续使用。

第9章 AutoCAD 三维绘图

§9.1 概 念

投射到平面上的图形，其本身总是二维的，但习惯上人们把能够反映物体三维形象的图形（轴测、透视）叫**三维图形**。而在 AutoCAD 中，三维图形又是一种特指，它是三维空间模型的一个视图，该视图不是采用二维画线的方法一条线一条线地拼画出来的。要得到三维图形必须先建立**三维模型**，这是问题的关键和本质。三维建模也叫**几何造型**。通过建模获得的三维模型，用不同的方式或从不同的方向观察（作投影），就得到了不同显示效果的图形，包括各种正轴测图和透视图。建模，投影，这就是三维绘图的基本含义。在 AutoCAD 中，模型不能被显示成斜轴测图。但当观察方向顺着坐标轴时还可得到物体的正面图、平面图、侧面图等视图。在三维模型的图形显示中，看不见的线叫**隐藏线**，看不见的面叫**隐藏面**，去掉这些看不见的部分不予显示，叫作**消隐**。AutoCAD 可以进行自动消隐，还可以对物体表面**着色**、**渲染**，得到真实感很强的三维图形。

用户利用 AutoCAD 可以建立以下三种形式的三维模型：

1. 线框模型

线框模型是对三维物体的轮廓进行的描述，就像是用铁丝绑扎的一个空架子，它没有面和体的特征。在 AutoCAD 中，用户可以在三维空间里用二维和三维绘图的方法建立线框模型。对线框模型不能进行消隐、渲染。

2. 表面模型

表面模型不仅定义了三维物体的轮廓，而且还定义了它的表面，就像是在铁丝绑扎的架子上用不透明的纸贴上去了一样。表面模型具有面的特征，是被表面包围起来的空壳。表面模型可以被消隐、渲染。

3. 实体模型

实体模型具有体的特征，用户可以对它进行挖孔、剖切以及进行布尔运算操作，还可以分析实体模型的体积、质心、惯性矩等物理特征。在屏幕上，实体模型可以按线框模型或表面模型的显示方式来显示。

AutoCAD 提供了建立各种三维模型的方法，出于画工程图的需要，本章涉及的主要是后面的两种模型。为了得到三维图形，除建模外本章还将讲述有关三维显示和图形的渲染技术。

在三维建模时仍然可以使用"AutoCAD 经典"窗口界面，但最好还是使用"三维建模"窗口界面。它的明显特点，是在打开了的功能区内显示出了"常用"、"实体"、"曲面"、"渲染"等 15 项"选项卡"，对应于每一选项卡都集合了一组有关的"面板"，这些面板类似于以前用过的工具栏，它上面布置了许多图标按钮供用户操作。同时，"三维建模"窗口界面上还隐藏了"AutoCAD 经典"窗口中的一些界面成分（主要是工具栏），以便给用户提供尽量大的屏幕空间。图 9-1 示出了"常用"、"实体"、"曲面"、"网格"、"视图"等选项卡所对应的面板。本章主要使用三维建模窗口界面进行讲述。

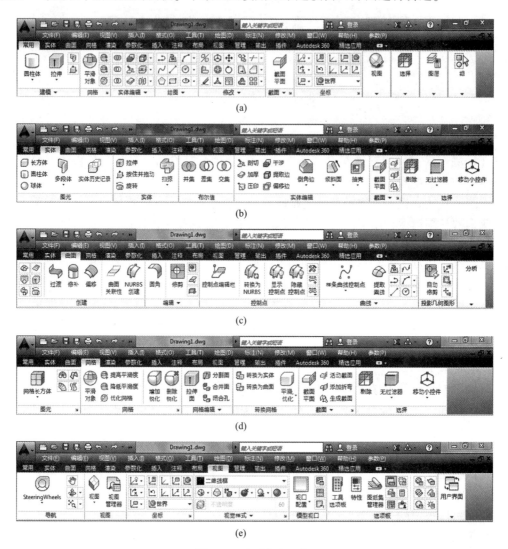

(a)

(b)

(c)

(d)

(e)

图 9-1　选项卡和面板

（a）常用；（b）实体；（c）曲面；（d）网格；（e）视图

　　为了操作上的方便，在三维建模工作空间仍然可以激活菜单栏，就像图 9-1 中所显示的那样。激活的方法是设置系统变量 MENUBAR 为 1，或在"快速访问工具栏"上单击"自定义"下拉菜单中的"显示菜单栏"。

§9.2　三维坐标和三维图形显示

9.2.1　三维坐标

　　三维空间中点的位置由 x、y、z 三个坐标确定，描述一个三维形体需要使用三维坐标。三维坐标系是右手坐标系，当 XY 坐标面位于显示器的屏幕平面时，Z 轴垂直于屏幕而指向显示器外部。在二维绘图中用户使用的屏幕平面就是三维坐标系中的 XY 坐标面，但实际上的确存在着正向指着观察者的 Z 坐标轴，只不过那时在输入点的坐标时均忽略了它的 z 坐标，系统是按 z 坐标为 0 接收的。

在三维绘图中使用 UCS 命令可以改变坐标原点或坐标轴的方向，建立用户作图所使用的坐标系。二维绘图命令是针对 XY 坐标面设计的，在三维绘图中要使用 UCS 命令将 XY 坐标面定义在物体的某个表面上，才可以对该表面使用二维绘图命令画图。例如图 9-2 中将立方体的右侧面定义成 XY 坐标面，则在此面内可以使用画圆的命令 CIRCLE 画出其三维显示效果为椭圆的图形；将房屋屋顶坡面定义成 XY 坐标面，用画矩形的命令 RECTAN-GLE 画出的矩形天窗，其三维显示效果为一平行四边形。

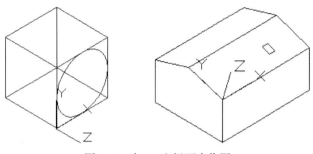

图 9-2　在 XY 坐标面内作图

UCS 命令的选项提示如下：

指定 UCS 的原点或［面（F）命名（NA）对象（OB）上一个（P）视图（V）世界（W）X Y Z 轴（ZA）］<世界>：

"指定 UCS 的原点"是通过指定一点、两点或三点定义一个新的坐标系。如果仅指定一点，当前的坐标系原点将移动到该点处而各坐标轴的方向仍保持不变。如果根据提示输入了两点，则它们确定了 X 坐标轴。如果根据提示输入了三点，则它们共同确定了 XY 坐标面，按照右手定则 Z 坐标轴也被同时确定。括号内的另外几个选项的含义如下：

F——以选定的三维实体的面为坐标面建立坐标系。

NA——命名保存某个坐标系、调用已保存的某个坐标系或删除一个坐标系。

OB——根据选取的对象建立 UCS，使对象位于 XY 坐标面上。例如点取一个圆，则圆心为新坐标系原点，点取的点确定正 X 轴，正 Z 轴向外垂直于圆平面，根据右手定则确定正 Y 轴。

P——从当前坐标系恢复到上一个坐标系。

V——以垂直于观察方向（平行于屏幕）的平面为 XY 坐标面建立新的坐标系，UCS 的坐标原点不变。该选项常用于在三维观察方向下使文字以平面方式显示而不受图形扭曲影响的场合。

W——返回到世界坐标系。

X Y Z——将当前坐标系绕选定的一条轴旋转一个指定的角度。面对着选定的轴观看时逆时针方向转动为正角。

ZA——指定一点作为新的坐标原点，同时选择一点作为正 Z 轴上的点，XY 平面垂直于新的 Z 轴。

坐标系图标的显示控制由 UCSICON 命令实现。

9.2.2　三维观察方向

三维模型从某个方向观察即得到三维图形。这里采用的是平行投影，投射方向由三维视点到坐标系原点的连线的方向确定（图 9-3），投影面垂直于投射方向。所以这样的三维图形是正轴测投影。在特殊情形下，当视点取在某条坐标轴上时，对应的投影面就是该轴所垂直的那个坐标面，三维图形则退化成了多面正投影图中的一个视图。在 AutoCAD 中没有生成斜轴测图的功能，但是通过定义摄像机可以显示成透视图。

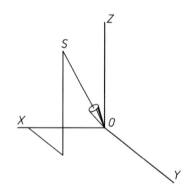

图 9-3　由视点位置确定观察方向

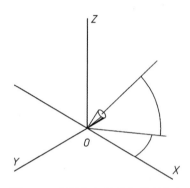

图 9-4　由两个夹角确定观察方向

选择三维视点有多种操作方法：

1. 使用 VPOINT 命令

VPOINT ↵

当前视图方向：VIEWDIR = 0.0000, 0.0000, 1.0000

指定视点或 ［旋转（R）］ <显示指南针和三轴架>：

对于这个提示有 3 种回答方法：

（1）直接键入视点的 3 个坐标，此即确定了一个视点。

（2）回答 R，这表示根据两个角度确定观察方向，这两个角度是视线在 XY 平面上的投影对 X 轴的夹角和视线与 XY 平面的夹角（图 9-4）。所以接下来要回答以下两项提示：

输入 XY 平面中与 X 轴的夹角 <当前值>：

输入与 XY 平面的夹角 <当前值>：

指定角度后图形将重新生成，显示出从新的视点位置观察到的三维图形。

（3）用空回车响应，这时屏幕上将出现一个三维坐标架（三轴架）和一个罗盘（指南针），如图 9-5 所示，这两个图标共同作用可以确定三维观察方向。罗盘是一个球的水平投影示意图，用以表示所有可能的三维视点位置。拖动光标在罗盘范围内移动时，三维坐标架的 X、Y 轴即绕着 Z 轴转动，转动的角度是和罗盘上所选的视点位置一致的。罗盘的中心代表北极（0，0，1），内圆表示赤道，当光标在内圆以内运动时相当于视点活动在上半球，它的 z 坐标为正；整个外圆代表南极（0，0，-1），当光标在内、外圆之间运动时相当于视点活动在下半球,它的 z 坐标为负。

图9-5　坐标架和罗盘

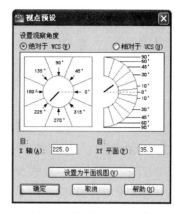

图9-6　视点预设对话框

2. 使用 DDVPOINT 命令

键入 DDVPOINT 命令后将弹出图9-6所示"视点预设"对话框。在对话框左边的圆形刻度盘上可以拨动指针以改变视线在 XY 平面上的投影对 X 轴的夹角,在右边的半圆形刻度盘上可选择视线对 XY 平面的夹角。两个夹角也可以直接用数字敲在刻度盘下方的文本框内。

3. 使用菜单

选用菜单"视图 \ 三维视图",则进入三维视点子菜单,通过该子菜单可以快速选择一个预设的特殊观察方向,也可以从这里进入"视点预设"对话框或显示三维坐标架。子菜单中有三组菜单项,第一组是:

视点预设——显示"视点预设"对话框(图9-6)。

视点——显示三维坐标架及罗盘(图9-5)。

平面视图——进入"平面视图"子菜单,指定平面视图是基于哪一个坐标系的。

第二组包括了获得六个基本视图的投射方向,第三组是四个常用的正等轴测投影的投射方向。

4. 使用功能区面板

在"常用"选项卡的"视图"面板上提供了快速选择常用观察方向的按钮。

9.2.3　消去隐藏线

在三维建模过程中物体常以线框或网格的形式显示,不区分可见与不可见。使用 HIDE 命令,可使表面模型和实体模型在显示时去掉那些不可见的线,即消去隐藏线。 HIDE 命令没有选项,键入后即执行。消隐是图形显示中的临时效果,使用 REGEN 命令可回到原图。在"常用"选项卡的"视图"面板上有许多"视觉样式"可选,在那里除了三维消隐外还可以选择其他的视觉效果。

9.2.4　回到平面视图

使用 PLAN 命令可以快速回到 XY 平面视图方式,即视点变为 (0, 0, 1)。

PLAN ↵

输入选项［当前 UCS（C）UCS（U）世界（W）］<当前 UCS>：

对于这个提示，其默认选项是显示当前 UCS 的 XY 平面视图，并且极大化；选项 U 显示以前存贮的 UCS 上的 XY 平面视图；选项 W 则显示世界坐标系的 XY 平面视图。

§9.3　三维空间的线和面

二维绘图中的画点和某些画线命令，用三维坐标回答点的位置，得到的就是三维空间的点和线，例如直线、样条曲线等就是这样的。在建立简单物体的表面模型时，可以使用三维画线的方法先建立起线框模型，然后在线框骨架上贴上三维面，即可获得三维表面模型。此外，AutoCAD 还提供了许多直接产生复杂曲面和形体表面模型的命令。下面选讲一些有关命令的操作。

1. 三维多段线（3DPOLY）

三维多段线只能画直线段，不能画圆弧，亦不能定义线宽。

3DPOLY ↵

指定多段线的起点：

指定直线的端点或［放弃（U）］：

指定直线的端点或［放弃（U）］：

指定直线的端点或［闭合（C）放弃（U）］：

2. 螺旋线（HELIX）

键入 HELIX 或选菜单"绘图＼螺旋"，则执行绘制螺旋线的操作

HELIX ↵

圈数 = 3.0000　　　　扭曲 = CCW

指定底面的中心点：

指定底面半径或［直径（D）］<当前值>：

指定顶面半径或［直径（D）］<当前值>：

指定螺旋高度或［轴端点（A）圈数（T）圈高（H）扭曲（W）］<当前值>：

顶面半径与底面半径相同，画出的是圆柱螺旋线，二者不同画出的是圆锥螺旋线。圈数的默认值是 3，不修改圈数而直接回答螺旋高度，画出的就是三圈螺旋线，相邻两圈间的圈高就被确定。可以通过选项 T 改变圈数，或通过选项 H 改变圈高。选项 W 用来设置螺旋线的走向是逆时针还是顺时针。

3. 面域（REGION）

面域是具有边界的平面区域，其内部可以有孔。它与单纯的封闭线框不同，它是一个面对象，不仅有边界，而且包含边界围成的平面区域。在三维建模中可以把它作为有限的平面贴到某个模型上。

使用 REGION 命令，或者在菜单项"绘图"下选"面域"，可以把由某些对象围成的封闭区域转换为面域，这些封闭的区域可以是由圆、椭圆、封闭的二维多段线和封闭的样条曲线围成的，也可以是由圆弧、直线、二维多段线、椭圆弧、样条曲线等对象联合构成的。

面域是个二维实体模型，执行消隐命令可以消去被它遮挡的隐藏线。在 AutoCAD 中可

以对共面的面域进行"交、并、差"布尔运算，还可以提取其惯性矩等质量特性。有关布尔运算的操作，本书将在后面讲述。

4. 边界曲面（EDGESURF）

边界曲面在菜单"绘图\建模\网格"中称为"边界网格"，它是由用户指定的四条首尾相接的边界线来构造的一个三维网格曲面。操作提示如下：

EDGESURF ↵
当前线框密度：SURFTAB1 = 6　SURFTAB2 = 6
选择用作曲面边界的对象 1：
选择用作曲面边界的对象 2：
选择用作曲面边界的对象 3：
选择用作曲面边界的对象 4：

用于生成边界曲面的各条边界线需事先绘出，它们只能是直线、圆弧、非闭合的样条曲线、非闭合的二维或三维多段线。用户选择四条边时，选择的第一条边决定了网格的 M 方向，与它相邻的边即为网格的 N 方向。系统变量 SURFTAB1 控制 M 方向上网格的划分数目，SURFTAB2 控制 N 方向上网格的划分数目。用户可以设置或修改 M、N 的值以调整网格的疏密程度。图9-7是这种曲面的一个例子。

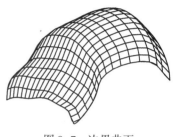

图9-7　边界曲面

5. 直纹曲面（RULESURF）

这里取名的直纹曲面（"直纹网格"）是指由直母线沿两条导线运动生成的曲面，如图9-8所示。作为导线的"定义曲线"，可以是直线（如双曲抛物面）、点（如锥面）、弧、圆、样条曲线、二维或三维多段线等，但两条导线必须同时为开口的或同时为闭合的，并且只允许其中之一为点。操作时使用 RULESURF 命令，其提示序列为：

RULESURF
当前线框密度：SURFTAB1 = 6
选择第一条定义曲线：
选择第二条定义曲线：

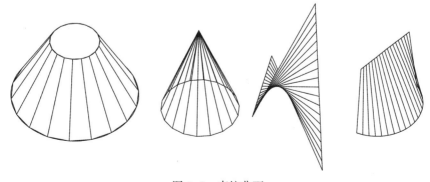

图9-8　直纹曲面

当导线为开口时，母线的运动是从导线上距拾取点近的那一端开始的。导线的分段数由系统变量 SURFTAB 1 的值控制。

6. 平移曲面（TABSURF）

使用 TABSURF 命令可将给出的轮廓曲线沿指定的方向移动生成一个柱面，此即平移曲面（"平移网格"），如图 9-9 所示。

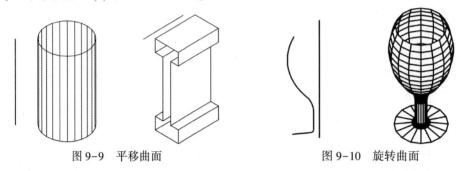

图 9-9　平移曲面　　　　　　　　　　图 9-10　旋转曲面

TABSURF ↵

当前线框密度：SURFTAB1＝6

选择用作轮廓曲线的对象：

选择用作方向矢量的对象：

轮廓曲线即曲面的母线，它可以是直线形、圆弧、圆、椭圆弧、椭圆、样条曲线、二维或三维多段线。方向矢量即移动的导线，可以由直线或断开的多段线来确定。如果是直线，则离拾取点近的一端为方向矢量的起点；如果是多段线，则由多段线的起点至终点确定矢量。

7. 旋转曲面（REVSURF）

给出一条曲线（母线）和旋转轴，可以生成旋转曲面（"旋转网格"），如图 9-10 所示。母线可以是直线、圆弧、圆、样条曲线、二维或三维多段线。母线和旋转轴必须事先画出。

REVSURF ↵

当前线框密度：SURFTAB1＝6　SURFTAB2＝6

选择要旋转的对象：

选择定义旋转轴的对象：

指定起点角度 <0>：

指定包含角（＋＝逆时针，－＝顺时针）<360>：

提示要求指定的起点角度，是指旋转的起始位置与母线给出位置间的偏转角。下一行提示要求指定包含角，即旋转角，其默认值为 360°，即转一整圈。旋转方向为 M 方向，旋转轴方向为 N 方向，M、N 的值分别由系统量 SURFTAB1 和 SURFTAB2 控制，它们决定了曲面上网格的疏密程度。

8. 基本形体的网格表面（MESH）

使用 MESH 命令，或从"网格"选项卡内选择"图元"面板上的"网格长方体"，均可进入创建网格表面的操作，但二者的提示有微小差别。键入命令时的提示如下：

MESH ↵

当前平滑度设置为：0

输入选项 [长方体 (B) 圆锥体 (C) 圆柱体 (CY) 棱锥体 (P) 球体 (S) 楔体 (W) 圆环体 (T) 设置 (SE)] <长方体>:

选项"设置 (SE) "可以设置网格的密度和平滑度,密度的调整是通过选项"镶嵌 (T) "进行的:

指定平滑度或 [镶嵌 (T)] <0>: t

回答 t 能弹出"网格图元选项"对话框,改变对话框里"镶嵌细分"中的数字即可改变网格密度。MESH 命令提供了创建七种基本形体表面的选项,图 9-11 显示了这些网格表面的样子。可以通过"网格"面板改变它们的平滑度,还可以通过"转换网格"面板将它们转换成实体。

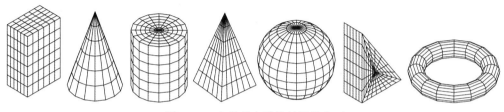

图 9-11 七种基本形体的网格表面

§9.4 三维实体造型

三维实体是真正的实心立体,它具有体的特征,可以对其进行挖孔、切割以及作布尔运算等操作。

9.4.1 基本三维实体

AutoCAD 提供了直接生成多段体、长方体、球体、圆柱体、圆锥体、楔形体、圆环体、棱锥体 8 种基本实体的命令,下面是这些命令及其提示序列:

1. 多段体 (POLYSOLID)

多段体也称多实体,是多段等高等厚的平板或筒状曲面体构成的连续实体,该实体是由矩形轮廓包围的平面沿直线或曲线连续移动形成的,如图 9-12 所示。命令的提示序列为:

POLYSOLID ↵
高度 = 80.0000,宽度 = 5.0000,对正 = 居中
指定起点或 [对象 (O) 高度 (H) 宽度 (W) 对正
(J)] <对象>:
　指定下一个点或 [圆弧 (A) 放弃 (U)]:
　指定下一个点或 [圆弧 (A) 放弃 (U)]:
　指定下一个点或 [圆弧 (A) 闭合 (C) 放弃
(U)]:

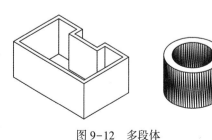

图 9-12 多段体

选项 O 表示可以选择已有的二维对象直线、

二维多段线、圆、圆弧等转换成多段体,选项 H 用于设置多段体的高度,选项 W 用于设

置壁厚，选项 J 用来设定光标点与矩形轮廓的对齐方式。先绘制二维对象，再设置高度或宽度，然后通过选择对象把它转换成多段体，是生成多段体灵活而有效的方法。

2. 长方体（BOX）

长方体是最常用的基本立体，命令的操作及提示序列为：

BOX ↵

指定第一个角点或 ［中心（C）］:

指定其他角点或 ［立方体（C）长度（L）］:

指定高度或 ［两点（2P）］:

可以通过指定角点或指定底面中心确定底平面，然后输入长方体的高度。高度可以用数字回答，也可以用移动光标确定。

3. 球体（SPHERE）

命令的操作及提示序列为：

SPHERE ↵

指定中心点或 ［三点（3P）两点（2P）切点、切点、半径（T）］:

指定半径或 ［直径（D）］:

半径可以用键入数字回答，也可以用移动光标确定。

4. 圆柱体（CYLINDER）

命令的操作及提示序列为：

CYLINDER ↵

指定底面的中心点或 ［三点（3P）两点（2P）　切点、切点、半径（T）椭圆（E）］:

指定底面半径或 ［直径（D）］<当前值>:

指定高度或 ［两点（2P）轴端点（A）］<当前值>:

直接指定底圆圆心，表明要创建直圆柱，接下来要回答底圆的半径或直径及圆柱的高度。选项 E 表示创建椭圆柱，接下来要确定椭圆底面和椭圆柱的高度。高度值可以用数字回答，也可以用移动光标确定。

5. 圆锥体（CONE）

命令的操作及提示序列为：

CONE ↵

指定底面的中心点或 ［三点（3P）两点（2P）切点、切点、半径（T）椭圆（E）］:

指定底面半径或 ［直径（D）］<当前值>:

指定高度或 ［两点（2P）轴端点（A）顶面半径（T）］<当前值>:

直接指定底圆圆心，表明创建直圆锥，接下来要回答底圆的半径或直径及顶点位置或锥高。选项 E 表示创建椭圆锥，接下来要确定椭圆底面和顶点的位置或锥高。锥高可以用数字回答，也可以用移动光标得到。使用第三行提示的选项 E 可以创建圆台。

6. 楔形体（WEDGE）

命令的操作及提示序列为：

WEDGE ↵

指定第一个角点或 ［中心（C）］:

指定其他角点或 ［立方体（C）长度（L）］:

指定高度或 ［两点（2P）］<当前值>:

前两行提示用于定义基面，可通过指定基面角点或基面中心入手进行操作。最后一行提示要求给出高度，可用数字回答，也可用移动光标确定。

7. 圆环体（TORUS）

命令的操作及提示序列为：

<u>TORUS</u> ↵

指定中心点或［三点（3P）两点（2P）　切点、切点、半径（T）］：

指定半径或［直径（D）］<当前值>：

指定圆管半径或［两点（2P）直径（D）］<当前值>：

半径可用数字回答，也可用移动光标确定。

8. 棱锥体（PYRAMID）

该命令用来生成正棱锥或棱台的实体模型，命令的操作及提示序列为：

<u>PYRAMID</u> ↵

4 个侧面　外切

指定底面的中心点或［边（E）侧面（S）］：

指定底面半径或［内接（I）］<当前值>：

指定高度或［两点（2P）轴端点（A）顶面半径（T）］<当前值>：

第一行提示报告了当前的棱面数和底面多边形与圆的定位关系是内接还是外切，通过第二行提示的选项 S 可以改变棱面数目，通过第三行提示的选项 I 可以改变底面多边形与圆的定位关系，通过第四行提示的 T 选项可以控制顶面以便生成棱台。

9.4.2　由二维图形生成三维实体

1. 拉伸（EXTRUDE）

使用 EXTRUDE 命令或选菜单"绘图＼建模＼拉伸"可将二维对象用拉伸的方法生成形状复杂的实心体（图 9-13）或曲面（被拉伸的二维对象不闭合时）。命令的提示序列为：

图 9-13　拉伸生成三维实体或曲面

<u>EXTRUDE</u> ↵

当前线框密度：　ISOLINES＝4，闭合轮廓创建模式 ＝ 实体

选择要拉伸的对象或［模式（MO）］：

指定拉伸的高度或［方向（D）路径（P）倾斜角（T）表达式（E）］<当前值>：

选项 D 允许用给出两点的方法指定拉伸方向，选项 P 允许选择拉伸的路径，选项 T 允许使用倾斜角，使在拉伸过程中缩小或放大底面。倾斜角指的是底面在拉伸过程中的收敛角，其取值范围为大于-90°，小于 90°，正的取值将使拉伸后的顶面小于原底面，负的取值将使拉伸后的顶面大于原底面，取值为 0 时将产生柱体。

拉伸的对象可以是圆、椭圆、封闭的样条曲线、多边形、封闭的二维多段线等，拉伸的路径可以是直线、圆、椭圆、圆弧、椭圆弧、二维或三维多段线、样条曲线等。

2. 旋转（REVOLVE）

使用 REVOLVE 命令或选菜单"绘图\建模\旋转"可将一个二维对象绕一条轴线旋转成旋转实体（图 9-14）。可以用来旋转的二维对象有圆、椭圆、封闭的样条曲线、封闭的二维多段线等。命令的提示序列为：

图 9-14　旋转生成实体

REVOLVE ↵

当前线框密度：ISOLINES = 4，闭合轮廓创建模式 ＝实体

选择要旋转的对象或［模式（MO）］：

指定轴起点或根据以下选项之一定义轴［对象（O）X Y Z］<对象>：

指定旋转角度或［起点角度（ST）反转（R）表达式（EX）］<360>：

能够作为旋转轴使用的有图上已存在的直线、X 轴、Y 轴、Z 轴、由指定两点确定的直线等。

3. 扫掠（SWEEP）

使用 SWEEP 命令或选菜单"绘图\建模\扫掠"可将二维对象沿指定的路径扫掠成三维实体或曲面。二维对象是闭合的，将生成实体；二维对象是开口的，则生成曲面。命令的提示序列如下：

SWEEP ↵

当前线框密度：　ISOLINES＝4，闭合轮廓创建模式 ＝ 实体

选择要扫掠的对象或［模式（MO）］：

选择扫掠路径或［对齐（A）基点（B）比例（S）扭曲（T）］：

扫掠的对象可以是直线、圆、椭圆、圆弧、椭圆弧、二维多段线、二维样条曲线、面域、三维面等，扫掠的路径可以是直线、圆、椭圆、圆弧、椭圆弧、二维和三维多段线、二维和三维样条曲线、螺旋线等。选项 A 用于设置扫掠对象是否垂直于路径曲线；选项 B 用于设置扫掠的基点；选项 S 规定扫掠中的比例因子，扫掠对象将按该比例因子逐渐缩放，使得实体逐渐变粗或变细；选项 T 设置扫掠对象在运动过程中的扭曲角度。图 9-15 是圆沿螺旋线扫掠形成的螺旋弹簧。

图 9-15　扫掠生成实体

4. 放样（LOFT）

LOFT 命令根据给出的一组横截面进行放样生成三维实体或曲面（图 9-16）。横截面要么同时都是闭合曲线，这时生成的将是实体；横截面要么同时都是开口曲线，这时生成的将是曲面。"放样"命令的提示序列如下：

当前线框密度：　ISOLINES＝4，闭合轮廓创建模式＝实体

按放样次序选择横截面或［点（PO）合并多条边（J）模式（MO）］：

按放样次序选择横截面或［点（PO）合并多条边（J）模式（MO）］：

按放样次序选择横截面或［点（PO）合并多条边（J）模式（MO）］：

按放样次序选择横截面或［点（PO）合并多条边（J）模式（MO）］：

……

输入选项［导向（G）路径（P）仅横截面（C）设置（S）］<仅横截面>：

最后一行提示要求指明生成实体或曲面的控制方式。默认方式是"仅横截面"，选择了选项 S 将弹出一个"放样设置"对话框，使用对话框的设置控制实体或曲面的形状。选项 P 允许按指定的单条路径曲线放样生成实体或曲面，路径曲线必须与所有的横截面相交。选项 G 允许使用多条导向曲线控制实体或曲面的形状。

可以作为横截面曲线的有直线、圆、圆弧、椭圆、椭圆弧、二维多段线、二维样条曲线、点（只限于用作第一和最后一个横截面）。可以作为路径曲线的有直线、圆、圆弧、椭圆、椭圆弧、二维和三维多段线、二维和三维样条曲线、螺旋线。可以作为导向曲线的有直线、圆弧、椭圆弧、二维和三维多线、二维和三维样条曲线。

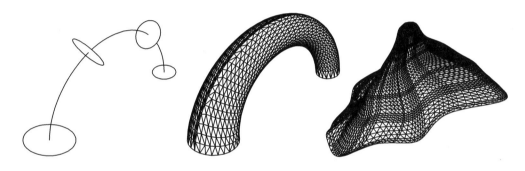

图 9-16　放样生成实体模型

5. 按住并拖动（PRESSPULL）

使用 PRESSPULL 命令或选用功能区"常用"选项卡的"建模"面板上的"按住并拖动"按钮，可将闭合的二维边界区域或三维实体的平表面拉伸成实体。该实体为一柱体，它可以成为某实体上拔出的凸台（图 9-17a），也可以成为从某实体上压进去的凹槽或空洞（图 9-17b），还可以在一个三维形体上再造一个新的形体（图 9-17c）。

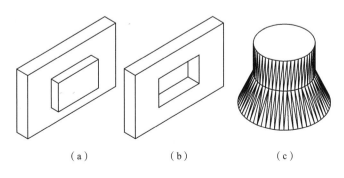

（a）　　　　　　　（b）　　　　　　　（c）

图 9-17　按住并拖动有边界区域创建三维实体

9.4.3　构造组合体模型

将已建立的几个基本立体作相交、相加、相减操作可以生成组合体。相交、相加、相减是由布尔运算交、并、差实现的。

1. 并集（UNION）

使用 UNION 命令可将几个立体合并成一个整体。这样，当两个立体相贯时能够自动得出相贯线，如图 9-18（b）和（f）所示。

UNION ↵

选择对象：

选择对象：

2. 差集（SUBTRACT）

使用 SUBTRACT 命令可从一组立体上减去另一组立体，其效果是从一立体上挖去了一块，如图 9-18（c）和（g）所示。

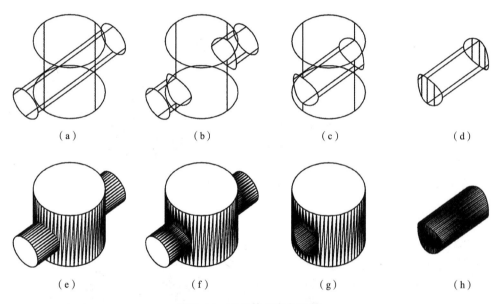

（a）　　　　　　　（b）　　　　　　　（c）　　　　　　　（d）

（e）　　　　　　　（f）　　　　　　　（g）　　　　　　　（h）

图 9-18　两立体的布尔运算

SURTRACT ↵

选择要从中减去的实体、曲面和面域…

选择对象：

选择要减去的实体、曲面和面域…

选择对象：

3. 交集（INTERSECT）

交集运算的结果是得出相交立体的公共部分，如图 9-18（d）和（h）所示。

INTERSECT ↵

选择对象：

选择对象：

共面的面域也可以进行布尔运算，如图 9-19 所示。

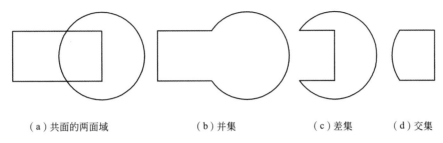

（a）共面的两面域　　　　（b）并集　　　　（c）差集　　　（d）交集

图 9-19　面域的布尔运算

9.4.4　三维实体的切割

1. 剖切（SLICE）

使用 SLICE 命令可将三维实体切开，保留其某一半或两者均保留，如图 9-20 所示。命令操作及提示序列如下：

SLICE ↵

选择要剖切的对象：

指定　切面　的起点或［平面对象（O）曲面（S）Z 轴（Z）视图（V）XY（XY）YZ（YZ）ZX（ZX）三点（3）］<三点>：

在所需的侧面上指定点或　　［保留两个侧面（B）］<保留两个侧面>：

可以指定三点确定剖切平面，或者按照提示中的选项指明如何确定剖切平面。其中的 *XY*、*YZ*、*ZX* 表示使用与当前 UCS 的 *XY*、*YZ*、*ZX* 坐标面平行的平面作为剖切平面，这是最常使用的情形。最后一行提示是询问用户拟保留物体切开后的两侧还是只保留一侧，若只保留一侧需用在形体上指点的办法指明要保留哪一侧。

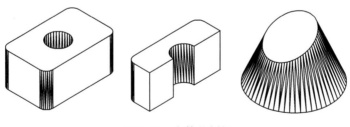

图 9-20　实体的剖切

2. 截面（SECTION）

使用 SECTION 命令可指定剖切平面将物体剖切，生成断面图形。

SECTION ↵

选择对象：

指定　截面 上的第一个点，依照［对象（O）Z 轴（Z）

视图（V）XY（XY）YZ（YZ）ZX（ZX）三点（3）］<三点>：

该行提示的意义及操作与 SLICE 命令相同。图 9-21 所示是剖切后将断面图形用移动命令移到物体外面的结果。

图 9-21　对实体模型作断面

3. 倒角（CHAMFER）

CHAMFER 命令在二维绘图中可对两相交直线倒角，在三维绘图中可对三维实体进行倒棱角处理。命令的操作及提示序列如下：

CHAMFER ↵

（"修剪"模式）当前倒角距离 1 =<当前值>，距离 2 =<当前值>

选择第一条直线或［放弃（U）多段线（P）距离（D）角度（A）修剪（T）方式（E）多个（M）］：

基面选择...

输入曲面选择选项［下一个（N）当前（OK）］<当前（OK）>：

此时要求用户选择倒角的基面，所谓基面是指包含所选边的两个相邻平面中的某一个。图上醒目地显示了这个平面，如果用户认可这个基面可直接回车，若拟选用另一个则键入 N，于是另一个面即变为醒目显示。确定了基面后系统继续提示：

指定 基面 倒角距离或［表达式（E）］：

指定 其他曲面 倒角距离或［表达式（E）］：

选择边或［环（L）］：

输入基面倒角距离和其他曲面倒角距离就指定了切掉的棱角尺寸。对于最后一行提示若选了一条边，表示要切掉的棱角包含这条边，接下来还将重复出现这个提示，用户可以继续选取别的棱边，直至用回车结束选择，前面所选过的各棱角即被统统切掉。选项 L 表示对基面各边均作倒角，形成一个回路。

4. 圆角（FILLET）

FILLET 命令可对二维图形进行倒圆角，也可对三维实体作倒圆角处理。

FILLET ↵

当前设置：模式 = 修剪，半径 =<当前值>

选择第一个对象或［放弃（U）多段线（P）半径（R）修剪（T）多个（M）］：

输入圆角半径或［表达式（E）］：

选择边或［链（C）环（L）半径（R）］：

直接选取一条边，表示要在此处倒圆角，接着重复出现这个提示，用户还可以继续选择别的边，直至用回车结束选取，前面所选过的各棱边处均被做成了圆角。选项 R 表示可以重置倒角半径，选项 C 可使相切的多条边均被选中。

9.4.5 实体造型示例

如同在手工绘图中画组合体一样，要建立一个实体模型，也要先进行形体分析，以确定该实体模型的生成方法。不过这种分析需依据 AutoCAD 所允许的三维实体造型手段来进行。一个形体用实体造型手段来分析，往往可以有不同的方法生成它。图 9-22 所示台阶，可分成两部分完成，中间的阶梯可用拉伸的方法得到，也可以用四个长方体经过并集运算生成；左右两边的边墙可用拉伸的方法得到，也可用长方体被平面剖切去掉一角得到，还可以用长方体上倒棱角的方法得到。各分块做好对齐后应该作并集运算以合成一个整体。

图 9-23 表示了一个纪念碑，它由三块组成。左右两块可用长方体切去一个角或拉伸五边形的方法生成，中间的一块用长方体生成，摆放好它们的相对位置后对三块作并集运算，即可得到该纪念碑的整体模型。

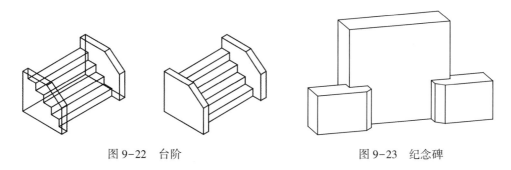

图 9-22 台阶   图 9-23 纪念碑

图 9-24 表示了一个零件类组合体。底座由长方体减去两个圆柱体得到。中间的支撑板可由长方体和圆柱体经并集运算生成，其上的孔可由支撑板减去圆柱体得到。左右和中间的三个斜撑是楔形体。整个形体构造出来后要作一次并集运算，以消除同一平面上不应存在的分界线。

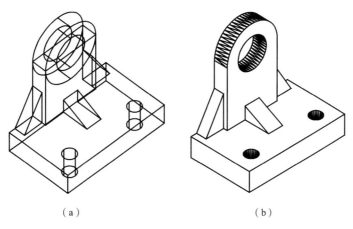

（a）   （b）

图 9-24 零件类组合体

§9.5　三维空间中的编辑

三维编辑是在三维空间进行的编辑。编辑的对象可以是三维对象（无论它是三维表面还是三维实体），也可以是二维对象。除前述各种建模方法外，编辑往往也是创建或改造三维模型的常用手段。下面是一些编辑命令的简单说明：

1. 三维移动（3DMOVE）

选菜单"修改 \ 三维操作 \ 三维移动"可激活该命令，它可将对象在三维空间作移动。

3DMOVE ↵
选择对象：
指定基点或［位移（D）］<位移>：
指定第二个点或 <使用第一个点作为位移>：

2. 三维旋转（ROTATE3D）

三维旋转是绕着旋转轴进行的，所以 ROTATE3D 命令的提示包括指定旋转对象、旋转轴和旋转角：

ROTATE3D ↵
当前正向角度：ANGDIR = 逆时针 ANGBASE = 0
选择对象：
指定轴上的第一个点或定义轴依据
［对象（O）最近的（L）视图（V）X 轴（X）Y 轴（Y）Z 轴（Z）两点（2）］：Y ↵（以 Y 轴方向为例）
指定 Y 轴上的点 <0，0，0>：
指定旋转角度或［参照（R）］：

旋转轴可以通过指定的两点确定，也可以通过选择一个对象确定，还可以选用 X、Y、Z 坐标轴方向或视图观察方向（选项 V）的旋转轴，也可以沿用上一次（选项 L）的旋转轴。图 9-25（a）中利用三维旋转摊平了三维物体的断面图。

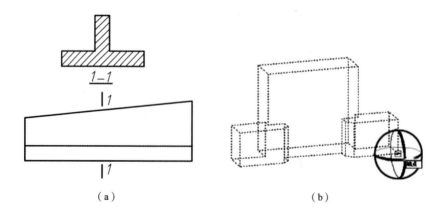

（a）　　　　　　　　　　　　　　　　　（b）

图 9-25　三维旋转

如果选用菜单"修改\三维操作\三维旋转",则激活的是 3DROTATE 命令,它的提示序列与上述有些差别,但都能实现三维旋转的效果。在三维显示状态下命令激活后,出现一个球形坐标架,如图 9-25(b)所示。选择基点后坐标架到了基点处,当鼠标走近球形坐标架上的红、绿、蓝三色椭圆时,能分别激活 X、Y、Z 方向的旋转轴,选用其中之一,再回答转动角度,即可实现三维旋转。

3. 三维镜像(MIRROR3D)

选菜单"修改\三维操作\三维镜像"可激活本命令,使用它可将对象相对于镜像平面作对称变换。

<u>MIRROR3D</u>↵

选择对象:

指定镜像平面(三点)的第一个点或

[对象(O)最近的(L)Z 轴(Z)视图(V)XY 平面(XY)YZ 平面(YZ)ZX 平面(ZX)三点(3)]<三点>: <u>yz</u>↵　　　　　　　　　　　(以 YZ 平面为例)

指定 YZ 平面上的点 <0,0,0>:

是否删除源对象?[是(Y)否(N)]<否>:

可以输入 3 个点确定镜像平面;选项 O 表示选择一个对象,用对象所在的平面作为镜像平面;选项 L 表示沿用最近所使用的镜像面;选项 Z 表示由平面上一个点和平面法线上一个点来确定镜像平面;选项 V 表示采用通过指定点而平行于观察平面的平面作为镜像平面;XY、YZ、ZX 表示采用与坐标面平行的平面作为镜像平面。

4. 三维阵列(3DARRAY)

选菜单"修改\三维操作\三维阵列"可激活本命令,使用它可以在三维空间作出矩形阵列或环形阵列。在矩形阵列中要指明阵列的行数(Y 方向)、列数(X 方向)和层数(Z 方向),以及行、列、层之间的间距。在环形阵列中,要指明阵列对象数量、填充角度、旋转轴的始点和终点,以及对象是否围绕阵列中心旋转。

下面是矩形阵列中关于行、列、层的提示:

<u>3DARRAY</u>↵

正在初始化...已加载 3DARRAY。

选择对象:

输入阵列类型[矩形(R)环形(P)]<矩形>:

输入行数(---)<1>:

输入列数(|||)<1>:

输入层数(...)<1>:

指定行间距(---):

指定列间距(|||):

指定层间距(...):

此外,如果有必要,用 EXPLODE 命令可将实体模型分解,得到表面模型,表面模型再分解可得线框模型。但是这个过程不可逆。

5. 三维对齐(3DALIGN)

选菜单"修改\三维操作\三维对齐"可激活本命令,它将移动和旋转选定的对象,使三维空间中的源对象和目标对象的基点、X 轴和 Y 轴对齐。

3DALIGN ↵

选择对象：

指定源平面和方向 . . .

指定基点或［复制（C）］：

指定第二个点或［继续（C）］<C>：

指定第三个点或［继续（C）］<C>：：

指定目标平面和方向 . . .

指定第一个目标点：

指定第二个目标点或［退出（X）］<X>：

指定第三个目标点或［退出（X）］<X>：

6. 加厚曲面（THICKEN）

选菜单"修改 \ 三维操作 \ 加厚"可激活加厚曲面的命令，它能将平面曲面加厚成三维实体。

THICKEN ↵

选择要加厚的曲面：

指定厚度<0.0000>：

7. 转换为曲面（CONVTOSURFACE）

选菜单"修改 \ 三维操作 \ 转换为曲面"可激活本命令，它可将多段线或样条曲线绘制的闭合二维图形、面域、具有厚度的直线或圆弧、三维平面、具有厚度的开口的零宽度的多段线等转换成曲面。

CONVTOSURFACE ↵

选择对象：

8. 转换为实体（CONVTOSOLID）

选菜单"修改 \ 三维操作 \ 转换为实体"可激活本命令，它能将具有厚度的统一宽度多段线、具有厚度的零宽度闭合多段线、具有厚度的圆转换成三维实体。

9. 实体编辑（SOLIDEDIT）

实体编辑是对实体自身的编辑改造，由此可以改变实体的形状。菜单"修改 \ 实体编辑"的二级菜单中分项列出了各种具体的编辑项目，可以直接选择其中的任何一个单项操作。但总的操作命令是 SOLIDEDIT，下面是这一命令的提示序列：

SOLIDEDIT ↵

实体编辑自动检查：SOLIDCHECK = 1

输入实体编辑选项［面（F）边（E）体（B）放弃（U）退出（X）］<退出>：

实体编辑包括对"面""边""体"的处理，如果选取了"面（F）"，将提示：

输入面编辑选项

［拉伸（E）移动（M）旋转（R）偏移（O）倾斜（T）删除（D）复制（C）颜色（L）材质（A）放弃（U）退出（X）］<退出>：

可以看出，面编辑包括对实体的表面进行拉伸、移动、旋转、偏移、倾斜等操作，而这些操作将导致三维实体的形状发生改变。如果选取了"边（E）"，将可以对棱边进行复制、着色等处理。如果选取了"体（B）"，将可以对实体进行抽壳、分割、压印等操作。总之，实体编辑技术大大丰富了三维造型的方法与手段。

§9.6 模型空间和图纸空间

9.6.1 概念

模型空间与**图纸空间**是两种不同的屏幕工作状态。模型空间用于建立物体模型,而图纸空间则用于将模型空间中生成的三维或二维物体按用户指定的观察方向正投射为二维图形(也就是工程制图中所说的视图),并且允许用户按需要的比例将图摆放在图形界限内的任何地方。

在前面的学习中,用户所处的操作环境就是模型空间,这是一个三维空间,尽管有时只画二维实体。如果将用户在模型空间中从不同方向观察物体得到的视图放置在同一平面上,就像在工程图纸上那样画出物体的立面图、平面图、侧面图、轴测图等,这个摆放诸多视图的平面就是图纸空间。所以,图纸空间是一个二维环境,就像一张图纸。用户可以在此环境下安排各个视图,标注尺寸,并可将视图分别调整成不同的绘图比例。

在计算机屏幕上用户可以划分出一些矩形的观察区域,叫作**视窗**或**视口**。在模型空间和图纸空间都可以这样做。两个空间的使用由系统变量 TILEMODE 控制。当 TILEMODE 的值为 1 时,用户将工作在模型空间;当系统变量 TILEMODE 的值为 0 时,AutoCAD 就进入了图纸空间工作状态。AutoCAD 还提供了专为此状态使用的一些操作命令,如 MSPACE、PSPACE 以及 ZOOM 命令的 S 选项 XP 方式等。

9.6.2 图纸空间内的多重视窗

要进入图纸空间可直接设置系统变量 TILEMODE 的值为 0。当用户处于模型空间时,点击绘图区下方的"布局"(Layout)选项卡,或者点击状态栏中的"模型"按钮,就相当于设置了系统变量 TILEMODE 的值为 0,所以系统就进入了图纸空间。在图纸空间坐标系图标变成了直角三角形的样子,用户在图纸空间可以布置视图、调整绘图比例、标注尺寸、加画图框和标题栏,直至进行图形输出。要从图纸空间返回到模型空间,可以再点击绘图区下方的"模型"选项卡即可。

在图纸空间用户可以使用 VPORTS 或 MVIEW 命令设置多重视窗。当使用 VPORTS 时,屏幕上将弹出图 9-26 所示"视口"对话框。利用该对话框可以建立多个浮动的视窗,此时在每个视窗内都会有同一个模型的一个视图,如图 9-27 所示。这些视图可以来自不同的观察方向,即每个视窗可以独立选择和改变投射方向,于是就会在同一张图纸上得到同一模型的正立面图、平面图、左侧立面图、轴测图等。

在图纸空间里,每个视窗是个独立的整体。用鼠标点击某个视窗的边框,该视窗内的视图就被整体选中,这时使用二维的移动命令就可调整该视图的位置,也可以对它进行按比例缩放等其他二维操作。但在图纸空间里却不能直接改变视图的观察方向。

用户可以在保持系统变量 TILEMODE 为 0 的状态下,通过 MSPACE 命令或点击状态条上的"图纸"按钮从图纸空间去访问模型空间(称为浮动的模型空间),以便继续建立

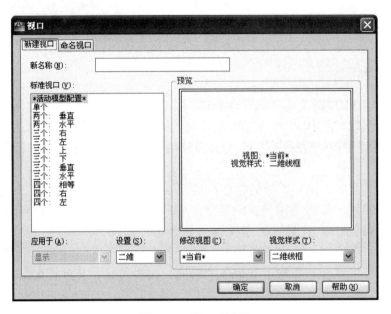

图 9-26　视口对话框

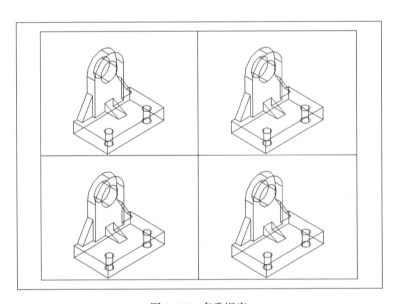

图 9-27　多重视窗

或修改模型、选择观测方向。在浮动的模型空间里，仍然保留着视窗的分割关系，但同一时间只有一个视窗是当前的工作窗口。用鼠标在某个视窗内点击一下，这个视窗即被激活，成了当前的工作窗口，修改模型或改变观察方向只能在当前视窗内进行。分别激活每个视窗，可以逐个改变对模型的观察方向，于是就可在各个视窗内得到各不相同的视图。从浮动的模型空间随时可通过 PSPACE 命令或点击状态条上的"模型"按钮再返回到图纸空间。

9.6.3 多视窗应用示例

设已经建立了图 9-28 所示房子的模型，试在图纸空间布置它的三面投影和轴测图，如图 9-29 所示。

本题目的操作步骤如下：

（1）建立一个新层 1，并置为当前层，图层颜色为绿。

（2）单击"布局"选项卡，进入图纸空间，如图 9-30 所示。

（3）先删除原先的单一视窗，再执行 VPORTS 命令，选择四个相等的视口，再选"布满（F）"，得图 9-31。

（4）单击"图纸"按钮，切换到浮动的模型空间，得图 9-32。

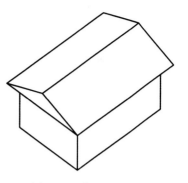

图 9-28　房子三维模型

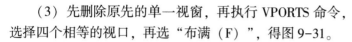
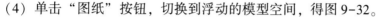
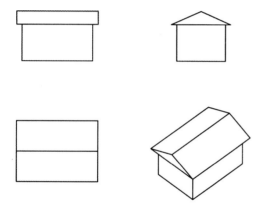

图 9-29　房子模型的三面投影图和轴测图

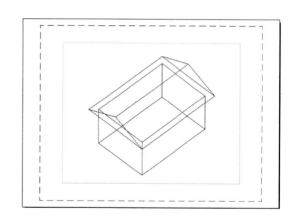

图 9-30　进入图纸空间

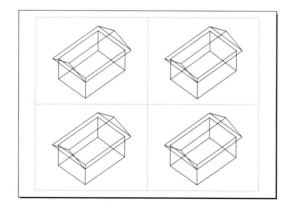

图 9-31　划分成 4 个浮动视窗

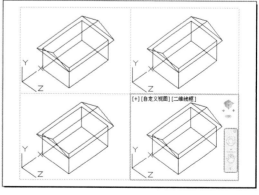

图 9-32　浮动模型空间的 4 个视窗

267

（5）再逐个选取左上、左下、右上 3 个视窗为当前视窗，分别选菜单"视图 \ 三维视图"的下一级菜单中的"前视"、"俯视"、"左视"，使它们显示成立面图、平面图、侧面图，并用 ZOOM 命令的 S 选项的 XP 方式调整各个视图的大小（三个视图的比例系数取一致以便达到"长对正、高平齐、宽相等"）。再选左下、右下视窗先后执行 HIDE 命令进行消隐，得图 9-33。

（6）单击状态条上的"模型"按钮切换到图纸空间，用 MOVE 命令调整各视窗的位置以改变各视图间的距离，得图 9-34。

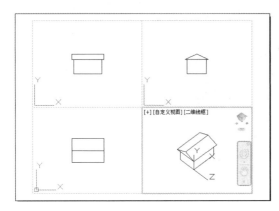

图 9-33　三面投影图及轴测图

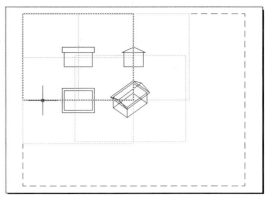

图 9-34　调整视窗位置

（7）关闭 1 号图层，则视窗的边框被隐藏，最终得到图 9-29 所示的样子。

在手工绘图中通常是先画物体的正投影图，然后根据正投影图画出物体的三维图形。本例说明，在计算机绘图中可以先在三维空间构造物体的三维模型，然后用三维观察的方法得到物体的各个视图。使用图纸空间可将物体的各个视图及三维图形布置在一张图纸上，并可以分别处理每个视图的大小。

要想在从图纸空间打印出图时得到消隐的效果，需在建立多视窗时先将"视口"对话框中的"视觉样式"（图 9-26）选为"隐藏"，然后再指定视窗的分割。或者在已经分割后才想指定某些视窗要消隐出图，则可使用 MVIEW 命令的"着色打印（S）"选项，通过其下一级提示中的"隐藏（H）"选项来实现有选择的消隐打印。

§9.7　渲染技术初步

渲染是三维图形的临时显示效果。渲染中运用了光照、材质处理技术，得到的是具有真实感的图形，它在建筑、土木和水利工程、工业产品的造型设计中有广泛的用途。

9.7.1　三维图形的显示

1. 与实体模型有关的系统变量

在默认状态下，三维实体模型是以线框形式表示的。执行了消隐命令 HIDE 后，图形上消除了隐藏线，而曲表面的可见部分则显示出纹路或网格。下面的三个系统变量影响到显示的效果：

（1）当三维实体以线框形式表示时，系统变量 ISOLINES 确定其曲表面上的素线数目，即影响其网格线数，有效取值为 0~2047，默认值为 4。

（2）当三维实体以消隐或渲染形式显示时，系统变量 FACETRES 用于控制实体表面的光滑程度，有效取值为 0~10，取值越大，表面越光滑，默认值为 0.5。

（3）对于线框图或消隐图，系统变量 DISPSILH 用于控制曲表面的显示方式，其默认值为 0，不显示曲面的轮廓线。当取值为 1 时则可以显示轮廓线，这时如果又用 HIDE 消隐，则将去掉纹路和网格而仅以外形轮廓线表示曲表面。

2. 视觉样式

除使用 HIDE 命令进行消隐显示外，还可通过选择**视觉样式**控制对象的显示外观。打开"视觉样式"工具栏，如图 9-35（a）所示那样，上面有五种传统的视觉样式可选。图 9-35 的其余各图表示了同一件物体的这五种视觉样式的显示效果。如果选菜单"视图\视觉样式"，则在其下一级菜单中更可以看到有十种视觉样式可供选用。

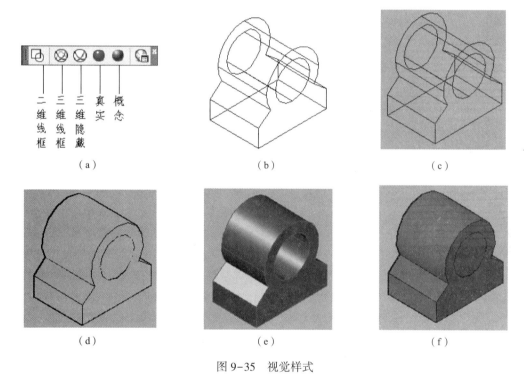

图 9-35 视觉样式

（a）工具栏；（b）二维线框；（c）三维线框；（d）三维隐藏；（e）真实；（f）概念

3. 三维导航工具 ViewCube

默认情况下，在绘图区的指定位置有一个称为"ViewCube"的三维导航工具，如图 9-36 所示，它主要由一个立方体和罗盘组成。这是一个可以动态观察模型的手动工具。在接近它的位置点击鼠标右键可以弹出快捷菜单，使用它里面的选项可以将图形改为平行投影或透视投影，也可以定义"主视图"，或者对 ViewCube 进行设置。点击立方体表面上的或者罗盘上的汉字区域，可以将图形切换成相应的基本视图，例如"前视"、"左视"、"俯视"等。鼠标走近立方体的棱边、顶点或罗盘的圆环，按住左键拖动，还可以转动模型进行观察。

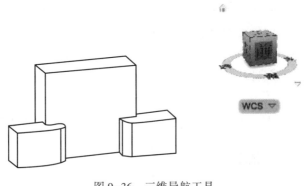

图 9-36　三维导航工具

9.7.2　设置光源

采光和材质是渲染的两大必备要素。采光是通过设置光源实现的。场景中没有光源时，系统将使用默认光源对场景进行着色。默认光源是沿观察方向的一组平行光，模型中所有的面均被照亮，以便使其可见。用户选择"渲染"选项卡的"光源"面板，点击"光源"后面的小三角形标志，可以为默认光源调整亮度和对比度，但不需要为它设置位置。用户可以自主创建的光源有三种：**点光源**、**聚光灯**、**平行光**。当要创建和使用这些光源时，应当关闭默认光源。

点光源相当于灯泡，距物体是有限的距离。从一点出发，向任意方向放射的光源是最具有自然特性的光源。聚光灯是对目标集中照射的光源。平行光是从远距离射来的定向光源，而且其亮度无衰减。这些光源都有颜色、强度、阴影等共同属性。

在光线的照射下，物体上受光的表面显得明亮，称为**阳面**；背光的表面显得阴暗，称为**阴面**，简称阴。在物体不透明的情况下，光线受到阳面的阻挡，在物体自身或其他物体原来受光的表面上出现了阴暗的区域，称其为**影**，接受影的表面称为**承影面**。阴和影合称为**阴影**。上述三种光源都可以产生阴影，但是必须要有承影面才能显示出影。例如图 9-37 中如果没有球下方的那块板，也就看不到球的影子了。

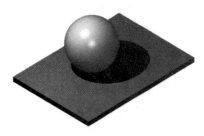

图 9-37　阴影效果

1. 点光源

在"渲染"选项卡下的"光源"面板上单击"点"光源按钮，即进入点光源的设置操作：

POINTLIGHT ↵
指定源位置<0，0，0>：
输入要更改的选项［名称（N）强度因子（I）状态（S）光度（P）阴影（W）衰减（A）过滤颜色（C）退出（X）］<退出>：
各选项的含义如下：
N—指定光源的名称。

I—设置光源的强度，取值 0.00 至系统支持的最大值。

S—打开或关闭光源。

P—控制光源可提供的一些特性。

W—设置光源的阴影：

输入［关（O）锐化（S）已映射柔和（F）已采样柔和（A）］<锐化>：

使用"关"选项能关闭光源的阴影显示和生成阴影的计算，提高渲染处理速度；使用"锐化"选项产生的是带有鲜明边界的阴影；使用"已映射柔和"选项产生的是带有柔和边界的真实阴影；使用"已采样柔和"选项产生的是真实阴影和基于扩展光源的较柔和的阴影。

A—设置光源的衰减特性。

C—控制光源的颜色：

输入真彩色（R，G，B）或输入选项［索引颜色（I）HSL（H）配色系统（B）］<255，255，255>：

选择一种输入方案，然后在具体输入颜色值时可透明使用 COLOR 命令，以便弹出"选择颜色"对话框帮助选取颜色。

光源的位置、强度、颜色都很难一次设置成功，需要多次试验，反复调试才会有较好的效果。

2. 聚光灯

直接在面板上单击聚光灯按钮，即进入聚光灯光源的设置操作：

SPOTLIGHT ↵

指定源位置<0，0，0>：

指定目标位置<0，0，-10>：

输入要更改的选项［名称（N）　强度因子（I）　状态（S）　光度（P）　聚光角（H）　照射角（F）　阴影（W）　衰减（A）　过滤颜色（C）　退出（X）］<退出>：

聚光灯是有限照射的光源，从聚光灯发出的光束，其锥形角称为**照射角**。光束中最明亮部分的锥形角称为**聚光角**。上述选项中的"照射角（F）"和"聚光角（H）"就是设置这两个角度的，它们的取值范围均为 0°~160°，照射角的默认值为 50°，设置时聚光角应小于照射角。其余各选项的含义与点光源的相同。

3. 平行光

直接在面板上单击平行光按钮，即进入平行光源的设置操作：

DISTANTLIGHT ↵

指定光源来向<0，0，0>或［矢量（V）］：

指定光源去向<1，1，1>：

输入要更改的选项［名称（N）　强度因子（I）　状态（S）　光度（P）　阴影（W）　过滤颜色（C）　退出（X）］<退出>：

各选项的含义及操作与前述相同，不赘述。

9.7.3 使用材质

材质是物体表面的材料所表现的视觉效果。将材料附着到物体上，需要三个基本步骤：

（1）在"渲染"选项卡的"材质"面板上点击"材质浏览器"，则弹出材质浏览器选项板，如图 9-38 所示。利用该选项板可以创建所要使用的材质。

（2）在"Autodesk 库"栏目内列出了可供使用的材质类型，例如"木材"、"砖石"、"金属"等，从中选择需要的材质类别和具体的材质名称，于是所选的材质图标就列进了"文档材质"的栏目内。图 9-38 中选择的是木材类中的"白蜡木"。

（3）点击"材质"面板上的"材质/纹理关"，在弹出的下拉菜单中选"材质/纹理开"，从"材质浏览器"的"文档材质"中将所选的材质图标拖到图形窗口里指定的模型对象上，于是该材质就附着到了它上面，并且当时就能看到它的显示效果。注意，"材质/纹理"下拉菜单中有三个作用不同的选项："材质/纹理关"表示禁用材质和纹理贴图，在此状态下所选的任何材质和纹理贴图均不起作用；"材质开/纹理关"表示启用材质而禁用纹理贴图；"材质/纹理开"则表示同时启用材质和纹理贴图的功能。

以上操作中所选用的材质不一定完全满足自己的需要，当需要调整参数设置或新建一种材质时，可以通过"材质编辑"选项板进行操作。选择菜单"工具 \ 选项板 \ 材质编辑器"，即可打开"材质编辑器"选项板，如图 9-39 所示。浏览器和编辑器是彼此呼应的，编辑器中显示的材质即是浏览器中的当前材质，如果对它进行了编辑处理，相关信息即自动传递给了浏览器。如果要创建一种新的材质，可以点击编辑器的"创建材质"，从中选择材质的类型，然后设置或调整其有关的选项和参数。各种材质的编辑器里，所列出的选项和参数内容是不一样的，图 9-39 显示的是木材的情形。

图 9-38　材质浏览器

图 9-39　材质编辑器

颜色是多数材质的基本属性，编辑时大都需要设置或调整。有些材质的表面，看上去有纹路或呈现出图案，如木纹、石料、砖石等，这些纹路和图案统称其为纹理。要调整和改善纹理的显示效果要通过编辑纹理贴图来实现。木材的编辑器中就出现了包括有"颜色"、"图像"、"图像褪色"、"光泽度"等要素的"常规"栏目，这些要素用户可以通过操作加以调整和改变。单击"颜色"条框，可以打开"选择颜色"对话框调整材质的主色，双击"图像"区域可以打开"纹理编辑器"选项板，如图 9-40 所示。在这个选项板上可以编辑贴图的亮度、样例的尺寸和位置等，样例尺寸增大，纹路就显得稀疏，反之则纹路稠密。"材质编辑器"上"图像"区域的下方显示的文字是该图像的文件名，点击它，可以另外寻找其他的贴图文件替换它。图 9-41 所示的显示器，其屏幕画面就是用粘贴相应的图片实现的。"图像褪色"指的是主色与贴图的混合度，操作该项条框中的滑块可以改变其取值，取值越小，主色的显示效果越强，而贴图的显示作用变弱，取值为 0 时，完全显示主色；取值变大，则贴图的显示效果增强，取值达到 100 时，完全由贴图决定显示结果。"光泽度"用以指定表面的光滑度，降低光泽度可以创建粗糙表面，取值范围为 0~100。

图 9-40　纹理编辑器

9.7.4　选用背景

在渲染中合理使用画面背景能提高渲染质量，增强感染力。选择背景需创建命名视图，具体的操作如下：

图 9-41　贴图的用例

（1）键入视图命令 VIEW，进入"视图管理器"对话框，如图 9-42 所示。

（2）点击"视图管理器"对话框上的"新建"按钮，则弹出"新建视图"对话框，如图 9-43 所示。

（3）在"新建视图"对话框上键入新建视图的名称，在"背景"组框内点击"默认"，可以看到有"纯色"、"渐变色"、"图像"、"阳光与天光"四种类型可选，如果点选"图像"，于是弹出"背景"对话框，点击"浏览"按钮，可以选择所需要的位图文件，并可看到图像的"预览"效果，如图 9-44 所示。本例选用的是一幅蓝天白云的图片。

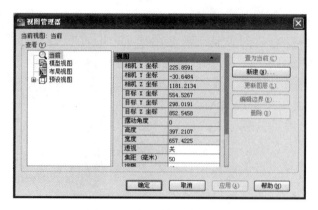

图 9-42　视图管理器对话框

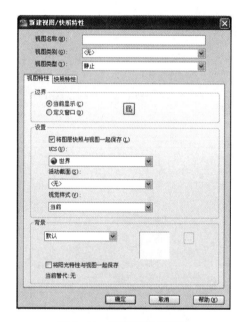

图 9-43　新建视图对话框

图 9-44　背景对话框

（4）点击同一对话框内的"调整图像"按钮，则弹出"调整背景图像"对话框，如图 9-45 所示。利用该对话框可以调整图片的位置和大小。当一切都确定下来后，图 9-42 所示的视图管理器对话框中便记下了"背景替代"的有关信息。

（5）在"视图管理器"对话框（图 9-42）上点击"置为当前"按钮，然后选择"应用"，再点击"确定"，结束背景的设置。

设置了视图的背景，在选用视觉样式为"真实"的情况下，背景将会连同模型一起显示出来。经过下面将要讲述的渲染操作，背景即成为整个画面的组成部分。

9.7.5　渲染操作

根据需要，渲染前还可以通过点击"渲染"选项卡"渲染"面板上的"环境"按钮为效果图设置雾化效应。一切准备工作就绪后，即可进行渲染操作。

键入渲染命令 RENDER，或点击"渲染"面板上的"渲染"按钮，都能激活渲染命令。除非通过点击"渲染"面板右下角的小箭头打开"高级渲染设置"选项板（图9-46），把渲染设置在"视口"内进行，否则渲染是在"渲染"窗口内进行的。事先使用该选项板上的"输出尺寸"栏，还可以设置渲染图像的大小。渲染完成后渲染窗口内将报告出各项图像信息，如图9-47所示。利用"渲染"窗口左上角的"文件"下拉菜单，可以把渲染成功的作品保存成 bmp、jpg、tif 等格式的位图文件。

图 9-45　调整背景图像对话框

图 9-46　高级渲染设置选项板

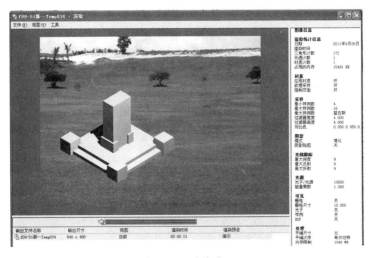

图 9-47　渲染窗口

在"渲染"面板上有一个选择"渲染预设"的条框，点击它，内中有五种预先设置好的渲染等级：草稿、低、中、高、演示。这个排序表示了渲染的精细程度，草稿级最粗糙，模型各处的图形边缘锯齿严重，但渲染过程最短。依次往后排，消除锯齿的效果逐级改善，图像的清晰程度也不断提高，而渲染的速度则逐级变慢。一般，在调试阶段可选用较低的等级渲染，而到了最后要出成果时，则改用最高的等级渲染。

图 9-48 是某个建筑物的渲染效果图。

图 9-48　钟楼渲染效果图

第10章 透视投影

§10.1 透视的基本概念

10.1.1 概述

透视投影属于**中心投影**。透视投影图简称为**透视图**或**透视**，它是从某个投射中心将物体投射到单一投影面上所得到的图形。透视图与人们观看物体时所产生的视觉效果非常接近，所以它能更加生动形象地表现建筑外貌及内部装饰。在已有实景实物的情况下，通过拍照或摄像即能得到透视图；对于尚在设计、规划中的建筑物则需通过作图（手工或计算机）的方法才能画出透视图。

图 10-1　建筑物效果图

透视图可加以渲染、配景，使之成为形象逼真的**效果图**（图 10-1）。由于是中心投影，因此平行投影中的一些重要性质（如平行性、定比性等）和作图规律，在这里已不适用了。本章的任务就是研究透视投影的几何原理和作图方法，并介绍用计算机获得透视图的实用技术。

10.1.2 术语

如图 10-2 所示，通常把建筑物置于水平的地平面上，该地平面称之为**基面**，用字母 H 表示。基面经常也是（但不总是）观察者站的平面。画透视图的平面 P 称为**画面**，它与基面相交（一般为垂直相交），二者的交线称为**基线**，用字母 $p\text{-}p$ 表示。**视点**是观察者单眼所在的位置，即**投射中心**，记作 S。视点在基面上的正投影叫**站点**，记作 s，通常它就是观察者的立足点。通过视点 S 的水平面称为**视平面**，视平面与画面的交线称为**视平线**，用 $h\text{-}h$ 表示。通过视点射向物体上各点的直线叫**视线**，过视点且垂直于画面的视线称为**主视线**，主视线与画面的交点称为**主点**，记作 s'。所以主点即视点在画面上的正投影，画面垂直于基面时它应在**视平线** $h\text{-}h$ 上。视点与主点之

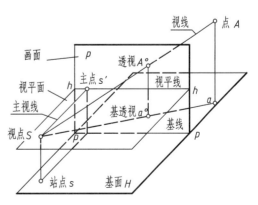

图 10-2　名称与术语

间的距离称为**视距**，视点高出站点的高度称为**视高**。

如不特别声明，以下的讲述均是针对画面垂直于基面的情况而言的。

10.1.3　点的透视

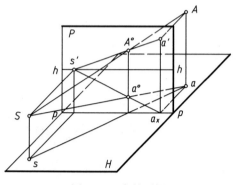

图 10-3　点的透视

如图 10-3 所示，A 是空间任一点，通过点 A 的视线 SA 与画面相交，交点 A^0 就是点 A 的**透视**。a 是点 A 的水平投影，通过 a 的视线 Sa 与画面的交点 a^0，叫作 A 点的**基透视**，或称**次投影**。由于 Aa 垂直于地面，平面 SAa 是一铅垂面，它与画面的交线 A^0a^0 必为铅垂线，即它垂直于基线 p-p。由此得出结论，**点的透视与其基透视必位于基线的同一垂直线上**。

在具体画图时，为了清晰起见，常将画面与基面分开，画面 P 上的 ox 线与基面上的 p-p 线是同一条直线。基面 H 可画在画面 P 的正上方或正下方，如图 10-4（a）所示，并且边界也可以去掉不画（图 10-4b）。对于本例，连 $s'a'$、$s'a_x$，它们是视线 SA、Sa 在画面上的正投影；连 sa，它是上述二视线在基面上的正投影。从 sa 与 p-p 的交点引竖线与 $s'a'$、$s'a_x$ 相交，即得 A 点及其水平投影的透视 A^0、a^0。

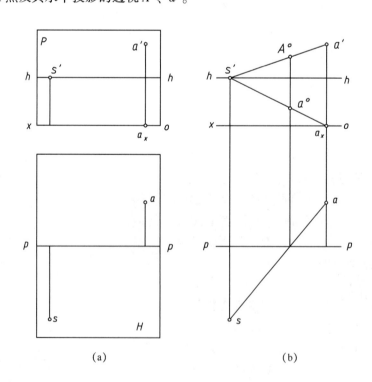

（a）　　　　　　　　　　（b）

图 10-4　将基面和画面分开作透视图

§ 10.2　直线的透视

10.2.1　直线的迹点和灭点

在一般情况下，**直线的透视仍为直线**。如图 10-5 所示，AB 线段的透视为 A^0B^0，其基透视为 a^0b^0。在特殊情况下，如果直线通过了视点，则其透视积聚为一点。如图 10-6 所示，直线 AB 通过视点 S，它的透视 A^0B^0 变为一个点，但其基透视为一竖直线 a^0b^0。

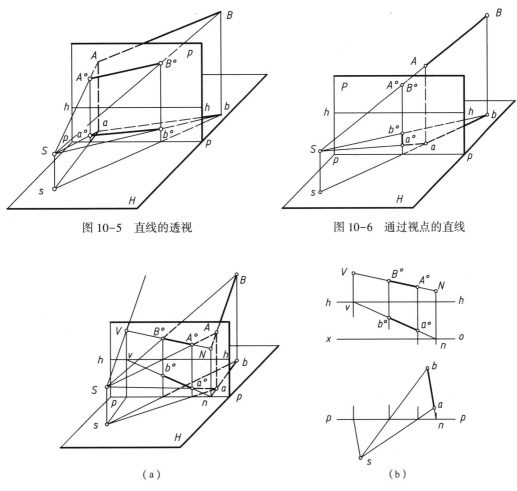

图 10-5　直线的透视　　　　　　图 10-6　通过视点的直线

（a）　　　　　　　　　　　（b）

图 10-7　直线的迹点和灭点

直线 AB 向画面方向延长（图 10-7），交画面于一点 N，该交点称为直线的**迹点**。**迹点的透视就是它本身**。将直线 AB 向另一方向延长至无穷远，过视点 S 作与 AB 平行的视线，视线交画面于点 V，则 V 就是 AB 直线上无穷远点的透视，特称之为直线的**灭点**。迹点和灭点之间的连线 NV，称为画面后直线 AB 的**全长透视**。NV 是一段有限长度的线段，由此可知，**无限长直线的透视为一有限长的线段**。

互相平行的直线，有共同的无穷远点（图 10-8），因此它们有同一个灭点。这就是说，**空间的一组平行线，在透视图上应汇交于同一个灭点**。这是透视图最明显的特征，常用**透视效果**形容它。

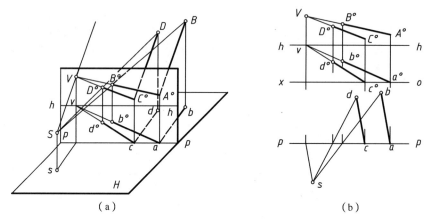

（a）　　　　　　　　　　　（b）

图 10-8　平行线的灭点

10.2.2　基面上直线的透视

在图 10-9（a）中，直线 AB 在基面上且与画面斜交于 A。A 是直线的迹点，它在基线 p-p 上，其透视、基透视均与自身重合。过视点 S 作与 AB 平行的视线，交画面于 V，此即为 AB 的灭点，它应在视平线上。事实上，**一切平行于基面的直线，其灭点均应在视平线上**。右图中示出了 AB 的透视图作法。

在图 10-9（b）中，直线 AB 在基面上且垂直于画面。垂足 A 在基线 p-p 上，其透视、基透视均为它自身。过视点 S 作平行于 AB 的视线，它恰是主视线，主点 s′ 就是 AB 的灭点。事实上，**一切垂直于画面的直线，其灭点就是主点**。右图中示出了 AB 的透视图作法。

在图 10-9（c）中，直线 AB 在基面上且通过站点，它的透视为一竖直线。基面上通过站点的直线常作为求点的透视的重要辅助线。

10.2.3　水平线的透视

如图 10-10（a）所示，一切水平线都与其水平投影平行，所以水平线的灭点同时也是其水平投影的灭点，该灭点在视平线 h-h 上。即水平线的透视及其基透视将汇交于视平线上。图 10-10（b）中示出了水平线的透视图作法。

位于画面内的直线，其透视就是它本身。

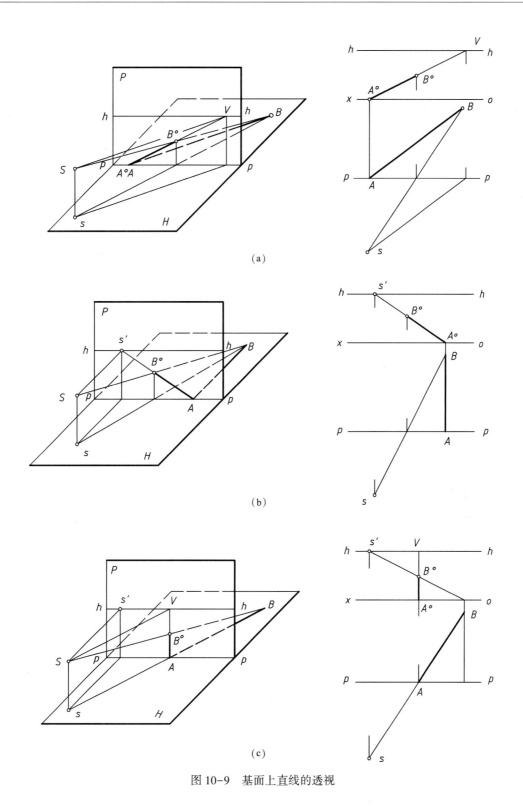

图 10-9 基面上直线的透视

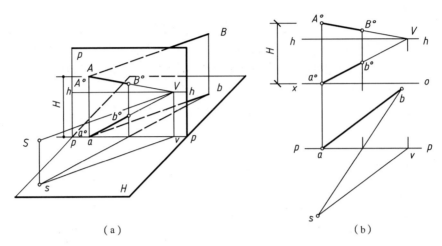

（a）　　　　　　　　　　　　（b）

图 10-10　水平线的透视

10.2.4　平行于画面的直线的透视

平行于画面的直线，在画面上无迹点和灭点。这类直线的透视与直线本身平行，它的基透视应平行于视平线 h-h，如图 10-11（a）所示。图 10-11（b）示出了平行于画面的 AB 直线的透视图作法，它是利用通过线段端点而垂直于画面的直线（灭点为主点 s'）为一组辅助线，通过站点和 a、b 的直线（透视为竖直线）为另一组辅助线进行作图的。

位于画面内的直线，其透视就是它本身。

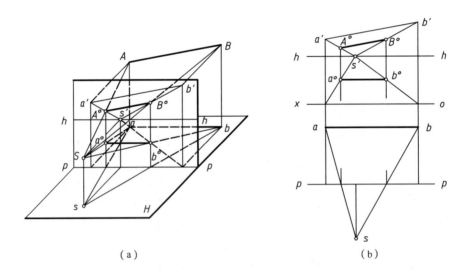

（a）　　　　　　　　　　　　（b）

图 10-11　平行于画面的直线的透视

10.2.5　铅垂线的透视

铅垂线是平行于画面的直线，其透视与直线本身平行，即透视为一竖直线，如

图 10-12（a）所示。

同样高度的铅垂线，距离画面远近不同时其透视高度将不同。距画面越远，其透视高度越小。位于画面上的铅垂线，其透视真实地反映了自身的实际高度，称它为**真高线**。在图 10-12 中，为了根据 A 点的高度作出其透视 A^0，可将 Aa 沿任意方向平移到画面上 Nn 的位置，Nn 即为真高线。求出移动路径 AN、an 的灭点 V，连 NV、nV，即为路径直线的全长透视。利用通过站点的辅助线可作出 Aa 的透视 A^0a^0（图 10-12b）。

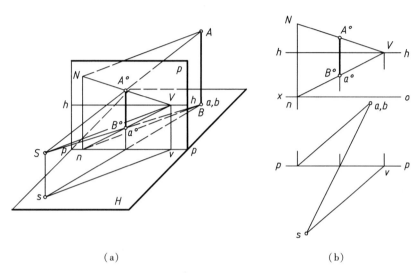

（a）   （b）

图 10-12　铅垂线的透视

§10.3　视点、画面和物体相对位置的选择

10.3.1　视点位置的选择原则

为了使画出的透视图达到最佳的表达效果，要处理好视点、画面和物体三者之间的相对位置。

人眼观察物体的有效范围，近乎是以人眼为顶点的椭圆锥。但清晰可见的范围只是其中的一部分，可将它近似地当作是一圆锥，称为**视锥**，如图 10-13 所示。视锥的锥顶角称为**视角**，视锥与画面的交线叫**视圆**。选择视点位置时通常要求物体位于以视点为锥顶，以主视线为轴线，锥顶角为 28°~37°（最大不宜超过 60°）的圆锥所包围的空间内。如果用视距来调节视角大小，宜按透视的极限宽度 B 取视距为 1.5B~2B，如图 10-14 所示。

视高一般取人眼的高度，约 1.5~1.8m。有时为了使透视图给人以开阔、居高临下的感觉，可将视点升高，得到俯视的效果，从高空俯视建筑群画出的透视也称**鸟瞰图**。反之也可将视点降低以得到仰视效果，给人以雄伟挺拔的感觉。图 10-15 是不同视高画出的透视图。

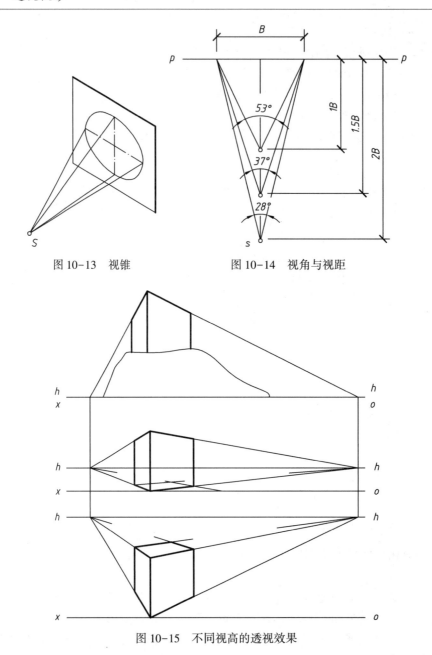

图 10-13　视锥　　　　　图 10-14　视角与视距

图 10-15　不同视高的透视效果

10.3.2　画面与物体的相对位置

确定画面位置时画面与建筑物的远近能影响透视图的大小。一般是使建筑物的主体部分位于画面之后，此时画出的透视图是缩小的，建筑物离画面越远，得到的透视图越小；建筑物上若有某些局部位于画面之前，则透视图上的这些部分将是放大的；而恰在画面上的部分，在透视上其形状和大小将都不会发生变化。

在研究画面与建筑物的偏角关系时，可将建筑物简单地比拟成一个包围了该建筑物而具有长、宽、高三个基本方向的长方体。三个基本方向的灭点叫**主向灭点**。画面与该长方体的偏角关系将影响透视图的表达效果。当画面平行于虚拟长方体的一个立面时（图 10-16a），

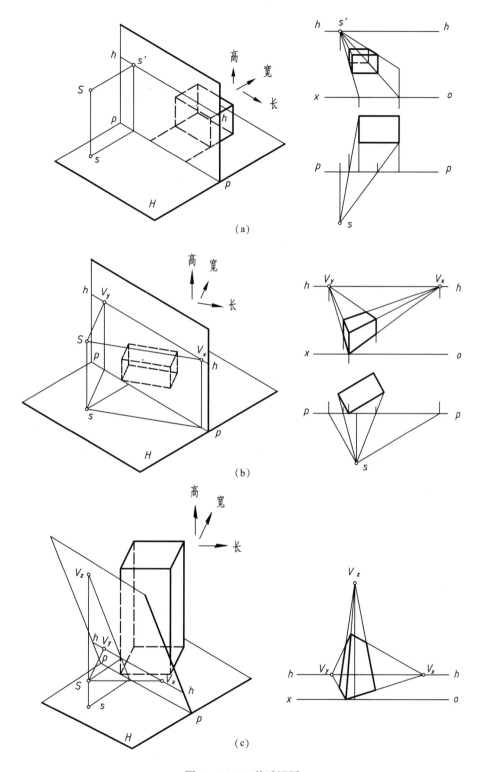

（a）

（b）

（c）

图 10-16　三种透视图

三个基本方向中将有一个是垂直于画面的，它的灭点即主点 s'，另外两个基本方向由于平行于画面而没有灭点。这时画出的透视图叫**一点透视**，它是只有一个主向灭点的意思。一点透视适于表现广场、庭院、街道、大厅及室内布置等。当画面与虚拟长方体的高度方向平行而与另外两个基本方向斜交时（图 10-16b），这两个斜交的基本方向均有灭点，另一个基本方向则没有灭点。这样得到的透视图叫**两点透视**。两点透视适于表现个体建筑物的外观，一般表达房屋、桥梁时都画成这种透视。当遇到高大建筑物时，例如高层楼房、高塔、纪念碑等，或者要表达位于山上或低洼处的建筑物，可将画面倾斜于基面放置（图 10-16c），这时虚拟长方体的三个基本方向都倾斜于画面，画出的透视图将有三个主向灭点，称为**三点透视**。对于三点透视本书不作进一步的阐述，以下所述仍只限于画面垂直于基面的情形。

10.3.3　视点、画面和物体的相对位置

从平面图上看，视点对虚拟长方体的左右偏移程度，或者虚拟长方体的两个立面对画面的偏角大小，都将影响透视图的表达效果，如图 10-17 所示。由图可知，当某个立面对

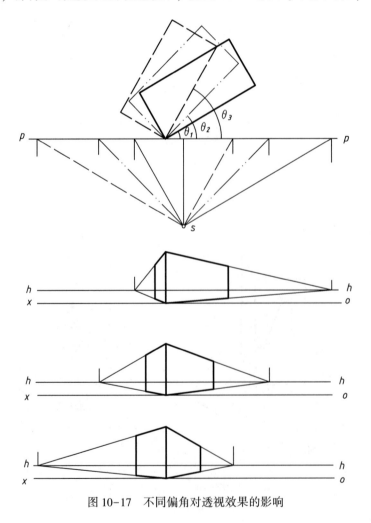

图 10-17　不同偏角对透视效果的影响

画面的偏角取得较小时，该立面在透视图上将得到较大的表现，反之，该立面将收敛得很明显。所以选择画面位置时应使拟着重表现的立面，其偏角适当取小些；或者在选定视点位置时，使视点偏向拟着重表现的立面那一侧。

10.3.4　选择视点、画面的实施办法

在平面图上确定站点和画面的位置，可用以下两种方法之一操作：

（1）如图 10-18（a）所示，先用 30°三角板的两边线去套建筑物的平面图，使两边线通过平面图上的最外轮廓棱角。此时 30°角的顶点代表站点，可以转动一下三角板，使站点位置能较好地表现拟着重表达的那个立面，由此即确定了 s。过 s 画出 30°角的两边线，并作出视角的分角线。然后过建筑物平面图上较靠近站点的一个棱角作代表画面位置的直线 p-p，使其垂直于分角线，这样作出的画面，主视线恰是分角线，在忽略了建筑物高度的情况下，可以认为此时主视线与视锥的轴重合。有时为了更好地表现建筑物的某个立面，也可以动一下 p-p，使其不与视角的分角线垂直，但应使主点的水平投影位于两边缘视线与 p-p 的交点之间的中央三分之一范围内。

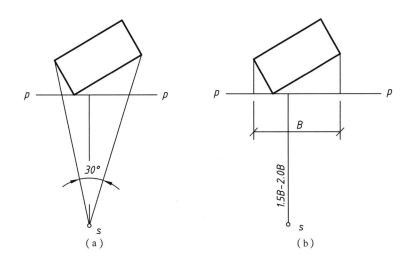

图 10-18　在平面图上确定站点和画面

（2）如图 10-18（b）所示，先根据对立面的表达需要，通过建筑物平面图上某一棱角作代表画面位置的 p-p 线，使拟着重表现的立面与 p-p 线有较小的偏角。从平面图上最外棱角作垂线至 p-p，得透视图的极限宽度 B。在 B 范围内的中央三分之一区段内选一点作为主点的水平投影，过它作 p-p 的垂线，并在垂线上截量大约 $1.5B \sim 2B$ 的长度即得站点 s。

上面两种方法中都提到了通过平面图上某一棱角作 p-p 线，这样做的目的是为了便于以后作图时进行度量，并非必须如此。

以上讲的仅是从平面图上确定站点和画面。最后还要确定视高，并把建筑物的高度考虑在内，检查是否能把整个建筑物包容在视角不超过 60°的视锥内。

§10.4　作建筑透视的基本方法

绘制建筑物的透视图，通常是先画出该建筑物平面图的透视（称为**透视平面图**），然后再定出各部分的高度。下面讲述几种常用的作透视图的方法，这些方法的区别就在于画透视平面图的方法不同。

10.4.1　建筑师法

建筑师法是作建筑透视的基本方法之一。在该方法中，透视平面图上的每个点是用位于基面上的两条直线的透视相交确定的，其中的一条是通过站点 s 的辅助直线。在图 10-19 中，透视平面图中的 a^0 是位于画面上的 a 的透视，b^0 是由 ab 的全长透视 a^0V_x 和过站点的直线 sb 的透视（过 b_1 的竖直线）相交得出的。用同样的方法可作出 c^0、d^0，于是得到了透视平面图 $a^0b^0c^0d^0$。根据透视平面图，再利用位于画面内的直线反映真高的性质，即可确定各棱线的透视高度。将可见的部分相连即画出了所示物体的透视图。由于视高较小，透视平面图上的交点位置不易准确得出。实际作图时可将 ox 线降低或升高，如图 10-20 所示，降低至 o_1x_1 或升高至 o_2x_2 的位置均可，这样可以增高作透视平面图的区域，以保证作图精度。升降 ox 线相当于升降基面，这种升降不会影响建筑物各墙角铅垂线的位置。

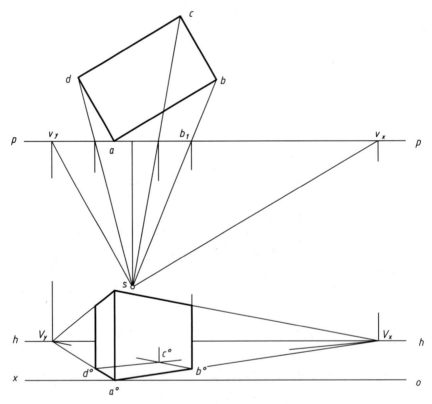

图 10-19　建筑师法作透视

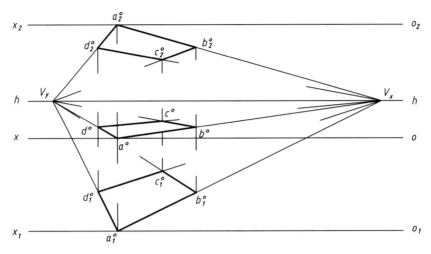

图 10-20　降低或升高基面

[**例 10-1**] 用建筑师法作台阶的一点透视。

[**解**] 如图 10-21 所示，首先将台阶的平面图靠图纸上方放置。选择画面通过挡墙的前表面，站点 s 选得偏右一点。在适当位置画出 ox 线，靠图纸左边画出台阶的左侧立面图，使其底部与 ox 线平齐。根据视高画出视平线 $h\text{-}h$，并在 $h\text{-}h$ 上定出主点 s'，此即为垂直于画面的直线的灭点。

由于挡墙的前表面就在画面内，其透视即为它本身，因此可以直接标出 a^0、c^0 等点。ab、cd 均垂直于画面，它们的透视均通过灭点 s'。b 点的透视 b^0 可由过 sb 与 $p\text{-}p$ 的交点作竖直线使与 $s'a^0$ 相交得出。d 点的透视 d^0 应位于过 b^0 平行于 $h\text{-}h$ 线的直线上。借助于左侧立面图把台阶的每个踏步的真实高度刻在过 a^0 的铅垂线上，得 1^0、2^0、3^0。通过这些点连线到 s'，得各踏步的踏面上左侧边线的全长透视。连 se、sf、sg，过它们与 $p\text{-}p$ 的交点向下投射，在 $s'1^0$、$s'2^0$、$s'3^0$ 上交出 e^0、f^0、g^0。各踏面右侧边线上的各端点可按同样的方法作出。连接各可见的线段，最后画完台阶的透视图。

[**例 10-2**] 用建筑师法作出图 10-22 中所示房屋的两点透视。

[**解**] 把平面图画在图纸的上方，且使正立面与水平方向有较小的夹角。按选择视点的原则定出站点的位置，选取画面使其通过一个墙角的棱线，这样画出 $p\text{-}p$ 线。在适当位置作 $o\text{-}x$ 线，根据视高作 $h\text{-}h$ 线。降低基面作 o_1x_1 线，以便增大画透视平面图的区间。房屋的正立面图画在图纸右侧，并坐落在 ox 线上。

过 s 作线平行于房屋平面图上的两个基本方向，它们与 $p\text{-}p$ 交出 v_x 和 v_y，向下投射到 $h\text{-}h$ 上得两个主向灭点 V_X 和 V_Y。把平面图上的 a 下落到 ox 和 o_1x_1 上，连 V_Xa 和 V_Ya，得长、宽方向两直线的全长透视。再用过站点的直线作为辅助线，可定出各墙拐角的透视位置。利用画面上的直线为真高线，可求得各墙角棱线的透视高度。将屋脊线延伸到画面上，并在画面上截取它的真实高度，与 V_X 相连，得屋脊线的全长透视。再利用过站点和屋脊两端的辅助线，可求出屋脊线的透视。画檐口线的透视时，可利用它们与画面的交点（平面图上为 1、2、3、4）其透视就是它自身这一特点进行作图。

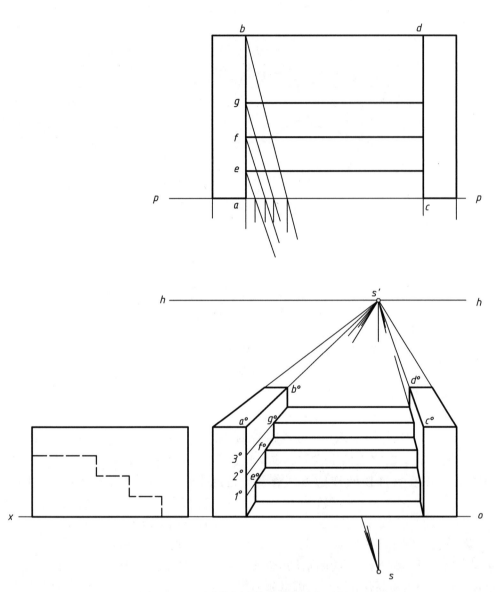

图 10-21　用建筑师法作台阶的一点透视

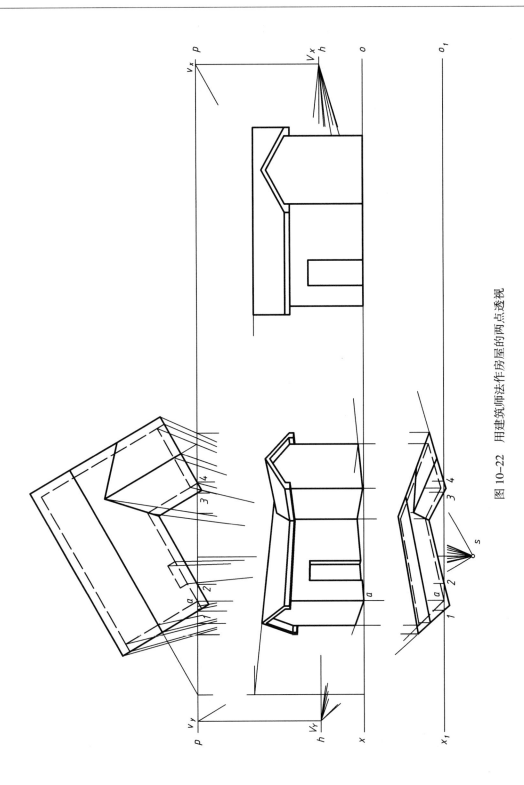

图 10-22　用建筑师法作房屋的两点透视

10.4.2　量点法

在图 10-23 中，基面上有一直线 AB，作出其灭点 V，则 AV 是 AB 的全长透视。为了确定 B 点的透视 B^0，过 B 作辅助线 BB_1，使其与 AB 及 H 交成等角，亦即 $AB_1 = AB$。作出 BB_1 的灭点 M，连 B_1M 即为 BB_1 的全长透视。现在过 B 有两条直线 AB 和 BB_1，它们的全长透视 AV 和 B_1M 相交即确定了 B 点的透视 B^0。也就是说，画面上的 AB^0 表示了基面上线段 AB 的透视长度，画面上的 $\triangle AB^0B_1$ 是基面上等腰三角形 ABB_1 的透视。在上述作图中，辅助线 BB_1 能把基面上线段 AB 的实际长度移量到 ox 线上，所以 BB_1 方向的灭点 M 特称为 AB 方向的**量点**。

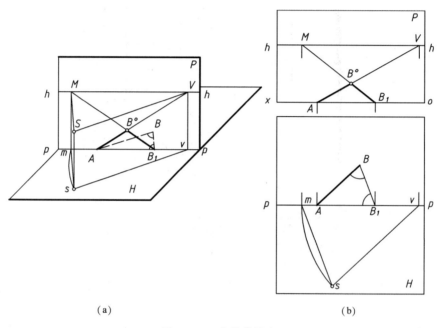

（a）　　　　　　　　　　　　　　（b）

图 10-23　直线的量点

由于三角形 SVM 与 ABB_1 相似，所以 $SV = VM$，即**视点到某直线灭点的距离等于该直线灭点到其量点的距离**。这个关系在基面上表现为 $sv = vm$。所以在透视图上求某一直线的量点，不需要实际画出 BB_1 直线，只需自 V 沿 $h\text{-}h$ 线截量一段长度，使其等于 sv 即可定出 M 的位置。

如果基面上直线 AB 与基线 $p\text{-}p$ 的夹角 β 为已知，更可以直接在画面上确定其灭点 V 和量点 M。如图 10-24 所示，将视平面绕视平线 $h\text{-}h$ 向上旋转，使其重合到画面上，则直角三角形 SVs' 转到了 S_1Vs'，这时 AB 直线与 $p\text{-}p$ 线的夹角 β 在画面上由 S_1V 与 $h\text{-}h$ 的夹角反映出来。所以直接在画面上作直线灭点和量点的方法是：过主点 s' 作垂线，沿它截 $s'S_1$ 使其等于视距，得视点旋转以后的位置，过 S_1 作线 S_1V 使其与 $h\text{-}h$ 成 β 角，得灭点 V。沿 $h\text{-}h$ 截量 VM，使其等于 S_1V，即得量点 M。

利用建筑物上两个基本方向直线的灭点和量点画透视平面图的方法称为**量点法**。这种方法不需要在画透视图的图纸上摆放建筑物的平面图，因此有节省作图幅面的

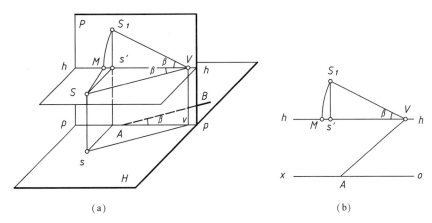

(a)   (b)

图 10-24　求直线的灭点和量点

优点。

[**例 10-3**] 用量点法放大一倍作图 10-25 所示房屋的两点透视。

[**解**] 图 10-25 右边示出的是平屋顶房屋的立面图和平面图。在此图上确定站点、画面、视高，并在平面图上作出两个基本方向的灭点和量点的水平投影。

在图 10-25 左边将视高放大一倍画出 h-h、ox，并降低 ox 作出 o_1x_1。在 ox 上适当位置定出 a，以它为参照，将右图中的 av_x、av_y、am_x、am_y 放大一倍截量到左边画透视图的区域，得灭点 V_X、V_Y 和量点 M_X、M_Y。由 a 向下移落到 o_1x_1 上得 a^0，连 a^0V_X、a^0V_Y 得两条基本方向直线的全长透视。自 a^0 沿 o_1x_1 向左、右截量两倍于 ac、ab 的长度，将截得的点与 M_X、M_Y 相连，可在相应的全长透视上交得 c^0、b^0。用类似的方法可作出其他墙角角点的透视。

为求屋顶的透视平面图，把图 10-25 右图中的 ae 和 $a1$ 放大一倍截量在 o_1x_1 上得 e^0、1^0，连 e^0V_X、1^0V_Y，它们在画面前交出屋檐的一个角点。自 e^0 沿 o_1x_1 截量两倍的 $e3$ 长得一点，将它与 M_X 相连，在 e^0V_X 上交出 3^0。用同样的方法可作出屋檐另一角点的透视平面图 2^0。连 3^0V_Y、2^0V_X，可完成屋檐透视平面图的绘制。过透视平面图上各角点引竖直线，利用过 a 的棱线为真高线（将墙高放大一倍）可画出各墙角棱线的透视高度。屋檐的高度（放大后）在 I^0、E^0 处得到真实反映，屋顶的厚度（放大后）也在此处进行截量。

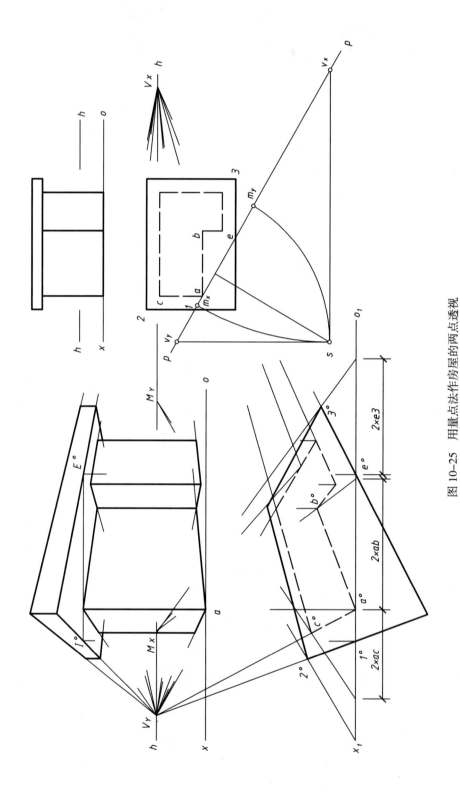

图 10-25 用量点法作房屋的两点透视

§10.5 透视图中的分割

在画建筑细部时有可能会碰到线段的分割问题，本节讨论在透视作图中进行分割的方法和与之有关的作图问题。

10.5.1 按照给定的比例分割线段

（1）平行于画面的直线被分点分割，线段长度之比在透视图上不被破坏。例如，线段被等分，在透视图上仍然是等分关系。图 10-26（a）表示如拟将 AB 分成 $AC : CB = 2 : 3$，则可直接在透视图上将 A^0B^0 分成 $A^0C^0 : C^0B^0 = 2 : 3$，C^0 即为分点 C 的透视。铅垂线也是画面平行线，定比分割的性质同样有效（图 10-26b）。

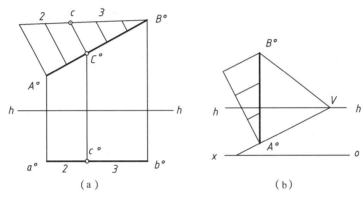

(a)   (b)

图 10-26 平行于画面的直线的透视分割

（2）位于基面或平行于基面的其他直线，在透视图中不再保持定比关系。对这类线段的分割需借助于平行于画面的直线的分割来进行。在图 10-27 中，已知平行于基面的直线 AB 的透视 A^0B^0，求作分点 C 的透视 C^0，使 $AC : CB = 2 : 3$。作图时过 A^0 作 $A^0B_1 // h-h$，将其五等分，C_1 为第 2 个分点。连 B_1B^0 并延长到 $h-h$ 上交得 V_1，此即为 B_1B^0 的灭点。过 V_1 作各分点的连线，这是一组平行线的透视。A^0B^0 与这组直线相交的交点，其实就是 AB 上各分点的透视，按 2：3 分割 AB 的分点 C，其透视为 C^0。

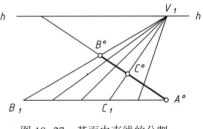

图 10-27 基面内直线的分割

10.5.2 矩形的分割

（1）图 10-28 是利用矩形的对角线将平行或垂直于基面的矩形分割成相等的小矩形的作图。

矩形对角线的交点是矩形的中心，通过中心而平行于矩形边线的直线是矩形的中线。在透视图上，矩形的透视是四边形，矩形的对角线变为四边形对顶点的连线，矩形的中线变为与相应边有共同灭点的直线。图 10-28（a）表示的是位于水平面内且一组对边平行

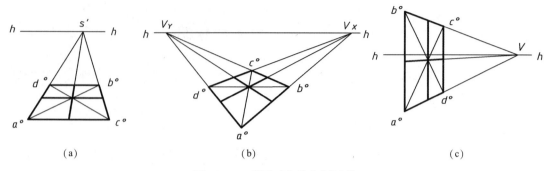

图 10-28　利用对角线分割矩形

于画面的矩形的分割方法。连 a^0b^0 和 c^0d^0。过它们的交点作平行于 h-h 的直线和通过主点的直线，它们将矩形分成了四等份。图 10-28（b）表示了在两点透视上等分水平面内矩形的作图方法。图 10-28（c）等分的是铅垂面内的矩形。

（2）图 10-29 是利用矩形的对角线将铅垂面内矩形三等分成竖直长条的透视作图。先利用对角线 a^0c^0、b^0d^0 将矩形竖直分割，作两个小矩形的对角线 a^01^0 和 c^02^0，它们交 b^0d^0 得两个交点，过这两个交点作两竖直线即将大矩形分成了三个相等的竖向长条。

（3）图 10-30 是利用辅助灭点将铅垂面内的矩形作等分的透视作图，作图的方法参见图 10-27。

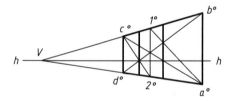

图 10-29　利用对角线三等分矩形

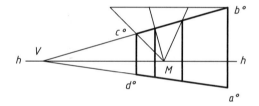

图 10-30　利用辅助灭点三等分矩形

10.5.3　增画等大的矩形

在图 10-31 中，$a^0b^0c^0d^0$ 是基面内矩形的两点透视。为增画出与它相邻的等大矩形的透视，可连对角线 a^0c^0 并延长到与 h-h 相交，得 M 点，该点是该对角线的灭点。连 d^0M、b^0M，它们在 b^0V_X 和 d^0V_Y 上交出相邻的等大矩形的角点，从这些角点连线到 V_X 和 V_Y 可画出拟求的矩形。

图 10-32 示出了利用辅助灭点增画与铅垂面内矩形相邻的等大矩形的作图方法。

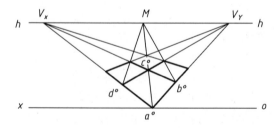

图 10-31　增画水平矩形的等大矩形

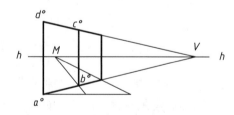

图 10-32　增画直立矩形的等大矩形

§ 10.6　圆的透视画法

10.6.1　圆的透视

在一般情况下，位于画面后面的圆其透视可为圆或椭圆。当圆平面平行于画面时，其透视为圆；当圆平面与画面倾斜时，圆的透视为椭圆。图 10-33（a）是位于基面上的圆的透视画法。圆的外切正方形的一点透视为 $a^0b^0c^0d^0$，圆的透视椭圆可用八点法作出。即首先连出对角线 a^0c^0 和 b^0d^0，再过对角线的交点作两对边的平行线（透视图上为通过 s' 的直线和平行于 ox 的直线），它们与边线交出 1^0、2^0、3^0、4^0。为求出对角线上的另外四个点，可过 a^0、2^0 作与 ox 线呈 45°夹角的直线，两直线的交点和 a^0、2^0 就成为 45°直角三角形的三个角点。然后以 2^0 为圆心，以 45°直角三角形的直角边长为半径作半圆，在 ox 线上交出两个点，分别过这两个交点作线到 s'，就在对角线上交出了椭圆上的 5^0、6^0、7^0、8^0 四个点。有了这八个点，再用光滑曲线将它们顺次连接起来就得到了透视椭圆。图 10-33（b）所示是铅垂面上圆的透视作图。

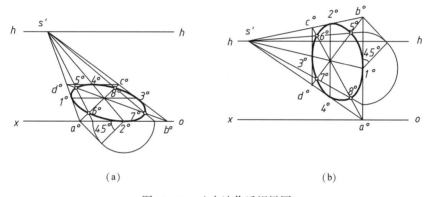

（a）　　　　　　　　　　　（b）

图 10-33　八点法作透视椭圆

在图 10-34 中，已知基面上圆的外切正方形的灭点 V_x、V_y 和量点 M_x、M_y，并根据圆的直径等于 a^0d_1 的长度已经作出了圆的外切正方形的两点透视 $a^0b^0c^0d^0$，现在来作圆的透视椭圆。将 a^0d_1 的中点与 M_y 相连，可在 a^0V_y 上交出 1^0 点，它是正方形一条边上的中点的透视。同法可求出另一边中点的透视 2^0。再利用灭点可求出另两条边的中点的透视 3^0、4^0。为求出对角线上的四个点，分别过 a^0 和 a^0d_1 的中点作 45°线，得到 45°的直角三角形。以 a^0d_1 的中点为圆心，以 45°直角三角形的直角边边长为半径作半圆与 ox 交于两个点，将这两个点分别与 M_y 相连，这两条直线在 a^0d^0 上交出两个点，再过此两点连线到 V_x，它们与对角线就交出属于椭圆的另外四个点。最后再用光滑曲线把求得的八个点顺次连接起来，就得到圆的两点透视。

图 10-35 是圆柱的透视。与基面上圆的两点透视作法相同，先作出圆柱底面的透视，再利用过 a 的竖直线在画面内能反映真高的性质，从 a^0 向上量取圆柱的高度得 a_1^0，过 a_1^0 作 h-h 的平行线。连 a^0V_x、a^0V_y 和 $a_1^0V_x$、$a_1^0V_y$，过 b^0 作竖直线交 $a_1^0V_x$ 于 b_1^0，此即为圆柱上部圆周的外切正方形的一个透视角点。同样可作出 c_1^0、d_1^0。$a_1^0b_1^0c_1^0d_1^0$ 就是圆柱上部圆周的外切正方形的透视。1_1^0、2_1^0、3_1^0、4_1^0 也是各边中点的透视，对角线上的四个点的作法与

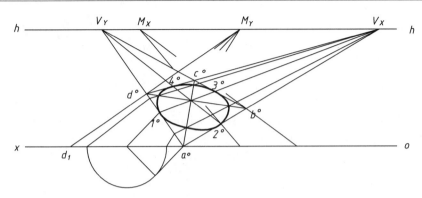

图 10-34　基面上圆的两点透视

圆柱下底面的透视作法一样。最后用光滑曲线连接这八个点就可得到上部圆周的透视椭圆。有了上下圆周的透视，再作它们的公切线即可完成圆柱的透视。虚线照例不必描出。

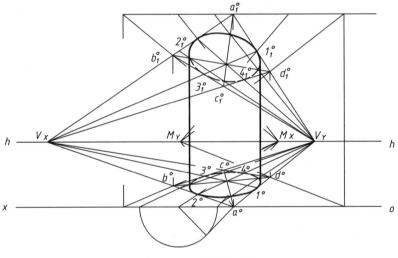

图 10-35　圆柱的透视

10.6.2　圆拱门的透视

图 10-36 是带有圆拱门和圆形窗洞的建筑形体的两点透视。首先从站点 s 作长、宽方向的平行线交 p-p 于 v_x、v_y，过 v_x 和 v_y 作竖直线交视平线 h-h 于 V_X 和 V_Y，此两点即是长、宽方向直线的灭点。过 a 点的棱线在画面内，截取该棱线的真高，过此铅垂线的端点分别连线到 V_X 和 V_Y，即可作出长、宽方向两个铅垂面的透视。再把圆拱和窗洞的高量到该铅垂线上得 1^0 和 2^0，并过此两点连线到 V_X 即得到圆的外切正方形上下两边线的全长透视。再从过站点 s 的直线与画面的交点作竖直线就可画出圆形窗洞的外切正方形和圆拱门的上边半个正方形的透视，然后用前边讲过的八点法可作出这个外切正方形的各边中点和对角线上的点，再用光滑曲线将点顺次连接就可完成窗洞前表面的透视。圆拱门前表面的透视连接五个点即可。为了画出圆拱门后表面的透视，可连 1^0V_Y 和 2^0V_Y 得 3^0、4^0 两点，过 3^0、4^0 连线到 V_X，借助它们就可作出后表面上圆的外切正方形，后表面上其余的作图与前表面类同，不再重述。

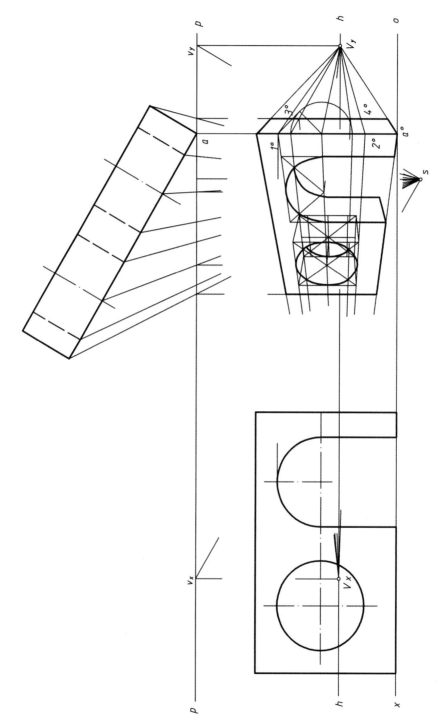

图 10-36　带有圆拱门和圆形窗洞的建筑形体的两点透视

第11章 标 高 投 影

§11.1 概 述

标高投影是一种单面正投影。在多面正投影中，给定了形体的水平投影后，其正面或侧面投影的作用主要是提供形体各部分的高度。倘若在水平投影上用数字标出这些高度，同样也能确定空间形体的形状。这种用水平投影结合标注高度来表示形体的方法称为标高投影法，所得的单面正投影图称为标高投影图。可见这是一种形数结合的图示方法。在这种方法中，水平投影面是度量高度的基准面，高度的单位为米，高度数值称为**标高**，也叫**高程**，其值可正可负。

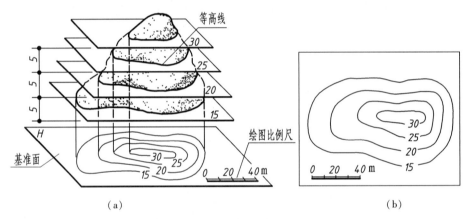

图 11-1　标高投影

在地形问题中，地面是不规则曲面，采用多面正投影图很难将它表示清楚。为此，常用一组等间隔的水平面去截切地面，如图 11-1（a）所示，于是得到一组水平截交线，当然它们都是不规则的平面曲线。每一条这样的水平截交线，其上面的各点都有相同的高度，故称为**等高线**。将这些等高线投射到水平投影面（基准面）上，并标出它们各自的标高，即得地面的标高投影图，也称为**地形图**。地形图能清楚地反映出地形的起伏变化。地形图上所画的那些等高线的水平投影，习惯上仍称为等高线。

§11.2 点和直线的标高投影

11.2.1 点的标高投影

如图 11-2 所示，作出空间点 A 和 B 在水平基准面 H 上的正投影 a 和 b，并在 a 和 b 的右下角标出 A、B 的标高，即得 A、B 的标高投影图。

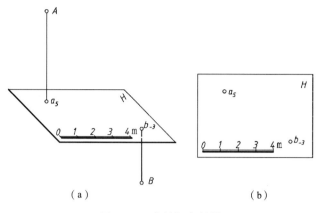

图 11-2 点的标高投影

在标高投影中，水平基准面的标高为 0，它是度量各点高度的基准。基准面以上的点其标高为正，基准面以下的点其标高为负。在图 11-2 中 A 点的标高为+5，其标高投影记为 a_5；B 点的标高为-3，其标高投影记为 b_{-3}。为了度量的需要，图上常附有绘图用的比例尺。

11.2.2 直线的坡度和平率

直线上任意两点间的高差与其间的水平距离之比，称为该直线的**坡度**。如图 11-3 所示，用符号 i 表示坡度，则

$$i = \frac{H}{L} = \tan\alpha$$

式中 H——高差；

   L——水平距离；

   α——直线的水平倾角。

直线上任意两点间的水平距离与其间高差之比，称为该直线的**平率**。用符号 l 表示平率，则

$$l = \frac{L}{H} = \cot\alpha$$

坡度与平率都是描述空间斜直线对水平面的倾斜程度的比例系数，它们没有度量单位，彼此互为倒数。在土建工程中，坡度常以 $1:l$ 的形式书写，例如 $1:1.5$，此时式中的 1.5 即为平率。利用这种关系，工程计算中可将以 i 为除数的除法运算转换成以 l 表示的乘法运算。这就是使用平率的优势。

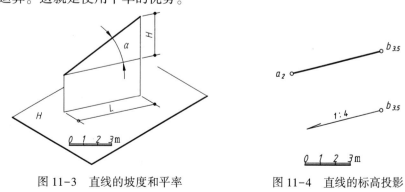

图 11-3   直线的坡度和平率   图 11-4   直线的标高投影

301

11.2.3　直线的标高投影

在直线的水平投影上标出直线上两点的标高，即表示了直线的标高投影，如图 11-4 所示。在直线的水平投影上标出一点的标高，注出直线的坡度并用箭头指明下坡方向，也能表示直线。这些表示方法可以互相转换、求解。

[例 11-1] 已知直线 AB 的标高投影 a_4b_{10} 和直线上点 C 的水平投影 c，求直线 AB 的坡度 i、平率 l 和点 C 的标高（图 11-5a）。

[解] 使用图中所附比例尺在图上量得点 a_4 到点 b_{10} 的距离为 12m（图 11-5b），按下式算出直线的坡度：

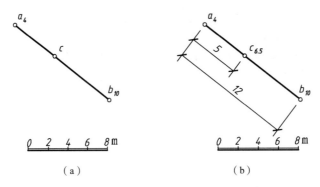

（a）　　　　　　　　　　　（b）

图 11-5　求直线的坡度及线上点的标高

$$i=\frac{H}{L}=\frac{10-4}{12}=\frac{6}{12}=\frac{1}{2}$$

所以直线的平率为 2。用比例尺量得点 C 到点 A 的水平距离为 5m，所以点 C 和点 A 的高差为：

$$\Delta H=i\times5=2.5m$$

由此可算出点 C 的标高：

$$H_C=H_A+\Delta H=4+2.5=6.5m$$

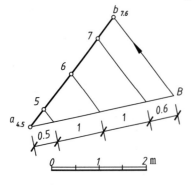

图 11-6　求直线上具有整数标高的点

11.2.4　直线上具有整数标高的点

如果直线上两端点的标高不是整数，可用比例分割的办法求得直线上具有整数标高的点。例如在图 11-6 中，设已知直线 AB 的标高投影 $a_{4.5}b_{7.6}$，欲求该直线上标高为 5、6、7 的点。过 $a_{4.5}$ 任作一条辅助直线，用适当的比例沿该线截量 0.5、1、1、0.6 的长度得各分点，连末端 B 及 $b_{7.6}$，从各分点按 $Bb_{7.6}$ 的方向作平行线与 $a_{4.5}b_{7.6}$ 相交，即得到具有整数标高 5、6、7 的点。

§11.3 平面的标高投影

11.3.1 平面的等高线和坡度线

平面被一组水平面截割，得到一组水平线，这些水平线称为平面的等高线，如图 11-7（a）所示。等高线在基准面上的标高投影习惯上仍称为等高线。平面的等高线是一组互相平行的直线，如果截割平面按相同的高差（称为**等高距**）设置，则等高线间将有相同的间隔，如图 11-7（a）、（b）所示。

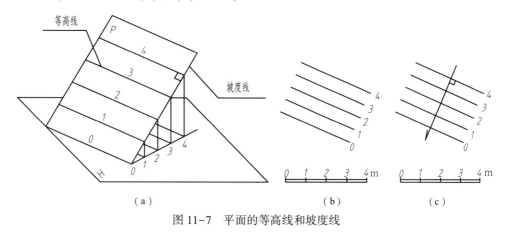

图 11-7 平面的等高线和坡度线

平面上与等高线垂直的直线是平面对基准面的**最大斜度线**，特称为平面的**坡度线**。坡度线的坡度代表了平面的坡度，它的平率代表了平面的平率。坡度线在基准面上的投影习惯上仍称为坡度线，画图时应在其一端画出指向下坡方向的单面箭头，如图 11-7（c）所示。在平面上，坡度线与等高线是互相垂直的，标高投影图上仍反映出垂直关系。

11.3.2 平面的标高投影

在标高投影中有多种表示平面的方法，例如：

（1）用确定平面的几何元素（如三点、相交两直线等）的标高投影表示平面；

（2）用一组等高线表示平面；

（3）用一条等高线及标有坡度值的坡度线表示平面，如图 11-8（a）所示；

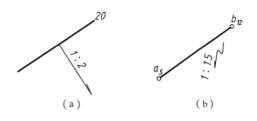

图 11-8 用直线和坡度线表示平面

（4）用面上一条倾斜直线和平面的坡度表示平面，这时由于坡度线不垂直于面内的斜直线，所以坡度线不能准确表明下坡的方向，故将坡度线画成弯折线，箭头只是表明下坡的趋势，如图 11-8（b）所示，确切的下坡方向可由作图确定；

（5）在坡度线上标出刻度也可以表示平面。

各种表示方法可以通过作图互相转化。

11.3.3　标高投影中平面的作图问题

1. 求平面的等高线或坡度线

[**例 11-2**] 已知 A、B、C 三点的标高投影 a_3、b_4、c_8，求作由这三点所决定的平面的等高线、坡度线和平面的水平倾角（图 11-9）。

[**解**] 连接 $a_3b_4c_8$ 得一三角形，用前述比例分割的办法求出 a_3c_8 和 b_4c_8 上具有整数标高的点，将同标高的点相连即得一组等高线。因本例作图中的等高距为 1m，故标高投影中相邻等高线间的间隔，数值上即为平面的平率。过 c_8 作线 c_8d_4 垂直于等高线，即为平面的坡度线。平行于坡度线作辅助的 V 投影面，按坡度线两端的高差和绘图比例尺画出它的 V 投影，V 投影上显示出坡度线的水平倾角 α，此亦即平面的水平倾角。

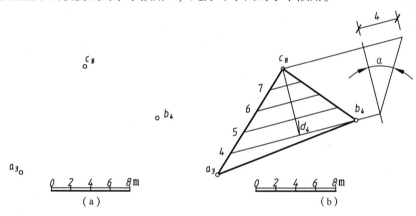

图 11-9　求作平面的等高线

[**例 11-3**] 已知平面上一条标高为 25 的等高线和平面的坡度 $i=1:1.5$，试作出该平面上一组具有整数标高的等高线（图 11-10）。

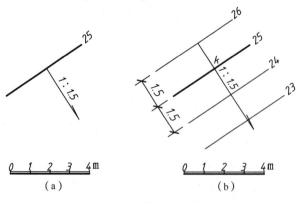

图 11-10　求作平面的等高线

[**解**] 该平面的平率为 $l=1.5$，故相邻等高线间的间隔为 1.5m。自等高线 25 与坡度线的交点 k 起沿坡度线向下坡方向用比例尺连续截量 1.5m，得各分点。过这些分点作线平行于标高为 25 的等高线，可得标高为 24、23、……的等高线。自 k 沿坡度线向相反方向截量，可画出标高为 26、27、……的等高线（图 11-10b）。

[**例 11-4**] 已知平面上一条倾斜直线 AB 的标高投影 a_4b_{10}，平面的坡度为 1∶0.5，试作出该平面过点 B 的坡度线和一组整数标高的等高线（图 11-11a）。

[**解**] 如图 11-11（b）所示，过点 B 且坡度为 1∶0.5 的坡度线的轨迹是一圆锥面，包含 AB 直线且坡度为 1∶0.5 的平面是与该圆锥面相切的平面 ABC。当圆锥面的底圆与点 A 在同一高度的水平面上时，底圆的半径应为：

$$r=(H_B-H_A)\times l=(10-4)\times0.5=3m$$

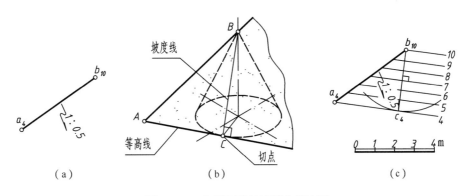

图 11-11 作平面的坡度线和等高线

在图 11-11（c）中，以 b_{10} 为圆心作半径为 3m 的圆，过 a_4 作该圆的切线，共有两条，取其中符合示坡箭头所指方向的一条，此即为平面上标高为 4 的等高线。过 a_4b_{10} 上具有整数标高的点作此线的平行线，可得相应标高的等高线。过 b_{10} 作等高线的垂线并加上箭头，此即所求的坡度线。

2. 求平面间的交线

两平面上具有相同标高的等高线的交点是两平面交线上的点，如图 11-12（a）所示。求出两个这样的交点，即可确定两平面的交线。在图 11-12（b）中作出一对标高为 20 的等高线的交点 a_{20}，又作出一对标高为 15 的等高线的交点 b_{15}，连 $a_{20}b_{15}$ 即为两平面交线的标高投影。

就像同坡屋面的情形一样，若相交两平面的坡度相等，在标高投影图上交线与两平面的等高线会有相同的夹角，如图 11-13（a）所示。当两平面的坡度不等时，交线与陡坡平面的等高线的夹角较小，与缓坡平面的等高线的夹角较大，如图 11-13（b）所示。特殊情形下，当两平面坡度不等但等高线互相平行时，交线亦与等高线平行。

[**例 11-5**] 已知两土堤顶面的标高、各边坡的坡度和地面的标高，如图 11-14（a）所示，试作出边坡之间及边坡与地面之间的交线。

[**解**] 土堤顶面分别为高度 6 和 5 的水平面，堤顶边线分别为标高 6 和 5 的等高线。堤顶高度为 6 的土堤，两侧边坡与地面的交线是标高为 0 的等高线，其方向应平行于标高

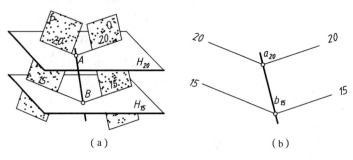

（a）　　　　　　　　　　　　（b）

图 11-12　两平面的交线

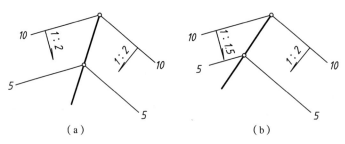

（a）　　　　　　　　　　　　（b）

图 11-13　交线与等高线的夹角

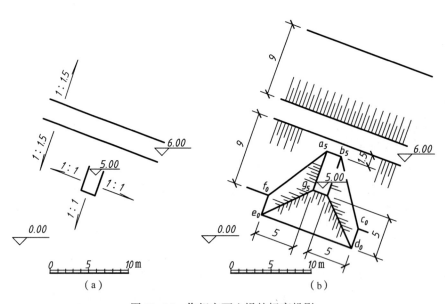

（a）　　　　　　　　　　　　（b）

图 11-14　作相交两土堤的标高投影

为 6 的等高线，二者相距应为 $6 \times 1.5 = 9m$。据此可画出这两个边坡与地面的交线（图 11-14b）。左侧边坡与高度为 5 的土堤顶面相交，交线应是标高为 5 的等高线 a_5b_5，它和标高为 6 的等高线相距 $(6-5) \times 1.5 = 1.5m$。堤顶高度为 5 的土堤，其 3 个边坡与地面的交线 c_0d_0、d_0e_0、e_0f_0 分别平行于堤顶各边线，各间隔均为 $5 \times 1 = 5m$。相邻边坡间的交线由同标高的等高线的交点确定。连 $e_0 g_5$ 得两个 $1:1$ 边坡的交线，连 $f_0 a_5$ 得 $1:1$ 与 $1:1.5$ 边坡的交线。同法可作出另外两条交线。

为了增加图的明显性，坡面上可加画示坡线。示坡线是一组长、短相间的细实线，自高端向低端画，方向垂直于坡面的等高线，如图 11-14 （b） 中表示的那样。

[**例 11-6**] 倾斜引道与土堤相连，土堤顶面标高为 4，倾斜引道的路面坡度及各填土边坡的坡度如图 11-15 （a） 所示，设地面标高为 0，求填土的填筑范围和各坡面间的交线。

[**解**] 求填筑范围就是求各坡面与地面的交线，亦即求各坡面上标高为 0 的等高线（俗称坡脚线）。求坡面间的交线就是求各相交坡面上同标高等高线的交点所连成的直线。

根据所给坡度，算出土堤顶面边线与边坡坡脚线间的水平距离 L_1 和它与引道路面的坡脚线间的水平距离 L_2：

$$L_1 = 4 \times 2 = 8\text{m}$$
$$L_2 = 4 \times 4 = 16\text{m}$$

使用这两个尺寸可以画出土堤边坡和倾斜引道路面斜坡的坡脚线 （图 11-15b）。倾斜引道两侧边坡的坡脚线可按 [例 11-4]（图 11-11）的方法作出，辅助圆锥底圆的半径 r 为：

$$r = 4 \times 1.5 = 6\text{m}$$

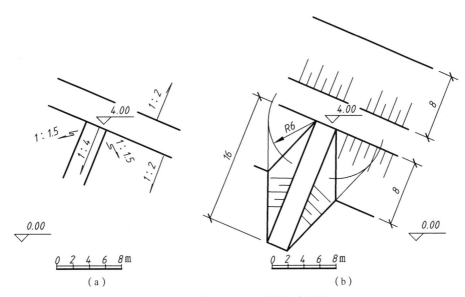

图 11-15 作引道和土堤的标高投影

§ 11.4 曲面的标高投影

11.4.1 圆锥面的标高投影

在标高投影中只讨论底圆平面为水平面的圆锥面。用一组间隔相等的水平面截割圆锥，交出的等高线都是圆。这些圆的水平投影仍为圆，如图 11-16 所示。用这组标有高度值的圆可以表示圆锥，此即圆锥面的标高投影。对于直的圆锥面，其标高投影为一组同心圆（图 11-16a）；对于斜的圆锥面，其标高投影为一组偏心圆（图 11-16b）。当圆锥的锥顶向上时，等高线的标高越大，则圆的直径越小；反之，当锥顶向下时，标高越大，则圆的直径也越大（图 11-16c）。

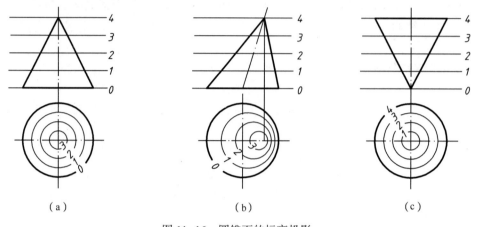

图 11-16　圆锥面的标高投影

[**例 11-7**] 图 11-17（a）示出了一端为半圆形的场地边界，各填土边坡的坡度如图所示。设地面标高为 0，试作出填筑范围及各坡面间的交线。

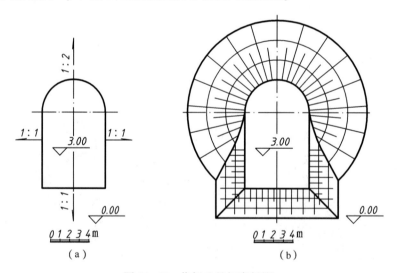

图 11-17　作场地的标高投影

[**解**] 半圆形一端的填土坡面为直圆锥面，其余的坡面均为平面。根据圆锥面和边坡平面的坡度可知，它们的交线是双曲线。圆锥面和地面的交线是标高为 0 的圆弧。圆锥面的坡度为 1∶2，则平率为 2，在图 11-17（b）中以半径增量为 2m 画出一组同心圆，得到了锥面的等高线。各边坡平面的坡度为 1∶1，用间隔 1m 作出各边坡平面的诸等高线。顺次连接锥面与边坡平面上同标高等高线的交点，可得交出的双曲线。再作出相邻边坡平面

11.4.2 同坡曲面的标高投影

工程中的弯曲斜坡道路，其两侧的边坡坡面常设计成同坡曲面。同坡曲面是一种直纹曲面，可以把它看作是锥顶沿路面边线移动的直圆锥的包络面（公切面），如图 11-18 所示。同坡曲面与圆锥素线有相同的坡度，同坡曲面与圆锥面相切于素线上，此素线即同坡曲面的坡度线。用水平面截割同坡曲面和圆锥面，得它们的等高线，

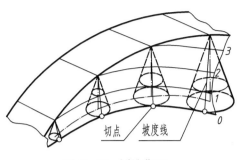

图 11-18 同坡曲面

同标高的等高线亦相切，切点位于同坡曲面的坡度线上。在标高投影图上仍然保持这种相切和从属关系，这就提供了在标高投影图上绘制同坡曲面等高线的作图方法。

[例 11-8] 已知平台的标高为 4，地面标高为 0，从地面至平台由弯曲的坡道相连。弯曲坡道上给出了一组等高线，所有填土边坡的坡度均为 1：1，如图 11-19（a）所示。试作出填筑范围及各坡面间的交线。

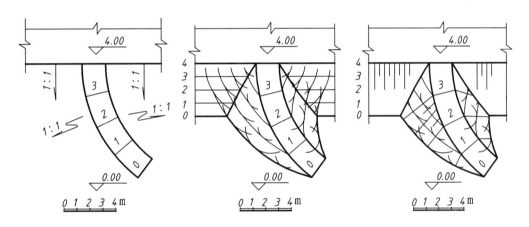

图 11-19 作弯曲坡道的标高投影

[解] 本题的等高距为 1m，填土边坡的坡度为 1：1，所以相邻等高线间的间距为 1m。分别以弯道两侧边线上高度为 1、2、3、4 的点为圆心，并按 1m 的级差递增为半径，画圆和同心圆，得到各锥面的等高线，如图 11-19（b）所示。过边线上高度为 0、1、2、3 的点作各锥面上同标高等高线（圆）的公切线（曲线），即为弯道两侧同坡曲面上相应标高的等高线。平台的填土边坡上的等高线为一组与平台边缘平行的直线，这些直线间的间隔亦为 1m。同坡曲面上的等高线与平台边坡上的同标高的等高线相交，连接这些交点即得相邻填土坡面间的交线。过弯道边沿上标高为 1、2、3 的各点作同坡曲面的坡度线，此即弯道填土边坡相应各处的示坡线方向，这些坡度线之间可凭目测再插补一些示坡线，如图 11-19（c）所示。

§11.5　地面的标高投影及作图问题

11.5.1　地形面的表示方法

实际上大地表面并不是水平面,而是不规则曲面,常称之为地形面。如 §11.1 所述,在标高投影中地形面仍然是用等高线表示,并称地形面的标高投影图为地形图。地形图上的标高数字,规定字头向着上坡方向书写。地形图表明了地面的起伏变化。图 11-20 是两种不同地形的标高投影及其断面图。图 11-20 (a) 中的等高线,其标高的变化是内圈越来越高,它表示的是隆起的山丘形状;图 11-20 (b) 中的等高线和前者相同,但其标高的变化是内圈越来越低,它表示的是凹下去的洼地。等高线的疏密程度反映了坡度的变化情况,等高线分布稠密的地方,那里的地面坡度较陡;而等高线稀疏的地方,那里的坡度相对较缓。图 11-20 中的地形,左侧平缓,右侧较陡。

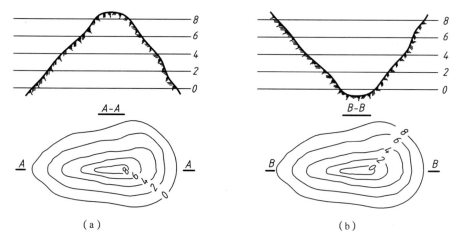

图 11-20　山丘和洼地的标高投影

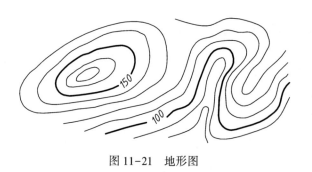

图 11-21　地形图

在地形图上为了便于查看等高线,通常把标高值为等高距 5 倍的那条等高线用粗线绘制,这样,每隔 4 条等高线就有一条粗的等高线,称为**计曲线**。标高数字也可以只针对计曲线标注,其余的不注,如图 11-21 所示。

11.5.2　地形面的作图例题

[**例 11-9**] 已知地形图和管道 AB 的标高投影 $a_{31.5}b_{32.8}$,如图 11-22 所示,试作图区分出管道暴露在地面以上和埋入地下的部分。

[**解**] 本题的实质是求 *AB* 直线与地面的交点。为此，包含 *AB* 直线作一辅助铅垂面 1–1，画出该铅垂面与地面的交线，即形成 1–1 断面图，求出直线与该交线的交点，即为直线与地面的交点。作图时，平行于 $a_{31.5}b_{32.8}$ 作一组高差为 1 的辅助平行线，从最下面一条起依次标以 30、31、……35，将地形图上各等高线与辅助铅垂面的剖切位置线 1–1 的交点垂直于 $a_{31.5}b_{32.8}$ 引线到相应标高的平行线上，用光滑曲线连接求得的交点即得到地面的1–1 断面图。连点时曲线的转向点（山峰、谷底）可凭目测按比例估计确定。在断面图上按 *A*、*B* 的标高画出 *a′*、*b′*，连 *a′b′*，求出 *a′b′* 与地形断面的交点 *k′*、*l′*、*m′*、*n′*，再反向引垂线交到 $a_{31.5}b_{32.8}$ 上，即在地形图上得到了 *AB* 直线穿入、穿出地面的交点 *K*、*L*、*M*、*N* 的水平投影 *k*、*l*、*m*、*n*。线段 *KL*、*MN* 在地面以下，*kl*、*mn* 画成虚线，其余的在地面以上，画成实线。

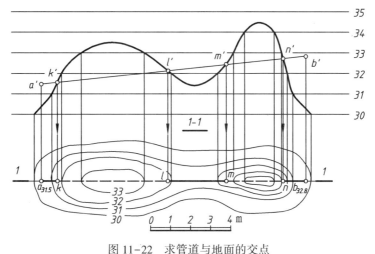

图 11-22　求管道与地面的交点

如果 *AB* 代表道路的中心线，则 *KL*、*MN* 段应挖方或开挖隧道，其余的应填方或修建桥梁。

[**例 11-10**] 拟在山坡上修筑一个一端为半圆形的场地，其标高为 30，填方坡度为 1∶1.5，挖方坡度为 1∶1，试作图确定填、挖范围及坡面间的交线（图 11-23）。

[**解**] 场地标高为 30，地面上高于 30 的地方应按场地边界的需要挖去，低于 30 的地方应填筑起来。填、挖的分界点是标高为 30 的等高线与场地边界线的交点。根据填、挖的坡度，可算出填、挖方坡面的平率为 1.5 和 1。使用平率，算出边坡面上相邻等高线间的间距，画一组平行于场地边界的平行线和同心圆，它们就是填、挖方坡面上的等高线。这些等高线与地面上同标高的等高线相交得一组交点，用光滑曲线连接这些交点即得填、挖范围的边界线。在挖方一端，挖方坡面上标高为 35 的等高线与地面上标高为 35 的等高线不相交，说明挖方边界线上无标高为 35 的点。这时可按线性内插的原则估计一点，使其距挖方坡面上 34、35 等高线距离之比等于距地面等高线 34、35 的距离之比。所估计的该点即作为挖方边界线的闭合点。在填方一端，相邻填土坡面间的交线为 45°方向，相邻填土坡面的填方边界应汇交于 45°斜线上。

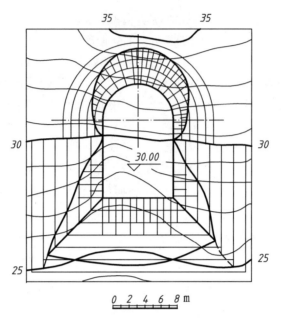

图 11-23　求修筑场地的填挖范围

[**例 11-11**] 在图 11-24 所示的地区拟修筑一条倾斜道路，设填方、挖方边坡的坡度均为 1∶1.5，试作图确定填、挖范围。

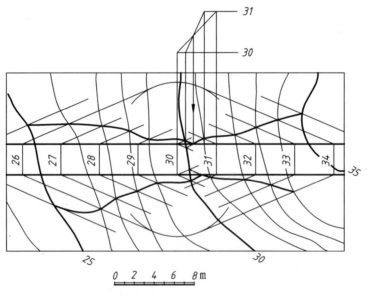

图 11-24　求道路的填、挖范围

[**解**] 道路的左端路面比地面高，为填方区域；右端路面比地面低，为挖方区域。填、挖的分界点介于标高 30 与 31 之间，可按线性内插的原则求出其位置。作图时相当于使用图 11-22 的方法，分别求道路两侧边界线与地面的交点，图 11-24 的上方示出了求一侧边界线与地面交点的作图方法。填、挖坡面的平率应为 1.5，根据图 11-11 所示的方法，以

路面上标高为 30 的等高线两端为圆心，以 4×1.5＝6m 为半径画圆弧，过路面上 26、34 等高线的两端作圆弧的切线，即为填、挖坡面上标高为 26、34 的等高线。据此还可画出标高为 27、28、……33 的等高线。这些等高线与地面上同标高的等高线相交，得一批交点，用光滑曲线连接这些交点即得填、挖方边界线。

[**例 11-12**] 在图 11-25（a）所示的地区修建一条道路，路面标高 20，挖方边坡的坡度为 1∶1，试作 1-1、2-2、3-3 线路横断面图，并根据横断面图确定开挖边界线。

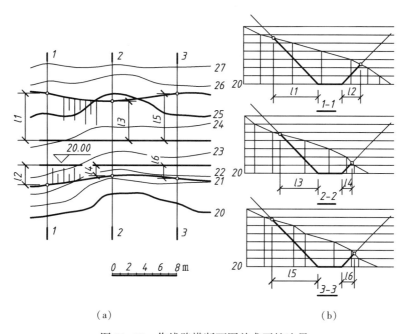

（a）   （b）

图 11-25 作线路横断面图并求开挖边界

[**解**] 在图 11-25（b）中按所给绘图比例尺画出 3 组高差为 1 的水平线，用来绘制 3 个断面图。每组水平线的最下面一条高度为 20。将图 11-25（a）上剖切位置线 1-1、2-2、3-3 与各等高线的交点，按图上的间隔截量到图 11-25（b）中高度为 20 的水平线上，再从这些点按各自的标高投到相应高度的水平线上，依次连接所得各点即画出了地面的横断面。将剖切位置线与路面边界线的交点也截量到高度为 20 的水平线上，并按 1∶1 的坡度画出边坡，则边坡线与地面线相交，得出了道路的横断面图。将横断面图上边坡线与地面线交点的横距 l1、l2、l3、l4、l5、l6 返截量到图 11-25（a）中各相应的剖切位置线上，得到的就是挖方边界线上的一批点。按剖切顺序连接这些点，即为挖方边界线。

第 12 章　钢筋混凝土结构图及钢结构图

§12.1　钢筋混凝土的基本知识

混凝土是由水泥、砂子、石子和水按一定的比例配合，经搅拌、浇筑、养护硬化后得到的一种人工石料。它的抗压强度较高，但抗拉强度较低，容易因受拉而断裂。为提高混凝土构件的抗拉能力，常在构件的受拉区加入一定数量的钢筋，由钢筋承受拉力，混凝土承受压力。这种配有钢筋的混凝土构件称为**钢筋混凝土构件**。

在房屋建筑、水工建筑、道路桥梁建筑等土木工程中，大量采用钢筋混凝土构件，如桥墩的墩帽、桥台的道砟槽和顶帽、钢筋混凝土梁、柱、盖板、钢筋混凝土轨枕等。

钢筋混凝土构件的形状、大小、配筋数量及形式和构件的布局、连接等，一般都要经过设计和计算，然后再用图表达出来。这种图称为**钢筋混凝土结构图**。传统的钢筋混凝土结构图包括结构构件图（有时简称为钢筋图）和结构布置图。建筑结构施工图平面整体设计方法（以下简称**平法**）对我国目前混凝土结构施工图的设计表示方法作了重大改革。概括地讲，平法是把结构构件的尺寸和配筋等，按照平面整体表示方法制图规则，直接表达在各类构件的结构平面布置图上。这就改变了传统的那种将构件从结构平面布置图中索引出来，再逐个绘制配筋详图的繁琐方法。本章为便于学习，还是从构件图开始介绍。后面再结合平法讲述。

钢筋混凝土构件的制作，是先将不同直径的钢筋按照需要的长度**截断**（叫作下料），根据设计要求进行**弯曲成型**（叫作钢筋加工），再将弯曲后的成型钢筋绑扎或焊接在一起形成**钢筋骨架**（叫作钢筋安装），将其置于模板内，最后浇筑混凝土，待其凝固拆模后即成。钢筋混凝土构件的制作有在工程现场就地浇筑和在工程现场以外的工厂预制好然后运到现场进行安装两种，它们分别称为**现浇构件**和**预制构件**。此外，如在制作时通过对钢筋的张拉，预加给混凝土一定的压力以提高构件的强度和抗裂性能，就成为**预应力钢筋混凝土构件**。

§12.2　钢筋混凝土结构的图示方法

12.2.1　钢筋混凝土构件图的内容

表示钢筋混凝土构件的图样有**模板图**和**配筋图**两种。

1. 模板图

模板图即构件的外形图。对于形状简单的构件，可不必单独画模板图。

2. 配筋图

主要表达钢筋在构件中的分布及单根钢筋的弯曲成型情形（**成型图**），表示钢筋分布情况的图通常有配筋平面图、配筋立面图、配筋断面图等。

钢筋在混凝土中不是单根游离放置的，而是将各钢筋用铁丝绑扎或焊接成钢筋骨架或网片。图12-1所示梁、板的钢筋骨架由下列种类的钢筋组成：

（1）**受力钢筋**——承受构件内力的主要钢筋。

（2）**架立钢筋**——起架立作用，以构成钢筋骨架。

（3）**箍筋**——固定各钢筋的位置并承受剪力。

（4）**分布钢筋**——一般用于板式结构中，将板面承受的力分配给受力钢筋，并防止混凝土开裂，同时也起固定受力钢筋位置的作用。

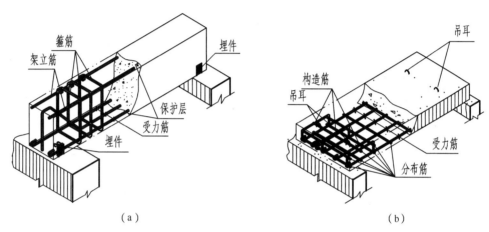

图 12-1　钢筋的种类

（a）梁；（b）板

另外还有其他钢筋，如为了吊装用的吊环和为构造要求而设置的预埋件等。

12.2.2　配筋图中钢筋的一般表示方法

1. 图线

钢筋不按实际投影绘制，只用单线条表示。为突出钢筋，在配筋图中，可见的钢筋应用粗实线绘制；钢筋的横断面用涂黑的圆点表示；不可见的钢筋用粗虚线、预应力钢筋用粗双点画线绘制。

2. 钢筋的编号和品种符号

构件内的各种钢筋应予以编号，以便于识别。编号采用阿拉伯数字，写在直径为 5~6mm 的细线圆圈中，如图12-2所示。

在编号引出线的文字说明中，应使用钢筋的符号表明该编号钢筋的种类（牌号）。符号由直径符号变化而来，普通钢筋的种类及符号列于表12-1中。

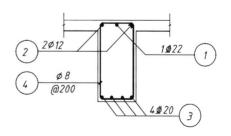

图 12-2　钢筋的编号方式

普通钢筋的品种及符号　　　　　　　　　　　　　　表 12-1

牌　号	符　号	公称直径 d（mm）	屈服强度 f_{yk}（N/mm²）	极限强度 f_{stk}（N/mm²）
HPB300	ϕ	6~14	300	420
HRB335	ϕ	6~14	335	455
HRB400 HRBF400 RRB400	ϕ ϕ^F ϕ^R	6~50	400	540
HRB500 HRBF500	ϕ ϕ^F	6~50	500	630

与钢筋符号写在一起的还有该号钢筋的直径以及在该构件中的根数或间距，例如 $\dfrac{4\,\phi\,20}{}$ ③表示：③号钢筋是 4 根直径为 20mm 的 HRB400 钢筋，又如 $\dfrac{\phi\,8}{@\,200}$ ④表示：④号钢筋是 HPB300 钢筋，直径是 8mm，每 200mm 放置一根。其中"@"为等间距符号。

3. 钢筋的保护层

为保护钢筋不被锈蚀，钢筋不能裸露于构件外，要有一定厚度的混凝土作为保护层。保护层还起防火及增加混凝土对钢筋的握裹力的作用。各种构件混凝土保护层的厚度如表 12-2 所示。

混凝土保护层的最小厚度　　　　　　　　　　　　表 12-2

环境类别	板、墙、壳	梁、柱、杆
一	15	20
二 a	20	25
二 b	25	35
三 a	30	40
三 b	40	50

注：1. 混凝土强度等级不大于 C25 时，表中保护层厚度数值应增加 5mm；
　　2. 钢筋混凝土基础宜设置混凝土垫层，基础中钢筋的混凝土保护层厚度应从垫层顶面算起，且不应小于 40mm。

4. 钢筋的图例

在表 12-3 中列出了普通钢筋的常用图例。

5. 钢筋的画法

钢筋的画法应符合表 12-4 的规定。

6. 尺寸标注

钢筋图上尺寸的注写形式与其他工程图相比有明显的特点（参见图 12-3、图 12-4）：

（1）对于构件外形尺寸、构件轴线的定位尺寸、钢筋的定位尺寸等，采用普通的尺寸线标注方式标注。

（2）钢筋的数量、品种、直径以及均匀分布的钢筋间距等，通常与钢筋编号集中在一起用引出线标注。

（3）钢筋成型的分段长度直接顺着钢筋写在一旁，不画尺寸线；钢筋的弯起角度常按分量形式注写，注出水平及竖直方向的分量长度。

普通钢筋的常用图例 表 12-3

名 称	图 例
无弯钩的钢筋端部	
带半圆形弯钩的钢筋端部	
带直钩的钢筋端部	
无弯钩的钢筋搭接	
带半圆弯钩的钢筋搭接	
带直钩的钢筋搭接	

钢筋的画法 表 12-4

序号	说 明	图 例
1	在结构平面图中配置双层钢筋时，底层钢筋的弯钩应向上或向左，顶层钢筋的弯钩则向下或向右	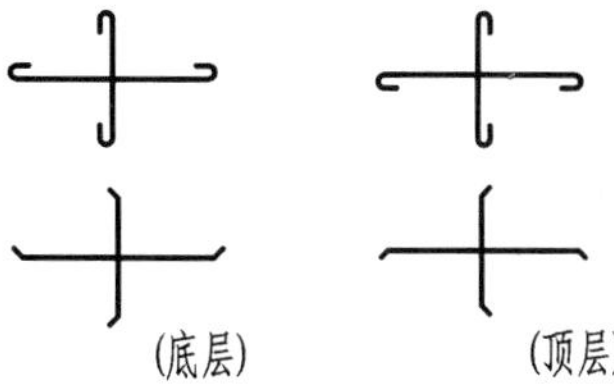 （底层） （顶层）
2	钢筋混凝土墙体配双层钢筋时，在配筋立面图中，远面钢筋的弯钩应向上或向左，而近面钢筋的弯钩向下或向右（JM 近面；YM 远面）	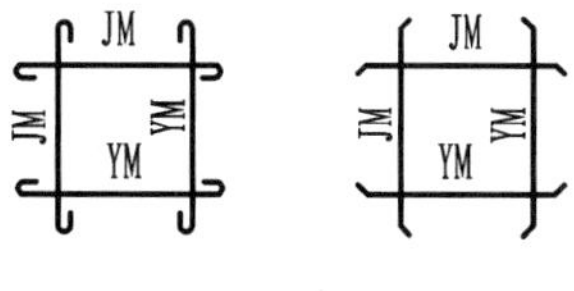
3	若在断面图中不能表达清楚的钢筋布置，应在断面图外增加钢筋大样图（如：钢筋混凝土墙、楼梯等）	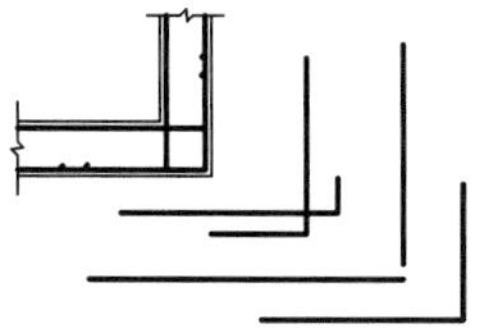
4	图中所表示的箍筋、环筋等若布置复杂时，可加画钢筋大样及说明	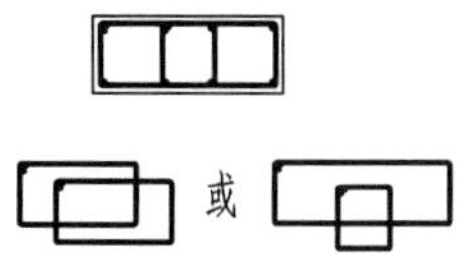 或

序号	说　明	图　例
5	每组相同的钢筋、箍筋或环筋，可用一根粗实线表示，同时用一两端带斜短画线的横穿细线，表示其余钢筋及起止范围	

12.2.3　构件配筋平面、立面、断面图的绘制

1. 配筋平面图

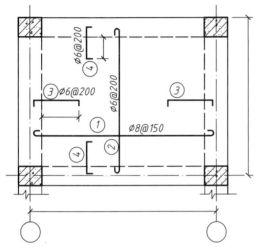

图 12-3　钢筋混凝土现浇板配筋图

对于钢筋混凝土板，通常只用一个平面图表示其配筋情况。如图 12-3 所示的现浇钢筋混凝土双向配筋板，便仅用了一个配筋平面图来表达。图中①、②号钢筋是两端带有向上弯起的半圆弯钩的 HPB300 钢筋，①号钢筋直径为 8mm，间距 150mm；②号钢筋直径 6mm，间距 200mm。③、④号钢筋是支座处的构造筋，直径 6mm，间距均为 200mm，布置在板的上层，90°直钩向下弯。

若是现浇钢筋混凝土单向板，习惯上，在配筋平面图中不画出分布筋，原因是分布筋一般为直筋，其作用主要是固定受力筋和构造筋的位置，不需计算，施工时可根据具体情况放置，一般是 φ6，@250~300。

2. 配筋立面图和配筋断面图（截面）

比较细长的构件（如梁、柱）的钢筋，常用**配筋立面图**并配合若干**配筋断面图**表达。图 12-4 是一单跨简支梁的配筋图。

图 12-4 中 L（300×600）是该梁的配筋立面图。梁的轮廓线采用细实线绘制，用粗实线画出各号钢筋的纵向位置、弯起筋的弯起部位、箍筋的排列及其间距。全部钢筋均予以编号，共有五种钢筋：①号钢筋在梁的下部，是全长布置的直筋，在其两端带有垂直向上长为 85 的一段直筋；②、③号钢筋是弯起筋，因其起弯点不一样，故应分别予以编号，其形状见图下部各号钢筋详图（成型图）；④号钢筋在梁上部沿全长设置，为两端带弯钩的直筋；⑤号钢筋是箍筋，沿全长排列。

图 12-4 中 1-1、2-2 是该梁的两个配筋断面图，它们表明梁的截面形状及各钢筋的横向位置及箍筋的形状。一般断面图所用的比例比立面图大。断面轮廓用细实线绘制，断面内不再画混凝土的材料图例。1-1 断面图表明，梁的截面形状是矩形，在梁的下部共有五根受力钢筋，各钢筋的编号列在了一个表内：①号钢筋是两根，在梁下部的两角各有一根；③号钢筋在梁的中间，只有一根；其余两根是②号钢筋。梁的上部有两根架立钢筋，即图上的④号钢筋，分布在梁上部的两角处。⑤号钢筋是箍筋，呈矩形，两端带有 135°的

弯钩。2-2断面与1-1断面相比，除②、③号钢筋已弯至上部外，其他无变化。此外，断面图中钢筋的编号引出线上注明了钢筋的品种、根数、直径、间距等。

图12-4中下部为钢筋成型图，画在与立面图相对应的位置，从构件的最上部的钢筋开始依次排列，并与立面图中的同号钢筋对齐。同一号钢筋只画一根，也注明钢筋的编号、根数、品种、直径及下料长度 l。

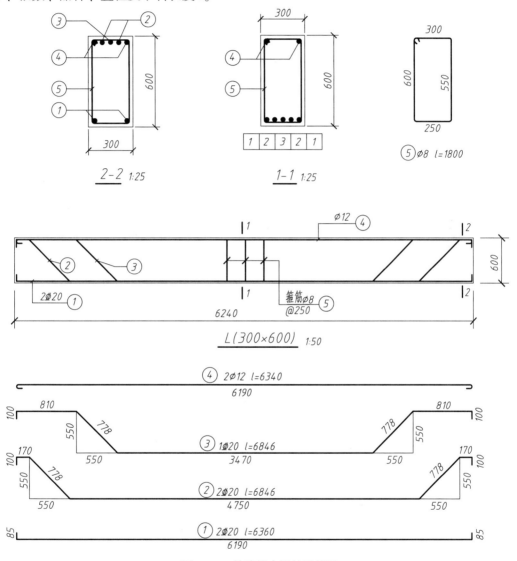

图 12-4 单跨简支梁的配筋图

图中各种弯钩及保护层的大小，可凭估计画出，不必精确度量。

对称的钢筋混凝土构件，在同一图中可采用一半表示外形，一半表示配筋的办法表示。

为了便于统计用料，在传统的钢筋图上常画出**钢筋表**，如图12-5所示。此外，图中一般还有必要的说明性文字，以补充说明不能用图表达的内容。

钢筋表

编号	直径	单根长度（mm）	根数	总长度（m）	重量（kg）
①	φ20	6360	2	12.72	31.42
②	φ20	6846	2	13.692	33.82
③	φ20	6846	1	6.846	16.91
④	φ12	6340	2	12.68	11.26
⑤	φ8	1800	26	46.8	18.49

图 12-5　钢筋表

§12.3　钢筋混凝土构件图的阅读

图 12-6 为一单层工业厂房的预制钢筋混凝土柱的模板图。图中标出的模板图除一个立面图外，还有四个断面图，它们分别采用 1：80 和 1：40 的比例绘制。根据此图即可得知柱的形状，进而可制作该柱的模板盒子。

该柱的配筋，由图 12-7 所示的配筋立面图和配筋断面图来表达。立面图上表示了其中 6 种钢筋的编号、位置、形状和箍筋的纵向排列情况。4 种箍筋的品种、直径及间距则表示在四个断面图上。1-1 断面图表明上柱（牛腿以上）中钢筋的配置情况；2-2 断面表明牛腿部分中的钢筋构造；3-3 断面表示的是下柱工字形截面（7500 范围内）部分的钢筋配置情况；4-4 断面表示的是下柱矩形截面（1500 范围内）部分的钢筋配置情况。由于在模板断面图中已注明各断面的尺寸，故在配筋断面图中有足够的位置在编号引出线上注写钢筋的根数、品种和直径，所以也可不画钢筋表了。本构件中①、②、③、④号钢筋都是直筋，其形状、尺寸在立面图中已表达清楚，⑤、⑥号钢筋位于牛腿部分，其形状随牛腿尺寸而定，再根据保护层厚度和截断长度（图 12-7 中的 150、200）可了解到其形状和尺寸。⑦、⑨、⑩号箍筋的形状在断面图中表达得比较清楚，只有⑧号箍筋情况较复杂，所以单独抽出来表示它的形状和尺寸。M-1 图是 1 号预埋件的构造详图。

综上所述，阅读钢筋混凝土构件图的要点是：

（1）弄清该构件的名称、绘图比例以及有关施工、材料等方面的技术要求；

（2）弄清构件的外形和尺寸；

（3）弄清构件中各号钢筋的位置、形状、尺寸、品种、直径和数量；

（4）弄清各钢筋间的相对位置及钢筋骨架在构件中的位置。

§12.4　建筑工程中钢筋混凝土结构图的改革及平法

在建筑工程中画钢筋混凝土结构图的传统作法，是在结构系统布置图中，把诸多的结构构件一一索引出来，画成像图 12-4、图 12-7 所示之简支梁和厂房柱那样的结构构件图。原则上，有多少不同编号的构件，就要绘制多少构件图。画出组成复杂建筑结构的成百上千种构件的构件图，是很繁琐的事。显然，少画图、简化图、多使用标准图，是设计

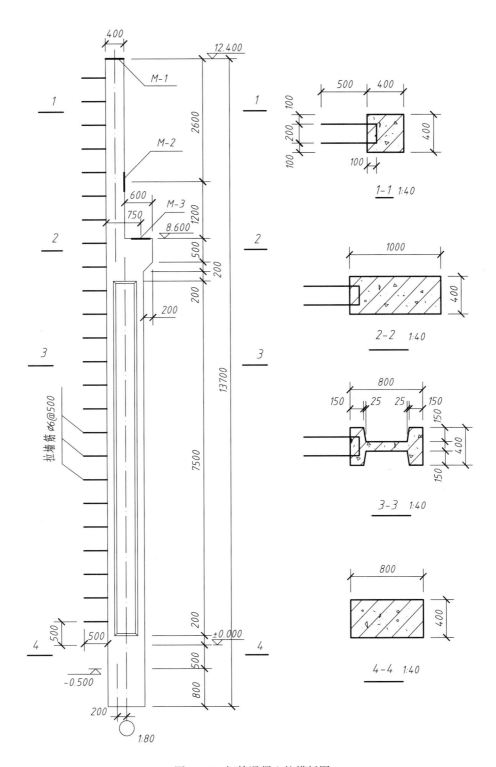

图 12-6 钢筋混凝土柱模板图

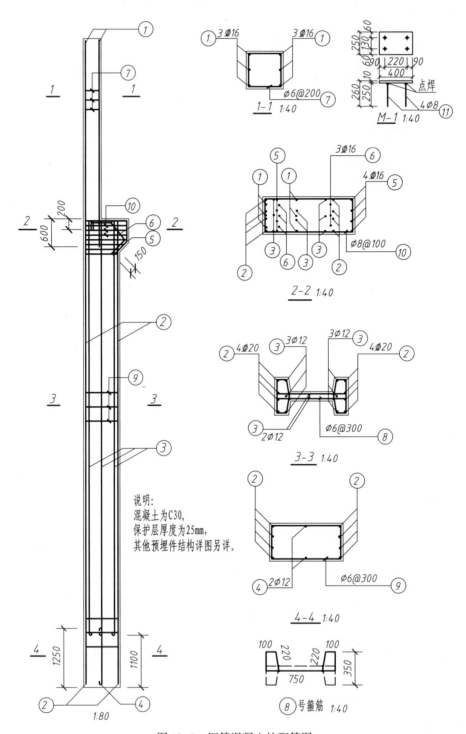

图 12-7　钢筋混凝土柱配筋图

和制图的改革方向。

建设部于 2003 年 1 月起陆续批准执行的《混凝土结构施工图平面整体表示方法制图规则和构造详图》系列标准设计图集（03G101），便是这种改革的重大成果之一。这些设计图集已在建筑工程领域的钢筋混凝土结构设计和制图中广泛应用。

该系列图集所指的混凝土结构施工图平面整体设计方法，简称**平法**。图集包括：常用现浇钢筋混凝土构件的平法制图规则和标准构造详图两大部分。2001 年颁布的《建筑结构制图标准》GB/T 50105—2001 是当时编制该图集的依据之一。

平法的基本概念是：把结构构件的有关尺寸和配筋等要素，按一定规则直接标注在反映各类构件总体布置的结构平面图上，再与图集中构件的标准构造详图相配合，就构成一套完整的混凝土结构图。其中，在柱上施行的平法叫**柱平法**，表示梁的称**梁平法**，表示（剪力）墙的称**墙平法**，等等。不同构件的平法有各自不同的制图（标注）规则。

实践中，对设计者来说，只是用平法绘制结构平面布置图，而不必抄绘图集中的标准构造详图。

图 12-8 是某框架梁的钢筋混凝土传统表达方式（图 12-8a）与梁平法**平面注写方式**（图 12-8b）的对比。图 12-8（b）中虚线表示的是梁和墙的轮廓，各项数据是对结构的标注。由此可以看出，用平法绘制钢筋混凝土结构施工图能大大简化制图工作，提高设计效率。

用平法表示混凝土结构施工图，需使用构件的类型代号来标注构件的编号。梁、板、柱构件的部分类型代号规定如下：

KZ——框架柱	KL——楼层框架梁	JSL——井式梁
KZZ——框支柱	WKL——屋面框架梁	JL——基础梁
XZ——芯柱	KZL——框支梁	DKL——地下框架梁
LZ——梁上柱	L——非框架梁	LB——楼面板
QZ——剪力墙上柱	XL——悬挑梁	WB——屋面板

柱的编号注写形式是在柱类型代号的后面写出该柱的序号，例如 KZ2 表示该柱是第 2 号框架柱。梁的编号注写形式包括梁的类型代号、序号、跨数和是否带有悬挑端，例如 KL7（5）表示第 7 号框架梁，5 跨，无悬挑端。若括号内的数字后面加写"A"表示一端有悬挑，加写"B"表示两端有悬挑。

在平面图上表示各构件尺寸和配筋情形有平面注写方式（例如用于梁、板）、**列表注写方式**（例如用于柱、剪力墙）和**截面注写方式**（例如用于柱、剪力墙、梁、基础）等三种。

以梁为例，梁的平面注写方式是在梁平面布置图上，分别从不同编号的梁中各选一根梁，在其上直接注写截面尺寸和配筋的具体数值。平面注写包括**集中标注**和**原位标注**，如图 12-8（b）上用引出线引出的是对该梁的集中标注，它标注了该梁的通用数值，图上共有五排数据（与图 12-8a 的 2-2 断面图对照理解）。第一排标注的是梁的编号和截面尺寸，KL1（1A）350×700 表示该梁是第 1 号楼层框架梁，一跨，一端有悬挑，梁的截面尺寸为 350×700。第二排标注的是箍筋数据，ϕ8@ 100/200（4）表示梁的箍筋是直径 8mm 的 HPB300 钢筋，箍筋加密区的间距为 100mm，非加密区的间距为 200mm，括号内的数字

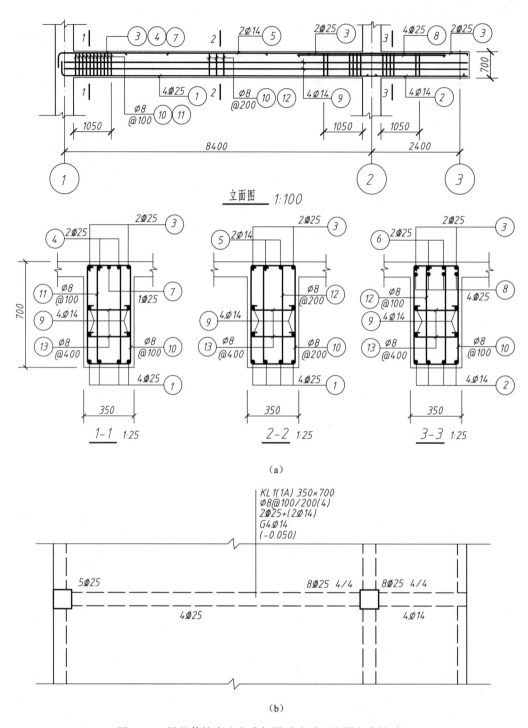

图 12-8　梁的传统表达方式与梁平法平面注写方式的对比

(a) 传统表达方式；(b) 平面注写表达方式

表示均为 4 肢箍筋。第三排标注的是梁的上部通长筋和架立筋的配置，2 ⏀25+(2 ⏀14) 表示梁上部有两根直径为 25mm 的 HRB400 通长钢筋和两根直径为 14mm 的 HRB335 架立钢筋，规定将架立钢筋写在"+"号后面的括号内。第四排标注的是构造钢筋，G4 ⏀14 表示梁的两侧共配有 4 根直径为 14mm 的 HRB335 纵向构造钢筋，每侧两根。G 是构造钢筋的代号，如果配置的是受扭钢筋，它的代号是 N。最后一排标注的是选注内容，即梁顶面标高与楼层结构标高的高差。当梁顶面标高与楼层结构标高相同时该项不注，图上注写的 (−0.050) 表示梁顶面低于楼面结构 0.050m。

当集中标注中的某项数据不适用于该梁的某个部位时，则将实用数据直接注写在相应的部位处，称为原位标注。施工时原位标注取值优先。图 12-8（b）中梁的左端支座处的 5 ⏀25 表示在此部位梁的上部有 5 根⏀25 钢筋（参看图 12-8a 的 1-1 断面图）。梁的右端靠近悬挑的支座处两侧标注的 8 ⏀25 4/4 表示此处在梁的上部配有 8 根⏀25 的钢筋，双排布置，上面 4 根，下面 4 根（参看图 12-8a 的 3-3 断面图）。图中梁的下侧标注的 4 ⏀25 表示该跨梁的下部有 4 根⏀25 的钢筋，右端悬挑部分下侧标注有 4 ⏀14，表示该处梁的下部配有 4 根⏀14 钢筋。

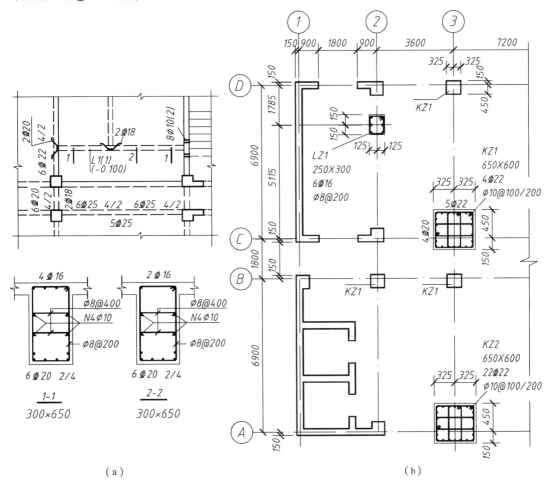

（a）　　　　　　　　　　　　　　　（b）

图 12-9　梁、柱的截面注写方式

　　梁的截面注写方式是在梁平面布置图上，分别从不同编号的梁中各选择一根梁，用单边剖切符号索引出配筋断面图，并在其上注写截面尺寸和配筋的具体数值，如图 12-9（a）所示。这种注写方式用于异形截面梁比较方便，或者当梁平面布置图的某个局部区域标注位置太小时，将截面注写方式与平面注写方式混合使用。

　　柱的截面注写方式是在柱平面布置图上，分别在同一编号的柱中选择一个截面，用放大的比例在原位画出配筋断面图，并直接标注截面尺寸和配筋数值，如图 12-9（b）所示。该图中放大绘制了 LZ1、KZ1、KZ2 的三个配筋断面图，在 KZ1 的断面图上用引出线标注了该柱的编号为 KZ1，柱的截面尺寸为 650×600，有 4 根 ϕ 22 的角筋，箍筋为 ϕ 10 的钢筋，其加密区的间距为 100，非加密区的间距为 200。该柱的纵向钢筋除 4 根角筋外，沿断面图的侧边还注出了中部筋的配置情形，5 ϕ 22 表示沿水平侧边布置有 5 根 ϕ 22 的中部筋，4 ϕ 20 表示沿竖直侧边布置有 4 根 ϕ 20 的中部筋。由图可以看出该柱的箍筋组合方式，外围是大的封闭箍筋，紧贴外箍的上、下设置有较窄的横、竖放置的封闭箍筋，它们共同组成了 4×4 的复合箍筋。断面图上还用尺寸标注了柱截面与轴线的位置关系。对于 LZ1 和 KZ2，其纵筋均为单一型号的钢筋，所以它们的断面图上在注写角筋的位置分别集中注写成了总数 6 ϕ 16 和 22 ϕ 22 的形式。

　　无论用哪种注写方式表示构件配筋，在施工时都还要配合使用标准构造详图，只是设计人员在设计阶段并不需要重复绘制它们。

　　注意，平法只适用于建筑工程图。

§12.5　钢 结 构 图

　　钢结构是由各种型钢组合连接而成的工程结构物。由于钢结构具有强度高、占空间小、安全可靠和便于制作安装等优点，所以，在工业厂房，高层建筑，大、中跨度的桥梁，大跨度公共建筑如体育馆、大会堂，以及电视台发射塔等工程建筑中得到广泛的应用。图 12-10 所示，是一座现代化大跨度钢结构桥梁。

　　钢结构使用的基本元件是轧钢厂生产出来的各种型钢，如角钢、槽钢、工字钢、钢板等。由型钢或者型钢拼接起来得到各种杆件，杆件拼合起来得到钢结构整体。将型钢或杆件连接起来的方法有焊、栓、铆。杆件汇交的地方，称为节点，这是构造最复杂的地方，在那里通过节点板把各杆件连接在一起，如图 12-11 所示。

图 12-10　钢结构桥梁

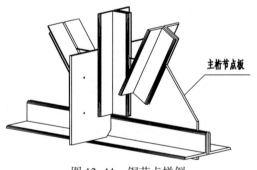

图 12-11　钢节点样例

钢结构图的应用场合很多，本节主要讲述钢屋架结构图。

12.5.1 常用型钢及其标注方法

常用型钢的截面形式及标注方法如表 12-5 所示。

表 12-5

常用型钢的标注方法

序号	名　称	截　面	标　注	说　明
1	等边角钢	⌐	⌐ bXt	b 为肢宽 t 为肢厚
2	不等边角钢	⌐	⌐ $BXbXt$	B 为长肢宽 b 为短肢宽 t 为肢厚
3	工字钢	I	I N Q I N	N 为工字钢型号 轻型工字钢加注 Q 字
4	槽钢	⊏	⊏ N Q ⊏ N	N 为槽钢型号 轻型槽钢加注 Q 字
5	方钢	▧	□ b	
6	扁钢	—	— bxt	
7	钢板	—	$\dfrac{- bxt}{l}$	$\dfrac{宽 x 厚}{板长}$
8	圆钢	◯	ϕd	
9	钢管	◯	ϕdXt	d 为外径 t 为壁厚
10	薄壁方钢管	□	B □ bxt	薄壁型钢加注 B 字 t 为壁厚
11	T型钢	T	TW ×× TM ×× TN ××	TW　为宽异缘T型钢 TM　为中异缘T型钢 TN　为窄异缘T型钢
12	H型钢	H	HW ×× HM ×× HN ××	HW　为宽异缘H型钢 HM　为中异缘H型钢 HN　为窄异缘H型钢

12.5.2 型钢和构件的连接方式及其表示方法

钢结构的连接方式有：焊接、螺栓连接和铆钉连接。其中焊接和螺栓连接应用比较广泛，而焊接是目前钢结构中主要的连接方法，它的优点是不削弱杆件截面、构造简单和施工方便；螺栓连接主要用于钢结构的拼装部位，属于可拆卸的连接，它的优点是拆装和操作简便。

1. 焊接

（1）焊缝类型

两型钢焊接时的接头形式有对接接头、T 形接头、角接接头和搭接接头。型钢熔接处称为焊缝。按元件的结合方式，焊缝可分为对接焊缝、角焊缝和点焊缝等（图 12-12）。

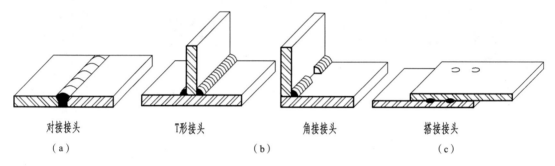

对接接头 　　　　　　T形接头 　　　　　　角接接头 　　　　　　搭接接头
（a）　　　　　　　　　（b）　　　　　　　　　　　　　　　　（c）

图 12-12　焊缝接头及焊缝形式
（a）对接焊缝；（b）角焊缝；（c）点焊缝

（2）焊缝的标注及符号

在焊接的钢结构图纸上，必须通过指引线把焊缝的位置、形式和尺寸标注清楚。这些内容是用焊缝符号表达的。指引线由箭头线和基准线组成，如图 12-13 所示。箭头指到焊缝处，且允许转折一次，基准线通常与图样的底边平行。焊缝的标注符号由基本符号、补充符号组成，其中基本符号表示焊缝断面的基本形式，如表 12-6 所示；补充符号是表示焊缝表面形状特征或焊接的特殊要求的符号，如表 12-7 所示。图 12-13 表示的焊缝是角焊缝，K 代表焊缝高度（标注时注出具体的数值），涂黑的三角形小旗代表现场施焊。

图 12-13　指引线和焊缝的标注　　　　　　图 12-14　相同焊缝的标注方法

建筑钢结构常用焊缝基本符号 表12-6

焊缝名称	焊缝形式	标注法
I形焊缝	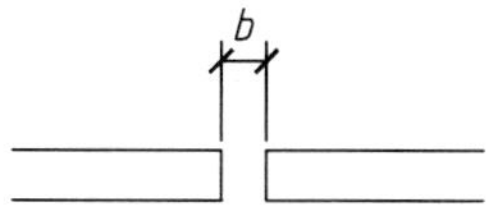	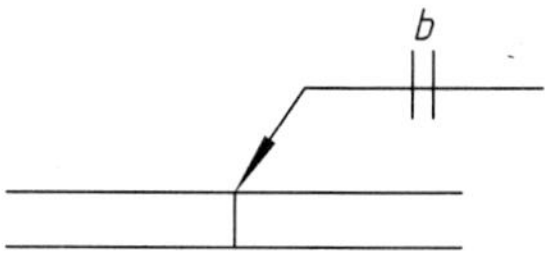
V形焊缝		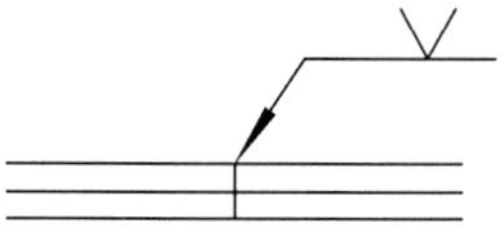
单边V形焊缝	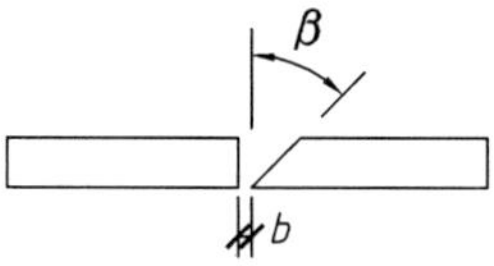	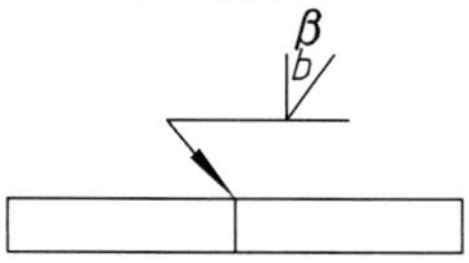 注：箭头指向剖口
带钝边单边V形焊缝	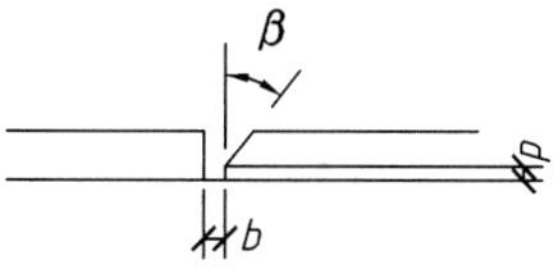	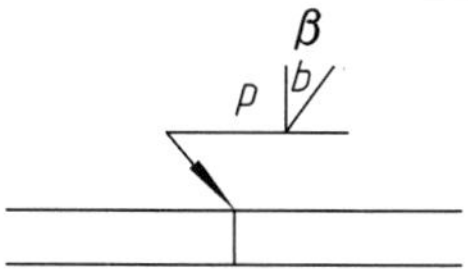
带垫板带钝边单边V形焊缝	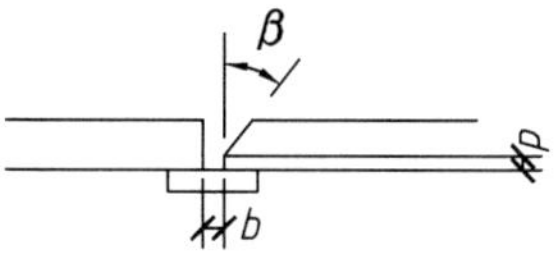	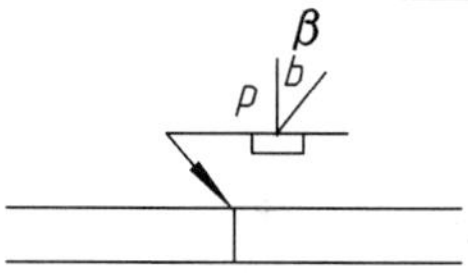 注：箭头指向剖口
带垫板V形焊缝	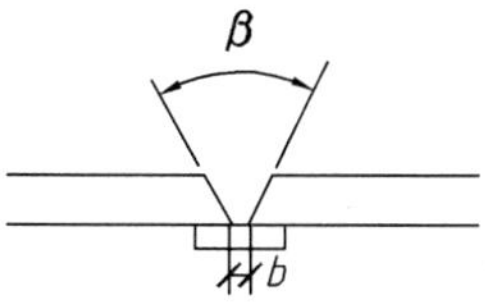	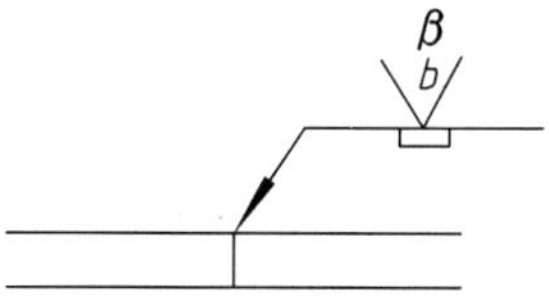
角焊缝	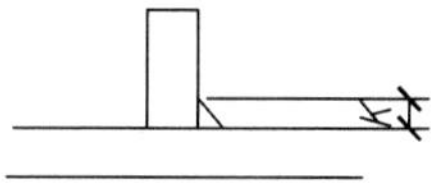	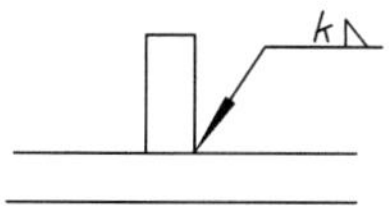
双面角焊缝	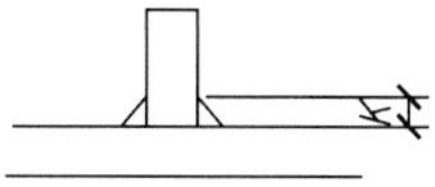	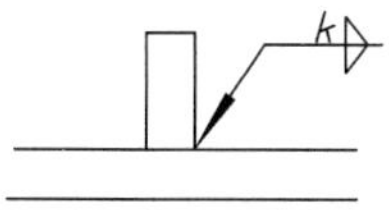

焊缝补充符号及标注示例　　　　　　　　　　　　表 12-7

名　称	辅助符号	形式及标注示例	说　明
平面符号	——		表示（带钝边）V 形焊缝表面齐平（一般通过加工）
凹面符号	⌣		表示焊缝表面凹陷
凸面符号	⌒		表示焊缝表面凸起
三面焊缝符号	⊏		工件三面施焊，开口方向与实际方向一致
周围焊缝符号	○		表示现场沿工件周围施焊
现场施焊符号	◤		

　　在同一图形上，当焊缝形式、断面尺寸和补充要求均相同时，可只选择一处标注，但应按图 12-14 的方法，在指引线的转折处加画一个"相同焊缝符号"（3/4 圆弧）。

　　当焊缝分布不规则时，在标注焊缝代号的同时，宜在焊缝处加中实线（表示可见焊缝），或加细栅线（表示不可见焊缝），如图 12-15 所示。

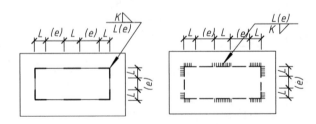

图 12-15　焊缝分布不规则时的标注方法

2. 螺栓连接

螺栓连接可分为普通螺栓连接和高强度螺栓连接。螺栓由螺杆、螺母和垫圈组成。钢结构构件图中的螺栓、孔和电焊铆钉的表示方法，应按表12-8中的图例绘制。

螺栓、孔、电焊铆钉的表示方法 表 12-8

序 号	名 称	图 例	说 明
1	永久螺栓	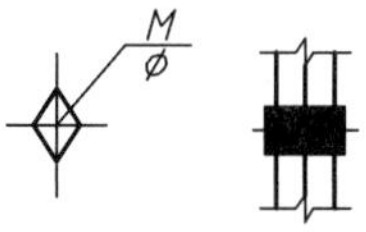	
2	高强度螺栓	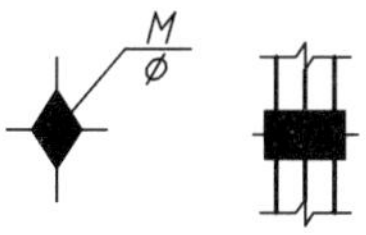	
3	安装螺栓	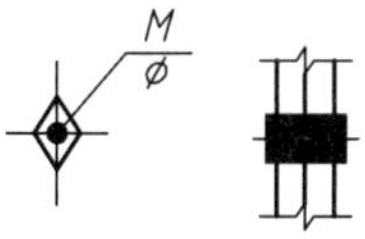	1.细"+"线表示定位线； 2.M表示螺栓型号； 3.∅表示螺栓孔直径；
4	膨胀螺栓	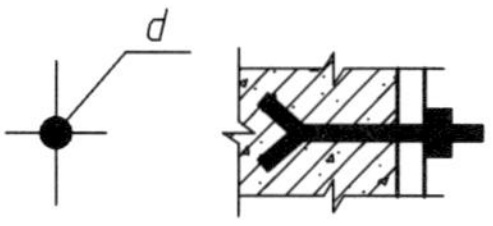	4.d表示膨胀螺栓、电焊铆钉直径；
5	圆形螺栓孔	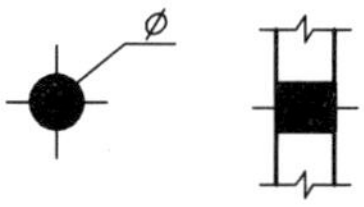	5.采用引出线标注螺栓时，横线上标注螺栓规格，横线下标注螺栓孔直径。
6	长圆形螺栓孔	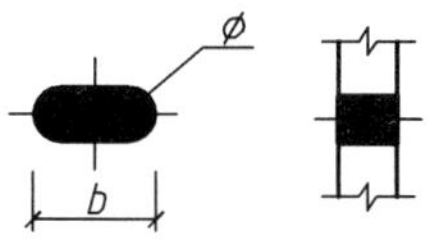	
7	电焊铆钉	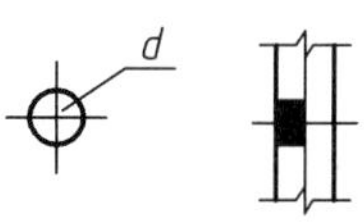	

12.5.3 钢屋架结构的表示方法

与制造、安装钢屋架的过程相反，表达钢屋架结构，采用的是由整体到局部，再到个体，逐步细化的办法。下面以图 12-16~图 12-19 所表示的某屋架为例说明具体的表示方法。

1. 屋架结构简图

通常，一座房屋需要的屋架不止一片，各屋架之间要有纵向联结系将它们联成一个整体。为表明单个屋架自身的结构总貌，先用较小的绘图比例，中实线线型，以单线条画出杆件的轴线，注出必要的尺寸，这样的图称为结构简图，也称结构示意图。图 12-19 就是某屋架的结构简图。图中除跨度、节间距、预留拱度用普通的尺寸注法标注外，其余的杆件长度尺寸都沿杆件方向直接注写在杆件轴线上方或侧面。

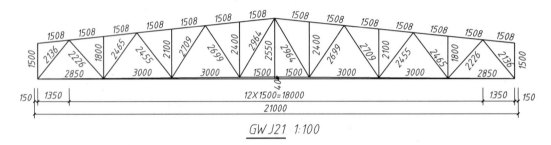

图 12-16　屋架结构简图

2. 屋架结构图

取出一片屋架，主要以立面图的形式画出它的各个杆件及其连接关系和构造，对于屋架上倾斜的上、下弦杆可能还辅以辅助投影作补充表达，这样的图称为屋架结构图。屋架结构图是表达屋架结构的基本图样。由于屋架的跨度、高度与杆件的断面尺寸相差较大，为使图样清晰易读，在屋架结构图上常采用两种比例绘制。对屋架轴线一般用相对较小的比例（如 1∶20）绘制，而对屋架中杆件的截面尺寸则用较大的比例（如 1∶10）绘制。这样既可节省图纸，又能把构件表示清楚。在结构图上可见的轮廓用粗实线绘制，不可见的轮廓用虚线绘制，轴线仍然采用细点画线绘制，各种连接件都用图例表示。

图 12-17 是采用两种绘图比例画成的，并用折断线截取了屋架立面图中的一部分。图中画出了各杆件的组合、各节点的构造和连接情况，并注出了杆件的编号、型钢的型号、数量以及焊缝情况等。例如，图中编号为①的是屋架的上弦杆，该杆件标注为 2∟75×50×5，表示它是由 2 根不等边角钢组成的，不等边角钢的两肢宽度分别为 75mm 和 50mm，肢厚 5mm，根据尺寸 50 可知，两角钢是短肢背靠背的放置关系；编号为⑪、⑫的各根腹杆，在图中标注为 2∟50×5，表示各是由 2 根等边角钢组成的，肢宽 50mm，肢厚 5mm。为了提高构件的整体性，在并列的两根角钢之间沿着构件布置一些填充钢板，如图中编号为㉝的，就是在两个角钢之间添加的起填实、连接作用的连接板。

由于上弦杆是倾斜杆件，构造略显复杂，在立面图上方常辅以辅助投影（斜视图）表达杆件连接的实形，这是钢结构图上经常采用的一种表示方法。本例中右侧上弦杆部分是按惯例经过展直成与左侧上弦杆平直后画出的。

3. 节点剖视详图

由于节点处构造比较复杂，且往往是纵横构件均在此处汇交，单靠立面图不能表示纵向联结情况。又因受绘图比例的限制，立面图上也无法清楚地表示构造细节。所以，通常还需要提供节点详图进一步表示节点的构造。图 12-18 中以较大的绘图比例画出了 1-1、2-2、3-3、4-4 四个节点剖视详图。为了作图简便、清晰，在作剖视时对于斜杆特别采取了拆卸画法。这些图中编号为㉟、㊳、㊴的钢板是为了连接纵向联结系用的节点板。

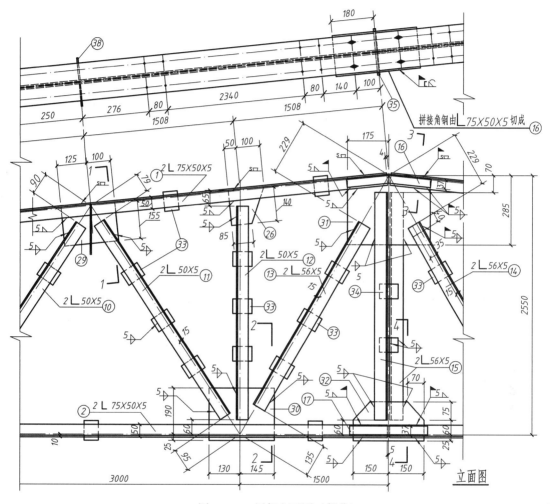

图 12-17　屋架立面图（部分）

4. 零件图

为了加工制作屋架的基本的元件，常将需要裁切、钻孔的型钢按加工要求画出其零件图。作为示例，图 12-18 中给出了 39 号节点板和上弦拼接角钢的裁切、钻孔尺寸。当然，本屋架不只是这两件元件需要加工，其他有加工需要的元件也都应该画出零件图。

5. 材料表

为了备料、计重，需要将结构物的全部型钢材料汇总造表。图 12-19 是本例屋架的材料表，表中所列断面尺寸是指加工前的备料尺寸。

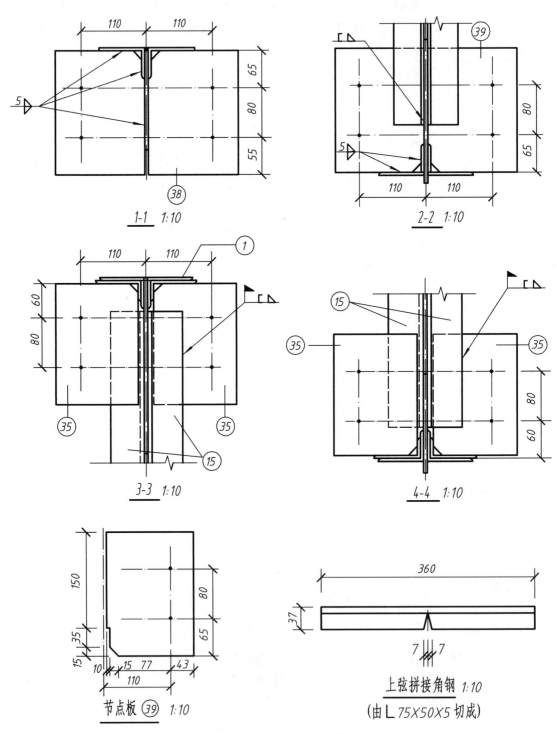

图 12-18　节点剖视图和零件图

构件编号	断面	长度 (mm)	数量	质量 (kg)		
				每个	共计	合计
1	∟75X50X5	10540	4	50.7	203	
2	∟75X50X5	10310	4	49.6	198	
3	∟56X5	1390	4	5.9	24	
4	∟56X5	1925	4	8.2	33	
5	∟50X5	2025	4	7.6	31	
6	∟50X5	1675	4	6.3	25	
7	∟50X5	2255	4	8.5	34	
8	∟50X5	2270	4	8.6	34	
9	∟50X5	1975	4	7.4	30	
10	∟50X5	2495	4	9.4	38	
11	∟50X5	2525	4	9.5	38	
12	∟50X5	2275	4	8.6	34	
13	∟56X5	2600	2	11.0	22	
14	∟56X5	2600	2	11.0	22	
15	∟56X5	2420	2	10.3	21	
16	∟75X50X5	360	2	1.7	3	
17	∟75X50X5	310	2	1.5	3	
18	-150X6	155	2	1.1	2	
19	-330X8	395	2	8.2	16	
20	-300X14	380	2	12.5	25	

构件编号	断面	长度 (mm)	数量	质量 (kg)		
				每个	共计	合计
21	-185X8	395	4	4.6	18	956
22	-135X6	185	4	1.2	5	
23	-100X14	100	4	1.1	4	
24	-160X6	260	2	2.0	4	
25	-185X6	305	2	2.7	5	
26	-185X6	150	6	1.0	6	
27	-160X6	235	2	1.8	4	
28	-200X6	385	2	3.6	7	
29	-160X6	225	2	1.7	3	
30	-215X6	275	2	2.8	6	
31	-290X6	350	1	4.8	5	
32	-160X6	300	1	2.3	2	
33	-60X6	80	78	0.2	18	
34	-60X6	90	5	0.3	1	
35	-140X6	195	4	1.3	5	
36	-145X6	210	4	1.4	6	
37	-130X6	195	4	1.2	3	
38	-150X6	200	8	1.4	11	
39	-145X6	200	4	1.4	5	

图 12-19 材料表

第13章　房屋建筑图

§13.1　概　述

13.1.1　房屋的组成及作用

房屋建筑是人们生产、生活的重要场所。按照建筑物的使用性质，可将其分为工业建筑（如厂房、仓库、动力间）、农业建筑（如谷仓、饲养场、拖拉机站等）和民用建筑。民用建筑还可细分为居住建筑（如住宅、宿舍、公寓等）和公共建筑（如学校、旅馆、会堂等）。

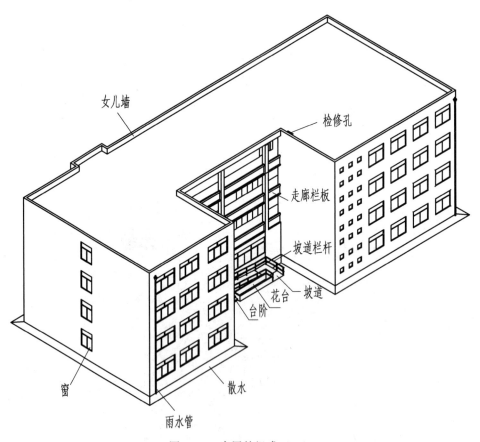

图 13-1　房屋的组成（一）

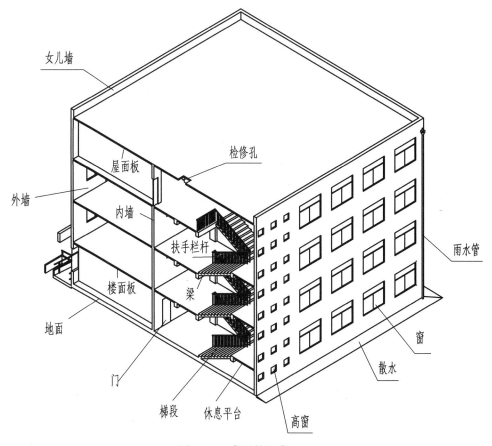

图 13-1　房屋的组成（二）

各种房屋尽管它们在使用要求、空间组合、外形、结构形式等方面各不相同，但它们的构成都是基本一样的，一般都是由基础、墙（或柱）、楼（地）面、楼梯、屋顶和门窗等部分所组成。有些房屋还有台阶、雨篷、阳台、雨水管、散水等。图 13-1 是某综合楼的轴测图。

在房屋中基础、墙或柱、梁等构件起着支撑和传递风、雪、人、物等荷载以及房屋自重的作用；屋面、外墙、窗等起着防止风沙、雨雪、阳光侵蚀的作用；门、过道起着联系室内外的作用；楼梯是用来联系上下交通的；雨水管和散水起着排水的作用；勒脚的作用是保护墙身不受侵蚀。

13.1.2　房屋的设计阶段

房屋设计一般可分为初步设计、技术设计和施工图设计等三个设计阶段。在初步设计阶段，设计人员应根据建设单位的要求，通过调查研究、收集资料进行初步设计，作出方案图。方案图要报有关部门审批。在技术设计阶段，应根据审批后的方案图进行修改，要进一步研究解决构件造型、布置、各工种之间的一些技术问题，绘制技术设计图。在施工图设计阶段，应在技术设计的基础上，为满足施工的要求，绘制一套完整的反映建筑物整体以及细部构造的施工图，并提供有关的技术资料。对于小型的房屋有时就将初步设计和技术设计合并为一个阶段，称为扩大初步设计阶段。

13.1.3 房屋施工图的分类及有关规定

一套房屋施工图，视房屋复杂程度的不同，其数量少则几张、十几张，复杂的房屋则需多达几十张甚至上百张的图纸。根据图样内容与作用的不同，施工图可分为建筑施工图（简称建施）、结构施工图（简称结施）和设备施工图（简称设施）。建筑施工图是表示房屋总体布局、外部形状、内部布置以及细部构造、内外装修、施工要求等情况的图样。它的基本图纸包括总平面图、平面图、立面图和剖面图。此外还有若干详图。详图一般有楼梯、门、窗、墙身、厕所、浴室等部分的图样。

房屋施工图是施工的主要依据。为了使房屋施工图做到规范划一，清晰简明，满足设计、施工、存档的要求，以适应工程建筑的需要，国家有关职能部门制订了《房屋建筑制图统一标准》《建筑制图标准》《总图制图标准》等国家制图标准。在绘制房屋施工图时，必须统一遵守制图标准中的有关规定。

1. 图线

《房屋建筑制图统一标准》规定，施工图中的图线宽度用 b 表示，应从下列线宽系列中选取：1.4、1.0、0.7、0.5mm。每个图样，应根据复杂程度与比例大小，先确定基本线宽 b，再选用表 13-1 中适当的线宽组。若选线宽 b 为 1.0mm，则 0.7b 应为 0.7mm，0.5b 则为 0.5mm，0.25b 则为 0.25mm。施工图中的线型应符合表 13-2 中的规定。

线宽组   表 13-1

线宽比	线宽组（mm）			
b	1.4	1.0	0.7	0.5
0.7b	1.0	0.7	0.5	0.35
0.5b	0.7	0.5	0.35	0.25
0.25b	0.35	0.25	0.18	0.13

2. 定位轴线及编号

建筑施工图中的定位轴线是施工中定位、放线的重要依据。凡是承重墙、柱子等主要承重构件都应画出轴线来确定其位置。对于非承重的分隔墙，次要承重构件等，则可用分轴线或注明它与附近轴线的相关尺寸来确定其位置。

图　线   表 13-2

名　称		线　　型	线宽	一　般　用　途
实线	粗	——————	b	主要可见轮廓线
	中粗	——————	0.7b	可见轮廓线
	中	——————	0.5b	可见轮廓线、尺寸线、变更云线
	细	——————	0.25b	图例填充线、家具线

名　称		线　型	线宽	一　般　用　途
虚 线	粗	— — — — —	b	见有关专业制图标准
	中粗	– – – – –	0.7b	不可见轮廓线
	中	- - - - -	0.5b	不可见轮廓线、图例线
	细	- - - - - -	0.25b	图例填充线、家具线
单 点 长画线 （点画线）	粗	— · — · —	b	见有关专业制图标准
	中	— · — · —	0.5b	见有关专业制图标准
	细	— · — · —	0.25b	中心线、对称线、轴线等
双 点 长画线 （双点画线）	粗	— ·· — ·· —	b	见有关专业制图标准
	中	— ·· — ·· —	0.5b	见有关专业制图标准
	细	— ·· — ·· —	0.25b	假想轮廓线,成型前原始轮廓线
折断线		—— ⁄ ——	0.25b	断开界线
波浪线		～～～	0.25b	断开界线

定位轴线采用细点画线表示,并应编号,编号应注写在轴线端部的圆圈内。圆圈用细实线绘制,直径为 8~10mm。平面图中定位轴线的编号,宜标注在下方与左侧。横向编号应用阿拉伯数字,从左至右顺序编写。竖向编号应用大写拉丁字母,从下至上顺序编写(Ⅰ、O、Z 不得用作轴线编号),如图 13-2 所示。

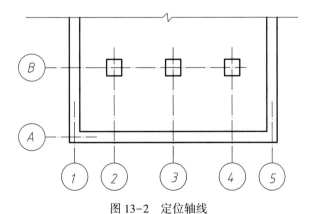

图 13-2　定位轴线

两根轴线之间有附加的分轴线时,编号用分数表示,分母表示前一轴线的编号,分子表示本附加轴线的编号,如图 13-3 所示。

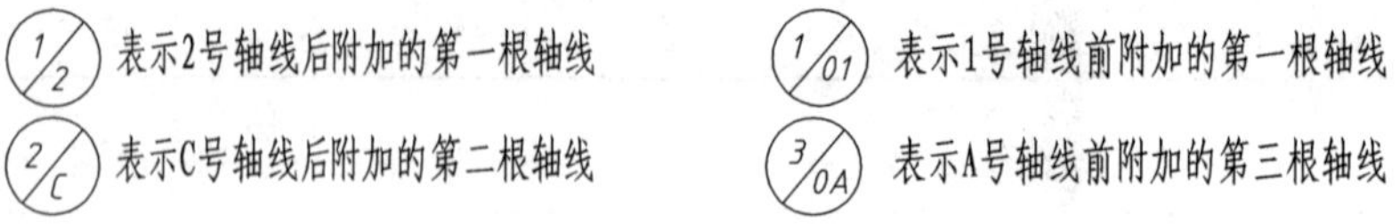

1/2 表示2号轴线后附加的第一根轴线
1/01 表示1号轴线前附加的第一根轴线
2/C 表示C号轴线后附加的第二根轴线
3/0A 表示A号轴线前附加的第三根轴线

图 13-3 附加轴线

3. 标高

标高用标高符号加数字表示。标高符号用细实线绘制，形式如图 13-4 所示。标高符号的尖端应指至被注的高度，尖端可向下，也可向上。标高数字以 m 为单位。单体建筑工程施工图中标高数字注写到小数点后第三位，在总平面图中可注写到小数点后第二位。零点标高应写成±0.000，正数标高不注“+”，负数标高则应注出“-”。在平面图中的标高符号，尖端处没有短的横线。在总平面图中用涂黑的直角三角形表示室外的地面标高，此时注的标高为绝对标高。绝对标高是以我国黄海的平均海平面为零点测出的高度尺寸。在图样的同一位置需表示几个不同标高时，标高数字可重叠放置。

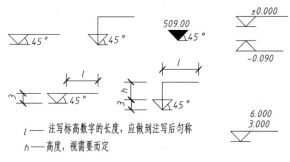

45°
45°
509.00
45°
±0.000
-0.090
l
l
3
45°
h
3
45°
6.000
3.000
l— 注写标高数字的长度，应做到注写后匀称
h— 高度，视需要而定

图 13-4 标高符号

4. 索引符号和详图符号

当图样中某一局部或构件需另用由较大比例绘制的详图表达时，应采用索引符号索引。索引符号如图 13-5 所示，圆及直径均应以细实线绘制，圆的直径为 10mm。

若索引出的详图与被索引的图样同在一张图纸内，则应在索引符号的上半圆内用阿拉伯数字注明该详图的编号，并在下半圆中间画一段水平细实线，如图 13-5（a）所示。如果索引出的详图与被索引的图样不在同一张图纸内，应在索引符号的下半圆内用阿拉伯数字注明该详图所在图纸的编号。例如图 13-5（b）中所注的是编号为 5 的详图画在了第 2 张图纸上。

索引出的详图，如采用标准图，则应在索引符号水平直径的延长线上加注该标准图集的编号，如图 13-5（c）所示。

详图的编号
4
详图在本张图纸上
(a)
详图的编号
5
2
详图所在图纸的编号
(b)
标准图集的编号
详图的编号
J103
3
2
详图所在图纸的编号
(c)

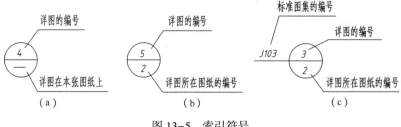

图 13-5 索引符号

详图的位置和编号，应以详图符号表示，其样式如图13-6所示。详图符号用粗实线圆绘制，直径为14mm。

当详图与被索引的图样同在一张图纸内时，应在详图符号内用阿拉伯数字注明本详图的编号

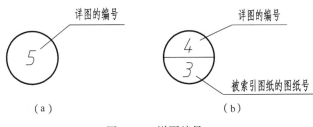

图 13-6 详图编号

（图13-6a）。当详图与被索引的图样不在同一张图纸内时，可用细实线在详图符号内画一水平直径，在上半圆内注明本详图的编号，在下半圆内则注明被索引图样所在的图纸编号。这样，详图和被索引的图样就彼此呼应起来了。

§13.2 房屋总平面图

房屋总平面图是表示建筑场地总体情况的平面图。总平面图通常采用较小的比例画出，如1:500、1:1000、1:2000等。总平面图中包括的内容较多，除了房屋本身的平面形状和总体尺寸外，还包括拟建房屋的位置、与原有建筑物及道路的关系等。此外，还应包括绿化布置、远景规划等。

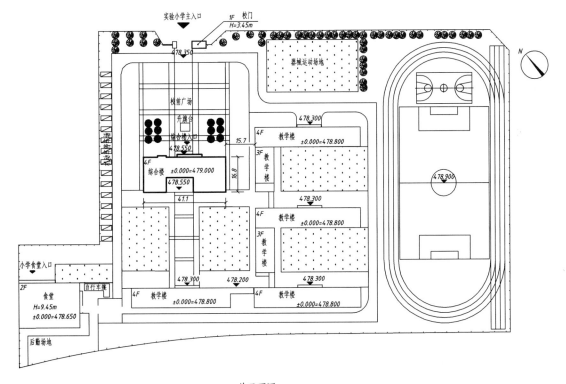

总平面图 1:500

图 13-7 总平面图

在总平面图中应标注拟建房屋的具体定位尺寸，通常可根据原有建筑物或主要道路边线来定位，尺寸的单位规定为"m"。图 13-7 是某学校的总平面图，图中已建的教学楼是用细实线画出的，拟建的综合楼是用粗实线画出的。拟建综合楼可用原有的教学楼来定位。拟建综合楼正对校门，右端距教学楼 15.7m。综合楼长为 41.1m，宽为 16.8m。在每个教学楼的左角上注有 4F 或 3F，它表示本教学楼的层数，由此可知，拟建综合楼是 4 层楼房。此外，图中还画出了指北针，用以表明房屋的朝向。总平面图中的各种地物是用图例表示的，表 13-3 中列举了制图标准中规定的几种图例。

总平面图常用的图例 表 13-3

名称	图例	说明	名称	图例	说明
新建建筑物	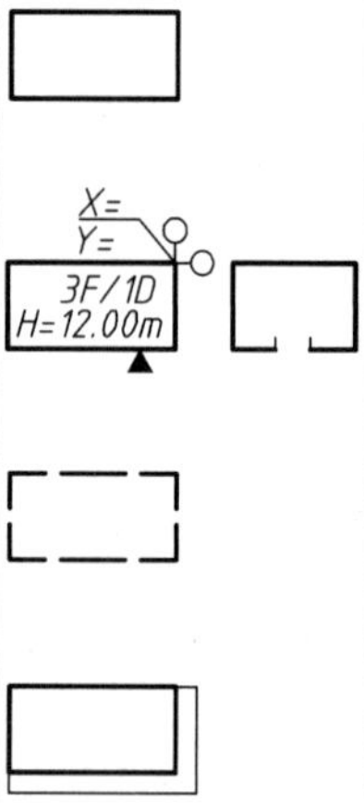 X= Y= 3F/1D H=12.00m	新建建筑物以粗实线表示与室外地坪相接处 ±0.00 外墙定位轮廓线 建筑物一般以±0.00 高度处的外墙定位轴线交叉点坐标定位，轴线用细实线表示，并标明轴线号 根据不同设计阶段标注建筑编号，地上、地下层数，建筑高度，建筑出入口位置（两种表示方法均可，但同一图纸采用一种表示方法） 地下建筑物以粗虚线表示其轮廓 建筑上部（±0.00 以上）外挑建筑用细实线表示	围墙及大门	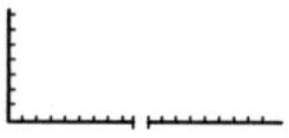	
	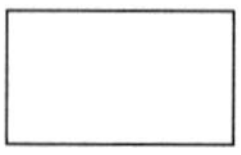		台阶及无障碍坡道	1. 2. 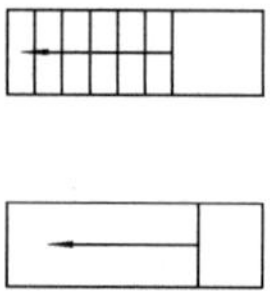	1. 表示台阶(级数仅为示意) 2. 表示无障碍坡道
	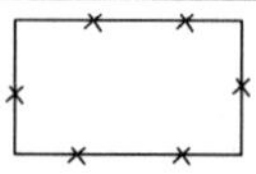		计划扩建的预留地或建筑物		用中粗虚线表示
原有建筑物		用细实线表示	原有道路		
拆除的建筑物		用细实线表示	人行道		
坐标	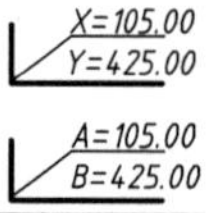 1. X=105.00 Y=425.00 2. A=105.00 B=425.00	1. 表示地形测量坐标系 2. 表示自设坐标系 坐标数字平行建筑标注	草坪	1. 2. 3.	1. 草坪 2. 表示自然草坪 3. 表示人工草坪
指北针	 N	1. 用细实线表示 2. 圆的直径为 24mm 3. 指针尾部宽宜为 3mm	花卉		

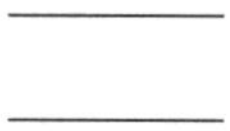

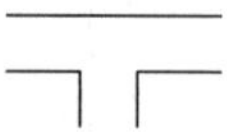

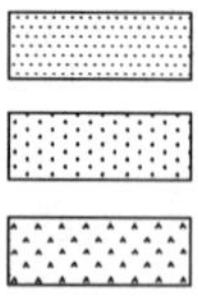

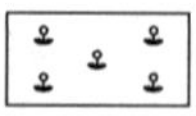

§13.3　建筑平面图

　　房屋的建筑平面图是假想用水平剖切面在稍高于窗台的位置将房屋剖开，把剖切面以上的部分移开，将剩余部分向下投射得到的水平剖面图（即此前的剖视图，建筑工程中将剖视称为剖面），如图 13-8 所示。尽管这是个水平剖面图，但习惯上仍称它为平面图。一般来说房屋有几层就应画出几个平面图，并且以楼层取名。例如四层房屋就应画出底层平面图、二层平面图、三层平面图和顶层平面图。但如果多层房屋的中间各层的房间分隔情况相同，也可将相同的几层画成一个标准层平面图，如图 13-9 所示。

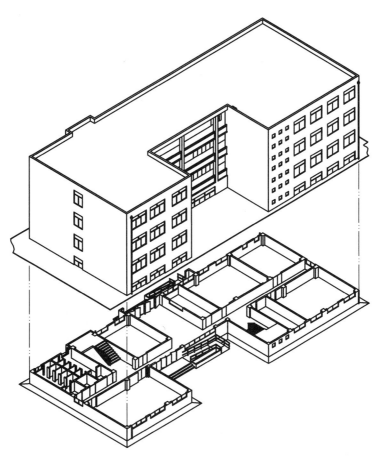

图 13-8　平面图的形成

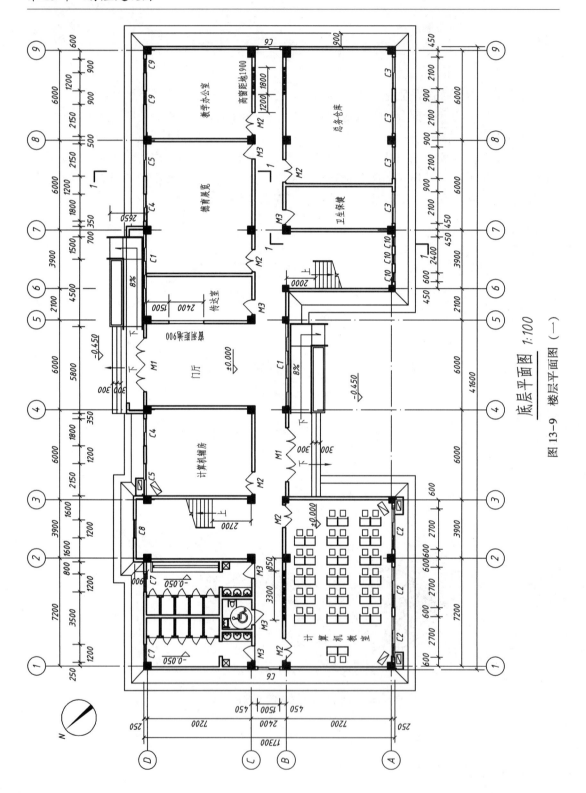

底层平面图 1:100

图 13-9　楼层平面图（一）

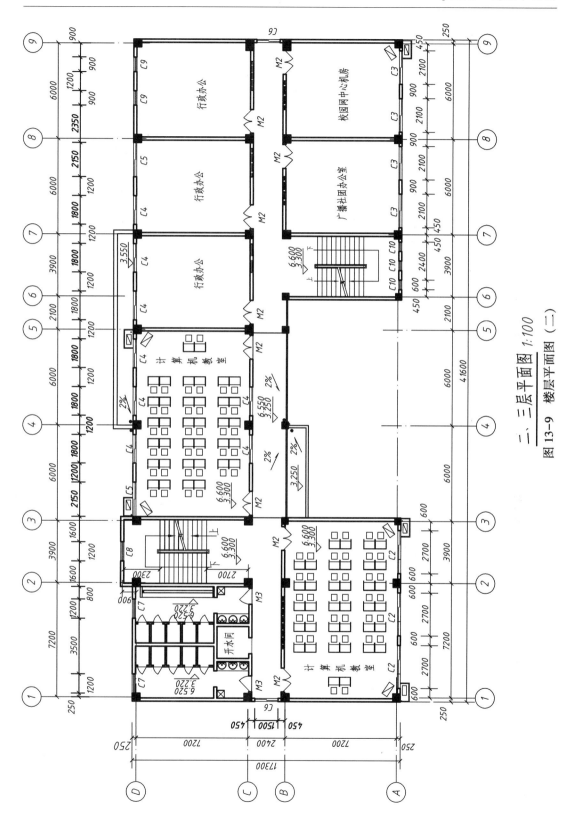

二、三层平面图 1:100

图 13-9 楼层平面图（二）

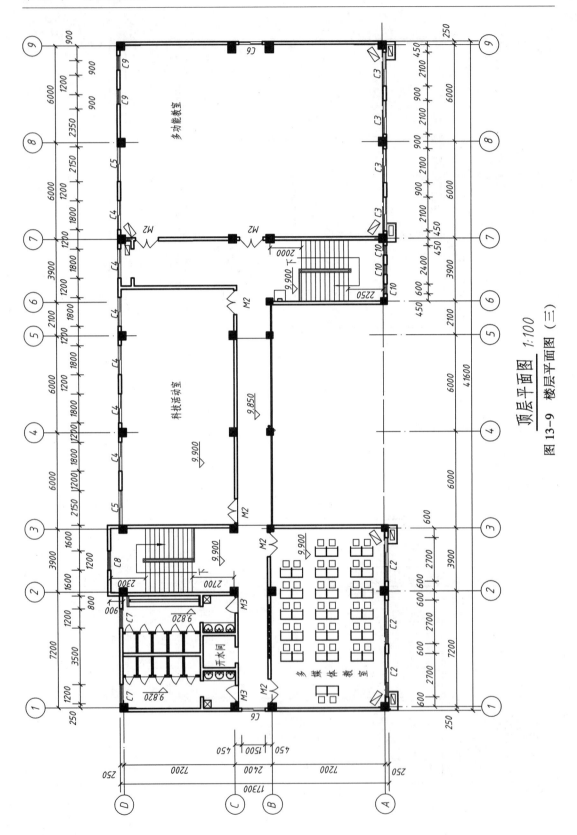

顶层平面图 1:100

图 13-9　楼层平面图 (三)

13.3.1 平面图表达的内容

楼层建筑平面图主要用来表达房屋的平面形式和内部布置、房间的分隔和门窗的位置。图 13-9 是某综合楼的楼层平面图。从底层平面图中可以看到，综合楼平面呈凹形，可从凹处的台阶进来，上 3 步台阶后进门，往左的走廊两侧，一边为计算机教室，一边是楼梯间和卫生间。门对面的房间是计算机辅房，在其右边是门厅，此门厅是从校门进来的主要入口，与门厅相连的传达室旁边有德育展览室及教学办公室。在德育展览室对面是楼梯间，卫生保健室和总务仓库。底层平面图上还画出了室外的散水和水沟，以及作 1-1 剖面的剖切符号。

13.3.2 平面图中的图线

平面图中剖切到的墙用粗实线画出，通常不画剖面线或材料图例。门、窗、楼梯都用图例表示。图例用细实线画出，门线应 90°或 60°或 45°开启，开启弧线应用细实线画出。门的代号为 M，根据门的宽度、高度的不同分别用 M1、M2 等来代表。窗的代号为 C，根据它的宽度和高度的不同分别用 C1、C2 等表示。门、窗的具体尺寸可查门窗表，如图 13-10 所示。卫生间的设施、洗脸盆、蹲式大便器、小便槽、污水池等均用图例表示。图例可查建筑配件图例表。在表 13-4 中列出了部分配件的图例。

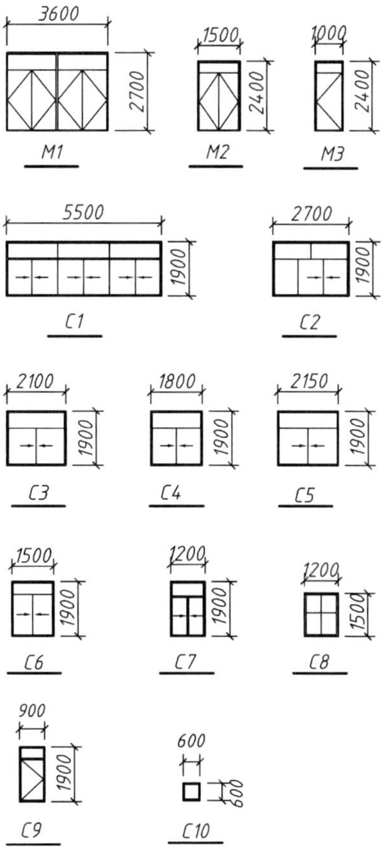

门 窗 表

类 型	门窗代号	洞口尺寸		备 注
		宽	高	
门	M1	3600	2700	
	M2	1500	2400	
	M3	1000	2400	
窗	C1	5500	1900	
	C2	2700	1900	
	C3	2100	1900	
	C4	1800	1900	
	C5	2150	1900	
	C6	1500	1900	
	C7	1200	1900	
	C8	1200	1500	
	C9	900	1900	
	C10	600	600	

图 13-10 门窗表

建筑配件图例　　　　　　　　　　　　表 13-4

名　称	图　例	说　明	名　称	图　例	说　明
单面开启单扇门（包括平开或单面弹簧）	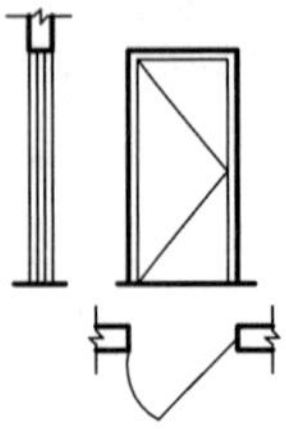	1. 门的名称代号用M表示 2. 平面图中，下为外，上为内 门开启线为90°、60°或45°，开启弧线宜绘出 3. 剖面图中，左为外，右为内 4. 立面形式应按实际情况绘制	底层楼梯		楼梯及栏杆扶手的形式及梯段踏步数应按实际情况绘制
单面开启双扇门（包括平开或单面弹簧）			中间层楼梯		
			顶层楼梯		
固定窗	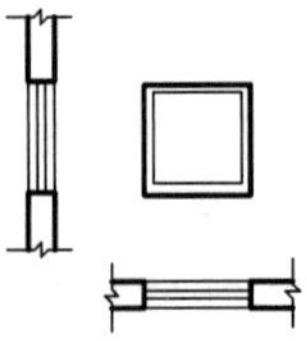	1. 窗的名称代号用C表示 2. 平面图中下为外，上为内 3. 剖面图中左为外、右为内 4. 立面形式应按实际情况绘制	立　式洗脸盆	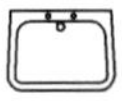	
			蹲　式大便器	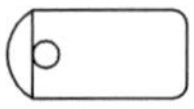	
推拉窗			坐　式大便器		
			小便槽	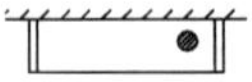	
浴盆			污水池		

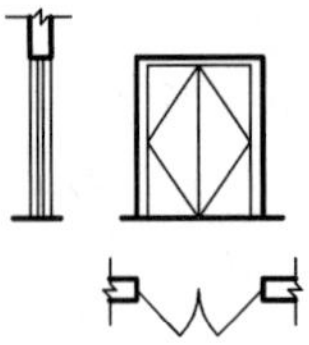

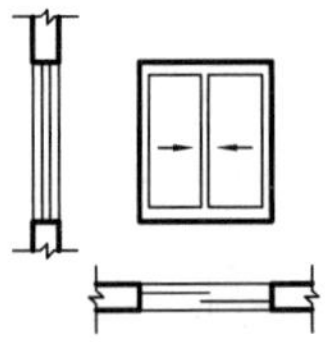

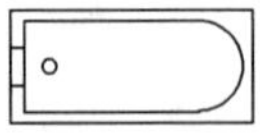

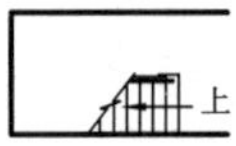

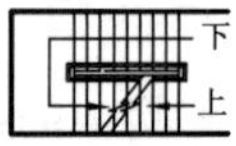

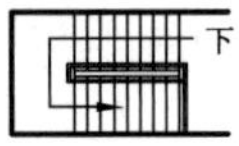

　　计算机教室门边有一中实线（图13-9b），它是因计算机教室地面标高与室外地面标高不同所产生的错台。另外，卫生间门边也有一中实线，同样是因为这里的地面标高不同所致。底层平面图上外面一圈中实线表示的是散水，散水是为排水设置的，紧连散水的是水沟。

13.3.3　平面图中的尺寸

　　平面图中沿房屋长度方向要标注三道尺寸，靠里一道表明外墙上门、窗洞的位置以及窗间墙与轴线的关系；中间一道尺寸标注房间的轴线尺寸，称为房屋的开间尺寸；外面一道尺寸表明房屋的总长，即从墙边到墙边的尺寸。竖向也要标注三道尺寸。靠里一道尺寸标注 C6 宽度及与定位轴线之间的尺寸；第二道尺寸标注计算机教室以及卫生间的进深尺寸和走廊的宽度及墙的厚度；外边一道标注房屋总的宽度尺寸。由于房间的开间不同，因此可在另一侧再标注二道尺寸，如图 13-9 所示。靠里一道是门、窗位置尺寸，另一道标注的是开间尺寸。此外，在底层平面图内还标注了散水的宽度尺寸。通常还应注明地面的标高，如底层地面标高为 ±0.000。在标准层平面图中，应注出各层楼面的标高，如图 13-9（b）所示。本例的墙体均为填充墙，墙厚相同，为 200mm，见图 13-18。

13.3.4　画平面图的步骤

画平面图常用的比例为 1∶50、1∶100、1∶200，其绘图步骤如图 13-11 所示：

第一步：首先画出定位轴线；

第二步：画出墙身线及门窗位置线；

第三步：画出楼梯、台阶、门窗、卫生设备等，然后再标注尺寸，画出标高符号，注写文字和数字等。

13.3.5　其他平面图

图 13-12 是某综合楼的屋顶平面图。图中用单边箭头表明了排水方向，它是前后排水，

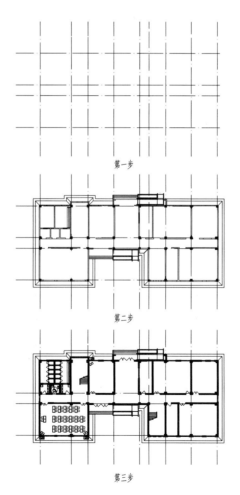

第一步

第二步

第三步

图 13-11　画平面图的步骤

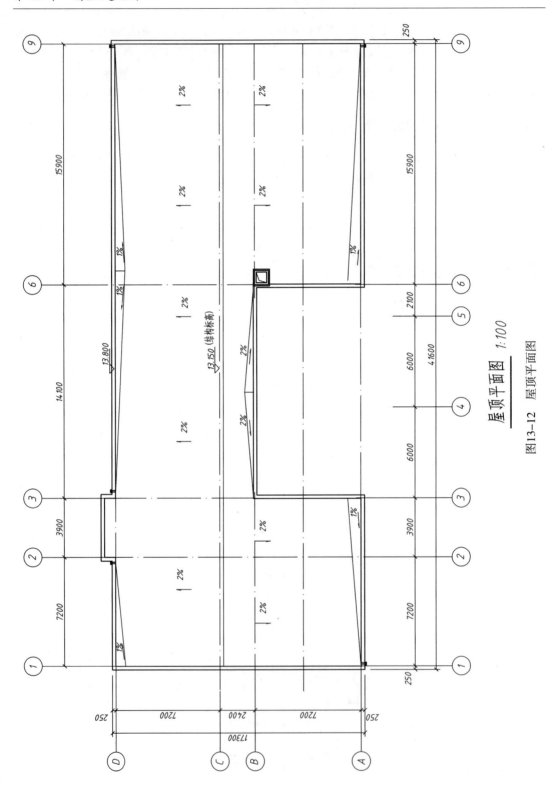

屋顶平面图 *1:100*

图13-12　屋顶平面图

排水坡度为2%。水排到前后两侧后，再向左右两侧分流。天沟的排水坡度为1%。雨水管设在房屋左右两侧天沟的端头。

有时为了表明某个局部的平面布局，也常画出局部平面图，比如将卫生间单独画成卫生间平面图等。

§13.4 建筑立面图

为了反映出房屋立面的形状，把房屋向着与各墙面平行的投影面进行投射，所得到的图形称为房屋各个立面的立面图。立面图可根据两端定位轴线的编号来取名，例如图13-13（a）是某综合楼①~⑨轴立面图，图13-13（b）是同一房屋的⑨~①轴立面图，图13-14是它的Ⓐ~Ⓓ轴立面图。也可按平面图各面的朝向确定名称，如东立面图、南立面图等。有时也把房屋主要出入口或反映房屋外貌主要特征的立面图作为正立面图，相应可定出背立面图和侧立面图等。

13.4.1 立面图表达的内容和图线

立面图主要用于表示房屋的外部形状、高度和立面装修。从图13-13可看出此综合楼的中间为出入口，一共有4层。在图13-14中，还表示出了雨水管的位置。

在立面图中，外轮廓线是粗实线；地面线用加粗线（1.4b）表示；门、窗、台阶用中实线画；门窗分格线用细实线画；图例也用细实线画。

13.4.2 立面图中的尺寸

立面图中的尺寸较少，通常只注出几个主要部位的标高，如室外地面的标高，勒脚的标高，屋顶的标高等。在图13-13中竖向标注有三道尺寸，靠里一道尺寸注出了窗洞及窗间墙的高度，中间一道尺寸注出了楼层高度，外面一道标注出了房屋总的高度尺寸。

13.4.3 画立面图的步骤

画立面图使用的比例常与平面图相同，其绘图步骤如图13-15所示：
第一步：画外轮廓线和每层房屋的高度线，即地面线、楼面线、屋檐线和屋顶线等；
第二步：画门、窗洞的位置线；
第三步：画门、窗分格线及细部，然后再画标高符号及其他符号，加深图线，注写数字和文字。

§13.5 建筑剖面图

剖面图是假想用平行于某一墙面的平面（一般平行于横墙）剖切房屋所得到的垂直剖面图。虽然是剖面图但照例仍不画剖面线或材料图例。剖面图主要用于表达房屋内部的构造、分层情况、各部分之间的联系及高度等。剖切位置通常选在内部构造比较复杂和典型的部位，例如应通过门、窗洞、楼梯等。必要时还要采用几个平行的平面进行剖切。

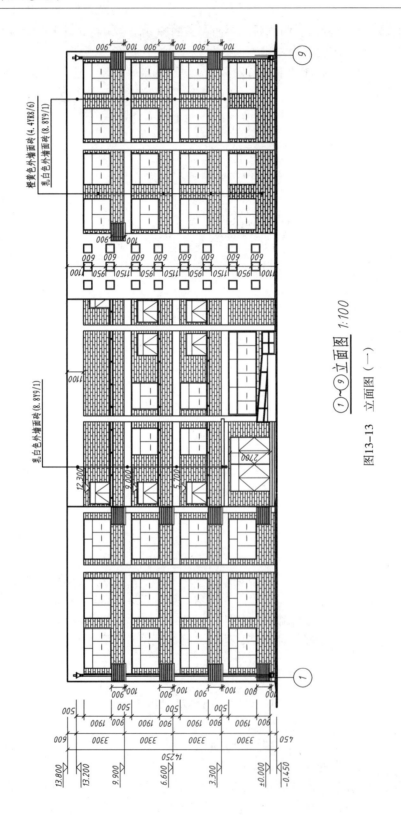

①～⑨立面图 1:100

图13-13 立面图（一）

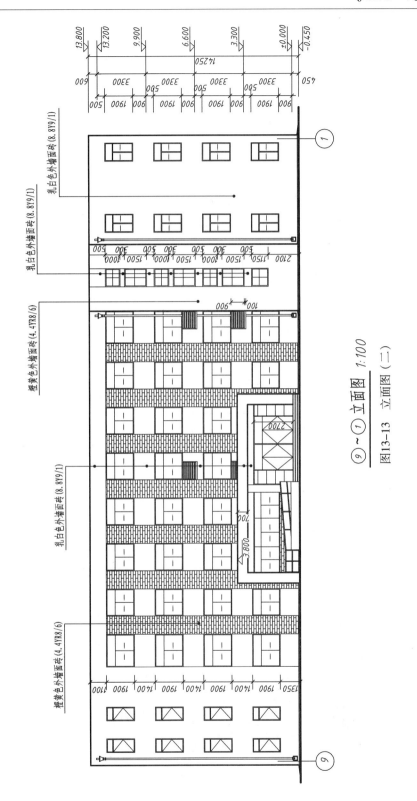

⑨～① 立面图 1:100

图13-13 立面图（二）

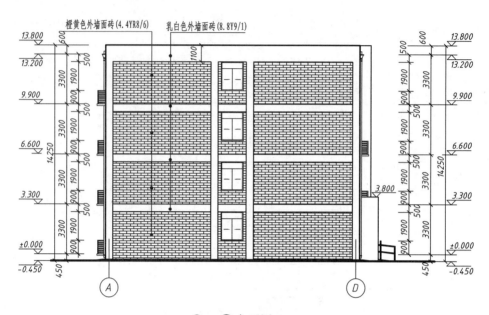

Ⓐ~Ⓓ立面图 *1:100*

图 13-14 Ⓐ~Ⓓ立面图

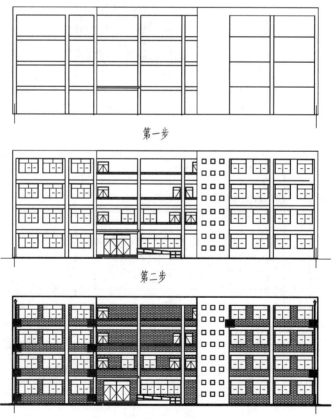

第一步

第二步

第三步

图 13-15 画立面图的步骤

13.5.1 剖面图表示的内容和图线

图 13-16 是某综合楼的 1-1 剖面图，其剖切位置可从图 13-9（a）底层平面图中看出。1-1 剖面是用两个平行的平面进行剖切的，剖切平面通过了楼梯间和德育展览室的窗，剖切后向左作投影。

剖面图中被剖切到的墙、楼梯、各层楼板、休息平台等均使用粗实线画出；没剖切到但投射时看到的部分用中实线画出。从图 13-16 中可知：Ⓐ、Ⓒ、Ⓓ 轴线的墙是切到了的，各层楼板、休息平台、屋顶板、女儿墙均为切到了的。楼梯段是第 2、4、6 三个梯段为剖切到的，画成粗实线。梯段第 1、3、5 三个梯段是看到的，应画成中实线。此外还有屋顶最外一条中实线，是女儿墙边线，也是看到的。门窗仍用图例表示，画成细实线，室外地面线仍画成加粗实线。此外，还有散水和水沟也剖切到了。

13.5.2 剖面图中的尺寸

剖面图中主要标注高度尺寸。应标注出各层楼面的标高，休息平台的标高，屋顶的标高，以及外墙的窗洞口的高度尺寸。例如图 13-16 中左侧标注出了窗间墙高度以及楼梯间门窗的高度。图的右侧有三道尺寸，靠里一道是德育展览室外的窗洞高、窗间墙高，中间一道是楼层的层高尺寸。外面一道是总高尺寸。另外图中还标注出了楼梯间的进深、走廊的宽度和德育展览室的进深。此外还注有Ⓐ、Ⓓ轴线之间的宽度尺寸。

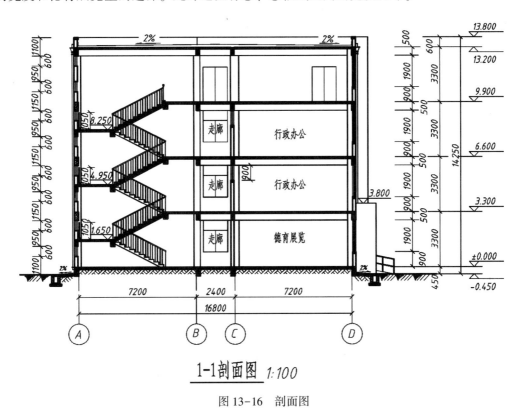

1-1剖面图 1:100

图 13-16 剖面图

13.5.3 画剖面图的步骤

画剖面图的比例常与平面图相同,其绘图步骤如图 13-17 所示:

第一步:画出轴线和控制高度线;

第二步:画墙和楼地板的厚度,定门窗位置及楼梯踏步;

第三步:画门、窗、台阶、楼梯扶手等细部,然后再画尺寸线、标高及其他符号,最后加深图线,注写数字和文字。

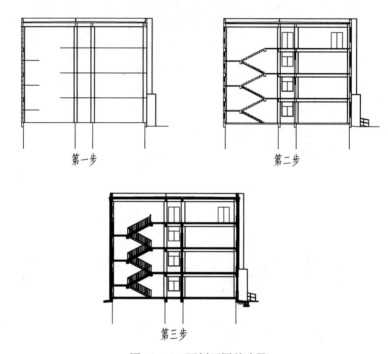

第一步   第二步

第三步

图 13-17 画剖面图的步骤

§13.6 建 筑 详 图

建筑平面、立面、剖面反映了房屋的全貌,但由于所用比例较小,对局部的构造不能表达清楚。为了满足施工需要,通常应将这些局部构造用较大的比例详细画出,这种图称为施工详图,也称为大样图。

需要画出详图的一般有外墙身、楼梯、厨房、厕所、阳台、门窗等。下面以墙身节点详图和楼梯详图为例说明建筑详图的图示方法及内容。

13.6.1 墙身节点详图

墙身节点详图的作用是与建筑平面图配合起来作为墙身施工的依据。通常采用 1:10 或 1:20 的比例详细画出墙身的散水和勒脚、窗台、屋檐等各节点的构造及做法。

墙身节点详图中应表明墙身与轴线的关系。在图 13-18 中包括了三个节点详图:

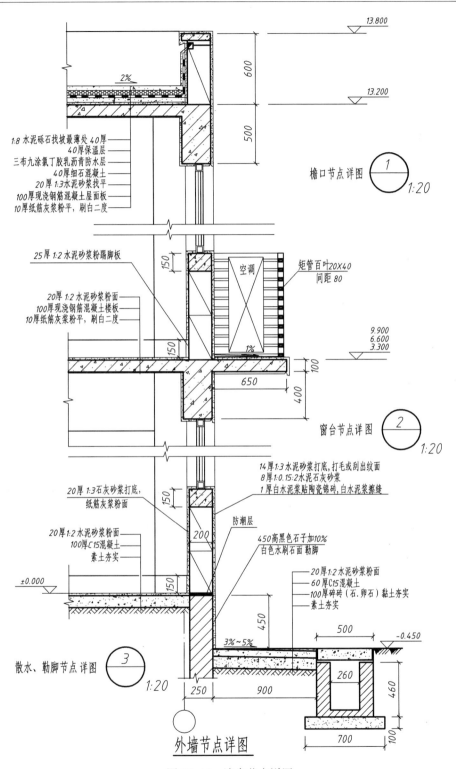

图 13-18　墙身节点详图

（1）在散水、勒脚节点详图中，墙厚为 200，轴线位于柱的中心，墙边与柱子边平齐。防潮层设在±0.000 处。散水的做法是在图中用多层构造的引出线表示的，引出线贯穿各层，在引出线的一侧画有四道短横线，在它旁边用文字说明各层的构造及厚度。勒脚亦用引出线引出，然后在引出线上用文字说明勒脚是 450 高，黑色石子加 10%的白色水刷石面层。外墙面是 14 厚 1∶3 水泥砂浆打底，打毛或刻出纹面，8 厚 1∶0.15∶2 水泥石灰砂浆，1 厚白水泥浆贴陶瓷马赛克，白水泥浆擦缝。踢脚板是由 25 厚的 1∶2 水泥砂浆做成，内墙是 20 厚 1∶3 石灰砂浆打底，纸筋灰浆粉面。

（2）在窗台节点详图中表明了窗过梁、楼面、窗台的做法，楼面的构造是用多层构造引出线表示的。

（3）在檐口节点详图中表明了女儿墙的做法及屋面的构造。

在墙身节点详图中剖切到的墙身线、女儿墙、楼面、屋面均应使用粗实线画出；看到的屋顶上的女儿墙边线，窗洞处的外墙边线，踢脚线等用中实线绘制；粉刷线用细实线画出。墙身节点详图中的尺寸不多。主要应注出轴线与墙身的关系，散水的宽度，踢脚板的高度，窗过梁的高度，女儿墙的高度等。另外还应注出几个标高，即室内地坪标高，室外地面标高等。在图中还用箭头表示出了散水的坡度和水沟尺寸。

13.6.2　楼梯详图

楼梯详图包括楼梯平面图和楼梯剖面图。现以某综合楼的楼梯详图为例说明楼梯详图的内容及表示方法。

1. 楼梯平面图

图 13-19 是楼梯平面图，图中画出了底层平面图、中间层平面图和顶层平面图。底层平面图是在底层和二层之间的休息平台以下剖切得到的，梯段被剖切处实际投影与踏步线平行，且其位置不确定。但为了避免剖切处的投影与踏步线混淆，制图标准规定，在平面图中把剖切处画成斜的折断线，其倾斜方向是使梯段在靠墙的一侧长一些，靠扶手的一侧短一些。在图中用箭头表明了上楼的方向。二层平面图是在二层和三层之间的休息平台以下剖切得到的，折断线应画在上行梯段。所谓"上行"，是按人从二层楼面上楼来说的。折断线的两边分别是不同梯段的投影，一边是楼面处的上行段，一边是休息平台处的下行段，箭头表明了上楼和下楼的方向。顶层平面图是在顶层楼面以上，略高于窗台处剖切得到的，它可与房屋顶层平面图的剖切位置相同。当从上往下看时，看到的全是下行梯段，因此在图中只需用箭头表明下楼的方向。

在楼梯平面图中应注明梯段的有关尺寸。例如图 13-19 中注明了每个梯段长是 3000，梯段的宽是 1850，每个踏面宽为 300，图中 10×300 的第 1 个数字 10 为踏面数，第 2 个数字 300 是指踏面宽。两个梯段之间的距离为 100，起步位置距离轴线 2000，休息平台宽为 2200。另外图中还应注出定位轴线、门、窗洞口的尺寸，并标注几个标高，即注出室内地面标高，休息平台标高，楼面标高等。

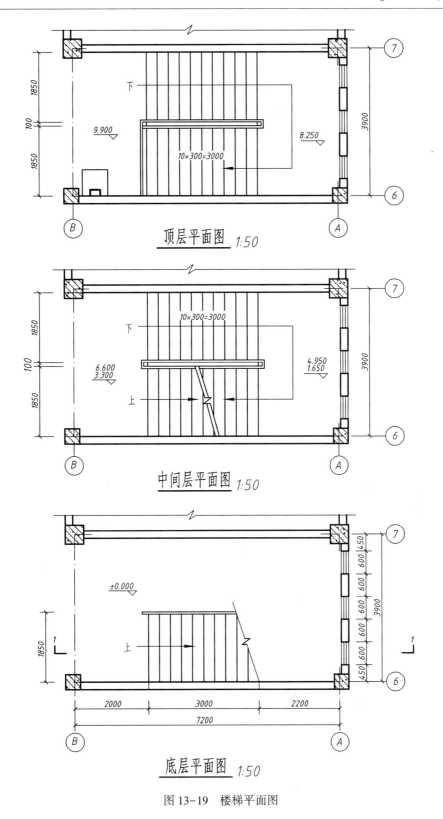

顶层平面图 1:50

中间层平面图 1:50

底层平面图 1:50

图 13-19　楼梯平面图

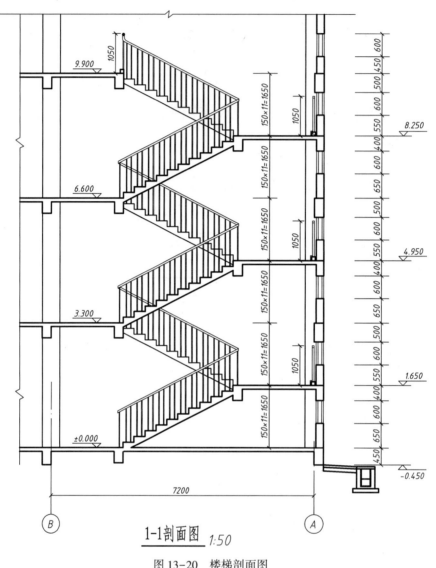

1-1剖面图 1:50

图 13-20　楼梯剖面图

2. 楼梯剖面图

图 13-20 是同一楼梯的剖面图，其剖切位置可从图 13-19 的底层平面图中查得。这是一部两跑楼梯，即上一层楼要走两个梯段。墙、门、窗、休息平台、各层楼面均被切到了，在图上用粗实线表示它们。被剖切到的梯段是第 1、3、5 三个，被切到的梯段亦用粗实线表示。而第 2、4、6 这三个梯段是看到的，应使用中实线表示。图例用细实线画出。

在楼梯剖面图中标注尺寸，应注出门、窗洞口的高度尺寸，每个梯段的高度尺寸，扶手的高度尺寸，楼梯间的进深尺寸。此外还应注出各层楼面的标高以及各休息平台的标高。在图中还标注了进楼梯间未上台阶时的地面标高。

3. 楼梯详图的绘制

画楼梯平面图时，应首先根据楼梯间的开间和进深尺寸先画出定位轴线，然后画出墙身线和梯段起步线（图 13-21a），再根据梯段的步数将起步线之间等分为 $n-1$ 格，n 代表梯段的步数，画出踏步的投影（图 13-21b）。

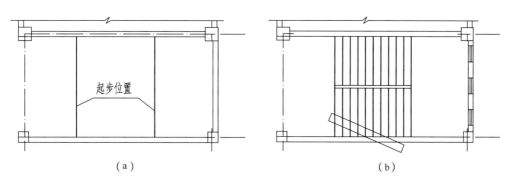

(a) (b)

图 13-21 楼梯平面图的画法

楼梯剖面图的画法如图 13-22 所示。首先根据进深尺寸画出定位轴线和墙身线，然后画出室内地面线和休息平台面及各层楼面线，再定出起步位置线。画梯段时，应将各梯段分格画出，水平方向分为 $n-1$ 格，高度方向则应分为 n 格。在图 13-22 中示出了休息平台和二层楼面之间的梯段分格画法。

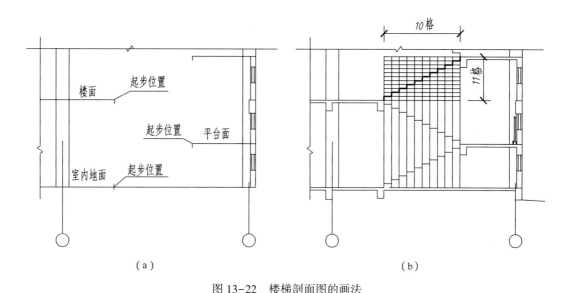

(a) (b)

图 13-22 楼梯剖面图的画法

§13.7 结构施工图

结构施工图是根据结构设计的结果绘制而成的图样，它是构件制作、安装和指导施工的重要依据。

结构构件种类较多，为便于画图和读图，在结构施工图中是用构件代号来表示构件的名称的。常用的构件代号如表 13-5 所示。

常用构件代号　　　　　　　　　表 13-5

序号	名称	代号	序号	名称	代号	序号	名称	代号
1	板	B	19	圈梁	QL	37	承台	CT
2	屋面板	WB	20	过梁	GL	38	设备基础	SJ
3	空心板	KB	21	连系梁	LL	39	桩	ZH
4	槽形板	CB	22	基础梁	JL	40	挡土墙	DQ
5	折板	ZB	23	楼梯梁	TL	41	地沟	DG
6	密肋板	MB	24	框架梁	KL	42	柱间支撑	ZC
7	楼梯板	TB	25	框支梁	KZL	43	垂直支撑	CC
8	盖板或沟盖板	GB	26	屋面框架梁	WKL	44	水平支撑	SC
9	挡雨板或檐口板	YB	27	檩条	LT	45	梯	T
10	吊车安全走道板	DB	28	屋架	WJ	46	雨篷	YP
11	墙板	QB	29	托架	TJ	47	阳台	YT
12	天沟板	TGB	30	天窗架	CJ	48	梁垫	LD
13	梁	L	31	框架	KJ	49	预埋件	M
14	屋面梁	WL	32	刚架	GJ	50	天窗端壁	TD
15	吊车梁	DL	33	支架	ZJ	51	钢筋网	W
16	单轨吊车梁	DDL	34	柱	Z	52	钢筋骨架	G
17	轨道连接	DGL	35	框架柱	KZ	53	基础	J
18	车挡	CD	36	构造柱	GZ	54	暗柱	AZ

注：1. 预制钢筋混凝土构件、现浇钢筋混凝土构件、钢构件和木构件，一般可直接采用本附录中的构件代号；在绘图中，除混凝土构件可以不注明材料代号外，其他材料可在构件代号前加注材料代号，并在图纸中加以说明；
　　　2. 预应力钢筋混凝土构件的代号，应在构件代号前加注"Y"，如 Y-DL 表示预应力混凝土吊车梁。

在结构施工图中一般包括有基础平面图、楼层结构平面图、构件详图、节点详图等，也可将构件详图和节点详图合并为一类，称为结构详图。下面分别介绍这些图样的图示特点。

13.7.1　基础平面图及基础详图

基础是房屋的地下承重结构，它将房屋的各种荷载传递给地基。以常见的条形基础为例，其组成如图 13-23 所示。地基是基础下面的土层，基坑是为了基础施工而在地面上开挖的土坑，坑底是基础的底面。基础墙是指埋入地下的墙，大放脚是指基础墙下的阶梯形砌体。混凝土做成的垫层位于大放脚下，防潮层是为防止地下水对墙体侵蚀而设置的。

常用的基础有条形基础、柱下独立基础等，如图 13-24（a）、（b）所示。条形基础一般用

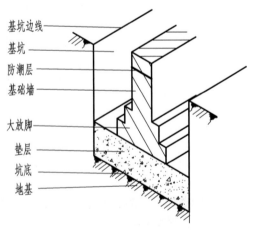

图 13-23　基础的组成

于砖混结构中，柱下独立基础一般用于框架结构。

基础平面图是假想用水平剖切平面，沿房屋的底层地面将房屋剖开，移去剖切平面以上的房屋和基础回填土后所作的水平投影。

图 13-25 是某住宅的基础平面图。从图中可以看出，整幢房屋为条形基础。在基础平面图中剖切到的墙用中实线画出，基础墙的宽度为 240，墙两侧的细实线表示基坑的边线。基坑有三种不同的宽度，分别为 1100、700、1600。基础中如果有可见的基础梁，在基础平面图上将用单线条的粗实线表示，对于不可见的基础梁则用单线条的粗虚线表示。本图中的粗虚线表示的就是基础梁（地圈梁）的位置。图中涂黑的小黑块是构造柱的位置，它是为防震的需要设置的。

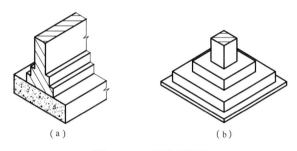

（a）　　　　　　　　　（b）

图 13-24　基础的类型

在基础平面图中应标注轴线编号和有关尺寸，包括轴线间的尺寸，轴线到基坑边及基础墙边的尺寸，基坑边线和基础墙的宽度尺寸等。

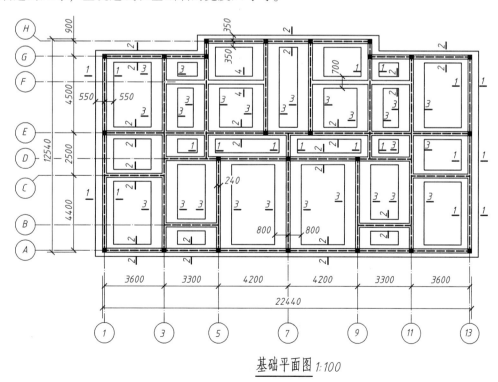

基础平面图 1:100

图 13-25　条形基础平面图

图 13-26 是前述住宅的基础断面详图。由图可以看出基础的埋置深度是 5000，垫层的高度均为 300，材料为 C15 混凝土，大放脚每个台阶宽 60、高 120。另外还设有地圈梁，地圈梁的宽与基础墙相同，高为 240，地圈梁顶标高为−1.300。

图 13-27 是前述综合楼的独立基础平面图。图中表示出了有三种尺寸的基础 J-1、J-2 和 J-3，每种基础的平面尺寸及其与轴线的位置关系分别注出一个。图 13-28 是 J-1、J-2 的详图。从图中可看出 J-1 的底面尺寸为 1.8m×1.8m，J-2 的底面尺寸为 2.6m×2.6m，基础的埋置深度为 1.5m，基底下均有 100 厚 C15 混凝土的垫层。基础为两层，每层高 400，底板下配置有两层钢筋，下面是①号筋，上面是②号筋，在基础内还锚固有与柱子搭接的钢筋，其配置如图所示。在图 13-28 中，还画了一个基础梁 JL-1 的断面图。

13.7.2　结构平面布置图

结构平面布置图是表示墙、梁、板、柱等承重构件在平面图中的位置的图样，是施工中布置各层承重构件的依据。

结构平面布置图是假想用一个紧贴楼面的水平面剖切楼层后所得到的水平投影。一幢房屋如果有若干层是相同的楼面结构布置时，可合用一个结构平面图；若为不同的结构布置，则应有各自不同的结构平面图。屋顶结构布置要适应排水、隔热等特殊要求，因此屋顶的结构布置通常要另画成屋顶结构平面图。屋顶结构平面图的内容和图示特点与楼层结构平面布置图相似。在结构平面整体表示法中，常将柱、梁、板分别表示在同类构件的平面布置图上。如柱平面布置及配筋图、二层梁配筋图、二层板钢筋布置图等。

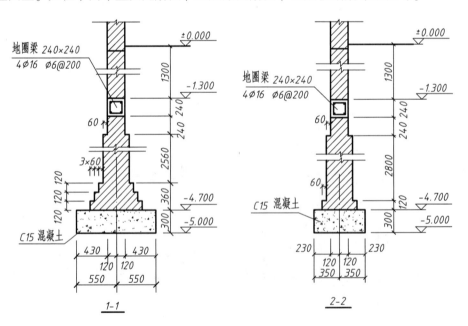

图 13-26　条形基础断面详图

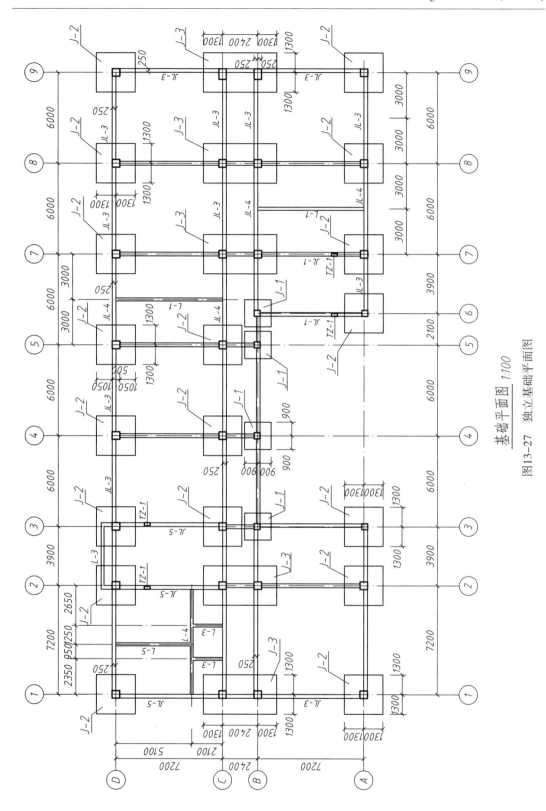

基础平面图 1:100

图13-27 独立基础平面图

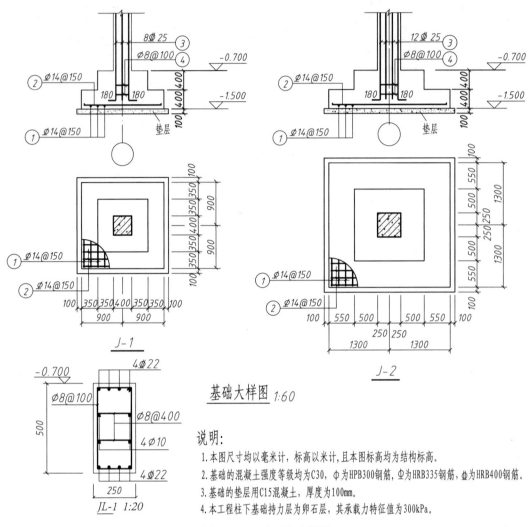

基础大样图 1:60

说明:
1.本图尺寸均以毫米计,标高以米计,且本图标高均为结构标高。
2.基础的混凝土强度等级均为C30,φ为HPB300钢筋,Φ为HRB335钢筋,Φ为HRB400钢筋。
3.基础的垫层用C15混凝土,厚度为100mm。
4.本工程柱下基础持力层为卵石层,其承载力特征值为300kPa。

图 13-28　独立基础详图

　　图 13-29 是前述综合楼的基顶~13.150 标高段的柱平面布置图。图中将框架柱进行了编号,如 KZ1、KZ2、KZ3、KZ4 等。还注出了柱与轴线的相对位置关系。在图 13-30 中,列出了几根柱的分段配筋图表。以 KZ1 为例,它分为三段,从基顶~3.250、3.250~6.550、6.550~13.150。在基顶~3.250 段,四角的①号筋是直径为 25mm 的 HRB400 钢筋,②③号筋也是直径为 25mm 的 HRB400 钢筋。在 3.250~6.550 段,①号筋仍是直径为 25mm 的 HRB400 钢筋,②③号筋是直径为 20mm 的 HRB400 钢筋。在 6.550~13.150 段,①号筋直径变为 22mm,②③号筋直径仍为 20mm。整根柱的箍筋全是直径为 10mm 的 HPB300 钢筋,间距为 100mm。

　　图 13-31 是二层梁的平面整体配筋图。在图中将不同截面尺寸的框架梁和非框架梁进行编号,如 KL1、KL2、KL3、KL4 及 L1、L2 等。图中梁用虚线画出,梁的配筋用集中标注和原位标注来表示。如④轴线的梁编号为 KL4。由集中标注可知,此梁是框架梁,KL

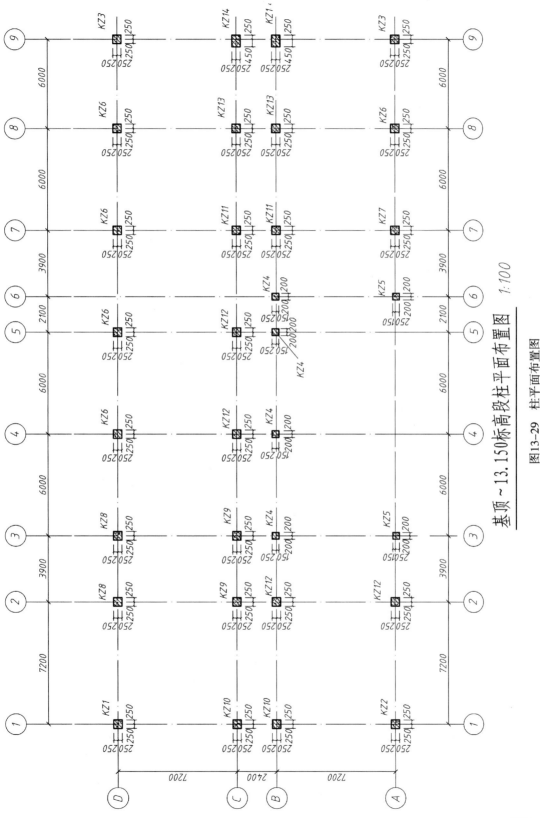

基顶~13.150标高段柱平面布置图 1:100

图13-29 柱平面布置图

基顶～13.150标高段的柱配筋表

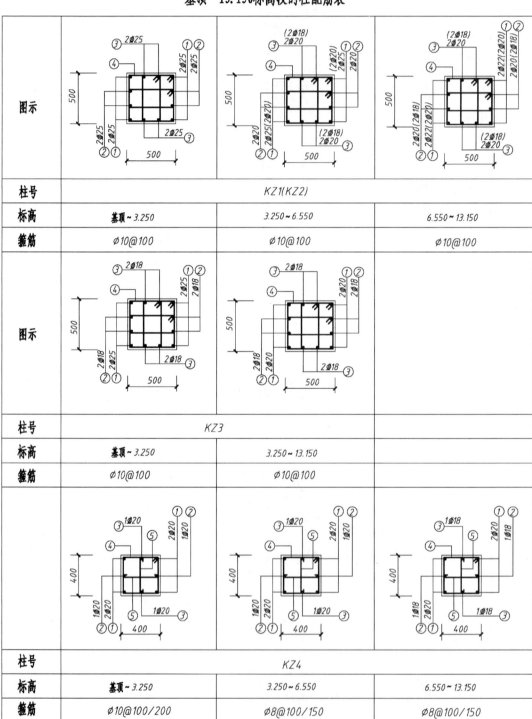

图示		KZ1(KZ2)	
柱号			
标高	基顶～3.250	3.250～6.550	6.550～13.150
箍筋	Ø10@100	Ø10@100	Ø10@100
图示			
柱号	KZ3		
标高	基顶～3.250	3.250～13.150	
箍筋	Ø10@100	Ø10@100	
图示		KZ4	
柱号			
标高	基顶～3.250	3.250～6.550	6.550～13.150
箍筋	Ø10@100/200	Ø8@100/150	Ø8@100/150

图 13-30　柱分段配筋图表

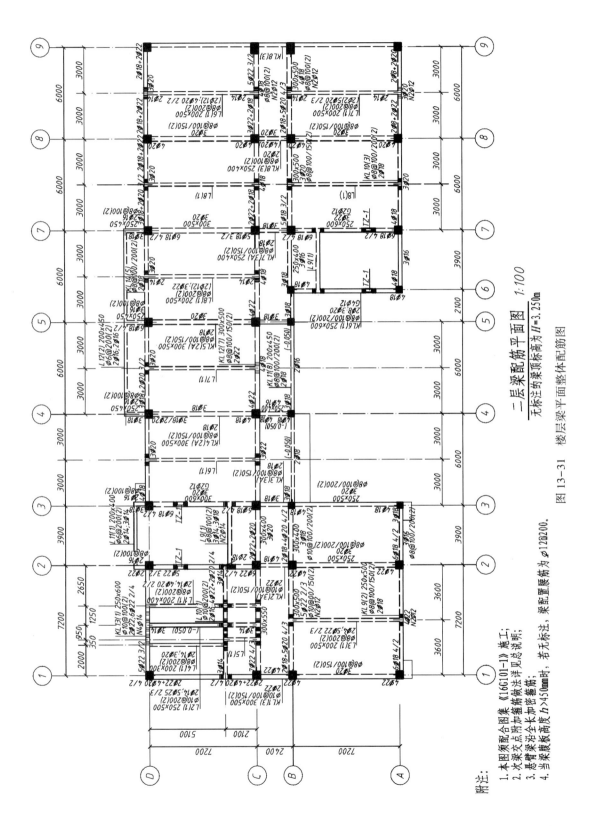

二层梁配筋平面图 1:100

无标注的梁顶面标高为 H=3.250m

图 13-31 楼层梁平面整体配筋图

附注:
1. 本图须配合图集《16G101-1》施工;
2. 次梁支座点附加箍筋加密做法详见总说明;
3. 悬臂梁全长加密箍筋;
4. 当梁腹板高度 h>450mm 时, 梁配置腰筋为 ⌀12@200。

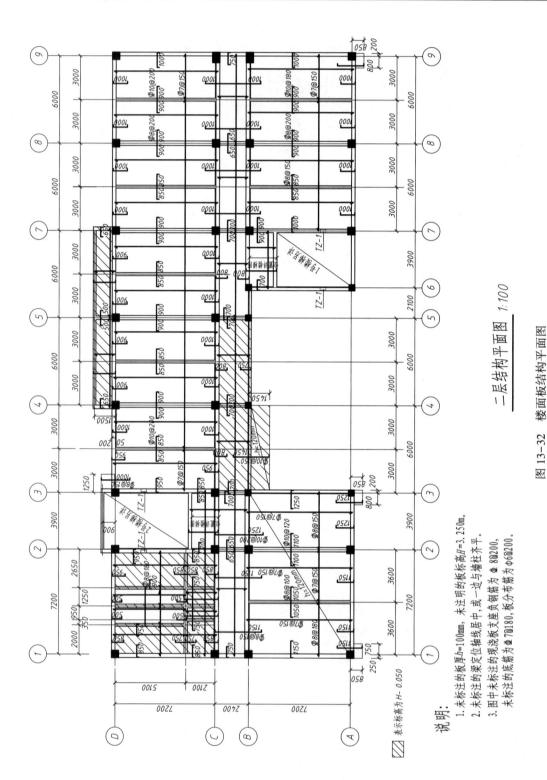

二层结构平面图 1:100

楼面板结构平面图

图 13-32　楼面板结构平面图

说明:
1. 未标注的板厚h=100mm,未注明的板标高H=3.250m。
2. 未标注的梁定位轴线居中,或一边与墙柱齐平。
3. 图中未标注的现浇板支座负钢筋为 Φ8@200,
未标注的底筋为 Φ7@180,板分布筋为 Φ6@200。

▨ 表示标高为H-0.050

370

是框架梁的代号，（2A）表明它有两跨，带有一端悬挑，悬挑不计入跨数，梁截面为 300×500，梁的箍筋是直径为 8mm 的 HPB300 钢筋，加密区间距为 100mm，非加密区间距为 150mm，均为两肢箍，还配有两根直径为 18mm 的 HRB400 的通长筋，即梁上部的架立筋。原位标注 4⽥18 表示支座处除两根通长筋外，还须加配两根直径为 18mm 的 HRB400 钢筋，其长度按图集上取值。长跨的另一端为三根直径为 18mm 的 HRB400 钢筋和两根直径为 16mm 的 HRB400 钢筋，直径为 16mm 的 HRB400 钢筋排在第 2 排。悬挑支座处梁上部除两根通长筋外，须加配一根直径为 18mm 的 HRB400 钢筋。悬挑梁截面为 250×450，梁下部配三根直径为 18mm 的 HRB400 通长筋。短跨梁截面为 250×400，梁顶面低于楼层 0.05m。

图 13-32 是二层楼面现浇板的配筋图。在图中用中实线画出墙体可见轮廓线，用中虚线表示被现浇板遮挡住的墙体不可见轮廓线。楼梯间用斜线画出对角线，并用文字说明楼梯另详。用粗实线表示受力筋、分布筋和其他构造钢筋的配置和弯曲情况。如①、②、③轴线间的楼板，其配筋如下：底筋边跨为⽥8@180，中间跨为⽥7@150，②、③轴线间的底筋为⽥8@150。分布筋均为⽥7@150。支座负钢筋的长度有 1150 和 1250 两种。由说明 3 可知，未标注的支座负钢筋为⽥8@200。另外还注有两端各长 1100 的⽥10@120 和两端各长 1050 的⽥8@100 两种支座负钢筋。其余的板配筋可自行分析。

第14章 桥梁、涵洞、隧道工程图

桥梁、涵洞、隧道是交通、城建、水利、地下工程中常见的工程建筑物。这些建筑物由于其自身结构及功能上的特点，它们各自有其常规的表达方法。本章仅选择一些典型的例子，讲述这类建筑物的图示方法及特点，所选例图主要来自设计图册（通用图、标准图、参考图等），这些图样的绘制大多采用了交通土建工程的有关标准（铁路工程制图标准 TB/T 10058—2015、铁路工程制图图形符号标准 TB/T 10059—2015、道路工程制图标准 GB 50162—92 等）及习惯画法。

§14.1 桥 墩 图

道路跨越河流、峡谷或者道路需立体交叉时要修建桥梁，图 14-1 是我国的两座大桥的图片。桥梁的结构形式很多，但一般主要由**梁、桥台、桥墩**组成，如图 14-2 所示。梁是道路的延续，桥台是桥梁在两岸的支撑平台，桥墩是桥梁的中间支柱。梁的自重及梁所承受的荷载，通过桥台、桥墩传给**地基**。

（a）   图 14-1 大桥实景   （b）

（a）跨越江河；（b）跨越道路

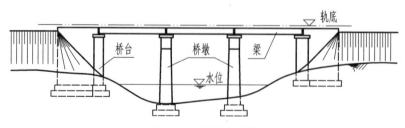

图 14-2 桥梁示意图

14.1.1 桥墩的构造

图 14-3 所示桥墩，由基础、墩身和墩帽组成。基础在桥墩的底部，一般埋在地面以下。根据地质情况，基础可以采用扩大基础、桩基础或沉井基础。图 14-3 中所示为两层的扩大基础，每一层的几何形状都是长方体，由上向下逐层扩大。扩大基础的材料多为混凝土或浆砌石料。墩身是桥墩的主体，一般是上面小，下面大。墩身有实心的和空心的，实心桥墩常以墩身的横断面形状来区分类型，例如圆形墩、矩形墩、圆端形墩、尖端形墩等。墩身的材料多为混凝土或浆砌石料，通常在墩身顶部 40cm 高的范围内为放有少量钢筋的混凝土，以加强与墩帽的连接。墩帽位于桥墩的上部，用钢筋混凝土材料制成，它一般由顶帽和托盘两部分组成。直接与墩身连接的是托盘，下面小，上面大，顶帽位于托盘之上，在其上面设置垫石以便安装桥梁支座。图 14-3 (a) 为铁路桥的矩形桥墩，顶帽上垫石的四周设有排水坡；图 14-3 (b) 为公路桥的圆端形桥墩，顶帽上一边高一边低，高的一边安装固定支座，低的一边安装活动支座。

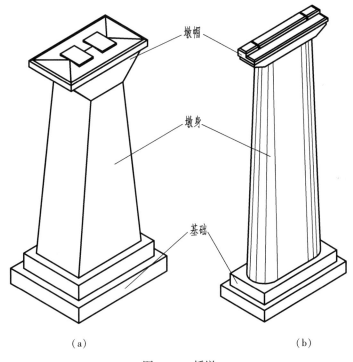

（a）　　　　　　　　　　　　　　　（b）

图 14-3　桥墩

14.1.2 桥墩的表达

表示桥墩的图样有**桥墩图**、**墩帽图**和**墩帽钢筋布置图**。

1. 桥墩图

桥墩图用来表达桥墩的整体情况，包括墩帽、墩身、基础的形状、尺寸和材料。构造比较简单的桥墩，例如图 14-4 所示圆端形桥墩，用三个基本视图即可表达清楚，其中正

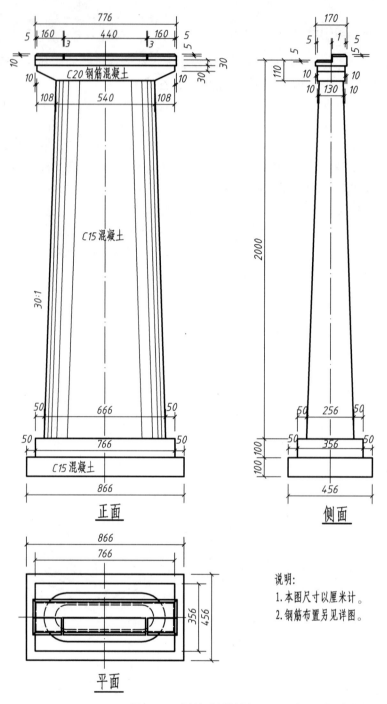

图 14-4　圆端形桥墩图

面图为按照线路方向投射桥墩所得的视图。对于构造较为复杂的桥墩，可以综合采用基本视图和剖面（即剖视）、断面等手法来表达。图 14-5 所示圆形墩的桥墩图上，正面图是半正面与半 3-3 剖面的合成视图，作 3-3 半剖面的目的是为了表示桥墩各部分的材料，不同的建筑材料使用了不同方向和间隔的剖面线，并加注了材料说明。相邻部位为不同的材料时，画出虚线作为材料分界线。半正面图上的点画线，是托盘上的斜圆柱面的轴线和顶帽上的直圆柱面的轴线。平面图画成了基顶平面，它是沿基础顶面剖切后向下投射得到的剖面（剖视）图。为了表明墩身顶端和托盘上部的形状与尺寸，图上画出了 1—1、2—2 断面图。

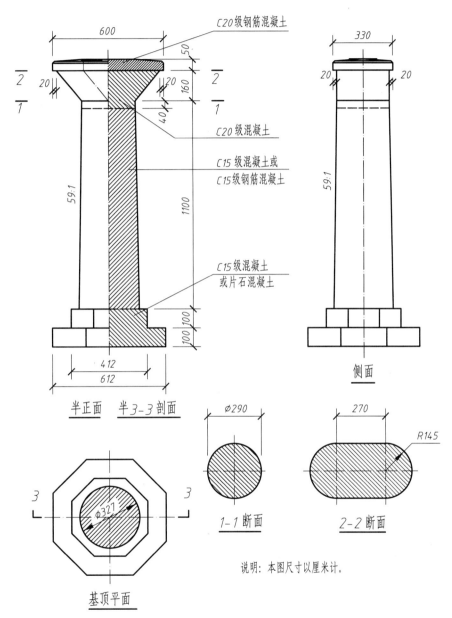

图 14-5 圆形桥墩图

2. 墩帽图

在桥墩图中，由于画图的比例较小，墩帽部分的形状、大小不易表示清楚，为此还需用较大的比例单独画出墩帽图。图 14-6 为图 14-5 所示圆形桥墩的墩帽图，它仍由三个基本视图组成。正面图和侧面图中的虚线为材料分界线，点画线为柱面的轴线。墩帽形状很简单时，也可省去墩帽图不画。

3. 墩帽钢筋布置图

墩帽钢筋布置图提供墩帽部分的钢筋布置情况，钢筋图的画法已在第 12 章中讲述过了，不再重复。墩帽形状和配筋情况不太复杂时也可将墩帽钢筋布置图与墩帽图合画在一起，不必单独绘制。

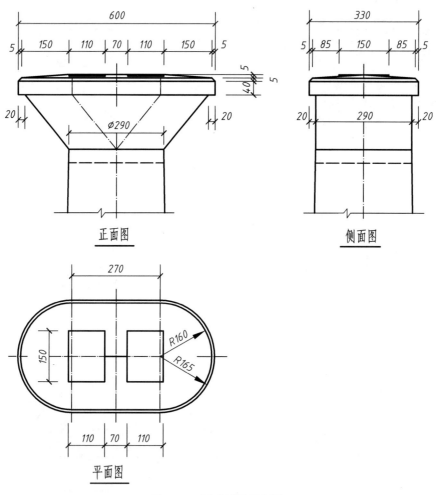

图 14-6　圆形桥墩墩帽图

14.1.3　桥墩图的阅读

阅读桥墩图的方法和步骤如下：

（1）阅读标题栏和附注（说明），了解桥墩的名称、尺寸单位以及有关施工、材料等方面的技术要求。

（2）阅读各视图的名称，弄清获得各视图的投射方向以及各视图间的对应关系。

（3）找出桥墩各组成部分的投影，弄清它们的形状和大小。

可根据桥墩的构造，由下到上先基础，而后墩身，最后墩帽逐次进行阅读。例如在图 14-4 所示的圆形桥墩图中，找出托盘的正面投影和侧面投影后，结合 1-1、2-2 断面图可判定托盘是由三个部分组成：左、右各为斜圆柱的一半，它的上下底面为等大的半圆，半径为 145cm；中部为前后放置的三棱柱，其前后端面为正平面，棱柱前后端面与斜圆柱面光滑过渡，没有交线。

（4）综合各部分的形状和大小，以及它们之间的相对位置，可以想象出桥墩的总体形状和大小。

§14.2 桥 台 图

桥台位于桥梁的两端，是桥梁与路基连接处的支柱。它一方面支撑着上部桥跨，另一方面支挡着桥头路基的填土。

14.2.1 桥台的构造

桥台的形式很多，图 14-7 为铁路上常用的 T 形桥台，现以它为例介绍桥台的构造。

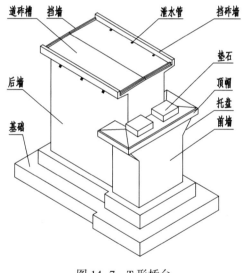

图 14-7 T 形桥台

桥台主要由**基础**、**台身**和**台顶**三部分组成。基础位于桥台的下部，一般情况使用的都是扩大基础，图 14-7 所示桥台的基础是由两层 T 形棱柱叠置而成的。扩大基础使用的材料多为浆砌石料或混凝土。基础以上、顶帽以下的部分是台身，T 形桥台的台身，其水平断面的形状是 T 形。从桥台的桥跨一侧顺着线路方向观看桥台，称为桥台的正面，台身上贴近河床的一端叫**前墙**。前墙上向上扩大的部分叫**托盘**。从桥台的路基一侧顺着线路方向观看桥台，称为桥台的背面，台身上与路基衔接的一端叫**后墙**。台身使用的材料多为浆砌石料或混凝土。台身以上的部分称为台顶，台顶包括了**顶帽**和**道砟槽**。顶帽位于托盘上，上部有排水坡，周边有抹角。前面的排水坡上有两块垫石用于安放支座。道砟槽位于后墙的上部，形状如图 14-8 所示，它是由挡砟墙和端墙围成的一个凹槽。两侧的挡砟墙比较高，前后的端墙比较低。道砟槽的底部表面铺有防水层，上面再用混凝土做成保护层，其表面中间高、两边低，形成排水坡。坡底靠近挡砟墙的地方设有**泄水管**，用以排除道砟槽内的积水。道砟槽和顶帽使用的材料均为钢筋混凝土。

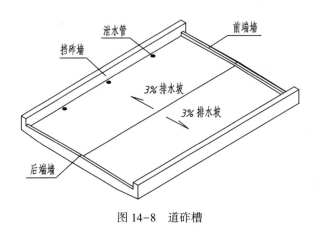

图 14-8　道砟槽

桥台常依据台身的水平断面形状来取名，除 T 形桥台外，常见的还有 **U 形桥台、十字形桥台、矩形桥台**等。

14.2.2　桥台的表达

表示一个桥台总是先画出它的总图，用以表示桥台的整体形状、大小以及桥台与线路的相对位置关系。对于铁路桥台，由于其台顶部分构造比较复杂，而总图的绘图比例较小，因此台顶的某些细部构造的形状和大小在总图中无法表示清楚，所以除桥台总图外，还要用较大的比例画出台顶构造图。另外还要表明顶帽和道砟槽内钢筋的布置情况，需要画出顶帽和道砟槽的钢筋布置图。现以图 14-7 所示的 T 形桥台为例介绍桥台的表达方法。

1. 桥台总图

图 14-9 是 T 形桥台的总图，它上面画出了桥台的"侧面"、"半平面及半基顶剖面"、"半正面及半背面"等几个视图。

在通常画正面图的位置画的是桥台的"侧面"，用以表示垂直于线路方向观察桥台所看到的情况。图中将桥台本身全部画成是可见的，路基、锥体护坡及河床地面均未完整示出，只画出了轨底线、部分路肩线（图中长度为 75cm 的水平线）、锥体护坡的轮廓线（图中 1∶1 及 1∶1.25 的细斜线）及台前台后的部分回填地面线，这些线及有关尺寸反映了桥台与线路的关系及桥台的埋深。图上还注出了基础、台身及台顶在侧面上能反映出来的尺寸，有许多尺寸是重复标注的。大量出现重复尺寸是土建工程图的一个特点。

在通常画平面图的位置画出的是"半平面及半基顶平面"图，这是由两个半视图合成的视图：对称轴线上方一半画的是桥台本身的平面图；对称轴线下方一半画的是沿着基顶剖切得到的水平剖面（剖视）图。由于剖切位置已经明确，所以未再对剖切位置作标注。

虽然基础埋在地下，但仍画成了实线。"半平面及半基顶平面"图反映了台顶、台身、基础的平面形状及大小，按照习惯，合成视图上对称部位的尺寸常注写成全长一半的形式，例如写成 $\dfrac{680}{2}$ 或 680/2 的样子。

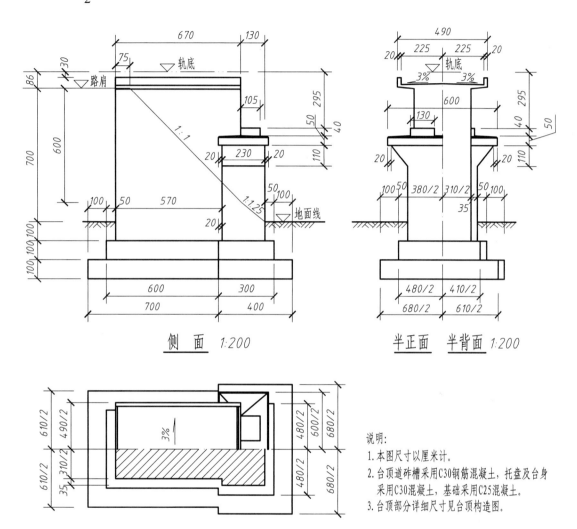

图 14-9 T 形桥台总图

侧　面 1:200

半正面　半背面 1:200

半平面及半基顶剖面 1:200

说明：
1. 本图尺寸以厘米计。
2. 台顶道砟槽采用C30钢筋混凝土，托盘及台身采用C30混凝土，基础采用C25混凝土。
3. 台顶部分详细尺寸见台顶构造图。

在通常画侧面图的位置画的是桥台的"半正面及半背面"合成的视图，用以表示桥台正面和背面的形状与大小。图上重复标注了有关尺寸，仅示出了一半的对称部位亦注写成全长一半的形式。

2. 台顶构造图

图 14-10 为图 14-9 所示 T 形桥台的台顶构造图，它主要用来表示顶帽和道砟槽的形状、构造和大小。台顶构造图由几个基本视图和若干详图组成。

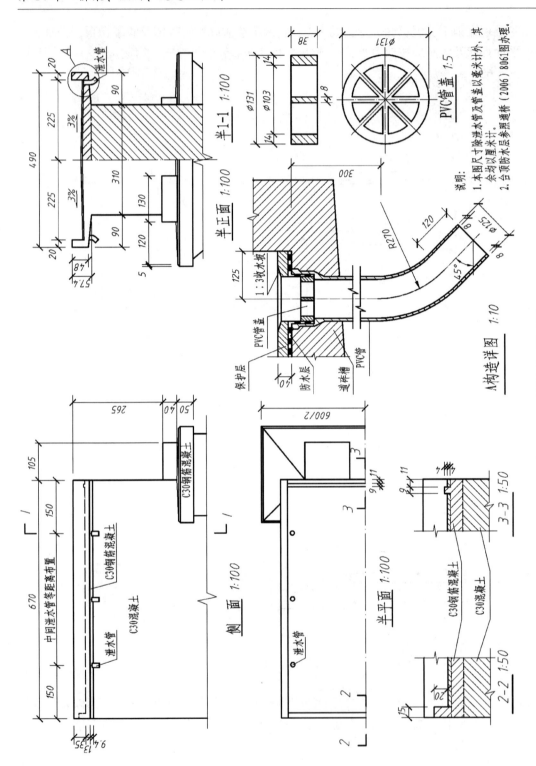

图14-10　T形桥台台顶构造图

1-1剖面图的剖切位置通过泄水管中心线，剖视方向向右，由此画出台顶的"半1-1"剖面图，它的另一半画成台顶的"半正面"图。半1-1剖面图用来表示道砟槽的构造，图中的虚线是不同材料的分界线。受画图比例的限制，道砟槽上局部未能表示清楚的地方，如圆圈A处，则另用较大的比例画出它的详图作为补充，该图标以"A构造详图"作为图名。A详图以剖面图的方式示明了泄水管及道砟槽、防水层、保护层的层次和构造。该详图的旁边还以更大的比例表示了"管盖"的样子和尺寸。为了节省画图，台顶的平面图也只画出了一半，称为"半平面"图。它是假想拆除了道床后台顶部分的外形视图，图中表明了道砟槽、顶帽的平面形状和大小，且不显示基础的投影。为了清楚地表示道砟槽两端的端墙及细部尺寸，图中还画出了"2-2""3-3"两个剖面，它们是通过台顶的对称平面剖切得到的。图中的虚线仍然是不同材料的分界线。

对于公路桥台，一般来说其形状、构造都比较简单，通常只需一个总图就可以将其形状和尺寸表达清楚。图14-11为公路上常用的U形桥台的总图，它包括了纵剖面图、平面图和台前、台后合成视图。纵剖面图是沿桥台对称面剖切得到的全剖视，主要用来表明桥台内部的形状和尺寸，以及各组成部分所使用的材料。平面图是一个外形图，主要用以表

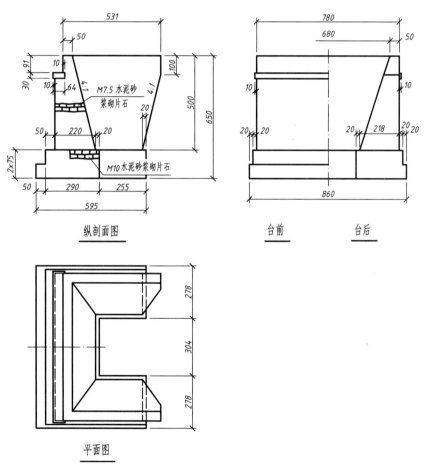

图 14-11 U形桥台总图

明桥台的平面形状和尺寸。台前、台后合成视图是由桥台的半正面、半背面组合而成的，用以表明桥台的正面和背面的形状和大小。

14.2.3　桥台图的阅读

阅读桥台图时应同时阅读桥台总图和台顶构造图，并按从整体到局部的顺序进行。首先要了解桥台的类型，它在线路中的位置及与路基、地面、轨道的关系；进而弄清各主体部分的形状、材料、尺寸等；再进一步看懂台顶各部分的形状、构造和细部尺寸。若要知道顶帽和道砟槽的钢筋布置情况，还要再阅读这些部分的钢筋布置图。

§14.3　涵　洞　图

涵洞是埋设在路基下的建筑物，其轴线与线路方向正交或斜交，用来从道路一侧向另一侧排水或作为穿越道路的横向通道。

14.3.1　涵洞的构造

涵洞沿其轴线方向依次有**入口**、**洞身**、**出口**三个组成部分。涵洞的结构形式很多，根据洞身的断面形状常将涵洞分为**圆涵**、**拱涵**、**箱涵**、**框架涵**等，如图 14-12 所示。涵洞的出入口，结构形式也不一样，只有端墙的叫**端墙式**；既有端墙又有翼墙的叫**翼墙式**。出入口由基础、端墙、帽石或者加翼墙、雉墙组成。端墙、翼墙、雉墙的作用是支挡路堤的填土。洞身的形状比较简单，上部为管节，下部为基础。圆涵的管节为圆管，拱涵的管节由边墙和拱圈组成，箱涵的管节由边墙和盖板组成，框架涵的管节为整体箱形框架。洞身是分节的，相邻两节之间在施工时留出 3cm 的沉降缝。接缝处要铺设一定宽度的防水层，整个洞身上面要覆盖一定厚度的黏土隔水层。

14.3.2　涵洞的表达

涵洞主要用一张总图来表示。有时也单独画出某些部分的构造详图，钢筋布置情况及出入口河床的铺砌加固要单独另用专门的图表示。

图 14-13 是一孔径为 300cm 的铁路拱涵总图。该图上共有六个视图。入口正面、出口正面是对着出入口端墙观察得到的视图，地面以下部分是按剖切后画出的，路基边坡面上画出了长短相间的示坡线。为便于读图，入口正面画在了入口端附近，出口正面画在了出口端附近。中心纵剖面是沿着涵洞轴线竖直剖切后得到的剖视图，它示出了涵洞与路基的关系及涵洞入口、洞身、出口的构造。由于涵洞较长，该图采用了折断画法。虽然它是剖面图，图上还是画出了必要的虚线以表示某些看不见的部分。半平面及半基顶剖面是一合成视图，轴线上方画的是移去路基填土后的平面图，轴线下方画的是沿基顶水平剖切涵洞得到的剖面图。该图示出了涵洞的平面形状和大小。图纸左下方的 1-1、1-2 是两个半剖面图，右下方的拱圈是用较大的比例绘制的，它示出了拱圈的几何尺寸。

涵洞图上亦大量出现重复尺寸。

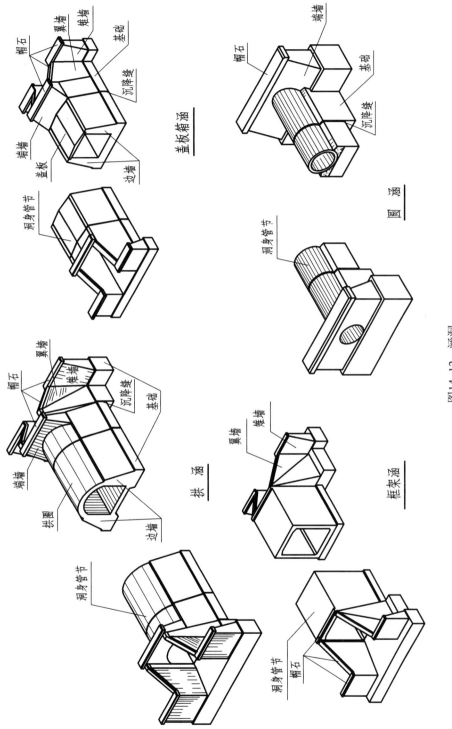

图14-12 涵洞

盖板箱涵

圆 涵

拱 涵

框架涵

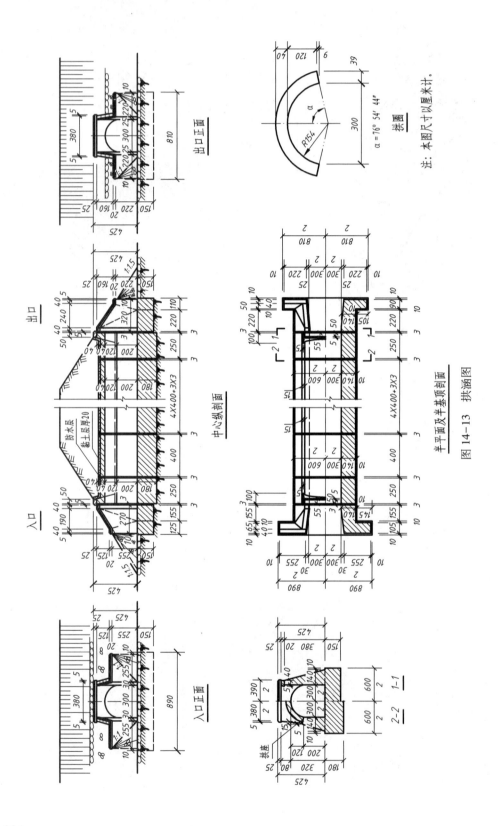

图14-13 拱涵图

14.3.3　涵洞图的阅读

读图按照从全局到局部的原则进行。首先了解涵洞与线路的关系，涵洞的名称、类型、孔径、总体尺寸、材料及施工技术要求等全局性的资料，进而再弄清总图中各视图的名称及相互关系，最后细读各有关视图，彻底弄清各组成部分的形状、构造、尺寸及技术要求。下面仍以图14-13所示拱涵为例，着重说明一下通过读图对该涵洞各有关部分的了解。

1. 洞身

由中心纵剖面、半平面及半基顶剖面、1-1和2-2、拱圈等诸视图可知，洞身管节为拱形流水断面，它由边墙和拱圈构成，拱圈厚40cm，孔径300cm，管节节长400cm。管节之间留有3cm的沉降缝，外裹以防水层，管节上部用20cm厚的黏土覆盖形成隔水层。洞身基础的厚度为180cm，基础与管节一致每400cm一节。

2. 出入口

涵洞上形状最复杂的地方是出入口。本图所示拱涵的出入口，形状基本相同，但尺寸有差别。以入口为例，它由端墙、翼墙、雉墙、帽石、基础组成。对照入口正面、中心纵剖面、半平面及半基顶剖面等几个视图可知，基础的平面形状为T形，厚150cm。翼墙在洞口的两侧，雉墙与翼墙相接，二者形成一个八字形。翼墙的背面有任意倾斜平面，在半平面上表现为一实线三角形，在中心纵剖面上表现为一虚线三角形。帽石位于端墙、翼墙、雉墙的顶部，边上有抹角。

3. 锥体护坡和河床铺砌

路基填土在出入口的雉墙前围成一个锥体，锥体的表面上铺设干砌片石，叫作锥体护坡。锥体是四分之一的椭圆锥，顺路堤边坡方向的素线坡度与路堤边坡一致，为1:1.5，顺雉墙墙面的素线坡度为1:1。锥顶的高度在中心纵剖面上由路基边坡线与雉墙端面的交点确定。出入口地面在一段长度范围内要用片石铺砌加固，铺砌的详细情况本图未示，要在铺砌图中查找。

§14.4　隧道洞门图

山岭隧道是为铁路、公路穿越山岭所修建的建筑物，如图14-14所示。

图14-14　山岭隧道

山岭隧道由**洞身衬砌**和**洞门**组成，此外还包括一些附属设施。洞身衬砌形状比较单一，通常只用断面图即可表示清楚。洞门的形状、构造都很复杂，需要许多视图才能将其充分表达。

14.4.1　洞门的类型及构造

因洞口地段的地形、地质条件而异，洞门有许多结构形式。

1. 洞口环框

这是最简单的洞口处理方案。当洞口石质坚硬、稳定时，不修筑支护挡墙，仅设洞口环框以起到加固作用。

2. 端墙式洞门

当洞外地形开阔，洞口围岩比较稳定时，在洞口处修建端墙以支护洞顶仰坡，成为端墙式洞门，如图 14-15 所示。

3. 翼墙式洞门

当洞口地段岩石破碎时，需在洞门端墙前面线路的一侧或两侧再修建支护挡墙，称为翼墙，构成翼墙式洞门，如图 14-16 所示。

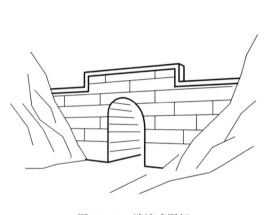

图 14-15　端墙式洞门

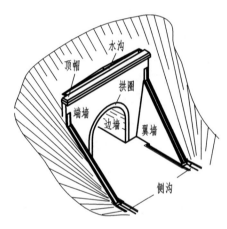

图 14-16　翼墙式洞门

4. 柱式洞门

洞口地质条件较差，修筑翼墙又受地形、地质条件限制时可采用柱式洞门，如图 14-17 所示。柱式洞门造型美观，适用于靠近城市、风景区或长大隧道的洞口。

5. 凸出式新型洞门

这类洞门是将洞内衬砌延伸至洞外，一般凸出山体数米（图 14-18）。它适用于各种地质条件。修筑时可不破坏原有边坡的稳定性，减少土石方的开挖工作量，降低工程造价。

除洞口环框及新型洞门外，洞门的主体部分是端墙，端墙顶上设有水沟以排除山体仰坡上的流水。隧道的衬砌嵌入端墙内，衬砌由拱圈和边墙组成，根据地质条件边墙有直边墙和曲边墙两种，地质条件很差时衬砌底部还要修筑仰拱。洞内排水修有洞内侧沟，洞内侧沟与洞外侧沟在洞门外连接起来。翼墙式洞门和柱式洞门是在端墙外加设了翼墙或立柱。翼墙顶上设有水沟，它和端墙顶上的水沟连通，从仰坡上下来的水经过端墙水沟到翼墙水沟，最后流入洞外侧沟排走。

图 14-17 柱式洞门

图 14-18 凸出式新型洞门

14.4.2 隧道洞门的表达

表示隧道洞门，要画出隧道洞门的正面、平面、中心纵剖面及若干断面等视图，对于排水系统还应另外画出洞外侧沟及其与洞内侧沟连接的详图。

图 14-19 所示是公路中的柱式隧道洞门图。它的表达方法如下：

1. 正面图

正面图是面对洞门端墙投射得到的视图，它主要表示洞口衬砌的形状和尺寸，端墙的形状、高度和长度，端墙、立柱及衬砌的相对位置及洞顶排水方向和坡度等情况。本例的正面图上还用虚线表示出端墙嵌入洞门两侧山体边坡的形状及深度。注意：路堑边坡及路面是按切断后画出的。衬砌与端墙结合成整体后本不应再有分界线，但为了能看出衬砌，习惯上仍画出衬砌的外边缘。

2. 平面图

平面图是隧道洞门的水平投影，用来表示端墙、立柱、洞顶排水沟的平面布局和尺寸，以及洞门处排水系统的情况。平面图与正面图保持投影关系，且只表示洞门的可见部分。由于端墙倾斜于地面，衬砌轮廓的水平投影本应是一些椭圆弧，但在绘图中可用一条圆弧近似地表示它们。

3. 剖面图

1-1 剖面是沿隧道中线竖直剖切后向左投射得到的中心纵剖面图。它表示端墙、立柱、顶帽、洞顶水沟、山体仰坡、衬砌拱圈的构造和尺寸，是个非常重要的视图。图上只画出了洞口范围内的一段。

如果是翼墙式隧道洞门，还应对翼墙作出适当的断面图。

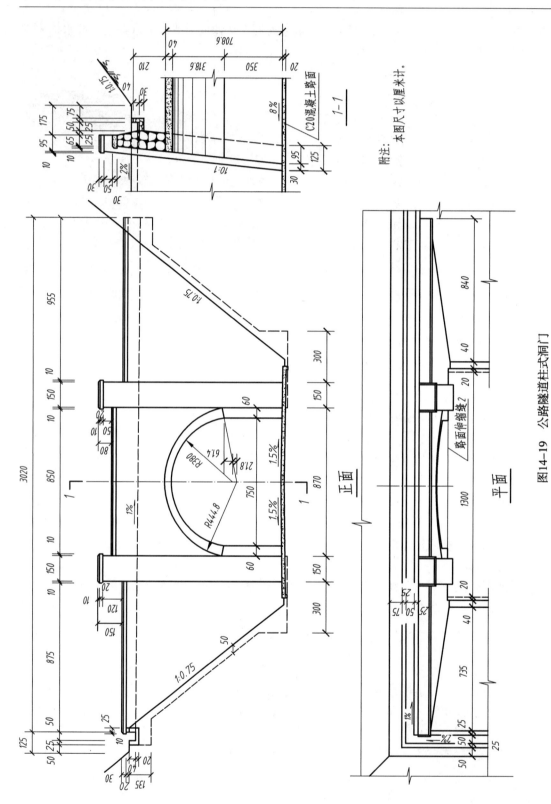

附注：本图尺寸以厘米计。

图14-19 公路隧道柱式洞门

第15章 水利工程图

§15.1 水工图的表达方法

15.1.1 概述

在河流上为了防洪、灌溉、发电和通航等目的而修建的相应的建筑物称为**水工建筑物**，这些相互联系的水工建筑物组成了**水利枢纽**。一个水利枢纽通常由挡水建筑物（如水坝、水闸）、发电建筑物、通航建筑物（如船闸、升船机）、输水建筑物（如水闸、渠道、溢洪道、泄水孔）等组成。表达水利工程规划、布置和水工建筑物的形状、大小及结构的图样称为**水利工程图**，简称**水工图**。

绘制水工图沿用行业制图标准，本章将按现行的部颁《水利水电工程制图标准》SL73.1，SL73.2的规定来阐述水工图的表达方法。

15.1.2 水工图的一般规定

1. 视图名称

在水利水电工程中规定，河流以挡水建筑物为界，逆水流方向在挡水建筑物上方的河流段称为**上游**，在挡水建筑物下方的河流段称为**下游**。还规定，顺水流方向观察，左边称为**左岸**，右边称为**右岸**，如图15-1所示。在水工图中习惯上将河流的流向布置成自上而下（图15-1a）或自左而右（图15-1b）。

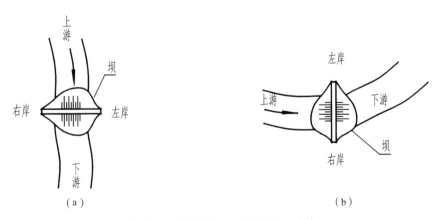

图15-1 河流的上、下游和左、右岸

水利工程图中六个基本视图的名称规定为正视图、俯视图、左视图、右视图、仰视图和后视图。俯视图也可称为平面图，正视图、左视图、右视图和后视图也可称为立面（或立视）图。当观察方向与水流方向有关时，也可称为上游立面图、下游立面图。在水工图中，当剖切面平行于建筑物轴线或河流流向时剖切得到的视图称为纵剖视（或断面）图，如图 15-2 所示。当剖切面垂直于建筑物轴线或河流流向时剖切得到的视图称为横剖视（或断面）图，如图 15-3 所示。

　　水工图中视图名称一般注写在该视图的上方，如图 15-2、图 15-3 所示。

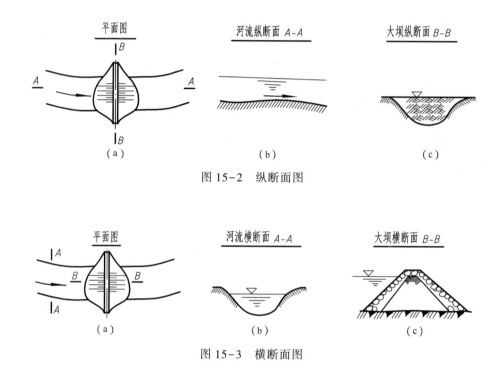

图 15-2　纵断面图

图 15-3　横断面图

　　2. 符号

　　水工图中表示水流方向的箭头符号，根据需要可按图 15-4 所示的样式绘制。

　　平面图中的指北针，根据需要可按图 15-5 所示的样式绘制，其位置一般在图的左上角，必要时也可画在图纸的其他适当位置。

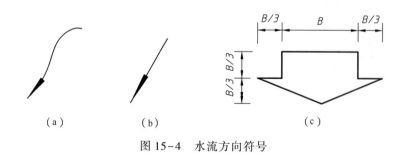

图 15-4　水流方向符号

　　3. 图线

　　水工图中图线的线型和用途基本上与建筑工程图中的一致，但需指出：

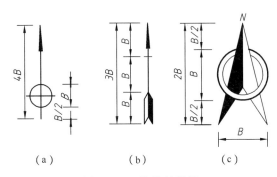

图 15-5 指北针符号

（1）水工图中"原轮廓线"除了可用双点画线表示外，还可用虚线表示。

（2）水工图中的粗实线除了表示可见轮廓线外，还可用来表示结构分缝线和不同材料的分界线，如图 15-6 所示。

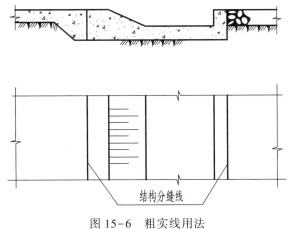

图 15-6 粗实线用法

4. 尺寸

（1）尺寸单位和起止符号

《水利水电工程制图标准》规定：标高、桩号以米为单位，结构尺寸以毫米为单位。采用其他单位，应在图纸中加以说明。由于水工建筑物一般都很大，故目前水工图中一般仍以厘米为单位，并在图中加以说明。尺寸的起止符号，规定可采用箭头形式或45°细实线绘制的短斜线。本章插图中全部采用了箭头的形式。

（2）尺寸可重复标注

水工建筑物的施工是分段进行的，水工图中要求注出全部分段的尺寸，还应重复注出总尺寸，这样标注才算尺寸齐全。当一个建筑物的几个视图分别画在几张图纸上，或虽在同一张图纸上但相距较远而不易找到相应的尺寸时，为了便于读图，允许重复标注某些重要的尺寸。

（3）标高符号

在立面图中标高符号为细实线绘制的45°等腰直角三角形，其高度约为数字高度的2/3。标注时符号的尖端可向下指，也可以向上指，但尖端应与被标注高度的轮廓线或其引出线接触，如图15-7（a）所示。在平面图中，标高符号为细实线矩形框，如图15-7（b）所示。当图形较小时，可以引出标注，如图15-7（f）所示。

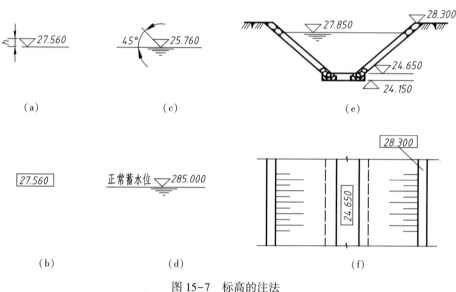

图 15-7　标高的注法

15.1.3　水工图中的习惯画法

1. 拆卸画法

当视图或剖视图中所要表达的结构被另外的结构或填土遮挡时，可以假想将其拆掉或掀掉，然后再进行投影。这种画法称为拆卸画法，它在水工图中较常用。图15-8为进水闸，在平面图中为了清楚地表达闸墩和挡土墙，将对称轴上半部的部分桥面板假想拆掉，填土也被假想掀掉。因为平面图对称，所以与实线对称的虚线可以省略不画，使平面图表达得更清晰。

2. 合成视图

对称或基本对称的图形，可将两个相同或相反方向的视图或剖视图、断面图各画一半，并以对称轴为界合成一个图形，称为合成视图。这种表达方法在水工图中被比较广泛地采用，因为建在河流中的水工建筑物，在结构上其上游部分与下游部分往往不同，所以一般需同时绘制其上游方向和下游方向的视图或剖视图、断面图。为了使图形布置紧凑，减少制图工作量，往往采用合成视图的画法。

图15-8中进水闸的侧视图为合成剖视图，*B-B* 剖视由上游方向投影，*C-C* 剖视由下游方向投影。

3. 曲面的表达方法

为了使水工图表达得更清楚，往往在水工建筑物曲面部分的视图中加画一些素线。图15-9为在柱面上加画了素线，图15-10为在锥面上加画了素线。在水利工程中把双曲

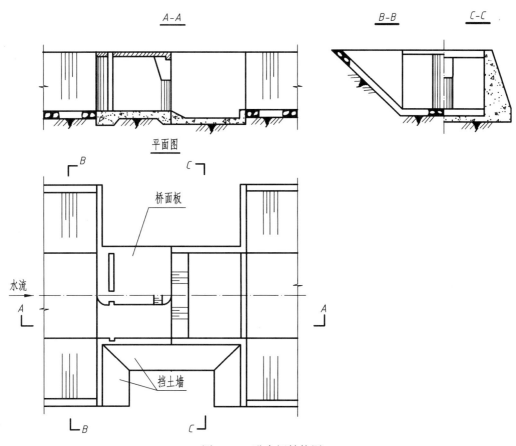

$A-A$

$B-B$　　$C-C$

平面图

桥面板

水流

挡土墙

图 15-8　进水闸结构图

抛物面称为扭面，图 15-11 为扭面上素线的画法。从双曲抛物面的形成理论可知，扭面上有两组直的素线，如图 15-11（a）所示。在水工图中扭面素线呈放射状的视图上往往画的是不同组的素线，如图 15-11（b）所示。

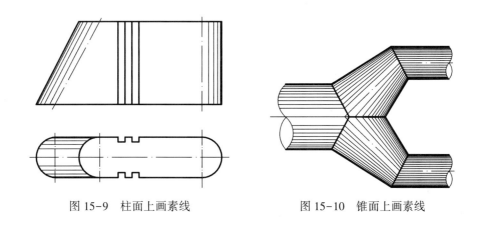

图 15-9　柱面上画素线　　　　　　　图 15-10　锥面上画素线

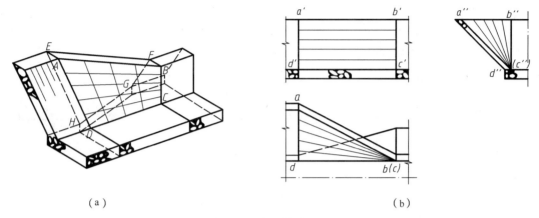

（a）　　　　　　　　　　　　　　　　　（b）

图 15-11　扭面素线画法

15.1.4　水工图中常用的建筑材料图例

表 15-1 为水工图中常用的建筑材料图例。建筑制图中的建筑材料图例，水工图中也采用，表 15-1 中不再列出。表 15-1 中所列的图例，根据图样表达的要求，可分别用于断面图和平面图中。

15.1.5　水工图中常用的平面图例

水工建筑物平面图例主要用于规划图、施工总平面布置图中，枢纽总布置图中非主要建筑物也可用图例表示。表 15-2 为水工图中常用的平面图例。建筑制图中的平面图例，水工图中也采用，表 15-2 中未再列出。

水工图中常用建筑材料图例　　　　　　　　　　　　　表 15-1

序号	名称	图例	序号	名称	图例	序号	名称	图例
1	岩石		3	砂卵石		6	黏土	
			4	回填土		7	天然土壤	
2	卵石		5	二期混凝土		8	夯实土	

序号	名称	图例	序号	名称	图例	序号	名称	图例
9	堆石	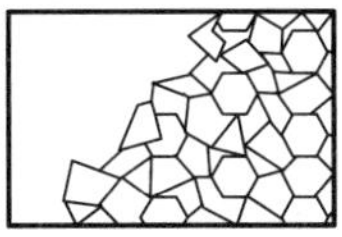	13	浆砌条石		17	梢捆	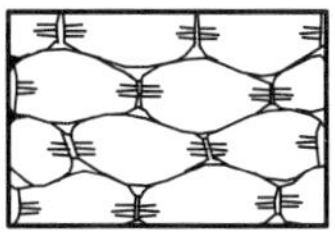
10	干砌块石	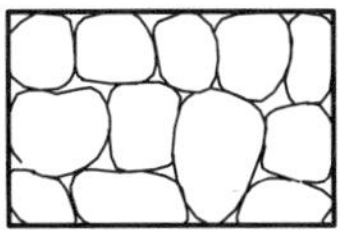	14	灌浆帷幕	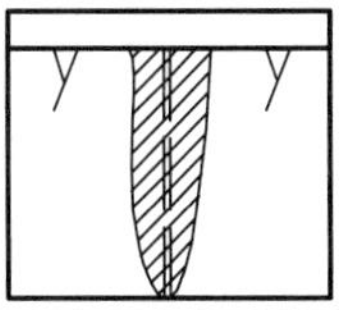	18	防水材料	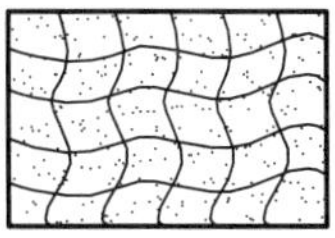
11	浆砌块石	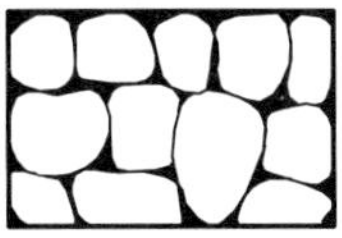	15	笼筐填石	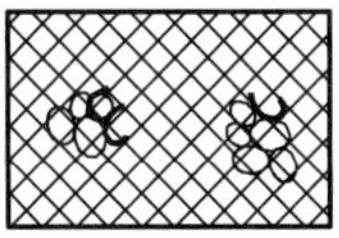	19	花纹钢板	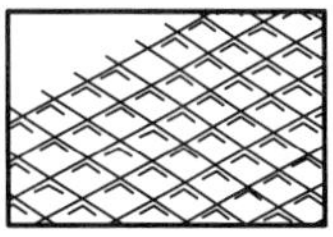
12	干砌条石	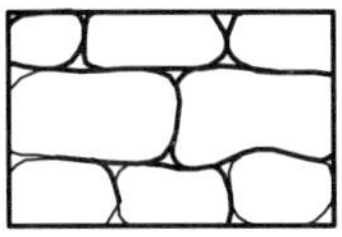	16	砂（土）袋	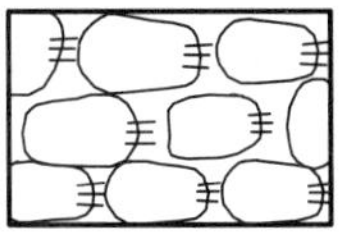	20	草皮	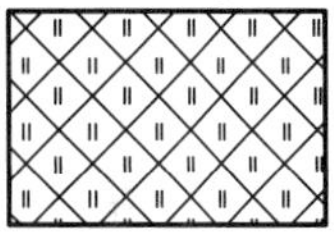

水工图中常用的平面图例　　　　　表 15-2

序号	名称	图例	序号	名称	图例	序号	名称	图例
1	水库	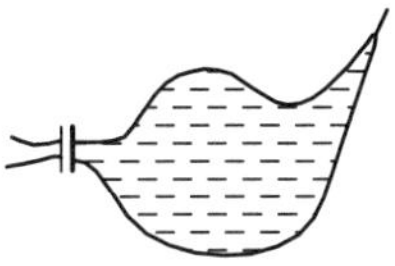	6	泵站	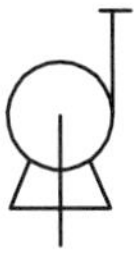	10	码头 栈桥式	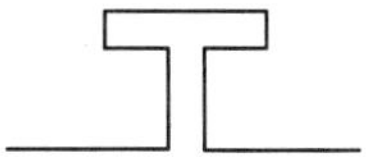
2	土石坝	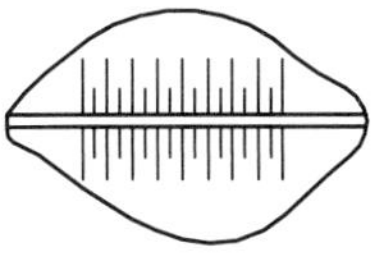					浮式	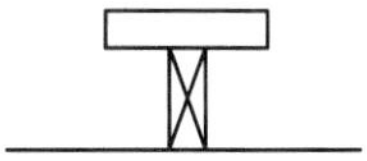
3	水闸	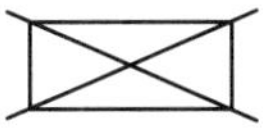	7	船闸	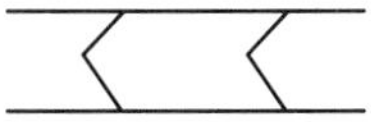	11	溢流坝	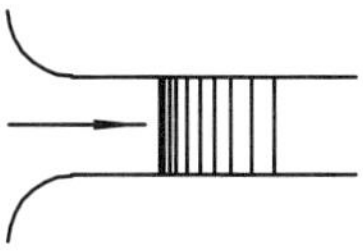
4	水电站		8	升船机	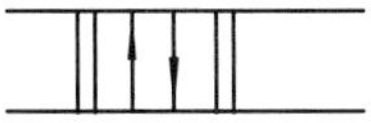	12	渡槽	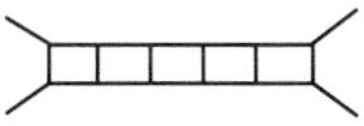
5	变电站	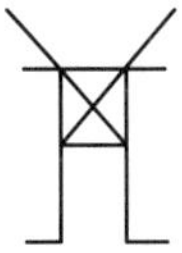	9	丁坝		13	隧洞	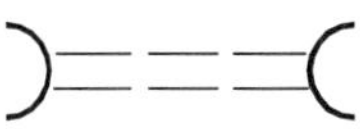

续表

序号	名称	图例	序号	名称	图例	序号	名称	图例
14	涵洞	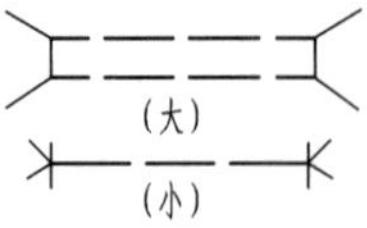 （大）（小）	18	防浪墙 直墙式／斜坡式	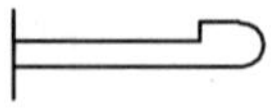	22	淤区	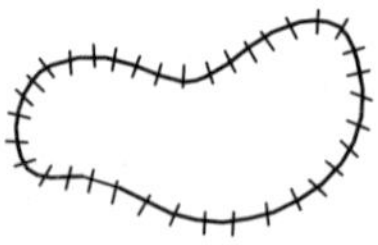
15	虹吸	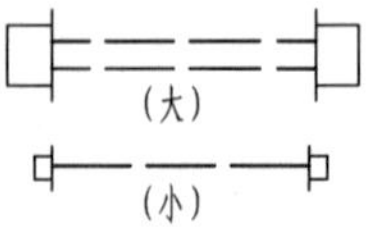 （大）（小）	19	护岸		23	灌区	
16	渠道		20	堤		24	分洪区	
17	运河	或	21	沟	明沟／暗沟	25	围垦区	

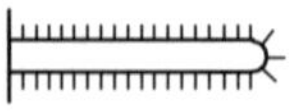

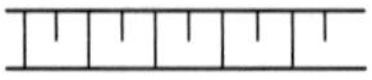

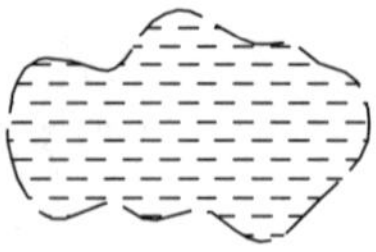

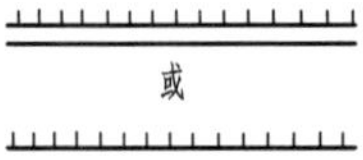

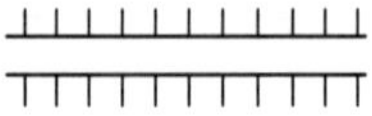

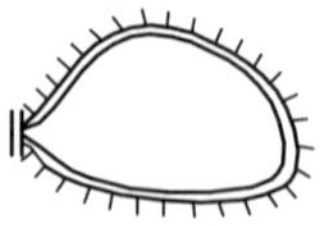

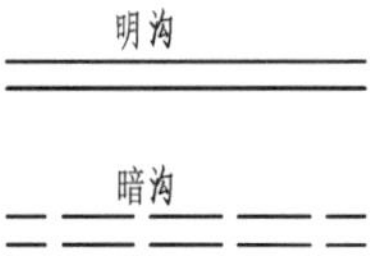

§15.2　水工图的阅读

15.2.1　水工图的分类

水工图主要有规划图、布置图、结构图、施工图和竣工图。

规划图主要表示流域内一条或一条以上河流的水利水电建设的总体规划，某条河流梯级开发的规划，某地区农田水利建设的规划等。布置图主要表示整个水利枢纽的布置，某个主要水工建筑物的布置等。结构图主要包括水工建筑物体型结构设计图（也可简称为体型图）、钢筋混凝土结构图（简称为钢筋图）、钢结构图和木结构图等。施工图主要表示施工组织和方法，它包括施工布置图、开挖图、混凝土浇筑图、导流图等。规划图和布置图中一般画有地形等高线、河流及流向、指北针、各建筑物的相互位置和主要尺寸等。规划图中各建筑物采用图例表示，见表15-2。规划图的比例一般为1∶100000~1∶2000，布置图的比例一般为1∶2000~1∶100。结构图和施工图一般较详细地表达建筑物的整体和各组成部分的形状、大小、构造和材料。结构图和施工图的比例一般为1∶500~1∶50。

15.2.2　阅读水工图的步骤和方法

1. 读图步骤

阅读水工图一般是由枢纽布置图到建筑物结构图，由主要结构到其他结构，由轮廓构件到小的构件。在读懂各部分的结构形状之后，再综合起来想出整体形状。

读枢纽布置图时，一般以总平面图为主，并和有关的视图（如上、下游立面图，纵剖视图等）相互配合，了解枢纽所在地的地形、地理方位、河流中采用的简化画法和图例，先了解它们的意义和位置，待阅读这部分结构图时再作深入了解。

读建筑物结构图时，如果枢纽有几个建筑物，可先读主要建筑物的结构图，然后再读其他建筑物的结构图。根据结构图可以详细了解各建筑物的构造、形状、大小、材料及各部分的相互关系。对于附属设备，一般先了解其位置和作用，然后通过有关的图纸再作进一步了解。

2. 读图的一般方法

阅读水利工程图的方法与阅读其他建筑物图样的方法一样，除具备一定的专业知识外，应熟练运用投影规律，用形体分析法和线面分析法进行读图。

首先，了解建筑物的名称和作用。从图纸上的"说明"和标题栏可以了解建筑物的名称、作用、绘图比例等。

其次，弄清各图形的由来，并根据视图对建筑物进行形体分析。了解该建筑物采用了哪些视图、剖视图、断面图和详图，有哪些特殊表达方法；了解各剖视图、断面图的剖切位置和投射方向，各视图的主要作用等。然后以一个特征明显的视图或结构关系较清楚的剖视（或断面）图为主，结合其他视图概略了解建筑物的组成部分及其作用。根据建筑物各组成部分的构造特点，可分别沿建筑物的长度、宽度和高度方向把它分成几个主要组成部分。必要时还可进行线面分析，弄清各组成部分的形状。

然后，了解和分析各视图中各部分结构的尺寸，以便了解建筑物的整体大小及各部分结构的大小。

最后，根据各部分的相互位置想出建筑物的整体形状。

15.2.3 阅读水闸设计图

1. 组成部分及作用

图 15-12、图 15-13 所示的水闸是一座建在土基上的渠道涵洞式进水闸，它起控制渠道内的水位和流量的作用。该闸由上游连接段、闸室、消力池和下游连接段四部分组成。

闸室为钢筋混凝土材料。在水工图中，属于初步设计和技术设计阶段的图样，图中钢筋混凝土材料图例往往画成混凝土材料图例。本例中，图 15-12 和图 15-13 中的闸室材料图例即画成了混凝土图例。闸室是闸的主要部分，该闸为单孔进水闸，由闸底板、边墩和涵洞组成。为使水流能平顺进入闸室，在上游设置了长为 4.05m 的连接段，采用浆砌块石结构，它的两侧为八字形墙。为了消除由闸室流出的下泄水流对渠道的冲刷，采用了消力池的形式消除水流的能量。消力池为浆砌块石结构，两侧为扭面边墙。消力池池长 2.40m。下游连接段为长 4.20m，横断面呈梯形的结构，用浆砌块石筑成，其作用是避免流出消力池的水流的剩余能量对下游渠道的冲刷。

2. 视图

平面图，主要表达涵洞式进水闸的范围、平面布置情况、各组成部分水平投影的形状和大小等。图中，水流方向为自左向右。以闸室为界，闸室的左边为上游，闸室的右边为下游。

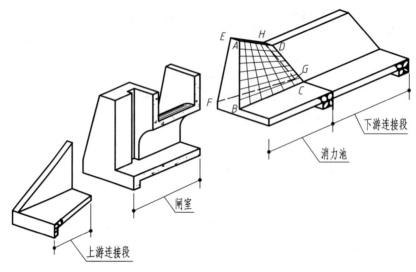

图 15-12　涵洞式进水闸轴测图

纵剖视图，这是通过进水闸的中心线竖直剖切后向正立投影面作投影所得到的剖视图。因为剖切位置明显，所以图中未作标注。纵剖视图主要表达各组成部分的前后关系、断面形状和建筑材料等。

上游立面图和下游立面图画成合成视图，它基本上为外视图，主要表达上游连接段八字墙的外观，下游消力池两侧扭面的形状和边坡、底板的形状等。从图 15-13 可以看出，下游立面图实际为剖视图，剖切面为侧平面，剖切位置在消力池与下游连接段的分界处，水工图中习惯上不标出该剖切位置。

Ⅰ-Ⅰ和Ⅱ-Ⅱ为合成视图，它反映涵洞上、下游端部挡土墙的形状。其中Ⅰ-Ⅰ为断面图，Ⅱ-Ⅱ为剖视图。Ⅲ-Ⅲ为断面图，它表达涵洞的形状、建筑物材料和各部分尺寸。Ⅳ-Ⅳ和Ⅴ-Ⅴ分别为消力池两侧扭面边墙和上游连接段边墙的断面图，剖切位置均取在该结构的中部，主要表达边墙的形状、大小和浆砌块石材料。Ⅵ-Ⅵ为下游连接段的断面图。

3. 其他表达方法

在平面图、立面图和剖视图中，斜坡平面上均用长短相间、间隔相等的细实线表示平面的倾斜方向，这是其他工程图上也常出现的示坡线。

断面区域内的材料符号，如图 15-13 中的混凝土、浆砌块石、夯实土、天然土壤等符号，没有画满整个区域，仅在适当处画出了一部分。

图 15-13 中长度为 2.40m 的消力池，其两侧坡面的迎水面和背水面均设计成扭面。在图 15-12 的轴测图中，迎水面的扭面为 ABCD，背水面的扭面为 EFGH。在扭面 ABCD 中画出了两组不同的素线，其中以 AB 和 CD 为导线的一组素线对应于图 15-13 中纵剖视图和平面图上的素线，以 AD 和 BC 为导线的一组素线对应于图 15-13 中的下游立面图上的素线。

4. 尺寸标注

图 15-13 中的尺寸单位，除标高以米 (m) 为单位外，其余均以厘米 (cm) 计，并在图的右下方加以说明。

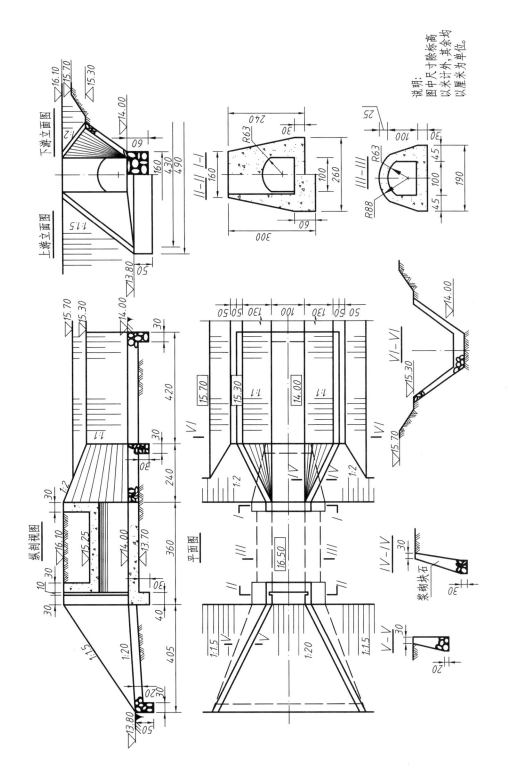

图 15-13　涵洞式进水闸设计图

　　重要的尺寸在不同视图中重复标注，例如图 15-13 中的一些重要标高 16.50、14.00、15.70 等分别在平面图、纵剖视图、下游立面图中重复标注。

　　在平面图、立面图、纵剖视图中倾斜平面的坡度均以示坡线和数字 1∶1、1∶1.5、1∶2 等配合一起标注。

高等学校土木工程专业指导委员会规划推荐教材（经典精品系列教材）

征订号	书名	定价	作者	备注
V28007	土木工程施工（第三版）（赠送课件）	78.00	重庆大学　同济大学 哈尔滨工业大学	教育部普通高等教育精品教材
V36140	岩土工程测试与监测技术（第二版）	48.00	宰金珉　王旭东　等	
V36799	建筑结构抗震设计（第四版）（赠送课件）	49.00	李国强　等	
V38988	土木工程制图（第六版）（赠送教学园地）	68.00	卢传贤	
V38989	土木工程制图习题集（第六版）	28.00	卢传贤	
V36383	岩石力学（第四版）（赠送课件）	48.00	许明　张永兴	
V32626	钢结构基本原理（第三版）（赠送课件）	49.00	沈祖炎　等	
V35922	房屋钢结构设计（第二版）（赠送课件）	98.00	沈祖炎　陈以一　等	教育部普通高等教育精品教材
V24535	路基工程（第二版）	38.00	刘建坤　曾巧玲　等	
V36809	建筑工程事故分析与处理（第四版）（赠送课件）	75.00	王元清　江见鲸　等	教育部普通高等教育精品教材
V35377	特种基础工程（第二版）（赠送课件）	38.00	谢新宇　俞建霖	
V37947	工程结构荷载与可靠性设计原理（第五版）（赠送课件）	48.00	李国强　等	
V37408	地下建筑结构（第三版）（赠送课件）	68.00	朱合华　等	教育部普通高等教育精品教材
V28269	房屋建筑学（第五版）（含光盘）	59.00	同济大学　西安建筑科技大学　东南大学重庆大学	教育部普通高等教育精品教材
V28115	流体力学（第三版）	39.00	刘鹤年	
V30846	桥梁施工（第二版）（赠送课件）	37.00	卢文良　季文玉许克宾	
V36797	工程结构抗震设计（第三版）（赠送课件）	46.00	李爱群　等	
V35925	建筑结构试验（第五版）（赠送课件）	35.00	易伟建　张望喜	
V36141	地基处理（第二版）（赠送课件）	39.00	龚晓南　陶燕丽	
V29713	轨道工程（第二版）（赠送课件）	53.00	陈秀方　娄平	
V36796	爆破工程（第二版）（赠送课件）	48.00	东兆星　等	
V36913	岩土工程勘察（第二版）	54.00	王奎华	
V20764	钢-混凝土组合结构	33.00	聂建国　等	
V36410	土力学（第五版）（赠送课件）	58.00	东南大学　浙江大学湖南大学　苏州大学	
V33980	基础工程（第四版）（赠送课件）	58.00	华南理工大学　等	

征订号	书名	定价	作者	备注
V34853	混凝土结构（上册）——混凝土结构设计原理（第七版）（赠送课件）	58.00	东南大学　天津大学　同济大学	教育部普通高等教育精品教材
V34854	混凝土结构（中册）——混凝土结构与砌体结构设计（第七版）（赠送课件）	68.00	东南大学　同济大学　天津大学	教育部普通高等教育精品教材
V34855	混凝土结构（下册）——混凝土桥梁设计（第七版）（赠送课件）	68.00	东南大学　同济大学　天津大学	教育部普通高等教育精品教材
V25453	混凝土结构（上册）（第二版）（含光盘）	58.00	叶列平	
V23080	混凝土结构（下册）	48.00	叶列平	
V11404	混凝土结构及砌体结构（上）	42.00	滕智明　等	
V11439	混凝土结构及砌体结构（下）	39.00	罗福午　等	
V32846	钢结构（上册）——钢结构基础（第四版）（赠送课件）	52.00	陈绍蕃　顾强	
V32847	钢结构（下册）——房屋建筑钢结构设计（第四版）（赠送课件）	32.00	陈绍蕃　郭成喜	
V22020	混凝土结构基本原理（第二版）	48.00	张誉　等	
V25093	混凝土及砌体结构（上册）（第二版）	45.00	哈尔滨工业大学　大连理工大学等	
V26027	混凝土及砌体结构（下册）（第二版）	29.00	哈尔滨工业大学　大连理工大学等	
V20495	土木工程材料（第二版）	38.00	湖南大学　天津大学　同济大学　东南大学	
V36126	土木工程概论（第二版）	36.00	沈祖炎	
V19590	土木工程概论（第二版）（赠送课件）	42.00	丁大钧　等	教育部普通高等教育精品教材
V30759	工程地质学（第三版）（赠送课件）	45.00	石振明　黄雨	
V20916	水文学	25.00	雒文生	
V36806	高层建筑结构设计（第三版）（赠送课件）	68.00	钱稼茹　赵作周　纪晓东　叶列平	
V32969	桥梁工程（第三版）（赠送课件）	49.00	房贞政　陈宝春　上官萍	
V32032	砌体结构（第四版）（赠送课件）	32.00	东南大学　同济大学　郑州大学	教育部普通高等教育精品教材
V34812	土木工程信息化（赠送课件）	48.00	李晓军	

注：本套教材均被评为《"十二五"普通高等教育本科国家级规划教材》和《住房和城乡建设部"十四五"规划教材》。